EUL VERLAG

Rechnungslegung und Wirtschaftsprüfung

Herausgegeben von Prof. (em.) Dr. Dr. h. c. Jörg Baetge, Münster, Prof. Dr. Hans-Jürgen Kirsch, Münster, und Prof. Dr. Stefan Thiele, Wuppertal

Band 65
Philipp Dollereder
Die bilanzielle Abbildung von Leasingverhältnissen beim Leasingnehmer nach IFRS 16 – Kritische Analyse und Konkretisierung der Vorschriften zur Definition, zum Zeitraum und zur Bewertung
Siegburg 2018 • 320 S. • € 68,- (D) • ISBN 978-3-8441-0557-5

Band 66
Markus May
Die Solvabilitätspublizität von Versicherungsunternehmen nach Solvency II – Analyse und Würdigung der Berichtsvorschriften sowie inhaltliche Gestaltungsempfehlungen für ausgewählte Kapitel des Berichts über die Solvabilität und Finanzlage
Siegburg 2018 • 312 S. • € 68,- (D) • ISBN 978-3-8441-0563-6

Band 67
Frederik Engelke
Kapitalkonsolidierung im mehrstufigen Konzern – Die Behandlung indirekter Beteiligungsverhältnisse im IFRS-Konzernabschluss
Siegburg 2018 • 324 S. • € 68,- (D) • ISBN 978-3-8441-0564-3

Band 68
Marcel Faber
Unternehmenszusammenschlüsse durch Einlage von Kapitalgesellschaftsanteilen – Auswirkungen eines unechten Anteilstausches auf den Konzernabschluss nach IFRS
Siegburg 2018 • 248 S. • € 60,- (D) • ISBN 978-3-8441-0571-1

JOSEF EUL VERLAG

Reihe: Rechnungslegung und Wirtschaftsprüfung · Band 68

Herausgegeben von Prof. (em.) Dr. Dr. h. c. Jörg Baetge, Münster, Prof. Dr. Hans-Jürgen Kirsch, Münster, und Prof. Dr. Stefan Thiele, Wuppertal

Dr. Marcel Faber

Unternehmenszusammenschlüsse durch Einlage von Kapitalgesellschaftsanteilen

Auswirkungen eines unechten Anteilstausches auf den Konzernabschluss nach IFRS

Mit einem Geleitwort von Prof. Dr. Hans-Jürgen Kirsch, Westfälische Wilhelms-Universität Münster

EUL VERLAG

Bibliografische Information der Deutschen Nationalbibliothek

Die Deutsche Nationalbibliothek verzeichnet diese Publikation in der Deutschen Nationalbibliografie; detaillierte bibliografische Daten sind im Internet über <http://dnb.d-nb.de> abrufbar.

Dissertation, Westfälische Wilhelms-Universität Münster, 2018

D 6

ISBN 978-3-8441-0571-1
1. Auflage Dezember 2018

JOSEF EUL VERLAG GmbH
Zeithstr. 356
53721 Siegburg
Tel.: 0 22 05 / 90 10 6-80
Fax: 0 22 05 / 90 10 6-88
E-Mail: info@eul-verlag.de
https://www.eul-verlag.de

Bei der Herstellung unserer Bücher möchten wir die Umwelt schonen. Dieses Buch ist daher auf säurefreiem, 100% chlorfrei gebleichtem, alterungsbeständigem Papier nach DIN 6738 gedruckt.

Geleitwort

Die Wahl der Konsolidierungsmethode ist für die Abbildung von Unternehmenszusammenschlüssen von zentraler Bedeutung, da die verschiedenen Methoden einen erheblichen Einfluss auf die Darstellung der wirtschaftlichen Verhältnisse des Konzerns haben. Im Rahmen der Einführung des IFRS 3 hat sich der Standardsetzer intensiv mit verschiedenen Methoden der Kapitalkonsolidierung auseinandergesetzt, die vor allem in Bezug auf Unternehmenszusammenschlüsse durch Einlage von Kapitalgesellschaftsanteilen im Schrifttum kontrovers diskutiert wurden. Ungeachtet der vermeintlich abbildungsrelevanten Unterschiede aufgrund der Einlage gegenüber einem Erwerb hat sich der Standardsetzer für die Erwerbsmethode als einzige Methode zur Abbildung sämtlicher Unternehmenszusammenschlüsse entschieden. Herr Faber nimmt dies zum Anlass, Unternehmenszusammenschlüsse durch Einlage von Kapitalgesellschaftsanteilen zunächst unter wirtschaftlichen Gesichtspunkten zu charakterisieren, um anschließend ihre Abbildung im Konzernabschluss zu analysieren und vor dem Ziel und den Anforderungen der Finanzberichterstattung gemäß dem *Conceptual Framework for Financial Reporting* zu würdigen. Auf dieser Basis entwickelt er zudem einen Vorschlag zur entscheidungsnützlichen Bilanzierung des Sachverhaltes.

Die Arbeit von Herrn Faber ist in insgesamt sechs Kapitel unterteilt. Im **ersten Kapitel** erläutert der Verfasser zunächst die Problemstellung und leitet daraus das Ziel sowie den Gang seiner Untersuchung ab. Im Anschluss stellt Herr Faber im **zweiten Kapitel** in der gebotenen Kürze die sachverhaltsspezifischen Grundlagen vor, indem er nach einem kurzen Überblick über mögliche Beweggründe für den betrachteten Zusammenschluss die konstituierenden Merkmale von Unternehmenszusammenschlüssen im Allgemeinen und durch Einlage von Kapitalgesellschaftsanteilen im Speziellen herausarbeitet. Dabei konzentriert sich der Verfasser sehr schön auf die gesellschaftsrechtlichen Vorschriften betreffend die Kapitalerhöhung durch Sacheinlage sowie die Ausgabe eigener Anteile nach dem deutschen Aktiengesetz, die für die Charakterisierung des betrachteten Sachverhaltes bedeutsam sind.

Im Rahmen der Charakterisierung im **dritten Kapitel** der Arbeit legt Herr Faber die Grundlage für die spätere Analyse der Abbildung des betrachteten Sachverhaltes. Um Gemeinsamkeiten und Unterschiede zwischen Unternehmenszusammenschlüssen zu identifizieren, geht er einerseits auf den Erwerb als Vergleichsobjekt und andererseits auf die Einlage von Kapitalgesellschaftsanteilen als Untersuchungsobjekt ein. Dabei unterscheidet er grundlegend zwischen Auswirkungen des Zusammenschlusses auf Ebene der Gesellschafter und auf Ebene des Konzerns und erörtert die Bedeutung der verschiedenen Ebenen für die Abbildung nach IFRS. Da die erbrachte Gegenleistung für gewöhnlich die Abbildung maßgeblich beeinflusst, geht der Verfasser explizit auf das Austauschverhältnis ein, das die Zahl der auszugebenden Eigenkapitalanteile und somit die Beteiligungsverhältnisse an dem entstehenden Konzern bestimmt. Die Untersuchung des betrachteten Sachverhaltes in Abhängigkeit von den sich ergebenden Beherrschungsverhältnissen am Konzern führt zu dem zutreffenden Ergebnis, dass eine entsprechende

Unterscheidung im weiteren Verlauf der Arbeit entbehrlich ist. In einer abschließenden Beurteilung des Sachverhaltes kommt der Verfasser zu dem für die weitere Betrachtung zentralen Schluss, dass sich die Einlage von Kapitalgesellschaftsanteilen hinsichtlich der Gesellschafterstruktur und des Ressourcenabflusses maßgeblich von einem Erwerb unterscheidet. Da beide Gesellschaftergruppen an dem Konzern beteiligt werden und keine Ressourcen aus dem Verbund abfließen, charakterisiert der Verfasser den betrachteten Sachverhalt schließlich als eine Zusammenlegung zweier Unternehmen, die von der Zahl der ausgegebenen Eigenkapitalanteile unabhängig ist, sodass sich ein Verhandlungserfolg oder -misserfolg unmittelbar auf die Beteiligungsverhältnisse, jedoch nicht auf die wirtschaftlichen Verhältnisse des Konzerns auswirkt. Dabei macht es keinen Unterschied, ob neue Eigenkapitalanteile oder bestehende eigene Anteile als Gegenleistung eingesetzt werden.

Im **vierten Kapitel** stellt Herr Faber zum einen die theoretisch-konzeptionellen Grundlagen der Rechnungslegung nach IFRS als Analyse- und Würdigungsgrundlage seiner Arbeit vor. Dazu erläutert er wieder angemessen knapp das Ziel der Finanzberichterstattung nach IFRS sowie die Anforderungen, die der IASB gemäß dem *Conceptual Framework* an die Vermittlung entscheidungsnützlicher Informationen stellt. Zum anderen beschreibt er die einschlägigen Regelungen des IASB zur Abbildung einer Einlage von Kapitalgesellschaftsanteilen im Einzel- und Konzernabschluss.

Das **fünfte Kapitel** bildet den Kern der Untersuchung. Hier betrachtet Herr Faber die drei in Frage kommenden Varianten der Abbildung von Unternehmenszusammenschlüssen, die Erwerbsmethode nach IFRS 3, die in früheren Standards für bestimmte Sachverhalte vorgesehene Interessenzusammenführungsmethode und die im Standardsetzungsprozess des IASB diskutierte Neugründungsmethode. Ausgehend von dem Charakter des betrachteten Sachverhaltes analysiert er in **Abschnitt 52** zunächst die Abbildung eines Unternehmenszusammenschlusses durch Einlage von Kapitalgesellschaftsanteilen im Konzernabschluss nach der Erwerbsmethode gemäß IFRS 3. In einem ersten Schritt arbeitet der Verfasser die ursprüngliche Konzeption der Erwerbsmethode heraus (**Abschnitt 521.**), die den Erwerb der einzelnen Vermögenswerte und Schulden des erworbenen Unternehmens aus der Perspektive des erwerbenden Unternehmens unterstellt (sog. Einzelerwerbsfiktion). Dabei stellt der Verfasser fest, dass die Abbildung aus der Perspektive eines Erwerbers mit dem Charakter der betrachteten Transaktion konfligiert, da im Rahmen der Zusammenlegung der Ressourcen durch die Gesellschafter keines der Unternehmen als Erwerber angesehen werden kann (**Abschnitt 522.**). Vor allem ist die Beherrschungskonzeption in dem betrachteten Fall nicht zur Identifizierung eines Erwerbers geeignet, da konzeptionell nicht berücksichtigt wird, dass der für die sinnvolle Abbildung nach der Erwerbsmethode maßgebliche Ressourcenabfluss hier fehlt.

Daran anschließend erörtert Herr Faber sowohl den Ansatz als auch die Bewertung der „erworbenen“ Vermögenswerte und Schulden im Konzernabschluss (**Abschnitt 523.**). Insbesondere zeigt er überzeugend, dass die Aufdeckung stiller Reserven und stiller Lasten zur Erfassung zusätzlicher, nicht pagatorischer Erfolgswirkungen führt, obwohl die Gesellschafter keine zusätzlichen Ressourcen eingesetzt haben, sodass die Ertragslage verzerrt wiedergegeben wird.

Einen weiteren Schwerpunkt legt Herr Faber auf die Analyse eines verbleibenden Unterschiedsbetrages (**Abschnitt 524.**). Dazu geht er zunächst auf den Charakter und die Bestandteile sowohl eines positiven als auch negativen Unterschiedsbetrages ein und unterscheidet zwischen der Ermittlung anhand der ausgegebenen und erhaltenen Eigenkapitalanteile. Er kommt zu dem Ergebnis, dass ein positiver Unterschiedsbetrag im Wesentlichen künftige Ertragspotenziale aus dem Zusammenschluss repräsentiert, die sich im Austauschverhältnis konkretisiert haben (sog. Geschäfts- oder Firmenwert). Eine Amortisation dieser Ertragspotenziale ist für die Beurteilung eines wirtschaftlich erfolgreichen Zusammenschlusses jedoch nicht erforderlich, da sich das Austauschverhältnis ausschließlich auf die Beteiligungsverhältnisse der Gesellschafter und nicht auf den Konzern selbst auswirkt, sodass die aufwandswirksame Erfassung von Wertminderungen des Geschäfts- oder Firmenwertes zurecht kritisch gesehen wird. Bei der Analyse der Ursachen eines negativen Unterschiedsbetrages berücksichtigt der Verfasser neben einer günstigen Verhandlungsposition auch negative Erfolgsaussichten, die zu einem entsprechend niedrigen Austauschverhältnis geführt haben können. Da das Austauschverhältnis aber keinen Einfluss auf die wirtschaftlichen Verhältnisse des Konzerns hat, ist die ertragswirksame Erfassung nach Ansicht des Verfassers in keinem Fall sachgerecht.

Anschließend diskutiert Herr Faber den Ausweis des Eigenkapitals (**Abschnitt 525.**). Dabei macht er deutlich, dass sowohl der Umfang als auch die Struktur des im Konzernabschluss ausgewiesenen Eigenkapitals von dem wirtschaftlich zur Verfügung stehenden Eigenkapital abweichen kann und somit der Abbildung der tatsächlichen Verhältnisse entgegensteht.

In einer abschließenden Würdigung der Erwerbsmethode (**Abschnitt 526.**) kommt der Verfasser zu dem Schluss, dass die Abbildung des betrachteten Sachverhaltes nach der Erwerbsmethode nur bedingt entscheidungsnützliche Informationen vermitteln kann. Daher bezieht er zusätzlich die Interessenzusammenführungsmethode gemäß dem ehemaligen IAS 22 sowie die Neugründungsmethode gemäß dem G4+1 Position Paper in die Untersuchung ein.

In **Abschnitt 53** widmet sich Herr Faber der Interessenzusammenführungsmethode, indem er zunächst auf die zugrunde liegende Fusionsfiktion eingeht und diese vor dem Hintergrund einer Zusammenlegung von Ressourcen als sachgerecht beurteilt. Anschließend setzt er sich mit der Fortführung der Buchwerte aus den Einzelabschlüssen im Konzernabschluss auseinander. Der Verfasser befürwortet die Buchwertfortführung, da eine Verzerrung der Ertragslage durch nicht pagatorische Erfolgswirkungen vermieden wird und das Konzernergebnis künftig weiterhin sinnvoll als Überschuss der Erträge über den Verzehr der von den Gesellschaftern ursprünglich eingesetzten Ressourcen interpretiert werden kann. Hinsichtlich eines verbleibenden Unterschiedsbetrages stellt der Verfasser zutreffend fest, dass dieser infolge der Buchwertfortführung ein Konglomerat verschiedener Werte darstellt. Da eine aufwandswirksame Amortisation des

Unterschiedsbetrages nicht erforderlich ist, spricht sich der Verfasser schließlich für die erfolgsneutrale Verrechnung mit dem Eigenkapital aus. Insofern entspricht auch das im Konzernabschluss ausgewiesene Eigenkapital denjenigen Ressourcen, die die Gesellschafter den jeweiligen Unternehmen ursprünglich insgesamt überlassen haben.

Die Neugründungsmethode beruht zwar auch auf der Fusionsfiktion, sieht allerdings eine vollständige Neubewertung der sich zusammenschließenden Unternehmen vor. In der Analyse in **Abschnitt 54** zeigt Herr Faber, dass die umfassende Abbildung von Zeitwerten den Einblick in die Vermögenslage des Konzerns durchaus fördert. In diesem Fall könnte das Konzernergebnis künftig sinnvoll als Überschuss der Erträge über den Verzehr der von den Gesellschaftern im Zeitpunkt des Zusammenschlusses reinvestierten Ressourcen interpretiert werden. Der Verfasser wendet jedoch zutreffend ein, dass die erfolgsneutrale Neubewertung die Kongruenzbedingung verletzt und insofern die intertemporale Vergleichbarkeit der Informationen einschränkt. Hinsichtlich der Ermittlung der beizulegenden Zeitwerte sämtlicher Vermögenswerte und Schulden bei jedem Unternehmenszusammenschluss ist ferner ein angemessenes Kosten-Nutzen-Verhältnis zu bezweifeln.

In **Abschnitt 55** stellt Herr Faber die betrachteten Methoden im Rahmen einer vergleichenden Würdigung einander gegenüber und leitet daraus eine nachdrückliche Empfehlung zur Anwendung der Interessenzusammenführungsmethode vor dem Hintergrund einer entscheidungsnützlichen Abbildung des betrachteten Sachverhaltes im Konzernabschluss ab. Dabei wird deutlich, dass die Interessenzusammenführungsmethode eine zur Erwerbsmethode konzeptionell konsistente Abbildung eines Zusammenschlusses durch Einlage von Kapitalgesellschaftsanteilen erlaubt. Die Anwendung beider Methoden nebeneinander ist für die entsprechend unterschiedlichen Sachverhalte konsequent und sachgerecht. Obwohl der Anwendungsbereich der Interessenzusammenführungsmethode durch die Einlage relativ klar bestimmt ist, weist der Verfasser dennoch darauf hin, dass aufgrund von Anreizen zur Sachverhaltsgestaltung eine sinnvolle Beschränkung des Anwendungsbereiches anhand eindeutiger Kriterien für eine entscheidungsnützliche Bilanzierung essentiell sein könnte. Hier relativiert er sehr überzeugend und fundiert die seinerzeit für die Abschaffung der Interessenzusammenführungsmethode angeführten Argumente und deutet Lösungsmöglichkeiten für den Standardsetzer an, wie die (erneute) Einführung der Interessenzusammenführungsmethode durch objektivierende Kriterien zur Abgrenzung des Anwendungsbereiches flankiert werden könnte.

Im **sechsten Kapitel** fasst Herr Faber die wesentlichen Erkenntnisse seiner Untersuchung abschließend zusammen.

Insgesamt wird in der vorgelegten Arbeit ausgesprochen differenziert argumentiert. Dabei orientiert sich der Verfasser konsequent an den einschlägigen Auslegungskriterien. Die dazu erforderlichen Grundlagen werden in der angemessenen Kürze, aber prägnant gelegt. Die Analyse der drei Varianten der Abbildung von Unternehmenszusammenschlüssen ist sehr breit angelegt und gründlich. Herr Faber arbeitet sehr überzeugend den Abfluss von Ressourcen und die Pagatorik als entscheidende Kriterien für die Beurteilung der Alternativen heraus. Die Betrachtung der Erwerbsmethode fällt dann vergleichsweise ausführlich aus, was aber vor dem Hintergrund der gewählten Systematik und der anschließenden fundamentalen Kritik absolut gerechtfertigt ist. Herr Faber steuert stringent auf sein überzeugendes Ergebnis zu, dass die Interessenzusammenführungsmethode einzig geeignet ist, Unternehmenszusammenschlüsse durch Einlagen entscheidungsnützlich abzubilden. Dieses konsequent hergeleitete Ergebnis ist absolut überzeugend und wird von Herrn Faber abschließend auch noch mit einer sehr ausgewogenen Betrachtung der Umsetzungschancen seines Vorschlages abgerundet. Das Ergebnis sei daher insbesondere dem Standardsetzer in London, aber auch anderen Regelungsgebern nachdrücklich ans Herz gelegt.

Münster, im Dezember 2018 Prof. Dr. Hans-Jürgen Kirsch

Vorwort des Verfassers

Die vorliegende Arbeit entstand während meiner Tätigkeit als wissenschaftlicher Mitarbeiter am Institut für Rechnungslegung und Wirtschaftsprüfung (IRW) der Westfälischen Wilhelms-Universität Münster unter der Leitung von Herrn Prof. Dr. Hans-Jürgen Kirsch. Sie wurde von der Wirtschaftswissenschaftlichen Fakultät im November 2018 als Dissertation angenommen.

Zu dem Gelingen dieser Arbeit haben ganz unterschiedliche Personen auf vielfältige Weise beigetragen, denen ich an dieser Stelle für ihre wertvolle Unterstützung von ganzem Herzen danken möchte. Allen voran gilt mein Dank meinem hoch geschätzten akademischen Lehrer und Doktorvater Herrn Prof. Dr. Hans-Jürgen Kirsch, der mich seit vielen Jahren wissenschaftlich betreut. Durch die angenehme Arbeitsatmosphäre am Institut, das entgegengebrachte Vertrauen sowie die gewährten Freiräume hat er die besten Voraussetzungen für das Promotionsvorhaben geschaffen. Dabei schätze ich besonders seine unbedingte Diskussionsbereitschaft, mit der er den gesamten Promotionsprozess begleitet hat. Mit seinen stets konstruktiv kritischen Anregungen hat er mich fortwährend gefordert und gefördert und somit einen wesentlichen Beitrag zu dem erfolgreichen Abschluss dieses Projektes geleistet. Ferner danke ich auch Herrn Prof. Dr. Christoph Watrin für die Übernahme des Zweitgutachtens sowie Herrn Prof. Dr. Christian Müller für sein Mitwirken in der Promotionskommission.

Darüber hinaus bin ich meinen (ehemaligen) Kollegen zu großem Dank verpflichtet, da sie meine Zeit am Institut äußerst positiv geprägt haben. Neben der täglichen Zusammenarbeit werden mir vor allem die zahlreichen gemeinsamen Aktivitäten in bester Erinnerung bleiben. Dabei möchte ich meine werten Kollegen und guten Freunde Frederik Engelke und Julian Höbener ganz besonders für ihren außerordentlichen Einsatz bei der fachlichen sowie persönlichen Betreuung während meiner Promotionszeit hervorheben. Ihre uneingeschränkte Gesprächsbereitschaft, der äußerst wertvolle Gedanken- und Erfahrungsaustausch sowie ihre konstruktiv kritischen Anmerkungen zu dem Manuskript haben die Qualität meiner Arbeit maßgeblich gefördert. Ein besonders herzlicher Dank gebührt ebenso meinem langjährigen und geschätzten Studienfreund Robert Leukefeld, der seine eigene Dissertation in unmittelbarer Nähe angefertigt und somit sowohl meine Freude als auch manchen Frust geteilt hat. Nicht zuletzt möchte ich auch den wissenschaftlichen Hilfskräften des Instituts für ihren großartigen Einsatz bei der Literaturrecherche sowie der Endkorrektur ganz herzlich danken.

Mein größter Dank gilt schließlich meinen lieben Eltern, die mich sowohl bei meiner Promotion als auch in sämtlichen Lebenslagen stets bedingungslos unterstützt haben und weiterhin unterstützen. Ich danke ihnen besonders für ihr unerschütterliches Vertrauen in mich und ihr großherziges Verständnis für all meine Entscheidungen. In gleicher Weise ist auch meine liebe Freundin Conny hervorzuheben, die mein Leben nicht nur während der Promotionszeit ganz besonders bereichert hat und dafür meinen größten Dank verdient.

Münster, im Dezember 2018 Marcel Faber

Inhaltsübersicht

1 Problemstellung, Zielsetzung und Gang der Untersuchung 1

11 Problemstellung und Ziel der Untersuchung 1
12 Gang der Untersuchung 6

2 Grundlagen zu Unternehmenszusammenschlüssen durch Einlage von Kapitalgesellschaftsanteilen 9

21 Vorbemerkung 9
22 Beweggründe für Unternehmenszusammenschlüsse durch Einlage von Kapitalgesellschaftsanteilen 9
23 Konstituierende Merkmale von Unternehmenszusammenschlüssen durch Einlage von Kapitalgesellschaftsanteilen 11

3 Charakterisierung von Unternehmenszusammenschlüssen durch Einlage von Kapitalgesellschaftsanteilen 25

31 Vorbemerkung 25
32 Erwerb von Kapitalgesellschaftsanteilen als Vergleichsobjekt 26
33 Einlage von Kapitalgesellschaftsanteilen als Untersuchungsobjekt 28
34 Systematisierung von Unternehmenszusammenschlüssen nach den Beherrschungsverhältnissen auf Gesellschafterebene 41
35 Abschließende Beurteilung des Charakters von Unternehmenszusammenschlüssen durch Einlage von Kapitalgesellschaftsanteilen 43

4 Grundlagen der Konzernrechnungslegung nach IFRS 47

41 Stellung des *Conceptual Framework* innerhalb der IFRS 47
42 Ziel und Adressaten des Konzernabschlusses nach IFRS 48
43 Qualitative Anforderungen an die Vermittlung entscheidungsnützlicher Informationen 52
44 Erfolgskonzeption der Rechnungslegung nach IFRS 60
45 Überblick über die einschlägigen Regelungen des IASB zur bilanziellen Abbildung der Einlage von Kapitalgesellschaftsanteilen 61

5 Kritische Analyse der Abbildung von Unternehmenszusammenschlüssen durch Einlage von Kapitalgesellschaftsanteilen im Konzernabschluss nach IFRS 67

51 Vorbemerkung 67
52 Erwerbsmethode nach IFRS 3 69
53 Interessenzusammenführungsmethode 133

54 Neugründungsmethode ... 159
55 Vergleichende Würdigung der Kapitalkonsolidierungsmethoden und Empfehlung zur Bilanzierung von Unternehmenszusammenschlüssen durch Einlage von Kapitalgesellschaftsanteilen ... 174

6 Zusammenfassung ... 187

Inhaltsverzeichnis

Geleitwort V
Vorwort des Verfassers XI
Inhaltsübersicht XIII
Inhaltsverzeichnis XV
Abbildungsverzeichnis XXI
Abkürzungsverzeichnis XXIII

1 Problemstellung, Zielsetzung und Gang der Untersuchung 1
11 Problemstellung und Ziel der Untersuchung 1
12 Gang der Untersuchung 6

2 Grundlagen zu Unternehmenszusammenschlüssen durch Einlage von Kapitalgesellschaftsanteilen 9
21 Vorbemerkung 9
22 Beweggründe für Unternehmenszusammenschlüsse durch Einlage von Kapitalgesellschaftsanteilen 9
23 Konstituierende Merkmale von Unternehmenszusammenschlüssen durch Einlage von Kapitalgesellschaftsanteilen 11
231. Unternehmenszusammenschlüsse 11
232. Einlage von Kapitalgesellschaftsanteilen 13
232.1 Vorbemerkung 13
232.2 Kapitalerhöhung gegen Sacheinlage 14
232.21 Kapitalerhöhung 14
232.211. Überblick 14
232.212. Ordentliche Kapitalerhöhung 16
232.213. Bedingte Kapitalerhöhung 17
232.214. Genehmigte Kapitalerhöhung 19
232.22 Sacheinlage 20
232.3 Ausgabe bereits bestehender eigener Anteile 21
232.4 Bedeutung des Austauschverhältnisses 23

3 Charakterisierung von Unternehmenszusammenschlüssen durch Einlage von Kapitalgesellschaftsanteilen 25
31 Vorbemerkung 25
32 Erwerb von Kapitalgesellschaftsanteilen als Vergleichsobjekt 26
33 Einlage von Kapitalgesellschaftsanteilen als Untersuchungsobjekt 28
331. Kapitalerhöhung gegen Sacheinlage 28

331.1 Auswirkungen auf Gesellschafterebene ... 28
331.2 Auswirkungen auf Konzernebene ... 30
331.3 Bedeutung der Transaktionsebene ... 33
331.4 Maßgeblichkeit der Gegenleistung ... 34
332. Ausgabe bereits bestehender eigener Anteile ... 37
34 Systematisierung von Unternehmenszusammenschlüssen nach den Beherrschungsverhältnissen auf Gesellschafterebene ... 41
35 Abschließende Beurteilung des Charakters von Unternehmenszusammenschlüssen durch Einlage von Kapitalgesellschaftsanteilen ... 43

4 Grundlagen der Konzernrechnungslegung nach IFRS ... 47

41 Stellung des *Conceptual Framework* innerhalb der IFRS ... 47
42 Ziel und Adressaten des Konzernabschlusses nach IFRS ... 48
421. Ziel und Adressaten der Finanzberichterstattung nach IFRS ... 48
422. Konzeption des Konzernabschlusses nach IFRS ... 51
43 Qualitative Anforderungen an die Vermittlung entscheidungsnützlicher Informationen ... 52
431. Vorbemerkung ... 52
432. Grundlegende qualitative Anforderungen ... 54
432.1 Relevanz ... 54
432.2 Glaubwürdige Darstellung ... 55
433. Fördernde qualitative Anforderungen ... 57
433.1 Vergleichbarkeit ... 57
433.2 Nachprüfbarkeit ... 57
433.3 Zeitnähe ... 58
433.4 Verständlichkeit ... 59
434. Kostenrestriktion entscheidungsnützlicher Rechnungslegung ... 59
44 Erfolgskonzeption der Rechnungslegung nach IFRS ... 60
45 Überblick über die einschlägigen Regelungen des IASB zur bilanziellen Abbildung der Einlage von Kapitalgesellschaftsanteilen ... 61

5 Kritische Analyse der Abbildung von Unternehmenszusammenschlüssen durch Einlage von Kapitalgesellschaftsanteilen im Konzernabschluss nach IFRS ... 67

51 Vorbemerkung ... 67
52 Erwerbsmethode nach IFRS 3 ... 69
521. Konzeption der Erwerbsmethode ... 69
522. Identifizierung des Erwerbers ... 72
522.1 Grundsatz zur Identifizierung des Erwerbers ... 72
522.2 Berücksichtigung eines umgekehrten Unternehmenserwerbes im Rahmen der Einlage von Kapitalgesellschaftsanteilen ... 75

522.3 Kritische Würdigung der Identifizierung des Erwerbers bei Einlage von Kapitalgesellschaftsanteilen ... 79
523. Ansatz und Bewertung der erworbenen Vermögenswerte und übernommenen Schulden ... 81
523.1 Ansatz der erworbenen Vermögenswerte und übernommenen Schulden ... 81
523.2 Neubewertung der erworbenen Vermögenswerte und übernommenen Schulden ... 85
523.3 Kritische Würdigung des Ansatzes und der Bewertung der erworbenen Vermögenswerte und übernommenen Schulden bei Einlage von Kapitalgesellschaftsanteilen ... 88
524. Erfassung eines Unterschiedsbetrages aus der Kapitalkonsolidierung ... 90
524.1 Ermittlung und Behandlung eines Unterschiedsbetrages nach IFRS 3 ... 90
524.2 Positiver Unterschiedsbetrag aus der Kapitalkonsolidierung ... 93
524.21 Vorbemerkung ... 93
524.22 Charakter und Bestandteile eines positiven Unterschiedsbetrages ... 95
524.221. Derivativer Charakter eines positiven Unterschiedsbetrages ... 95
524.222. Bestandteile eines positiven Unterschiedsbetrages ... 97
524.23 Ermittlung eines positiven Unterschiedsbetrages anhand des beizulegenden Zeitwertes der Gegenleistung ... 101
524.231. Vorbemerkung ... 101
524.232. Konzeption des beizulegenden Zeitwertes nach IFRS 13 ... 101
524.233. Bezugsgröße für die Bestimmung der Gegenleistung ... 105
524.233.1 Ausgegebene Eigenkapitalanteile als Bezugsgröße ... 105
524.233.2 Erhaltene Eigenkapitalanteile als Bezugsgröße ... 107
524.24 Beurteilung der Aktivierung eines positiven Unterschiedsbetrages bei Einlage von Kapitalgesellschaftsanteilen ... 110
524.25 Kritische Würdigung der Behandlung eines positiven Unterschiedsbetrages bei Einlage von Kapitalgesellschaftsanteilen ... 114
524.3 Negativer Unterschiedsbetrag aus der Kapitalkonsolidierung ... 116
524.31 Charakter und Bestandteile eines negativen Unterschiedsbetrages ... 116

524.32 Ermittlung eines negativen Unterschiedsbetrages anhand des beizulegenden Zeitwertes der Gegenleistung ... 118
524.321. Ausgegebene Eigenkapitalanteile als Bezugsgröße 118
524.322. Erhaltene Eigenkapitalanteile als Bezugsgröße... 119
524.33 Beurteilung der ertragswirksamen Erfassung eines negativen Unterschiedsbetrages bei Einlage von Kapitalgesellschaftsanteilen ... 120
524.34 Kritische Würdigung der Behandlung eines negativen Unterschiedsbetrages bei Einlage von Kapitalgesellschaftsanteilen ... 122
525. Ausweis des Konzerneigenkapitals ... 124
525.1 Vorbemerkung ... 124
525.2 Umfang des Konzerneigenkapitals ... 125
525.3 Struktur des Konzerneigenkapitals ... 127
525.4 Kritische Würdigung des Ausweises des Konzerneigenkapitals bei Einlage von Kapitalgesellschaftsanteilen ... 129
526. Abschließende Würdigung der Erwerbsmethode ... 130
53 Interessenzusammenführungsmethode ... 133
531. Konzeption und Anwendungsvoraussetzungen der Interessenzusammenführungsmethode ... 133
532. Ansatz und Bewertung der Vermögenswerte und Schulden ... 140
533. Erfassung eines Unterschiedsbetrages aus der Kapitalkonsolidierung ... 146
534. Ausweis des Konzerneigenkapitals ... 150
535. Abschließende Würdigung der Interessenzusammenführungsmethode ... 155
54 Neugründungsmethode ... 159
541. Konzeption der Neugründungsmethode ... 159
542. Ansatz und Bewertung der Vermögenswerte und Schulden ... 162
543. Erfassung eines Unterschiedsbetrages aus der Kapitalkonsolidierung ... 165
544. Ausweis des Konzerneigenkapitals ... 169
545. Abschließende Würdigung der Neugründungsmethode ... 171
55 Vergleichende Würdigung der Kapitalkonsolidierungsmethoden und Empfehlung zur Bilanzierung von Unternehmenszusammenschlüssen durch Einlage von Kapitalgesellschaftsanteilen ... 174
551. Vergleichende Würdigung der Kapitalkonsolidierungsmethoden ... 174
552. Empfehlung zur Bilanzierung von Unternehmenszusammenschlüssen durch Einlage von Kapitalgesellschaftsanteilen ... 179
552.1 Konzeptionelle Eignung der Interessenzusammenführungsmethode ... 179
552.2 Abgrenzung des Anwendungsbereiches ... 182

6 Zusammenfassung ... 187

Quellenverzeichnis 195

Verzeichnis der Kommentare und Handbücher 195
Verzeichnis der Aufsätze, Monografien und sonstigen Fachbeiträge 197
Verzeichnis der Gesetze 220
Verzeichnis der Materialien aus dem Gesetzgebungs- und Standardsetzungsprozess...... 221

Abbildungsverzeichnis

Abbildung 1-1: Beteiligungsverhältnisse vor und nach einem Unternehmenszusammenschluss durch Einlage von Kapitalgesellschaftsanteilen ... 3

Abbildung 1-2: Beteiligungsverhältnisse nach einem Erwerb und nach einer Einlage von Kapitalgesellschaftsanteilen im Vergleich ... 4

Abbildung 5-1: Beherrschungsübergang auf Gesellschafterebene ... 78

Abbildung 5-2: Potenzielle Bestandteile eines positiven Unterschiedsbetrages nach IFRS 3 ... 100

Abbildung 5-3: Bestandteile eines positiven Unterschiedsbetrages in Abhängigkeit von der Bezugsgröße ... 111

Abbildung 5-4: Bestandteile eines negativen Unterschiedsbetrages in Abhängigkeit von der Bezugsgröße ... 121

Abkürzungsverzeichnis

A

A	Appendix (i. V. m. IFRS-Fundstellen)
a. A.	anderer Auffassung
Abacus	A Journal of Accounting, Finance and Business Studies (Zeitschrift)
Abs.	Absatz
Abt.	Abteilung
AG	Aktiengesellschaft (Rechtsform); Application Guidance (i. V. m. IFRS-Fundstellen); Die Aktiengesellschaft (Zeitschrift)
AktG	Aktiengesetz
Anm. d. Verf.	Anmerkung des Verfassers
APB	Accounting Principles Board
Aufl.	Auflage

B

BaFin	Bundesanstalt für Finanzdienstleistungsaufsicht
BB	Betriebs-Berater (Zeitschrift)
BBK	Zeitschrift für Buchführung, Bilanzierung, Kostenrechnung
BC	Basis for Conclusions (i. V. m. IFRS-Fundstellen)
Bd.	Band
BFH	Bundesfinanzhof
BFuP	Betriebswirtschaftliche Forschung und Praxis (Zeitschrift)
BGBl.	Bundesgesetzblatt
BilKoG	Bilanzkontrollgesetz
BilMoG	Bilanzrechtsmodernisierungsgesetz
BilReG	Bilanzrechtsreformgesetz
bspw.	beispielsweise
bzw.	beziehungsweise

C

CF	Conceptual Framework
Corp.	Corporation (Rechtsform)

D

d. h.	das heißt
DB	Der Betrieb (Zeitschrift)
DBW	Die Betriebswirtschaft (Zeitschrift)
DK	Der Konzern (Zeitschrift)

DPR	Deutsche Prüfstelle für Rechnungslegung e. V.
Dr.	Doktor
DRS	Deutsche(r) Rechnungslegungs Standard(s)
DStR	Deutsches Steuerrecht (Zeitschrift)
DStZ	Deutsche Steuer-Zeitung

E

e. V.	eingetragener Verein (Rechtsform)
ED	Exposure Draft
E-DRS	Entwurf eines Deutschen Rechnungslegungs Standards
EG	Europäische Gemeinschaft
ESMA	European Securities and Markets Authority
EStG	Einkommensteuergesetz

F

f.	folgende (Seite)
FASB	Financial Accounting Standards Board
FB	Finanz-Betrieb (Zeitschrift)
ff.	folgende (Jahre)
FR	Finanz-Rundschau (Zeitschrift)

G

GAAP	Generally Accepted Accounting Principles
gem.	gemäß
ggf.	gegebenenfalls
GmbH	Gesellschaft mit beschränkter Haftung (Rechtsform)
GuV	Gewinn- und Verlustrechnung

H

h.c.	honoris causa
Hdb	Handbuch
HdJ	Handbuch des Jahresabschlusses
HGB	Handelsgesetzbuch
Hrsg.	Herausgeber
hrsg. v.	herausgegeben von

I

i. d. F.	in der Fassung
i. V. m.	in Verbindung mit
IAS	International Accounting Standard(s)
IASB	International Accounting Standards Board

IASC	International Accounting Standards Committee
IAS-VO	IAS-Verordnung
IDW	Institut der Wirtschaftsprüfer in Deutschland e. V.
IFRIC	International Financial Reporting Interpretations Committee
IFRS	International Financial Reporting Standard(s)
Inc.	Incorporated (Rechtsform)
int.	international
IPO	Initial Public Offering
IRZ	Zeitschrift für Internationale Rechnungslegung

J

JA	Juristische Arbeitsblätter (Zeitschrift)

K

KoR	Zeitschrift für internationale und kapitalmarktorientierte Rechnungslegung
KöKo	Kölner Kommentar

M

M&A	Mergers and Acquisitions
m. w. N.	mit weiteren Nachweisen
Mrd.	Milliarden
MüKo	Münchener Kommentar

N

No.	Number
Nr.	Nummer
NWB	Neue Wirtschafts-Briefe (Verlag)

O

o. S.	ohne Seite

P

PiR	Praxis der internationalen Rechnungslegung (Zeitschrift)
plc	public limited company (Rechtsform)

R

rev.	revised
RGBl.	Reichsgesetzblatt
RIW	Recht der internationalen Wirtschaft (Zeitschrift)
Rn.	Randnummer(n)

S

S.	Seite(n)
S.A.	Société Anonyme (Rechtsform)
SIC	Standard Interpretations Committee
sog.	sogenannte(s/r/n)
SP	Status and Purpose of the Conceptual Framework (i. V. m. IFRS-Fundstellen)
ST	Der Schweizer Treuhänder (Zeitschrift)
StB	Der Steuerberater (Zeitschrift)
stL	stille Lasten
stR	stille Reserven
StuB	Steuer- und Bilanzpraxis (Zeitschrift)
StuW	Steuer und Wirtschaft (Zeitschrift)

T

TAR	The Accounting Review (Zeitschrift)
Tz.	Textziffer(n)

U

u. a.	unter anderem, und andere
UmwG	Umwandlungsgesetz
US	United States
USA	United States of America
US-GAAP	United States Generally Accepted Accounting Principles

V

vGA	verdeckte Gewinnausschüttung
vgl.	vergleiche
Vol.	Volume
vs.	versus

W

WiSt	Wirtschaftswissenschaftliches Studium (Zeitschrift)
WPg	Die Wirtschaftsprüfung (Zeitschrift)

Z

z. B.	zum Beispiel
ZfB	Zeitschrift für Betriebswirtschaft
zfbf	Zeitschrift für betriebswirtschaftliche Forschung
ZfCM	Zeitschrift für Controlling und Management
ZHR	Zeitschrift für das gesamte Handels- und Wirtschaftsrecht
ZIP	Zeitschrift für Wirtschaftsrecht

1 Problemstellung, Zielsetzung und Gang der Untersuchung

11 Problemstellung und Ziel der Untersuchung

Unternehmen gehen bei der Verfolgung ihrer unternehmerischen Ziele regelmäßig Verbindungen mit anderen Unternehmen ein, da sie hoffen, ihre Ziele gemeinsam besser erreichen zu können als alleine.[1] In den meisten Fällen werden solche **Unternehmensverbindungen** durch eine Kapitalbeteiligung zwischen den sich zusammenschließenden Unternehmen begründet, indem eines der Unternehmen Kapitalgesellschaftsanteile an dem anderen Unternehmen erwirbt (sog. *share deal*).[2] Auf diese Weise bleiben die Unternehmen zwar rechtlich selbständig, allerdings bilden sie zusammen eine größere wirtschaftliche Einheit, die auch als Konzern bezeichnet wird.[3]

Sowohl die Zahl als auch der Umfang der Unternehmenszusammenschlüsse ist in den vergangenen Jahrzehnten weltweit deutlich gestiegen.[4] Angesichts der zum Teil erheblichen Transaktionsvolumina kann der Erwerb einer Beteiligung an einer Kapitalgesellschaft im Austausch für liquide Mittel allerdings wirtschaftlich nicht sinnvoll oder gar nicht möglich sein,[5] sodass die Gegenleistung immer häufiger nicht in Form liquider Mittel erbracht wird, sondern eigene **Eigenkapitalanteile als Akquisitionswährung** eingesetzt werden.[6] So wurde in den Jahren 2001 bis 2007 rund ein Viertel der Transaktionen in Europa und den USA mit einem Volumen von jeweils mehr als fünf Milliarden Euro vollständig durch Eigenkapitalanteile finanziert.[7] Als namhafte Beispiele für solche Unternehmenszusammenschlüsse sind dabei der Zusammenschluss der Daimler-Benz AG und der Chrysler Corp. zur DaimlerChrysler AG, der Zusammenschluss der Hoechst AG und der Rhône-Poulenc S.A. zur Aventis S.A.[8] sowie jüngst der Zusammenschluss der Linde AG und der Praxair Inc. zur Linde plc zu nennen.[9]

---

1 Vgl. KÜTING, K., Unternehmerische Zusammenarbeit, S. 2; VON WYSOCKI, K./WOHLGEMUTH, M./BRÖSEL, G., Konzernrechnungslegung, S. 3.

2 Vgl. ORDELHEIDE, D., Gegenstand betriebswirtschaftlicher Forschung, S. 294 f.; KÜTING, K., Systematisierung von Konzernstrukturen, S. 7; PELLENS, B. U. A., Int. Rechnungslegung, S. 843; KÜTING, K./WEBER, C.-P., Konzernabschluss, S. 96 f.

3 Vgl. BAETGE, J./KIRSCH, H.-J./THIELE, S., Konzernbilanzen, S. 1; VON WYSOCKI, K./WOHLGEMUTH, M./BRÖSEL, G., Konzernrechnungslegung, S. 3.

4 Während das jährliche Volumen der weltweiten Unternehmenszusammenschlüsse in den Jahren 1990–1999 durchschnittlich 1.338 Mrd. US-Dollar betrug, waren es in den Jahren 2000–2009 durchschnittlich 2.743 Mrd. US-Dollar. Vgl. INSTITUTE FOR MERGERS, ACQUISITIONS AND ALLIANCES (Hrsg.), M&A Deals, o. S.

5 Vgl. SCHMIDSBERGER, G., Aspekte bei Fusionen, S. 667; KRAWITZ, N./LEUKEL, S., Unternehmensfusionen, S. 91; KLASEN, E., Akquisition in Krisenzeiten, S. 531.

6 Vgl. ANDERS, G., Fusionen bei wechselseitigen Beteiligungen, S. 114; STRAUß, I., Akquisitionsfinanzierung, S. 192; KUHNER, C., Abbildung von Unternehmenskäufen, S. 12 m. w. N.; KÜTING, K./WIRTH, J., Int. Konzernrechnungslegung, S. 1190; KRAWITZ, N./LEUKEL, S., Unternehmensfusionen, S. 91 m. w. N.; PICOT, G., Aktie als Akquisitionswährung, S. 265.

7 Vgl. FASSBENDER, E./KILLAT, G., Bedeutung von Aktien als Akquisitionswährung, S. 435 f.

8 Ausführlich zu den genannten Zusammenschlüssen vgl. KRAWITZ, N./LEUKEL, S., Unternehmensfusionen, S. 98–103.

9 Vgl. REIFENBERGER, S., Einigung zwischen Linde und Praxair, o. S.

Im Kern handelt es sich bei diesen Unternehmenszusammenschlüssen um eine gesellschaftsrechtliche **Einlage von Kapitalgesellschaftsanteilen**, da die (ehemaligen) Gesellschafter des aufzunehmenden[10] Unternehmens ihre Beteiligung an diesem Unternehmen in das aufnehmende Unternehmen einbringen und in diesem Zuge eine Beteiligung an dem aufnehmenden Unternehmen erhalten.[11] Gewissermaßen tauschen die ehemaligen Gesellschafter somit ihre Eigenkapitalanteile an dem aufzunehmenden Unternehmen in einem vorher bestimmten Austauschverhältnis gegen Eigenkapitalanteile an dem aufnehmenden Unternehmen,[12] sodass in der einschlägigen Literatur auch von einem Anteilstausch[13] gesprochen wird.[14] Um den ehemaligen Gesellschaftern Eigenkapitalanteile an dem aufnehmenden Unternehmen gewähren zu können, führt das aufnehmende Unternehmen in der Regel eine Kapitalerhöhung durch.[15] Anstelle von neu geschaffenen Anteilen kann es aber auch zurückerworbene eigene Anteile für die Transaktion einsetzen.[16] Dabei ist zu beachten, dass die Gewährung einer gesellschaftsrechtlichen Beteiligung an dem aufnehmenden Unternehmen in beiden Fällen Einfluss auf die Beteiligungsverhältnisse zwischen den Unternehmen und ihren Gesellschaftern nimmt.

Die Abbildung 1-1 zeigt die Beteiligungsverhältnisse der sich zusammenschließenden Unternehmen beispielhaft vor und nach einem Zusammenschluss durch Einlage von Kapitalgesellschaftsanteilen. In der Ausgangssituation sind die Gesellschaftergruppen a und b jeweils annahmegemäß zu einhundert Prozent an den bislang alleinstehenden Unternehmen A bzw. B beteiligt. Im Zuge des Zusammenschlusses legt die Gesellschaftergruppe b ihre Kapitalbeteiligung an Unternehmen B in das Unternehmen A ein, sodass das Unternehmen B zu einem Tochterunternehmen von Unternehmen A wird und demzufolge ein Konzernverbund entsteht. Im Gegenzug erhält die Gesellschaftergruppe b eine Kapitalbeteiligung an Unternehmen A. In Ab-

---

[10] In der vorliegenden Arbeit wird bewusst von einem aufnehmenden und einem aufzunehmenden Unternehmen anstelle eines Mutter- bzw. eines Tochterunternehmens gesprochen, da letzteres Begriffspaar eine Über- oder Unterordnung zwischen den Unternehmen impliziert. Wie allerdings noch gezeigt werden wird, ist ebendieses Ordnungsverhältnis für den hier betrachteten Sachverhalt unbeachtlich.

[11] Vgl. RAMMERT, S., Pooling of Interests, S. 622; MUJKANOVIC, R., Zukunft der Kapitalkonsolidierung, S. 538.

[12] Vgl. KOCH, C./HOFACKER, K., Merger of Equals, S. 542; FOCKEN, E./LENZ, H., Spielräume der Kapitalkonsolidierung, S. 2438 m. w. N.

[13] Bei dem hier betrachteten Zusammenschluss handelt es sich um einen sog. *unechten* Anteilstausch, da den ehemaligen Gesellschaftern des aufzunehmenden Unternehmens für die gesellschaftsrechtliche Einlage ihrer Beteiligung eine Kapitalbeteiligung an dem aufnehmenden Unternehmen gewährt wird. Dieser unechte Anteilstausch ist von einem sog. *echten* Anteilstausch abzugrenzen, bei dem die Anteile an einem Unternehmen auf schuldrechtlicher Basis gegen die Anteile an einem anderen Unternehmen getauscht werden. Vgl. FAßBENDER, D., Anteilstausch, S. 10–12 m. w. N. In der vorliegenden Arbeit wird der Begriff des Anteilstausches stets im Sinne eines unechten Anteilstausches verwendet.

[14] Vgl. z. B. REICHELT, D., Anteilstausch, S. 1; REINER, G./GEUTER, T., Anteilstausch als Mittel oder Folge, S. 543; FOCKEN, E./LENZ, H., Spielräume der Kapitalkonsolidierung, S. 2437; WIESNER, G., Bilanzierung beim Anteilstausch, S. 1; BÖCKING, H.-J./KLEIN, G./LOPATTA, K., Unternehmenszusammenschlüsse, S. 18.

[15] Vgl. STRAUß, I., Akquisitionsfinanzierung, S. 192; PICOT, G., Aktie als Akquisitionswährung, S. 266; SCHÜPPEN, M./WALZ, S., Ablauf und Formen eines Unternehmenskaufs, S. 59; HAIL, L., Pooling of Interests, S. 704; FOCKEN, E./LENZ, H., Spielräume der Kapitalkonsolidierung, S. 2438 f.

[16] Vgl. GROS, S., Aktie als Akquisitionswährung, S. 779; PICOT, G., Aktie als Akquisitionswährung, S. 266 f.; FOCKEN, E./LENZ, H., Spielräume der Kapitalkonsolidierung, S. 2438.

hängigkeit von dem vereinbarten Austauschverhältnis ergeben sich somit die relativen Kapitalanteile der Gesellschaftergruppen a und b an dem aufnehmenden Unternehmen A, die hier mit 67 bzw. 33 Prozent angenommen werden.[17]

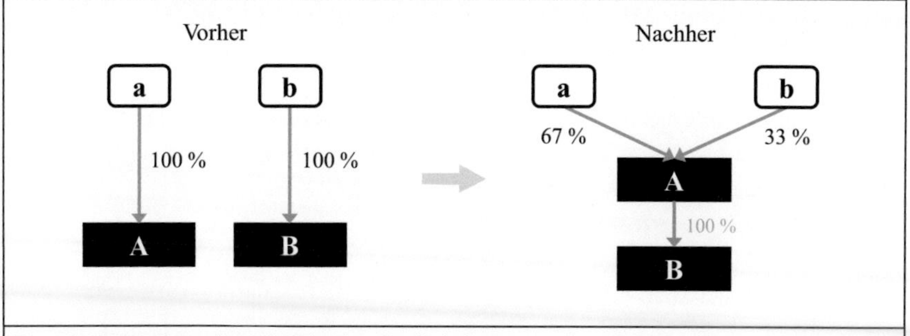

Legende: A, B ≙ Unternehmen A, B | a, b ≙ Gesellschaftergruppe a, b

Abbildung 1-1: Beteiligungsverhältnisse vor und nach einem Unternehmenszusammenschluss durch Einlage von Kapitalgesellschaftsanteilen

Im Vergleich zu einem (gewöhnlichen[18]) **Unternehmenserwerb** gegen liquide Mittel wird zwar auch bei dem hier betrachteten Zusammenschluss ein Beteiligungsverhältnis zwischen den sich zusammenschließenden Unternehmen und damit ein Konzernverbund begründet, allerdings werden die ehemaligen Gesellschafter des aufzunehmenden Unternehmens nicht abgefunden, sondern an dem aufnehmenden Unternehmen beteiligt.[19] Die Abbildung 1-2 stellt die aus einem Zusammenschluss durch Einlage von Kapitalgesellschaftsanteilen resultierenden Beteiligungsverhältnisse einem gewöhnlichen Erwerb gegenüber. Während die Gesellschafter b bei einem gewöhnlichen Erwerb aus dem Gesellschafterkreis der künftigen Konzernunternehmen ausscheiden, werden sie bei einer Einlage zu Gesellschaftern des Konzerns.[20]

Die konzernbilanzielle Behandlung von Unternehmenszusammenschlüssen wird in IFRS 3 *Business Combinations* geregelt. Während der Vorgängerstandard IAS 22 noch in ausgewähl-

---

[17] Ausführlich zu dem Charakter eines Zusammenschlusses durch Einlage von Kapitalgesellschaftsanteilen vgl. Kapitel 3 der vorliegenden Arbeit.

[18] Mit dem Begriff des *gewöhnlichen* Unternehmenserwerbes sollen Erwerbe durch Hingabe von liquiden Mitteln oder anderweitigem Vermögen im Austausch für eine Kapitalbeteiligung von den hier betrachteten Unternehmenszusammenschlüssen durch Einlage von Kapitalgesellschaftsanteilen *sprachlich* abgegrenzt werden. Damit wird nicht impliziert, dass es sich bei dem hier betrachteten Sachverhalt um einen ungewöhnlichen Fall handelt.

[19] Vgl. SCHÜPPEN, M./WALZ, S., Ablauf und Formen eines Unternehmenskaufs, S. 58 f.; PICOT, G., Bewertung von Unternehmen, S. 294; VATER, H., M&A Accounting, S. 1846 f.; KOCH, C./HOFACKER, K., Merger of Equals, S. 542.

[20] Der hier betrachtete Sachverhalt ist eng mit einer umwandlungsrechtlichen Verschmelzung verwandt. Der Unterschied besteht darin, dass bei einer Verschmelzung neben einer wirtschaftlichen Einheit auch eine rechtliche Einheit entsteht. Vgl. SCHERRER, G., Konzernrechnungslegung, S. 359; FOCKEN, E./LENZ, H., Spielräume der Kapitalkonsolidierung, S. 2438; MUJKANOVIC, R., Zukunft der Kapitalkonsolidierung, S. 538.

ten Fällen einer Einlage von Kapitalgesellschaftsanteilen die Interessenzusammenführungsmethode zuließ,[21] sieht der *International Accounting Standards Board* (IASB, Standardsetzer) seit der Einführung des IFRS 3 im Jahr 2004 ausschließlich die **Erwerbsmethode** zur Abbildung sämtlicher Unternehmenszusammenschlüsse im (Konzern-)Abschluss vor.[22] Ungeachtet der Eigenart eines Unternehmenszusammenschlusses durch Einlage von Kapitalgesellschaftsanteilen sind daher nach den aktuellen Vorschriften des IFRS 3 auch in dem hier betrachteten Fall grundsätzlich ein Erwerber zu identifizieren, der Erwerbszeitpunkt zu bestimmen, sämtliche identifizierbaren Vermögenswerte und Schulden des erworbenen Unternehmens mit ihren beizulegenden Zeitwerten in den (Konzern-)Abschluss des Erwerbers aufzunehmen und gegebenenfalls ein Unterschiedsbetrag aus der Kapitalkonsolidierung zu erfassen.[23]

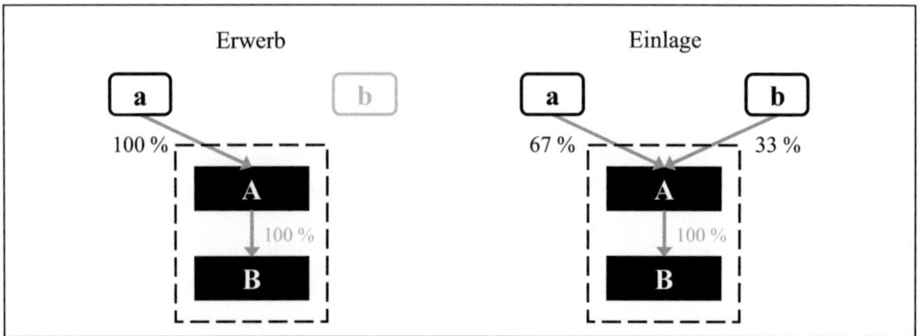

Legende: A, B ≙ Unternehmen A, B | a, b ≙ Gesellschaftergruppe a, b

Abbildung 1-2: Beteiligungsverhältnisse nach einem Erwerb und nach einer Einlage von Kapitalgesellschaftsanteilen im Vergleich

Der Standardsetzer ist offensichtlich der Ansicht, dass alle Unternehmenszusammenschlüsse, bei denen ein Unternehmen die Beherrschung über ein anderes Unternehmen erlangt, als Erwerbe zu betrachten sind.[24] Demzufolge führe die Erwerbsmethode zu einer sachgerechten Abbildung sämtlicher Unternehmenszusammenschlüsse. Die (gesellschaftsrechtlichen) Besonderheiten eines Unternehmenszusammenschlusses durch Einlage von Kapitalgesellschaftsanteilen gegenüber einem gewöhnlichen Erwerb geben jedoch Anlass, diese These kritisch zu prüfen. Folglich stellt sich die Frage, inwiefern die Erwerbsmethode in der Lage ist, entscheidungsnützliche Informationen zu einem Unternehmenszusammenschluss durch Einlage von Kapitalgesellschaftsanteilen zu vermitteln.

Die Entscheidungsnützlichkeit der Erwerbsmethode wurde bereits im Vorfeld der Einführung des IFRS 3 kontrovers in Bezug auf die Abbildung eines Unternehmenszusammenschlusses

---

21 Vgl. IAS 22.78.

22 Vgl. IFRS 3.4; sowie VON WYSOCKI, K./WOHLGEMUTH, M./BRÖSEL, G., Konzernrechnungslegung, S. 113; PAWELZIK, K. U., Interessenzusammenschlüsse, S. 2569.

23 Vgl. IFRS 3.4 f.

24 Vgl. hier und im folgenden Satz IFRS 3.BC24.

durch Einlage von Kapitalgesellschaftsanteilen diskutiert.[25] Im Mittelpunkt der Diskussion stand dabei die Frage, inwiefern im Rahmen eines Unternehmenszusammenschlusses generell ein Erwerbsvorgang unterstellt werden kann. Als Alternativen zur Erwerbsmethode wurden sowohl die Interessenzusammenführungsmethode als auch die Neugründungsmethode in die Diskussion einbezogen. Die jeweiligen Methoden haben dabei einen erheblichen Einfluss auf die Darstellung der wirtschaftlichen Verhältnisse des Konzerns, sodass der Wahl der Konsolidierungsmethode eine entscheidende Bedeutung zukommt.

Das **Ziel dieser Untersuchung** besteht schließlich darin, Unternehmenszusammenschlüsse durch Einlage von Kapitalgesellschaftsanteilen in einem ersten Schritt unter wirtschaftlichen Gesichtspunkten zu charakterisieren und gegebenenfalls von einem gewöhnlichen Erwerb abzugrenzen (Sachverhaltsebene), um daraus in einem zweiten Schritt eine entscheidungsnützliche Darstellung des Sachverhaltes im Konzernabschluss abzuleiten (Abbildungsebene). Neben der Erwerbsmethode werden dabei sowohl die Interessenzusammenführungsmethode als auch die Neugründungsmethode betrachtet und vor dem Kriterium der Entscheidungsnützlichkeit der vermittelten Informationen gemäß dem *Conceptual Framework for Financial Reporting* gewürdigt.

Die Vielfalt bei der formalrechtlichen Gestaltung von Unternehmenszusammenschlüssen macht eine **Eingrenzung des hier betrachteten Sachverhaltes** erforderlich. Die Regelungen des IASB gelten zwar grundsätzlich rechtsformunabhängig. Aufgrund der Maßgeblichkeit des Gesellschaftsrechtes für die Einlage von Kapitalgesellschaftsanteilen kann der Zusammenschluss jedoch nicht gänzlich losgelöst von den gesellschaftsrechtlichen Vorschriften beurteilt werden. Sofern erforderlich wird der Untersuchung daher ein Zusammenschluss von Aktiengesellschaften nach deutschem Recht zugrunde gelegt, wenngleich eine weitgehende Übertragbarkeit der Ergebnisse auf andere Kapitalgesellschaftsformen gegeben sein dürfte. Um den Blick auf die hier betrachtete Transaktion nicht zu versperren, wird weiter unterstellt, dass durch die Einlage von Kapitalgesellschaftsanteilen erstmalig ein Konzernverhältnis der zuvor alleinstehenden Unternehmen begründet wird. Dabei sei von nicht beherrschenden Gesellschaftern des aufzunehmenden Unternehmens abstrahiert, indem stets von der Einlage einer einhundertprozentigen Beteiligung ausgegangen wird, die dem aufnehmenden Unternehmen die Beherrschung über das aufzunehmende Unternehmen verleiht. In diesem Zusammenhang sind auch gemischte Sacheinlagen, bei denen nur ein Teil der Gegenleistung in Form von Eigenkapitalanteilen erbracht wird, von der Betrachtung ausgeschlossen.

---

[25] Vgl. hierzu stellvertretend IASC (Hrsg.), G4+1 Position Paper, S. 1–39; MUJKANOVIC, R., Zukunft der Kapitalkonsolidierung, S. 533–540; RAMMERT, S., Pooling of Interests, S. 620–632; VATER, H., M&A Accounting, S. 1841–1848.

12 Gang der Untersuchung

Die vorliegende Arbeit umfasst insgesamt sechs Kapitel. Im Anschluss an die einleitenden Ausführungen des ersten Kapitels werden im **zweiten Kapitel** die Grundlagen zu dem hier betrachteten Sachverhalt gelegt, indem mögliche Beweggründe für die Wahl einer solchen Transaktionsstruktur angeführt und im Wesentlichen die konstituierenden Merkmale eines Unternehmenszusammenschlusses durch Einlage von Kapitalgesellschaftsanteilen erläutert werden. Ein Schwerpunkt liegt dabei auf den gesellschaftsrechtlichen Vorschriften betreffend die Kapitalerhöhung einer Kapitalgesellschaft, die für das Verständnis der Transaktion von zentraler Bedeutung sind.

Aufbauend auf diesen Grundlagen wird im **dritten Kapitel** die Einlage von Kapitalgesellschaftsanteilen unter wirtschaftlichen Gesichtspunkten charakterisiert und mit einem gewöhnlichen Erwerb verglichen. Dabei werden vor allem die Auswirkungen des Zusammenschlusses zum einen auf die Gesellschafter der jeweiligen Unternehmen und zum anderen auf den Konzern berücksichtigt, um eine Grundlage für die nachfolgende Analyse zu schaffen. Ferner wird der Zusammenschluss nach den Beherrschungsverhältnissen auf Gesellschafterebene, die sich aus der Gewährung einer gesellschaftsrechtlichen Beteiligung am aufnehmenden Unternehmen ergeben können, systematisiert und sein Charakter abschließend beurteilt.

Als Voraussetzung einer fundierten Analyse der konzernbilanziellen Abbildung eines Zusammenschlusses durch Einlage von Kapitalgesellschaftsanteilen wird im **vierten Kapitel** das *Conceptual Framework for Financial Reporting* zur Analyse- und Würdigungsgrundlage bestimmt. Im Rahmen der Erläuterung des Zieles der (Konzern-)Berichterstattung und der qualitativen Anforderungen an die Vermittlung entscheidungsnützlicher Informationen wird bereits der Bezug zu dem hier betrachteten Sachverhalt hergestellt, um die für die nachfolgende Analyse besonders gewichtigen Anforderungen hervorzuheben. Ferner werden die einschlägigen Regelungen des IASB zur bilanziellen Abbildung einer Einlage von Kapitalgesellschaftsanteilen sowohl im Einzel- als auch im Konzernabschluss überblicksartig vorgestellt.

Der Schwerpunkt der Untersuchung liegt schließlich auf der kritischen Analyse und Würdigung verschiedener Kapitalkonsolidierungsmethoden zur Abbildung von Unternehmenszusammenschlüssen durch Einlage von Kapitalgesellschaftsanteilen und somit auf dem **fünften Kapitel** der vorliegenden Arbeit. Aufgrund der vorzubringenden Kritik an den aktuellen Vorschriften des IFRS 3 werden neben der verpflichtend anzuwendenden Erwerbsmethode (Abschnitt 52) sowohl die Interessenzusammenführungsmethode (Abschnitt 53) als auch die Neugründungsmethode (Abschnitt 54) als potenzielle Alternativen in die Analyse einbezogen. Ziel der Analyse ist es, die durch die jeweiligen Methoden vermittelten Informationen vor dem Hintergrund des wirtschaftlichen Charakters des hier betrachteten Zusammenschlusses zu interpretieren und auf ihre Entscheidungsnützlichkeit für die primären Adressaten des Konzernabschlusses zu prüfen. Die Struktur der Analyse der jeweiligen Methoden orientiert sich im Wesentlichen an den Schritten der Erwerbsmethode, wie sie der Standardsetzer in IFRS 3 vorgesehen hat. Während die Identifizierung eines Erwerbers bei der Abbildung eines Unternehmenszusammenschlusses nach der Erwerbsmethode eine zentrale Rolle einnimmt und daher einer kritischen Beurteilung bedarf, kann auf eine solche Betrachtung im Rahmen der Analyse der alternativen Methoden verzichtet werden, da diese im Unterschied zur Erwerbsmethode nicht zwischen einem Erwerber und einem Erworbenen unterscheiden. Im Mittelpunkt der Untersuchung stehen der Ansatz und die Bewertung der Vermögenswerte und Schulden der sich zusammenschließenden Unternehmen sowie die Erfassung eines Unterschiedsbetrages aus der Kapitalkonsolidierung. Eine Betrachtung des Ausweises des Konzerneigenkapitals und seiner Bestandteile rundet die Analyse ab. Die Ergebnisse der Analyse der verschiedenen Methoden werden schließlich zusammengeführt, gegeneinander abgewogen und vor dem Ziel der Finanzberichterstattung nach IFRS gewürdigt (Abschnitt 55). Das fünfte Kapitel schließt mit einer Empfehlung zur Bilanzierung des betrachteten Sachverhaltes.

Zum Schluss werden die wesentlichen Erkenntnisse der Untersuchung im **sechsten Kapitel** der vorliegenden Arbeit prägnant zusammengefasst und die Erwartungen an den Standardsetzer zur Weiterentwicklung des IFRS 3 hinsichtlich der Abbildung eines Unternehmenszusammenschlusses durch Einlage von Kapitalgesellschaftsanteilen formuliert.

2 Grundlagen zu Unternehmenszusammenschlüssen durch Einlage von Kapitalgesellschaftsanteilen

21 Vorbemerkung

Die bevorstehende Charakterisierung von Unternehmenszusammenschlüssen durch Einlage von Kapitalgesellschaftsanteilen sowie die kritische Analyse ihrer bilanziellen Abbildung im Konzernabschluss erfordern ein genaues Verständnis des zugrunde liegenden Sachverhaltes. Zu diesem Zweck wird in dem folgenden Abschnitt 22 zunächst auf mögliche Beweggründe der Entscheidung für eine solche Strukturierung von Unternehmenszusammenschlüssen eingegangen, um an späterer Stelle daraus Implikationen für ihren wirtschaftlichen Charakter abzuleiten. Anschließend werden in Abschnitt 23 die betriebswirtschaftlichen Grundzüge sowohl von Unternehmenszusammenschlüssen im Allgemeinen (Abschnitt 231.) als auch der Einlage von Kapitalgesellschaftsanteilen im Speziellen (Abschnitt 232.) erläutert. Da die Einlage von Kapitalgesellschaftsanteilen eine „besondere gesellschaftsrechtliche Komponente“[26] enthält, kann dabei auf eine tiefergehende Auseinandersetzung mit den entsprechenden aktienrechtlichen Vorschriften nicht verzichtet werden.

22 Beweggründe für Unternehmenszusammenschlüsse durch Einlage von Kapitalgesellschaftsanteilen

Der Zusammenschluss von Unternehmen durch Einlage von Kapitalgesellschaftsanteilen hat sich zu einem gängigen Instrument der Konzernierung entwickelt.[27] Anstelle der Hingabe liquider Mittel für den Erwerb einer Beteiligung überträgt das aufnehmende Unternehmen Eigenkapitalanteile an die ehemaligen Gesellschafter des aufzunehmenden Unternehmens.[28] Ein wesentlicher Vorteil dieser Strukturierung liegt in der **Vermeidung einer finanziellen Belastung** für das aufnehmende Unternehmen,[29] da keine liquiden Mittel für den Zusammenschluss eingesetzt oder – falls das aufnehmende Unternehmen nicht über ausreichende liquide Mittel verfügt – Verbindlichkeiten aufgenommen werden müssen.[30] Im Vergleich zu einer Fremdfinanzierung führt die Einlage im Rahmen einer Kapitalerhöhung ferner zu einer positiven Beeinflussung der Kapitalstruktur im Sinne einer höheren Eigenkapitalquote.[31] Werden indes zurückerworbene eigene Anteile im Gegenzug für die Beteiligung hingegeben, kommt es nur dann zu den beschriebenen Effekten, sofern das aufnehmende Unternehmen die Anteile bereits im

---

[26] REICHELT, D., Anteilstausch, S. 104 m. w. N.

[27] Vgl. STRAUß, I., Akquisitionsfinanzierung, S. 192; KUHNER, C., Abbildung von Unternehmenskäufen, S. 12 m. w. N.; FASSBENDER, E./KILLAT, G., Bedeutung von Aktien als Akquisitionswährung, S. 435 f.; MARTENS, K.-P., Bewertung eines Beteiligungserwerbs, S. 283. Siehe hierzu auch Abschnitt 11 der vorliegenden Arbeit.

[28] Vgl. GROS, S., Aktie als Akquisitionswährung, S. 782.

[29] Vgl. KOCH, C./HOFACKER, K., Merger of Equals, S. 542.

[30] Vgl. REINER, G./GEUTER, T., Anteilstausch als Mittel oder Folge, S. 549.

[31] Vgl. GROS, S., Aktie als Akquisitionswährung, S. 782.

Bestand hält.[32] Müssen die Anteile zur Vorbereitung des Zusammenschlusses zunächst beschafft werden, bedingt der Rückerwerb einen Abfluss liquider Mittel.[33]

Ein Anreiz zur Finanzierung von Unternehmenszusammenschlüssen durch Eigenkapitalanteile besteht mithin immer dann, wenn die Verwendung neuer oder eigener Anteile günstiger erscheint als die Beschaffung liquider Mittel auf dem Finanzmarkt.[34] Dabei kann das aufnehmende Unternehmen seine eigene Marktkapitalisierung zu seinem Vorteil nutzen.[35] Je höher die Eigenkapitalanteile am Markt bewertet sind, desto wertvoller können sie im Rahmen eines Unternehmenszusammenschlusses eingesetzt werden. Vor allem, wenn die Geschäftsführung eine **Überbewertung ihrer Anteile** am Markt vermutet, bietet sich eine Finanzierung mithilfe von Eigenkapitalanteilen an,[36] da tendenziell weniger Anteile hingegeben werden müssen, als das bei angemessener Bewertung der Fall wäre. Eine hohe Marktkapitalisierung des aufnehmenden Unternehmens bevorteilt insofern die Durchführung eines Zusammenschlusses mittels Eigenkapitalanteilen[37] und wird daher zunehmend von Unternehmen in der beschriebenen Weise genutzt.[38] Ferner genügt im Rahmen eines Anteilstausches eine Einigung auf ein Austauschverhältnis anstelle eines absoluten Verkaufspreises. Eine solche relative Bewertung ist häufig einfacher als die Bestimmung eines absoluten Wertes.[39] Sollen Unternehmen der gleichen Branche zusammengeschlossen werden, bestehen vermutlich ähnliche Bewertungsunsicherheiten, die dann außer Acht gelassen werden können.[40]

Teilweise werden Zusammenschlüsse erst durch die Verwendung von Eigenkapitalanteilen als Akquisitionswährung ermöglicht.[41] Zum einen kann es aufgrund eines hohen Transaktionsvolumens wirtschaftlich nicht sinnvoll oder gar nicht möglich sein, einen Zusammenschluss mithilfe eines Erwerbes durchzuführen.[42] Dabei scheitert es häufig an einer nicht ausreichenden **Verfügbarkeit liquider Mittel** oder an den mit einer Fremdkapitalaufnahme verbundenen Risiken.[43] Zum anderen können die Gesellschafter des aufzunehmenden Unternehmens an einem Verkauf ihrer Anteile nicht interessiert sein. So ist es vorstellbar, dass eine größere **Bereitschaft zur Einlage** als zur Veräußerung der Beteiligung besteht.[44] Dabei ist allerdings zu beachten, dass den ehemaligen Gesellschaftern des aufzunehmenden Unternehmens in diesem Zuge eine

32 Der Aufbau des Bestandes an eigenen Anteilen erforderte bereits in der Vergangenheit einen Abfluss liquider Mittel, sodass sich der Zusammenschluss nicht mehr auf die Finanzlage des aufnehmenden Unternehmens auswirkt.

33 Vgl. PICOT, G., Aktie als Akquisitionswährung, S. 266; BÖHM, K. J., Rückkauf eigener Aktien, S. 333.

34 Vgl. REINER, G./GEUTER, T., Anteilstausch als Mittel oder Folge, S. 549.

35 Vgl. REICHELT, D., Anteilstausch, S. 105.

36 Vgl. KUHNER, C./LÜDTKE-HANDJERY, A., Aktivierung eigenen Börsenwertes, S. 549 f.

37 Vgl. KOCH, C./HOFACKER, K., Merger of Equals, S. 542.

38 Vgl. KÜTING, K./WIRTH, J., Int. Konzernrechnungslegung, S. 1190.

39 Vgl. SCHMITZ, D., Aktien als Akquisitionswährung, S. 320.

40 Vgl. MAIER-REIMER, G., Wert der Sacheinlage, S. 264.

41 Vgl. KOCH, C./HOFACKER, K., Merger of Equals, S. 542; SCHMITZ, D., Aktien als Akquisitionswährung, S. 320.

42 Vgl. SCHMIDSBERGER, G., Aspekte bei Fusionen, S. 667.

43 Vgl. KOCH, C./HOFACKER, K., Merger of Equals, S. 542.

44 Vgl. ENDRES, D./ECKSTEIN, H.-M., Gestaltung von Übernahmen, S. 308.

mitgliedschaftsrechtliche Beteiligung eingeräumt wird, die ihnen neben den Vermögensrechten in aller Regel auch Verwaltungsrechte gewährt.[45] Möglicherweise haben die Gesellschafter sogar ein Interesse daran, Gesellschafter des aufnehmenden Unternehmens zu werden, um die Unternehmen im größeren Verbund gemeinsam zu führen.[46]

Ein weiteres Motiv für einen Zusammenschluss durch Einlage von Kapitalgesellschaftsanteilen kann ein sogenannter **indirekter Börsengang** sein, der im Vergleich zu einem regulären Börsengang zügig und kostengünstig durchgeführt werden kann.[47] Zu diesem Zweck bietet es sich an, ein verhältnismäßig großes, aber nicht börsennotiertes Unternehmen in ein in der Regel kleineres, dafür aber börsennotiertes Unternehmen einzulegen, um auf diese Weise eine Börsennotierung des größeren Unternehmens zu erreichen.[48]

23 Konstituierende Merkmale von Unternehmenszusammenschlüssen durch Einlage von Kapitalgesellschaftsanteilen

231. Unternehmenszusammenschlüsse

Unternehmenszusammenschlüsse[49] stellen eine Form der unternehmerischen Zusammenarbeit dar,[50] bei der sich mindestens zwei bislang voneinander unabhängige Unternehmen zu einer **wirtschaftlichen Einheit** zusammenschließen (sog. Unternehmenskonzentration[51]).[52] Durch einen Unternehmenszusammenschluss verlieren die sich zusammenschließenden Unternehmen ihre wirtschaftliche Unabhängigkeit,[53] da sie ab dem Zeitpunkt des Zusammenschlusses von einem übergeordneten Unternehmen dominiert werden oder untergeordnete Unternehmen dominieren.[54] Konstituierend für einen Unternehmenszusammenschluss ist dementsprechend die Unterordnung der sich zusammenschließenden Unternehmen unter eine **einheitliche Leitung**.[55] Hinsichtlich der Konkretisierung des Tatbestandes der einheitlichen Leitung werden in der Literatur verschiedene Auffassungen vertreten.[56] Einigkeit besteht jedoch darin, dass es nicht auf

---

45 Vgl. KLASEN, E., Akquisition in Krisenzeiten, S. 531; GROS, S., Aktie als Akquisitionswährung, S. 783.

46 Vgl. REINER, G./GEUTER, T., Anteilstausch als Mittel oder Folge, S. 549.

47 Vgl. SEPPELFRICKE, P./SEPPELFRICKE, J., Reverse Merger, S. 581; ZUR NIEDEN, N./BAUR, C., Reverse Acquisition, S. 191; BÖSL, K., Indirekter Börsengang, S. 302.

48 Vgl. SEPPELFRICKE, P./SEPPELFRICKE, J., Going Public, S. 365; VATER, H., Reverse IPO, S. 2445.

49 Die Begriffe Unternehmenszusammenschluss, -akquisition, -erwerb und -kauf werden in der Literatur häufig synonym verwendet. Nach hier vertretener Auffassung ist der Begriff Unternehmenszusammenschluss der umfassendste dieser Begriffe und wird daher in diesem Sinne als Oberbegriff in der vorliegenden Arbeit verwendet.

50 Vgl. KÜTING, K., Unternehmerische Zusammenarbeit, S. 1.

51 Von dem Begriff der Unternehmenskonzentration ist der Begriff der Unternehmenskooperation abzugrenzen, bei der die kooperierenden Unternehmen auch wirtschaftlich unabhängig bleiben. Vgl. WÖHE, G./DÖRING, U./BRÖSEL, G., Allgemeine Betriebswirtschaftslehre, S. 237 f.

52 Vgl. WÖHE, G./DÖRING, U./BRÖSEL, G., Allgemeine Betriebswirtschaftslehre, S. 237 f.; KRAWITZ, N./KLOTZBACH, D., Fresh-Start-Methode, S. 1167; LIECK, H., Bilanzierung von Umwandlungen, S. 9.

53 Vgl. WÖHE, G./DÖRING, U./BRÖSEL, G., Allgemeine Betriebswirtschaftslehre, S. 238.

54 Vgl. BAETGE, J./KIRSCH, H.-J./THIELE, S., Konzernbilanzen, S. 7. Der Sonderfall eines Gleichordnungskonzerns soll in der vorliegenden Arbeit nicht behandelt werden.

55 Vgl. HORN, N., Internationale Unternehmenszusammenschlüsse, S. 475; WÖHE, G./DÖRING, U./BRÖSEL, G., Allgemeine Betriebswirtschaftslehre, S. 238; KÜTING, K./WEBER, C.-P., Konzernabschluss, S. 41.

56 Vgl. KÜTING, K., Unternehmerische Zusammenarbeit, S. 15.

die Grundlage zur Ausübung der einheitlichen Leitung ankommt.[57] Insofern kann ein solcher Zusammenschluss vielfältig gestaltet werden.[58] Je nach Gestaltung können sich daraus Unterschiede sowohl in rechtlicher als auch in wirtschaftlicher Hinsicht ergeben.[59]

Grundsätzlich stehen den sich zusammenschließenden Unternehmen zwei Möglichkeiten zum Zusammenschluss zur Verfügung.[60] Zum einen kann sich ein Unternehmen durch die Übernahme einer beherrschungsvermittelnden Kapitalbeteiligung am Eigenkapital des aufzunehmenden Unternehmens beteiligen (***share deal***).[61] In diesem Fall wird das aufzunehmende Unternehmen zu einem wirtschaftlich abhängigen Tochterunternehmen, behält aber weiterhin seine rechtliche Selbständigkeit.[62] Folglich entsteht ein Konzern.[63] Zum anderen kann ein Unternehmen auch die einzelnen Vermögenswerte und Schulden des aufzunehmenden Unternehmens im Rahmen der Einzel- oder Gesamtrechtsnachfolge übernehmen (***asset deal***).[64] In diesem Fall entsteht sowohl eine wirtschaftliche als auch eine rechtliche Einheit aus den sich zusammenschließenden Unternehmen.[65] Von dem aufzunehmenden Unternehmen verbleibt dann nur ein rechtlicher Mantel.[66]

Wenngleich das zugrunde liegende Rechtsgeschäft sowie die Rechtsform der sich zusammenschließenden Unternehmen für die Einordnung eines Geschäftsvorfalles als Unternehmenszusammenschluss grundsätzlich unbeachtlich sind,[67] wird im weiteren Verlauf der vorliegenden Arbeit auf den Zusammenschluss von Kapitalgesellschaften durch Übernahme einer Kapitalbeteiligung abgestellt, da sich die Beherrschung auf der Grundlage der mit einer Kapitalbeteiligung verbundenen Rechte eindeutig als überwiegendes Bindungsinstrument identifizieren lässt.[68] Im Rahmen dieser Arbeit soll daher regelungsunabhängig unter einem Unternehmenszusammenschluss allgemein ein Geschäftsvorfall verstanden werden, bei dem eine Kapitalgesellschaft mithilfe einer Kapitalbeteiligung (*share deal*) die Beherrschung über eine andere Kapitalgesellschaft erlangt.

---

57 Vgl. KÜTING, K., Unternehmerische Zusammenarbeit, S. 16; KÜTING, K./WEBER, C.-P., Konzernabschluss, S. 42.

58 Vgl. WYATT, A. R., Critical Study of Accounting, S. 69.

59 Vgl. PELLENS, B. U. A., Int. Rechnungslegung, S. 843.

60 Ferner sind auch Unternehmenszusammenschlüsse denkbar, die auf rein vertraglicher Grundlage beruhen, die aber in der vorliegenden Arbeit nicht betrachtet werden sollen. Vgl. hierzu allgemein FUCHS, M./STIBI, B., Combinations by Contract Alone, S. 1010–1015.

61 Vgl. PELLENS, B. U. A., Int. Rechnungslegung, S. 847; SCHÜPPEN, M./WALZ, S., Ablauf und Formen eines Unternehmenskaufs, S. 54 f.; BECK, R./KLAR, M., Asset Deal vs. Share Deal, S. 2819.

62 Vgl. KRAWITZ, N./KLOTZBACH, D., Fresh-Start-Methode, S. 1167; PELLENS, B. U. A., Int. Rechnungslegung, S. 847.

63 Unter einem Konzern ist die Verbindung rechtlich selbständiger, aber wirtschaftlich abhängiger Unternehmen zu verstehen. Vgl. VON WYSOCKI, K./WOHLGEMUTH, M./BRÖSEL, G., Konzernrechnungslegung, S. 3; BAETGE, J./KIRSCH, H.-J./THIELE, S., Konzernbilanzen, S. 7.

64 Vgl. PELLENS, B. U. A., Int. Rechnungslegung, S. 847.

65 Vgl. LIECK, H., Bilanzierung von Umwandlungen, S. 9.

66 Vgl. BECK, R./KLAR, M., Asset Deal vs. Share Deal, S. 2819.

67 Vgl. HOFFMANN, I., Interessenzusammenführung, S. 43.

68 Vgl. KÜTING, K., Unternehmerische Zusammenarbeit, S. 16.

Die Kapitalgesellschaftsanteile an dem aufzunehmenden Unternehmen können im Allgemeinen auf drei Arten übernommen werden.[69] Die erste Möglichkeit besteht darin, die Übernahme der Anteile durch direkte Verhandlungen mit den Gesellschaftern des aufzunehmenden Unternehmens zu bewirken. Diese Möglichkeit kommt allerdings nur für den Fall eines einzelnen Gesellschafters oder weniger maßgeblich beteiligter Gesellschafter infrage. Daher dürfte die Absicht zur Übernahme der Anteile regelmäßig im Rahmen der zweiten Möglichkeit mithilfe eines öffentlichen Übernahmeangebotes an die Gesellschafter des aufzunehmenden Unternehmens herangetragen werden.[70] Sofern die Anteile an dem aufzunehmenden Unternehmen zum Handel an einer Börse zugelassen sind, bietet sich grundsätzlich als dritte Möglichkeit auch ein Erwerb über die Börse an. Für einen Unternehmenszusammenschluss durch Einlage von Kapitalgesellschaftsanteilen ist der Erwerb über die Börse indes nicht geeignet, da sich eine gesellschaftsrechtliche Sacheinlage nicht über die Börse abwickeln lässt.[71]

Von besonderer Bedeutung für die vorliegende Arbeit ist die Unterscheidung von Unternehmenszusammenschlüssen nach der Form der an die ehemaligen Gesellschafter des aufzunehmenden Unternehmens übertragenen Gegenleistung. Bei einem gewöhnlichen Erwerb überträgt das aufnehmende Unternehmen Vermögenswerte – in der Regel liquide Mittel – als Gegenleistung für die Kapitalbeteiligung an dem aufzunehmenden Unternehmen an dessen ehemalige Gesellschafter.[72] Alternativ können den ehemaligen Gesellschaftern des aufzunehmenden Unternehmens Eigenkapitalanteile an dem aufnehmenden Unternehmen gewährt werden.[73] In letzterem Fall wird der Unternehmenszusammenschluss durch eine gesellschaftsrechtliche Einlage von Kapitalgesellschaftsanteilen begründet.[74]

232. Einlage von Kapitalgesellschaftsanteilen

232.1 Vorbemerkung

Bei einem Unternehmenszusammenschluss durch Einlage von Kapitalgesellschaftsanteilen bringen die ehemaligen Gesellschafter des aufzunehmenden Unternehmens ihre bislang gehaltene Kapitalbeteiligung an ebendiesem Unternehmen in das aufnehmende Unternehmen ein und erhalten im Gegenzug dafür eine Kapitalbeteiligung an dem aufnehmenden Unternehmen (sog.

---

69 Vgl. hier und im Folgenden KÜTING, K., Unternehmerische Zusammenarbeit, S. 16.

70 Vgl. MARTENS, K.-P., Fusionsmodelle, S. 288.

71 Vgl. REICHERT, J./HARBARTH, S., Veräußerung und Einziehung eigener Aktien, S. 1442.

72 Vgl. PICOT, G., Aktie als Akquisitionswährung, S. 265.

73 Vgl. GROS, S., Aktie als Akquisitionswährung, S. 779; FOCKEN, E./LENZ, H., Spielräume der Kapitalkonsolidierung, S. 2438.

74 Vgl. KUHN, K., Sacheinlage bei Kapitalgesellschaften, S. 647; WASSERMEYER, F., Unternehmenserwerb durch Anteilstausch, S. 59. Diese Art des Zusammenschlusses wird in der Literatur vermehrt als Fusion bezeichnet. Allerdings ist zwischen Fusionen im betriebswirtschaftlichen, finanzwirtschaftlichen und juristischen Sinn zu unterscheiden. Fusionen im *betriebswirtschaftlichen* Sinn umfassen sämtliche Unternehmenszusammenschlüsse auf Basis einer Kapitalbeteiligung. Sofern als Gegenleistung für die Kapitalbeteiligung – wie im hier betrachteten Fall – Gesellschaftsrechte an dem aufnehmenden Unternehmen gewährt werden, liegt eine Fusion im *finanzwirtschaftlichen* Sinn vor. Eine Fusion im *juristischen* Sinn bezeichnet schließlich die umwandlungsrechtliche Verschmelzung. Vgl. KRAWITZ, N./LEUKEL, S., Unternehmensfusionen, S. 92.

Sacheinlage).[75] Die dazu erforderlichen Eigenkapitalanteile des aufnehmenden Unternehmens können zum einen durch eine speziell zu diesem Zweck durchgeführte Kapitalerhöhung des aufnehmenden Unternehmens geschaffen werden.[76] Zum anderen kann das aufnehmende Unternehmen bereits bestehende eigene Anteile zurückerwerben, um sie anschließend an die ehemaligen Gesellschafter des aufzunehmenden Unternehmens zu übertragen.[77] Diese beiden Möglichkeiten, Eigenkapitalanteile des aufnehmenden Unternehmens zu beschaffen, werden in den folgenden beiden Abschnitten 232.2 bzw. 232.3 jeweils zunächst erläutert und anschließend hinsichtlich ihrer Eignung zur Durchführung eines Unternehmenszusammenschlusses beurteilt. Ferner wird in Abschnitt 232.4 die Bedeutung des Austauschverhältnisses der Kapitalanteile des aufnehmenden Unternehmens zu denen des aufzunehmenden Unternehmens für den Unternehmenszusammenschluss beschrieben.

232.2 Kapitalerhöhung gegen Sacheinlage

232.21 Kapitalerhöhung

232.211. Überblick

Eine Möglichkeit zur Beschaffung der für den Unternehmenszusammenschluss erforderlichen Anteile am Eigenkapital des aufnehmenden Unternehmens besteht in der **Erhöhung des Eigenkapitals**[78] der Kapitalgesellschaft[79]. Bei der Kapitalerhöhung wird das Nominalkapital einer Kapitalgesellschaft (Grund- bzw. Stammkapital) erhöht, indem zusätzliche Eigenkapitalanteile ausgegeben werden.[80] Da die Erhöhung des Grundkapitals einer Aktiengesellschaft einer Satzungsänderung bedarf, ist grundsätzlich eine Beschlussfassung der Hauptversammlung mit einer Dreiviertelmehrheit[81] des vertretenen Kapitals erforderlich und die Kapitalerhöhung beim

---

75 Vgl. GROS, S., Aktie als Akquisitionswährung, S. 779; PICOT, G., Aktie als Akquisitionswährung, S. 266; RAMMERT, S., Pooling of Interests, S. 622.

76 Vgl. hier und im folgenden Satz GROS, S., Aktie als Akquisitionswährung, S. 779; PICOT, G., Aktie als Akquisitionswährung, S. 266 f.; LEINEN, M., Kapitalkonsolidierung im mehrstufigen Konzern, S. 154 f.; BALZER, A., Auswirkungen eines Unternehmenszusammenschlusses, S. 129.

77 Sowohl bei der Kapitalerhöhung als auch bei der Übertragung eigener Anteile handelt es sich um offene (gesellschaftsrechtliche) Einlagen. Davon abzugrenzen sind sog. verdeckte Einlagen, bei denen ein Gesellschafter dem Unternehmen einen Vermögensvorteil zuwendet, ohne dafür mit Eigenkapitalanteilen an diesem Unternehmen entschädigt zu werden. Vgl. LÜDENBACH, N./FREIBERG, J., Verdeckte Einlagen, S. 1545. Da es verdeckten Einlagen an der gesellschaftsrechtlichen Komponente, durch die die ehemaligen Gesellschafter des aufzunehmenden Unternehmens zu Gesellschaftern des aufnehmenden Unternehmens werden, fehlt, sind verdeckte Einlagen nicht Teil der weiteren Betrachtung.

78 Jede Erhöhung des Eigen- oder Fremdkapitals ist eine Kapitalerhöhung im eigentlichen Sinn. In der vorliegenden Arbeit wird unter einer Kapitalerhöhung allerdings wie in der überwiegenden betriebswirtschaftlichen Literatur nur die Erhöhung des Eigenkapitals durch Zuführung von außen verstanden. Vgl. BIEG, H., Eigenkapitalbeschaffung (Teil II), S. 153.

79 Die gesellschaftsrechtlichen Regelungen zur Kapitalerhöhung von Gesellschaften mit beschränkter Haftung (GmbH) entsprechen inhaltlich weitestgehend den Regelungen für Aktiengesellschaften (AG). Da die Beteiligungsfinanzierung der AG unter sämtlichen Rechtsformen am umfangreichsten geregelt ist, wird im Folgenden auf die AG abgestellt und auf eine gesonderte Betrachtung der Regelungen für die GmbH verzichtet. Vgl. BIEG, H., Eigenkapitalbeschaffung (Teil I), S. 107.

80 Vgl. COENENBERG, A. G./HALLER, A./SCHULTZE, W., Jahresabschlussanalyse, S. 337, 341.

81 Vgl. § 182 Abs. 1 Satz 1 AktG, § 193 Abs. 1 Satz 1 AktG, § 202 Abs. 2 Satz 2 AktG. Die Satzung kann gemäß § 182 Abs. 1 Sätze 2 und 3 AktG (ordentliche Kapitalerhöhung) eine abweichende bzw. gemäß § 193

Registergericht anzumelden.[82] Nach der Zeichnung der neuen Anteile wird die Kapitalerhöhung schließlich durch die Eintragung im Handelsregister wirksam.[83] Die Beschaffung der Eigenkapitalanteile durch eine Kapitalerhöhung hat den Vorteil, dass die Gesellschaft keine Liquidität zur Durchführung des Unternehmenszusammenschlusses benötigt.[84]

Der **Ausgabebetrag** der neuen Anteile muss nicht zwingend ihrem Nennwert entsprechen. Die Hauptversammlung kann im Erhöhungsbeschluss einen höheren Ausgabebetrag als den Nennwert (über pari) bestimmen.[85] Die Differenz wird als Aufgeld oder Agio bezeichnet und erhöht die Kapitalrücklage der Kapitalgesellschaft.[86] Eine Ausgabe der neuen Anteile gegen einen geringeren Betrag als den Nennwert (unter pari) widerspricht hingegen dem Prinzip der realen Kapitalaufbringung und ist daher nicht zulässig.[87]

Das Aktiengesetz sieht insgesamt vier **Möglichkeiten zur Kapitalerhöhung** vor.[88] Im Folgenden wird auf die ordentliche, die bedingte und die genehmigte Kapitalerhöhung als für einen Unternehmenszusammenschluss potenziell geeignete Formen der Kapitalerhöhung näher eingegangen. Die vierte Möglichkeit beschreibt die Kapitalerhöhung aus Gesellschaftsmitteln, durch die dem Unternehmen kein Kapital von außen in Form von Einlagen zugeführt wird, sondern Rücklagen in Grundkapital umgewandelt werden.[89] Dabei werden zwar neue Eigenkapitalanteile ausgegeben,[90] diese stehen aber den Gesellschaftern der Kapitalgesellschaft entsprechend ihrer bisherigen Kapitalbeteiligung zu.[91] Eine Hingabe dieser neuen Anteile an die ehemaligen Gesellschafter des aufzunehmenden Unternehmens im Gegenzug für die Einlage

---

Abs. 1 Satz 2 AktG (bedingte Kapitalerhöhung) und gemäß § 202 Abs. 2 Satz 3 AktG (genehmigte Kapitalerhöhung) eine höhere Mehrheit sowie weitere Erfordernisse vorsehen.

82 Vgl. § 184 Abs. 1 Satz 1 AktG; sowie BAETGE, J./KIRSCH, H.-J./THIELE, S., Bilanzen, S. 492; COENENBERG, A. G./HALLER, A./SCHULTZE, W., Jahresabschlussanalyse, S. 341.

83 Vgl. COENENBERG, A. G./HALLER, A./SCHULTZE, W., Jahresabschlussanalyse, S. 341; PICOT, G., Aktie als Akquisitionswährung, S. 268.

84 Vgl. DIETZ, F., Aktien als Akquisitionswährung, S. 24.

85 Vgl. § 182 Abs. 3 AktG; sowie COENENBERG, A. G./HALLER, A./SCHULTZE, W., Jahresabschlussanalyse, S. 341.

86 Vgl. WÖHE, G. U. A., Unternehmensfinanzierung, S. 84.

87 Vgl. § 9 Abs. 1 AktG; sowie COENENBERG, A. G./HALLER, A./SCHULTZE, W., Jahresabschlussanalyse, S. 341. Das Prinzip der realen Kapitalaufbringung ist von dem Prinzip der nominalen Kapitalerhaltung abzugrenzen. Zum Prinzip der realen Kapitalaufbringung vgl. DRYGALA, T./STAAKE, M./SZALAI, S., Kapitalgesellschaftsrecht, S. 382.

88 Im Vergleich zur AG stehen der GmbH insgesamt nur drei dieser Möglichkeiten zur Kapitalerhöhung zur Verfügung. Die Möglichkeit zur Schaffung eines bedingten Kapitals ist für die GmbH nicht vorgesehen. Vgl. COENENBERG, A. G./HALLER, A./SCHULTZE, W., Jahresabschlussanalyse, S. 341, 343.

89 Vgl. COENENBERG, A. G./HALLER, A./SCHULTZE, W., Jahresabschlussanalyse, S. 342; PERRIDON, L./STEINER, M./RATHGEBER, A., Finanzwirtschaft, S. 442.

90 Bei Stückaktien kann die Kapitalerhöhung auch ohne die Ausgabe neuer Anteile durchgeführt werden. Vgl. BAETGE, J./KIRSCH, H.-J./THIELE, S., Bilanzen, S. 496.

91 Vgl. WÖHE, G. U. A., Unternehmensfinanzierung, S. 121; BAETGE, J./KIRSCH, H.-J./THIELE, S., Bilanzen, S. 495.

ihrer Eigenkapitalanteile scheidet somit aus. Folglich ist eine Kapitalerhöhung aus Gesellschaftsmitteln zur Schaffung der erforderlichen Eigenkapitalanteile zum Zweck eines Unternehmenszusammenschlusses nicht geeignet.[92]

232.212. Ordentliche Kapitalerhöhung

Die ordentliche Kapitalerhöhung stellt den Basisfall dar, bei dem das Grundkapital der Aktiengesellschaft durch Beschluss der Hauptversammlung und Ausgabe neuer Anteile gegen Bar- oder Sacheinlagen erhöht wird.[93] Wenngleich der Zweck und der Nennwert der Kapitalerhöhung im Erhöhungsbeschluss festgelegt werden müssen, ist die ordentliche Kapitalerhöhung aktienrechtlich weder auf einen bestimmten Zweck noch im Volumen beschränkt.[94] Die Hauptversammlung kann ferner einen Mindestausgabebetrag oberhalb des Nennwertes bestimmen.[95] Sofern eine Sacheinlage erbracht werden soll, muss diese im Zeitpunkt der Beschlussfassung feststehen, da sie im Beschluss konkret zu benennen ist.[96]

Den Gesellschaftern der Kapitalgesellschaft steht ein gesetzliches **Bezugsrecht** auf die neuen Anteile im Verhältnis ihrer bisherigen Beteiligung am Grundkapital zu, das ihnen grundsätzlich nicht entzogen werden kann.[97] Das Recht auf den Bezug der neuen Anteile soll den bisherigen Gesellschaftern die Möglichkeit geben, ihren Kapitalanteil an der Gesellschaft zu wahren.[98] Sofern die Gesellschafter ihr Bezugsrecht vollständig ausüben, bleibt ihr bisheriger Kapitalanteil auch nach Durchführung der Kapitalerhöhung erhalten.[99]

Im Rahmen eines Unternehmenszusammenschlusses bringen die ehemaligen Gesellschafter des aufzunehmenden Unternehmens ihre Eigenkapitalanteile als Sacheinlage in das aufnehmende Unternehmen ein.[100] Für die Schaffung von Eigenkapitalanteilen zur Vorbereitung des Unternehmenszusammenschlusses ist der **Ausschluss dieses Bezugsrechtes** unbedingte Voraussetzung,[101] da die neuen Anteile eben nicht zur Ausgabe an die bisherigen Gesellschafter des aufnehmenden Unternehmens, sondern zur Ausgabe an die ehemaligen Gesellschafter des aufzunehmenden Unternehmens vorgesehen sind.[102] Das Aktiengesetz lässt unter bestimmten Voraussetzungen den vollständigen oder teilweisen Ausschluss des Bezugsrechtes zu.[103] Für den

92 Vgl. DIETZ, F., Aktien als Akquisitionswährung, S. 26; PICOT, G., Aktie als Akquisitionswährung, S. 266.

93 Vgl. BAETGE, J./KIRSCH, H.-J./THIELE, S., Bilanzen, S. 493.

94 Vgl. SCHÜRNBRAND, J., in: Goette u. a., MüKo AktG, Bd. 4, §§ 182–191 AktG, Vorbemerkung, Rn. 3; SCHLITT, M., Finanzierungsstrategien, S. 32.

95 Vgl. § 182 Abs. 3 AktG; sowie BIEG, H., Eigenkapitalbeschaffung (Teil II), S. 154.

96 Vgl. § 183 Abs. 1 Satz 1 AktG; sowie DIETZ, F., Aktien als Akquisitionswährung, S. 24. Siehe hierzu auch Abschnitt 232.22 der vorliegenden Arbeit.

97 Vgl. § 186 Abs. 1 Satz 1 AktG; sowie BIEG, H., Eigenkapitalbeschaffung (Teil II), S. 154; PICOT, G., Aktie als Akquisitionswährung, S. 267.

98 Vgl. WÖHE, G. U. A., Unternehmensfinanzierung, S. 114; PERRIDON, L./STEINER, M./RATHGEBER, A., Finanzwirtschaft, S. 437; DIETZ, F., Aktien als Akquisitionswährung, S. 91.

99 Vgl. BIEG, H., Eigenkapitalbeschaffung (Teil II), S. 154.

100 Vgl. GROS, S., Aktie als Akquisitionswährung, S. 779; PICOT, G., Aktie als Akquisitionswährung, S. 267.

101 Vgl. WÖHE, G. U. A., Unternehmensfinanzierung, S. 113; BIEG, H., Eigenkapitalbeschaffung (Teil II), S. 154; PICOT, G., Aktie als Akquisitionswährung, S. 267.

102 Vgl. DIETZ, F., Aktien als Akquisitionswährung, S. 92.

103 Vgl. § 186 Abs. 3 Satz 1 AktG; sowie WÖHE, G. U. A., Unternehmensfinanzierung, S. 113.

Ausschluss bedarf es dabei eines Beschlusses der Hauptversammlung mit einer Dreiviertelmehrheit des vertretenen Grundkapitals.[104] Mit dem Ausschluss des Bezugsrechtes der bisherigen Gesellschafter der aufnehmenden Gesellschaft ist zwingend eine Veränderung ihrer Beteiligungsquote, mithin eine Verwässerung ihrer mitgliedschaftlichen Rechte verbunden.[105]

Grundsätzlich ist die ordentliche Kapitalerhöhung zur Beschaffung der für einen Unternehmenszusammenschluss erforderlichen Eigenkapitalanteile geeignet, da sie neben der Bareinlage auch die Sacheinlage (von Kapitalgesellschaftsanteilen) zulässt.[106] Allerdings ist eine ordentliche Kapitalerhöhung aufgrund der Einberufung der Hauptversammlung zur ordnungsgemäßen Beschlussfassung sowohl zeitaufwendig als auch kostenintensiv und schränkt daher die Flexibilität des Vorstandes hinsichtlich einer kurzfristigen Reaktion auf eine vorteilhafte Gelegenheit zu einem Zusammenschluss ein.[107] Dabei zwingt die konkrete Festlegung der Anteile am aufzunehmenden Unternehmen als Gegenstand der Sacheinlage den Vorstand zu einer gegebenenfalls unerwünschten und frühzeitigen Offenlegung der Pläne.[108] Darüber hinaus besteht aufgrund der erforderlichen Zustimmung der Hauptversammlung bis zu deren Beschlussfassung Ungewissheit bezüglich der Durchführung des Unternehmenszusammenschlusses. Eine ordentliche Kapitalerhöhung bietet sich daher nur in Ausnahmefällen zur Durchführung eines Unternehmenszusammenschlusses an.[109]

232.213. Bedingte Kapitalerhöhung

Eine weitere Möglichkeit zur Beschaffung von Eigenkapitalanteilen im Rahmen eines Unternehmenszusammenschlusses besteht in der bedingten Kapitalerhöhung. Mit der Beschlussfassung zu einer bedingten Kapitalerhöhung soll die Verfügbarkeit neuer Anteile sichergestellt werden, sofern die Kapitalerhöhung hinsichtlich des Umfanges und des Zeitpunktes noch ungewiss ist.[110] Mit dem Beschluss zur bedingten Kapitalerhöhung autorisiert die Hauptversammlung eine Erhöhung des Grundkapitals nur in dem Maße, wie ein Umtausch- oder Bezugsrecht ausgeübt wird, das die Gesellschaft einem bestimmten Personenkreis gewährt.[111] Der Kreis der Bezugsberechtigten ist im Beschluss anzugeben.[112]

---

[104] Vgl. § 186 Abs. 3 Satz 2 AktG; sowie PERRIDON, L./STEINER, M./RATHGEBER, A., Finanzwirtschaft, S. 437. Die Satzung kann gemäß § 186 Abs. 3 Satz 3 AktG eine höhere Mehrheit sowie weitere Erfordernisse vorsehen.

[105] Vgl. DIETZ, F., Aktien als Akquisitionswährung, S. 92.

[106] Vgl. DIETZ, F., Aktien als Akquisitionswährung, S. 24 f.

[107] Vgl. PICOT, G., Aktie als Akquisitionswährung, S. 267.

[108] Vgl. hier und im Folgenden DIETZ, F., Aktien als Akquisitionswährung, S. 24 f.

[109] Vgl. PICOT, G., Aktie als Akquisitionswährung, S. 267.

[110] Vgl. BAETGE, J./KIRSCH, H.-J./THIELE, S., Bilanzen, S. 494.

[111] Vgl. § 192 Abs. 1 Satz 1 AktG; sowie BIEG, H., Eigenkapitalbeschaffung (Teil III), S. 185; COENENBERG, A. G./HALLER, A./SCHULTZE, W., Jahresabschlussanalyse, S. 341.

[112] Vgl. § 193 Abs. 2 Nr. 2 AktG; sowie WÖHE, G. U. A., Unternehmensfinanzierung, S. 119 f.; PERRIDON, L./STEINER, M./RATHGEBER, A., Finanzwirtschaft, S. 441.

Der Gesetzgeber sieht für die bedingte Kapitalerhöhung im Unterschied zur ordentlichen Kapitalerhöhung ausschließlich drei **konkrete Zwecke** vor;[113] darunter auch die Vorbereitung eines Unternehmenszusammenschlusses. Im Rahmen eines Unternehmenszusammenschlusses gewährt das aufnehmende Unternehmen den ehemaligen Gesellschaftern des aufzunehmenden Unternehmens Bezugsrechte auf die neuen Anteile aus der bedingten Kapitalerhöhung.[114] Das konkrete aufzunehmende Unternehmen muss bereits zur Beschlussfassung feststehen, da ansonsten die Benennung der Bezugsberechtigten im Beschluss nicht möglich ist.[115] Ein gesetzliches **Bezugsrecht** der bisherigen Gesellschafter besteht hingegen nicht,[116] sodass es keines expliziten Ausschlusses – wie bei der ordentlichen Kapitalerhöhung – bedarf. Ferner ist der **Umfang** der bedingten Kapitalerhöhung zur Vorbereitung eines Unternehmenszusammenschlusses auf die Hälfte des bei der Beschlussfassung vorhandenen Grundkapitals beschränkt.[117]

Aufgrund der expliziten Berücksichtigung unter den zulässigen Zwecken einer bedingten Kapitalerhöhung kommt diese zur Vorbereitung eines Unternehmenszusammenschlusses grundsätzlich in Betracht.[118] Zwar ist die Kapitalerhöhung auf die Hälfte des Grundkapitals beschränkt, allerdings dürfte das in den meisten Fällen der Unternehmenszusammenschlüsse keine Einschränkung bedeuten.[119] Vielmehr gestattet die bedingte Kapitalerhöhung durch die Abhängigkeit von der tatsächlichen Ausübung der Bezugsrechte dem Vorstand eine größere Flexibilität hinsichtlich des Volumens und des Zeitpunktes der Erhöhung des Grundkapitals gegenüber einer ordentlichen Kapitalerhöhung,[120] da im Vorhinein zumeist nicht sicher ist, wie viele der ehemaligen Gesellschafter des aufzunehmenden Unternehmens ihre Anteile tatsächlich tauschen. Allerdings erfordert auch die bedingte Kapitalerhöhung die Festlegung des aufzunehmenden Unternehmens bereits zum Zeitpunkt der Beschlussfassung und bedingt damit eine frühzeitige Offenlegung des Zusammenschlussvorhabens.[121] Angesichts dieses Nachteils kommt der bedingten Kapitalerhöhung zur Vorbereitung eines Unternehmenszusammenschlusses (in der Praxis) nur eine geringe Bedeutung zu.[122]

---

113 Vgl. § 192 Abs. 2 Nr. 1–3 AktG; sowie BAETGE, J./KIRSCH, H.-J./THIELE, S., Bilanzen, S. 494.

114 Vgl. BIEG, H., Eigenkapitalbeschaffung (Teil III), S. 185.

115 Vgl. KOCH, J., in: Hüffer u. a., AktG, § 192 AktG, Rn. 14.

116 Vgl. WÖHE, G. U. A., Unternehmensfinanzierung, S. 120; KOCH, J., in: Hüffer u. a., AktG, § 192 AktG, Rn. 3.

117 Vgl. § 192 Abs. 3 Satz 1 AktG; sowie RIECKERS, O., in: Spindler u. a., AktG, Bd. 2, § 192 AktG, Rn. 74; PERRIDON, L./STEINER, M./RATHGEBER, A., Finanzwirtschaft, S. 441.

118 Vgl. DIETZ, F., Aktien als Akquisitionswährung, S. 25.

119 Vgl. DIETZ, F., Aktien als Akquisitionswährung, S. 25. Die Begrenzung der Kapitalerhöhung auf höchstens die Hälfte des Grundkapitals schließt diese Form der Kapitalerhöhung zur Vorbereitung eines sog. umgekehrten Unternehmenserwerbes aus, da ein umgekehrter Unternehmenserwerb dadurch gekennzeichnet ist, dass das aufnehmende Unternehmen so viele neue Anteile ausgibt, dass die Beherrschung über den entstandenen Konzern auf die ehemaligen Gesellschafter des aufzunehmenden Unternehmens übergeht. Vgl. hierzu ausführlich ZWIRNER, C./SCHMIDT, J., Reverse Acquisition, S. 5.

120 Vgl. DIETZ, F., Aktien als Akquisitionswährung, S. 25.

121 Vgl. FUCHS, A., in: Goette u. a., MüKo AktG, Bd. 4, § 192 AktG, Rn. 61 m. w. N.

122 Vgl. APFELBACHER, G./NIGGEMANN, G., in: Hölters, AktG, § 192 AktG, Rn. 40; PICOT, G., Aktie als Akquisitionswährung, S. 267.

232.214. Genehmigte Kapitalerhöhung

Im Rahmen der genehmigten Kapitalerhöhung als dritte Möglichkeit zur Vorbereitung eines Unternehmenszusammenschlusses ermächtigt die Hauptversammlung den Vorstand für einen Zeitraum von höchstens fünf Jahren, das Grundkapital bis zu einem bestimmten Nennbetrag zu erhöhen.[123] Damit wird das alleinig der Hauptversammlung vorbehaltene Recht zur Entscheidung über eine Kapitalerhöhung an die Geschäftsführung übertragen.[124] Die Ausgabe neuer Anteile durch den Vorstand bedarf dann nur noch der Zustimmung des Aufsichtsrates.[125] Sowohl die Dauer als auch der Umfang der Ermächtigung zur Erhöhung des Grundkapitals sind im Beschluss festzulegen.[126] Der **Umfang** des genehmigten Kapitals ist ebenso wie das bedingte Kapital zur Vorbereitung eines Unternehmenszusammenschlusses auf die Hälfte des bei der Beschlussfassung vorhandenen Grundkapitals beschränkt.[127]

Analog zur ordentlichen Kapitalerhöhung steht den bisherigen Gesellschaftern des aufnehmenden Unternehmens grundsätzlich ein **Bezugsrecht** der neuen Anteile zu, das allerdings durch Beschluss der Hauptversammlung ausgeschlossen werden kann.[128] Ferner kann die Hauptversammlung beschließen, den Vorstand über den Ausschluss des Bezugsrechtes entscheiden zu lassen.[129] Zur Vorbereitung eines Unternehmenszusammenschlusses ist der Ausschluss dieses Bezugsrechtes – wie bereits erläutert – unbedingt erforderlich.

Das genehmigte Kapital bietet dem Vorstand im Vergleich zu den anderen Formen der Kapitalerhöhung die größte Flexibilität bei der Beschaffung von Eigenkapitalanteilen zur Vorbereitung eines Unternehmenszusammenschlusses.[130] Der Vorstand kann schließlich unabhängig von der Einberufung einer Hauptversammlung kurzfristig Eigenkapitalanteile in erforderlichem Umfang beschaffen und damit auf aus seiner Sicht günstige Marktbedingungen für einen Unternehmenszusammenschluss reagieren.[131] Vor allem muss er seine Zusammenschlusspläne nicht frühzeitig offenlegen,[132] da der Beschluss zur genehmigten Kapitalerhöhung im Vergleich

---

[123] Vgl. § 202 Abs. 1 AktG; sowie WÖHE, G. U. A., Unternehmensfinanzierung, S. 119; PERRIDON, L./STEINER, M./RATHGEBER, A., Finanzwirtschaft, S. 442.

[124] Vgl. COENENBERG, A. G./HALLER, A./SCHULTZE, W., Jahresabschlussanalyse, S. 342.

[125] Vgl. § 202 Abs. 3 Satz 2 AktG; sowie WÖHE, G. U. A., Unternehmensfinanzierung, S. 119; PERRIDON, L./STEINER, M./RATHGEBER, A., Finanzwirtschaft, S. 442.

[126] Vgl. DIETZ, F., Aktien als Akquisitionswährung, S. 26.

[127] Vgl. § 202 Abs. 3 Satz 1 AktG; sowie BAETGE, J./KIRSCH, H.-J./THIELE, S., Bilanzen, S. 495. Siehe hierzu auch Fußnote 119 der vorliegenden Arbeit.

[128] Vgl. § 203 Abs. 1 Satz 1 AktG i. V. m. § 186 Abs. 1 und 3 AktG; sowie BAYER, W., in: Goette u. a., MüKo AktG, Bd. 4, § 203 AktG, Rn. 39.

[129] Vgl. § 203 Abs. 2 Satz 1 AktG; sowie WAMSER, F., in: Spindler u. a., AktG, Bd. 2, § 203 AktG, Rn. 60.

[130] Vgl. DIETZ, F., Aktien als Akquisitionswährung, S. 26.

[131] Vgl. BIEG, H., Eigenkapitalbeschaffung (Teil III), S. 186; DIETZ, F., Aktien als Akquisitionswährung, S. 26; PICOT, G., Aktie als Akquisitionswährung, S. 267.

[132] Vgl. DIETZ, F., Aktien als Akquisitionswährung, S. 26.

zur ordentlichen und bedingten Kapitalerhöhung keinen konkreten Finanzierungsanlass vorsehen muss. Die genehmigte Kapitalerhöhung stellt daher (in der Praxis) den Regelfall zur Vorbereitung eines Unternehmenszusammenschlusses dar.[133]

232.22 Sacheinlage

Im Rahmen einer ordentlichen, bedingten oder genehmigten Kapitalerhöhung können die (künftigen) Gesellschafter im Gegenzug für die neuen Anteile an der Kapitalgesellschaft ihre Einlage grundsätzlich in Form einer Bareinlage oder Sacheinlage erbringen.[134] Im Regelfall erfolgt eine Kapitalerhöhung gegen Bareinlage durch Einzahlung von liquiden Mitteln.[135] Die Durchführung einer Kapitalerhöhung zur Vorbereitung eines Unternehmenszusammenschlusses durch Einlage von Kapitalgesellschaftsanteilen erfordert indes eine Sacheinlage, da keine Zahlungsmittel, sondern Kapitalgesellschaftsanteile an dem aufzunehmenden Unternehmen in das aufnehmende Unternehmen eingebracht werden sollen.[136]

Eine Sacheinlage ist aktienrechtlich definiert als jede Einlage, die nicht durch Einzahlung des Ausgabebetrages zu erbringen ist.[137] Daraus folgt nicht die uneingeschränkte **Einlagefähigkeit**[138] beliebiger Sachgüter.[139] Voraussetzung ist vielmehr, dass der wirtschaftliche Wert der Sacheinlage festgestellt werden kann.[140] Hinsichtlich Kapitalgesellschaftsanteilen bestehen indes keine Zweifel an der Einlagefähigkeit.[141]

Trotz der Einlagefähigkeit sind die Vermögensinteressen der Gläubiger und bisherigen Gesellschafter der Kapitalgesellschaft durch eine möglicherweise nicht werthaltige Einlage gefährdet.[142] Aus diesem Grund sieht das Prinzip der **realen Kapitalaufbringung** vor, dass der Kapitalgesellschaft ein mindestens der Kapitalerhöhung entsprechendes Vermögen seitens der neuen Gesellschafter zur Verfügung gestellt wird.[143] Aufgrund der im Vergleich zu einer Bareinlage größeren Bewertungsunsicherheit stellt das Aktienrecht besondere Bedingungen an eine Sacheinlage.[144] Zum einen sind der Gegenstand der Sacheinlage, die Person des Einlegers und der Nennbetrag[145] der neuen Anteile im Beschluss zur ordentlichen oder bedingten Kapitalerhöhung genau zu benennen.[146] Im Fall der genehmigten Kapitalerhöhung muss die Sacheinlage

---

133 Vgl. STRAUß, I., Akquisitionsfinanzierung, S. 192; KLASEN, E., Akquisition in Krisenzeiten, S. 532; PICOT, G., Aktie als Akquisitionswährung, S. 267.

134 Vgl. WÖHE, G./DÖRING, U./BRÖSEL, G., Allgemeine Betriebswirtschaftslehre, S. 572.

135 Vgl. DIETZ, F., Aktien als Akquisitionswährung, S. 35.

136 Vgl. PICOT, G., Aktie als Akquisitionswährung, S. 267.

137 Vgl. § 27 Abs. 1 Satz 1 AktG; sowie SCHÜRNBRAND, J., in: Goette u. a., MüKo AktG, Bd. 4, § 183 AktG, Rn. 7.

138 Zu den Voraussetzungen der Einlagefähigkeit vgl. SCHÜRNBRAND, J., in: Goette u. a., MüKo AktG, Bd. 4, § 183 AktG, Rn. 13.

139 Vgl. DIETZ, F., Aktien als Akquisitionswährung, S. 34.

140 Vgl. PENTZ, A., in: Goette u. a., MüKo AktG, Bd. 1, § 27 AktG, Rn. 12.

141 Vgl. EKKENGA, J., in: Zöllner u. a., KöKo AktG, § 183 AktG, Rn. 45.

142 Vgl. SCHÜRNBRAND, J., in: Goette u. a., MüKo AktG, Bd. 4, § 183 AktG, Rn. 1.

143 Vgl. DRYGALA, T./STAAKE, M./SZALAI, S., Kapitalgesellschaftsrecht, S. 382.

144 Vgl. DIETZ, F., Aktien als Akquisitionswährung, S. 35.

145 Bei Stückaktien tritt an die Stelle des Nennbetrages die Zahl der zu gewährenden Aktien.

146 Vgl. § 183 Abs. 1 Satz 1 AktG bzw. § 194 Abs. 1 Satz 1 AktG.

zum Zeitpunkt der Ermächtigung durch die Hauptversammlung noch nicht feststehen, sodass diese Angaben stattdessen im Zeitpunkt der Ausübung der Ermächtigung vom Vorstand mit Zustimmung des Aufsichtsrates zu bestimmen und in den Zeichnungsschein aufzunehmen sind.[147] Das setzt allerdings voraus, dass die Hauptversammlung Sacheinlagen im Rahmen der Ermächtigung zur genehmigten Kapitalerhöhung zugelassen hat.[148] Zum anderen ist die Sacheinlage grundsätzlich[149] durch einen externen Prüfer auf Werthaltigkeit zu prüfen, bevor die Kapitalerhöhung in das Handelsregister eingetragen wird.[150] Nach herrschender Meinung hat sich die Prüfung nicht nur auf den Nennbetrag der neuen Anteile zu beschränken, sondern darüber hinaus bis zu einem festgesetzten Ausgabebetrag zu erstrecken, um die Vermögensverhältnisse der bisherigen Gesellschafter zu schützen.[151]

Ein **Ausgabebetrag** der neuen Anteile muss gemäß den aktienrechtlichen Vorschriften nicht explizit im Erhöhungsbeschluss festgelegt werden.[152] Während der Ausgabebetrag bei einer Barkapitalerhöhung die Einlageforderung bestimmt, ist bei einer Sachkapitalerhöhung die Einlageforderung bereits durch den konkreten Gegenstand der Sacheinlage definiert.[153] Der Hauptversammlung steht es schließlich frei, einen höheren Ausgabebetrag als den Nennwert festzusetzen.[154] Ein expliziter Ausgabebetrag der neuen Anteile dient sodann lediglich dazu, die Werthaftung des Einlegers zu bestimmen, sofern der Wert der Sacheinlage hinter dem Ausgabebetrag zurück bleibt.[155]

232.3 Ausgabe bereits bestehender eigener Anteile

Anstelle einer Erhöhung des Nominalkapitals des aufnehmenden Unternehmens kann der Unternehmenszusammenschluss durch die Hingabe bereits bestehender eigener Anteile des aufnehmenden Unternehmens an die ehemaligen Gesellschafter des aufzunehmenden Unternehmens bewirkt werden.[156] Die Hingabe eigener Anteile im Gegenzug für die Einlage der Anteile an dem aufzunehmenden Unternehmen setzt dabei voraus, dass das aufnehmende Unternehmen diese Anteile zunächst von seinen bisherigen Gesellschaftern **zurückerwirbt**.[157] Im Unter-

---

147 Vgl. § 205 Abs. 2 Sätze 1 und 2 AktG; sowie APFELBACHER, G./NIGGEMANN, G., in: Hölters, AktG, § 205 AktG, Rn. 9 f.

148 Vgl. § 205 Abs. 1 AktG; sowie APFELBACHER, G./NIGGEMANN, G., in: Hölters, AktG, § 205 AktG, Rn. 6.

149 Zu den Ausnahmen von der Prüfungspflicht bei börsennotierten Wertpapieren oder bereits vorliegender aktueller Bewertung durch einen Sachverständigen (vereinfachte Sachkapitalerhöhung) vgl. KLASEN, E., Akquisition in Krisenzeiten, S. 532; SCHÜRNBRAND, J., in: Goette u. a., MüKo AktG, Bd. 4, § 183a AktG, Rn. 1 f.

150 Vgl. § 183 Abs. 3 AktG, § 194 Abs. 4 AktG bzw. § 205 Abs. 5 AktG.

151 Vgl. APFELBACHER, G./NIGGEMANN, G., in: Hölters, AktG, § 183 AktG, Rn. 41.

152 Vgl. MAIER-REIMER, G., Wert der Sacheinlage, S. 266.

153 Vgl. MAIER-REIMER, G., Wert der Sacheinlage, S. 257; SCHÜRNBRAND, J., in: Goette u. a., MüKo AktG, Bd. 4, § 183 AktG, Rn. 37.

154 Vgl. SCHÜRNBRAND, J., in: Goette u. a., MüKo AktG, Bd. 4, § 183 AktG, Rn. 37.

155 Vgl. MAIER-REIMER, G., Wert der Sacheinlage, S. 257.

156 Vgl. KLASEN, E., Akquisition in Krisenzeiten, S. 533; DIETZ, F., Aktien als Akquisitionswährung, S. 27; FOCKEN, E./LENZ, H., Spielräume der Kapitalkonsolidierung, S. 2438.

157 Vgl. GROS, S., Aktie als Akquisitionswährung, S. 782.

schied zur Kapitalerhöhung ist diese Form der Finanzierung des Zusammenschlusses meist liquiditätswirksam, da das aufnehmende Unternehmen zum Erwerb der eigenen Anteile in der Regel liquide Mittel einsetzen muss.[158]

Grundsätzlich ist der Erwerb eigener Anteile aufgrund des **Verbotes der Einlagenrückgewähr** nicht zulässig.[159] Aktienrechtlich sind allerdings Ausnahmen für konkrete Zwecke der Verwendung eigener Anteile vorgesehen.[160] Darüber hinaus kann die Hauptversammlung den Vorstand durch Beschluss zum Erwerb eigener Anteile ohne konkrete Zweckbindung ermächtigen.[161] Die Ermächtigung zum Erwerb eigener Anteile ist dabei auf einen Zeitraum von bis zu fünf Jahren und einen Umfang von höchstens zehn Prozent des Grundkapitals beschränkt.[162] Ferner darf auch der Bestand an eigenen Anteilen insgesamt zehn Prozent des Grundkapitals nicht übersteigen.[163]

Aus den eigenen Anteilen stehen der Gesellschaft **keine Rechte** zu.[164] Im Einzelnen erhält die Gesellschaft durch den Erwerb eigener Anteile weder Mitspracherechte (Verwaltungsrechte) noch Rechte zur Teilhabe am Gewinn oder Liquidationserlös (Vermögensrechte).[165] Sollen die eigenen Anteile im Rahmen eines Unternehmenszusammenschlusses wieder ausgegeben werden, bedarf es einer Ermächtigung durch die Hauptversammlung zur Veräußerung außerhalb der Börse.[166]

Angesichts der Ermächtigung zum Erwerb eigener Anteile durch einen Hauptversammlungsbeschluss ohne konkrete Zweckbindung kann ein Unternehmenszusammenschluss grundsätzlich auch durch die Hingabe eigener Anteile durchgeführt werden.[167] Dabei ist eine frühzeitige Offenlegung der Pläne zum Zusammenschluss nicht erforderlich, da die Ermächtigung zum Rückkauf keiner Zweckbindung bedarf. Die Vorratshaltung von eigenen Anteilen gibt dem Vorstand aufgrund der von der Hauptversammlung unabhängigen Wiederausgabe Flexibilität hinsichtlich des Zeitpunktes des Zusammenschlusses und damit die Möglichkeit, auf günstige

---

158 Vgl. PICOT, G., Aktie als Akquisitionswährung, S. 266; BÖHM, K. J., Rückkauf eigener Aktien, S. 333.

159 Vgl. § 57 Abs. 1 Satz 1 AktG; sowie COENENBERG, A. G./HALLER, A./SCHULTZE, W., Jahresabschlussanalyse, S. 361; OSER, P./KROPP, M., Eigene Anteile, S. 185.

160 Vgl. § 71 Abs. 1 Nr. 1–7 AktG; sowie COENENBERG, A. G./HALLER, A./SCHULTZE, W., Jahresabschlussanalyse, S. 361 f.

161 Vgl. § 71 Abs. 1 Nr. 8 AktG; sowie DIETZ, F., Aktien als Akquisitionswährung, S. 28.

162 Vgl. § 71 Abs. 1 Nr. 8 Satz 1 AktG.

163 Vgl. § 71 Abs. 2 Satz 1 AktG; sowie DIETZ, F., Aktien als Akquisitionswährung, S. 30.

164 Vgl. § 71b AktG; sowie MÜLLER, S./REINKE, J., Behandlung eigener Anteile, S. 436; OECHSLER, J., in: Goette u. a., MüKo AktG, Bd. 1, § 71b AktG, Rn. 8.

165 Vgl. LÜDENBACH, N., Erwerb eigener Anteile, S. 232.

166 Vgl. KLASEN, E., Akquisition in Krisenzeiten, S. 533; REICHERT, J./HARBARTH, S., Veräußerung und Einziehung eigener Aktien, S. 1442.

167 Vgl. KLASEN, E., Akquisition in Krisenzeiten, S. 533; PICOT, G., Aktie als Akquisitionswährung, S. 266.

Kapitalmarktbedingungen zu reagieren.[168] Zu beachten ist allerdings, dass das Transaktionsvolumen auf höchstens zehn Prozent des Grundkapitals beschränkt ist, sodass Zusammenschlüsse ab einer gewissen Größenordnung auf eine andere Weise finanziert werden müssen.[169]

232.4 Bedeutung des Austauschverhältnisses

Bei einem gewöhnlichen Unternehmenserwerb überträgt das aufnehmende Unternehmen im Gegenzug für den Erhalt der Beteiligung an dem aufzunehmenden Unternehmen liquide Mittel oder anderweitiges Vermögen an dessen ehemalige Gesellschafter. Bei einem Unternehmenszusammenschluss durch Einlage von Kapitalgesellschaftsanteilen überträgt das aufnehmende Unternehmen hingegen neu geschaffene oder zuvor zurückerworbene Eigenkapitalanteile an die ehemaligen Gesellschafter des aufzunehmenden Unternehmens. Insofern liegt gewissermaßen ein **Austausch von Kapitalgesellschaftsanteilen** vor.[170] Entscheidend für das Zustandekommen dieser Transaktion ist daher nicht die Einigung auf einen Kaufpreis, sondern auf ein Austauschverhältnis der erhaltenen Eigenkapitalanteile zu den hingegebenen Eigenkapitalanteilen.[171] Das Austauschverhältnis gibt schließlich an, wie viele Kapitalanteile das aufnehmende Unternehmen ausgeben muss, um die Kapitalanteile an dem aufzunehmenden Unternehmen zu erhalten.[172]

Das Austauschverhältnis ist im Wesentlichen abhängig von der **Wertrelation** der sich zusammenschließenden Unternehmen zueinander.[173] Zur Bestimmung des Austauschverhältnisses ist es erforderlich, die Unternehmenswerte der sich zusammenschließenden Unternehmen zu ermitteln.[174] Im Vergleich zu einem gewöhnlichen Erwerb ist nicht nur der Wert des aufzunehmenden Unternehmens, sondern auch der Wert des aufnehmenden Unternehmens von Bedeutung.[175] Gleichwohl ist das Austauschverhältnis aber auch Ergebnis eines Verhandlungsprozesses zwischen den Gesellschaftern oder der Geschäftsführung des aufnehmenden Unternehmens und denen des aufzunehmenden Unternehmens.[176] Da die Unternehmen für die jeweiligen Gesellschafter nicht zuletzt aufgrund von Informationsasymmetrien und abweichenden Synergieerwartungen unterschiedliche subjektive Nutzungswerte haben können,[177] gibt es nicht das eine

---

168 Vgl. FASSBENDER, E./KILLAT, G., Bedeutung von Aktien als Akquisitionswährung, S. 436.

169 Vgl. PICOT, G., Bewertung von Unternehmen, S. 294; FASSBENDER, E./KILLAT, G., Bedeutung von Aktien als Akquisitionswährung, S. 436.

170 Vgl. VATER, H., M&A Accounting, S. 1842; PICOT, G., Bewertung von Unternehmen, S. 293; KOCH, C./HOFACKER, K., Merger of Equals, S. 542.

171 Vgl. KUHN, K., Sacheinlage bei Kapitalgesellschaften, S. 653 f.; DIRRIGL, H., Bestimmung des Umtauschverhältnisses, S. 185; LEINEN, M., Kapitalkonsolidierung im mehrstufigen Konzern, S. 159.

172 Vgl. FÖRSTNER-REICHSTEIN, H., Verschmelzungen mit Genossenschaften, S. 237; KOCH, C./HOFACKER, K., Merger of Equals, S. 542.

173 Vgl. FÖRSTNER-REICHSTEIN, H., Verschmelzungen mit Genossenschaften, S. 250; KUHN, K., Sacheinlage bei Kapitalgesellschaften, S. 657; RAMMERT, S., Pooling of Interests, S. 627.

174 Vgl. LIECK, H., Bilanzierung von Umwandlungen, S. 79.

175 Vgl. RAMMERT, S., Pooling of Interests, S. 627.

176 Vgl. MARTENS, K.-P., Bewertung eines Beteiligungserwerbs, S. 282; FISCHER-BÖHNLEIN, K., Verschmelzungen, S. 154 m. w. N.

177 Vgl. MAIER-REIMER, G., Wert der Sacheinlage, S. 259; MARTENS, K.-P., Fusionsmodelle, S. 290.

„richtige" Austauschverhältnis. Vielmehr unterscheidet sich das geringste (Grenz-)Austauschverhältnis, zu dem die Gesellschafter des aufzunehmenden Unternehmens zum Tausch ihrer Anteile bereit wären, von dem (Grenz-)Austauschverhältnis, das die Gesellschafter des aufnehmenden Unternehmens höchstens für die Einlage anbieten.[178] Folglich ist das vereinbarte Austauschverhältnis ein Einigungswert innerhalb einer Bandbreite von Verhältnissen, der sich aus den Wertvorstellungen der Gesellschafter sowie deren Verhandlungsposition und -geschick ergibt.[179]

Das so ermittelte Austauschverhältnis bestimmt letztlich den künftigen **Anteil der jeweiligen Gesellschafter am Grundkapital** des aufnehmenden Unternehmens und damit die Verteilung der Vermögens- und Verwaltungsrechte am entstehenden Konzern.[180] Aufgrund divergierender Interessen der Gesellschafter liegt das vereinbarte Austauschverhältnis regelmäßig zwischen den Grenzaustauschverhältnissen, innerhalb derer sich keiner der Gesellschafter nach dem Zusammenschluss vermögensmäßig schlechter stellt als zuvor.[181] Gleichwohl ist in Ausnahmefällen auch ein Austauschverhältnis denkbar, das beispielsweise aufgrund einer besonderen Zwangslage außerhalb dieser Bandbreite liegt. Der Kapitalanteil ergibt sich letztlich für die jeweiligen Gesellschafter aus dem Nennbetrag der von ihnen gehaltenen Eigenkapitalanteile im Verhältnis zum Grundkapital des aufnehmenden Unternehmens.[182]

Unter Umständen ist der Austausch entsprechend dem gewünschten Austauschverhältnis aufgrund einer begrenzten Teilbarkeit der Anteile praktisch nicht möglich.[183] In diesem Fall besteht die Möglichkeit eines sogenannten Spitzenausgleiches durch Leistung barer Zuzahlungen über die Hingabe der Kapitalanteile hinaus.[184]

---

178 Vgl. LIECK, H., Bilanzierung von Umwandlungen, S. 14.

179 Vgl. PICOT, G., Bewertung von Unternehmen, S. 283; LIECK, H., Bilanzierung von Umwandlungen, S. 14. Bei einer Verschmelzung nach dem Umwandlungsgesetz unterliegt das vereinbarte Austauschverhältnis regelmäßig zusätzlich einer gerichtlichen Überprüfung. Vgl. § 12 Abs. 2 UmwG.

180 Vgl. HEURUNG, R., Unternehmenswertverfahren bei Umwandlungen, S. 839; KUHN, K., Sacheinlage bei Kapitalgesellschaften, S. 653 f.

181 Vgl. ANGERMAYER, B./OSER, P., Berücksichtigung von Synergieeffekten, S. 712; LIECK, H., Bilanzierung von Umwandlungen, S. 14. Sofern das Grenzumtauschverhältnis einer Gesellschaftergruppe als maßgebliches Umtauschverhältnis für den Unternehmenszusammenschluss festgelegt wird, werden sämtliche Synergiepotenziale aus dem Zusammenschluss der jeweils anderen Gesellschaftergruppe zugerechnet. Vgl. FISCHER-BÖHNLEIN, K., Verschmelzungen, S. 154 f.

182 Vgl. WÖHE, G./DÖRING, U./BRÖSEL, G., Allgemeine Betriebswirtschaftslehre, S. 248.

183 Vgl. KÜTING, K., Unternehmerische Zusammenarbeit, S. 18; DIRRIGL, H., Bestimmung des Umtauschverhältnisses, S. 185.

184 Vgl. DIRRIGL, H., Bestimmung des Umtauschverhältnisses, S. 185. Von diesen Zuzahlungen im Sinne eines Spitzenausgleichs ist der Fall zu unterscheiden, bei dem ein wesentlicher Teil der Gegenleistung in liquiden Mitteln erbracht wird. Dieser Fall wird in der vorliegenden Arbeit nicht weiter verfolgt, da das charakteristische Merkmal des hier betrachteten Sachverhaltes in der Hingabe von Eigenkapitalanteilen anstelle von liquiden Mitteln liegt.

3 Charakterisierung von Unternehmenszusammenschlüssen durch Einlage von Kapitalgesellschaftsanteilen

31 Vorbemerkung

Seit dem Inkrafttreten des IFRS 3 im Jahr 2004 sieht der Standardsetzer zur Abbildung sämtlicher Unternehmenszusammenschlüsse ausschließlich die Erwerbsmethode vor.[185] Der Standardsetzer begründet die ausschließliche Anwendung der Erwerbsmethode auf sämtliche Unternehmenszusammenschlüsse damit, dass nahezu alle Unternehmenszusammenschlüsse Erwerbsvorgänge seien und die Erwerbsmethode dazu eine sachgerechte Abbildung biete.[186] Dabei räumt er selbst ein, dass es Ausnahmen gibt, bei denen kein Erwerb eines Unternehmens durch ein anderes unterstellt werden kann.[187] Zur Vermeidung von Methodenvielfalt habe er sich dennoch für die Erwerbsmethode als einzig zulässige Methode zur Abbildung von Unternehmenszusammenschlüssen entschieden.[188]

Diese Umstände geben Anlass, den hier betrachteten Fall eines Unternehmenszusammenschlusses durch Einlage von Kapitalgesellschaftsanteilen dahin gehend zu untersuchen, inwiefern dieser Sachverhalt mit einem gewöhnlichen Erwerb vergleichbar ist. Sofern kein Erwerb unterstellt werden kann, wären sowohl die für die Anwendung der Erwerbsmethode zentrale Einzelerwerbsfiktion als auch die damit verbundene Neubewertung der übernommenen Vermögenswerte und Schulden sowie der Ansatz eines Geschäfts- oder Firmenwertes zumindest infrage zu stellen.[189]

Wie die vorstehenden Ausführungen in Kapitel 2 gezeigt haben, basiert ein Unternehmenszusammenschluss durch Einlage von Kapitalgesellschaftsanteilen auf einem gesellschaftsrechtlichen Einlagevorgang.[190] Demzufolge bestehen zumindest Zweifel, inwiefern die Transaktion aufgrund der Gewährung von Eigenkapitalanteilen mit einem gewöhnlichen Erwerb vergleichbar ist.[191] Ausgangspunkt der Analyse sollte daher eine Charakterisierung des zugrunde liegenden Sachverhaltes unabhängig von den bilanziellen Konsequenzen sein (Sachverhaltsebene).[192] Inwiefern die Ergebnisse eine abweichende bilanzielle Behandlung rechtfertigen könnten, ist dann in Kapitel 5 kritisch zu analysieren (Abbildungsebene).

In Abschnitt 32 werden dementsprechend die charakteristischen Merkmale eines Erwerbes als Vergleichsobjekt für die in Abschnitt 33 folgende Charakterisierung der Sacheinlage vorgestellt. Im Rahmen der Charakterisierung soll zunächst der Fall einer Kapitalerhöhung betrachtet

---

185 Vgl. IFRS 3.4; sowie von Wysocki, K./Wohlgemuth, M./Brösel, G., Konzernrechnungslegung, S. 113; Pawelzik, K. U., Interessenzusammenschlüsse, S. 2569.

186 Vgl. IFRS 3.BC23.

187 Vgl. IFRS 3.BC27.

188 Vgl. IFRS 3.BC48.

189 Vgl. Focken, E./Lenz, H., Spielräume der Kapitalkonsolidierung, S. 2438.

190 Vgl. hierzu Abschnitt 231. der vorliegenden Arbeit.

191 Vgl. Wyatt, A. R., Critical Study of Accounting, S. 71.

192 Vgl. Wyatt, A. R., Critical Study of Accounting, S. 72.

werden (Abschnitt 331.), bevor die Übertragbarkeit der Ergebnisse auch für die Ausgabe zurückerworbener eigener Anteile geprüft wird (Abschnitt 332.). Dabei wird vor allem zwischen den Auswirkungen der Transaktion auf Gesellschafterebene und auf Konzernebene unterschieden (Abschnitt 331.1 bzw. 331.2) und anschließend auf die Bedeutung der verschiedenen Ebenen für die Transaktion eingegangen (Abschnitt 331.3), um an späterer Stelle die Darstellung der tatsächlichen wirtschaftlichen Verhältnisse des Konzerns im Konzernabschluss beurteilen zu können. Da die übertragene Gegenleistung für die Zugangsbewertung im (Konzern-)Abschluss regelmäßig maßgeblich ist, wird ferner die Eignung der ausgegebenen Eigenkapitalanteile als Wertmaßstab für das aufzunehmende Unternehmen erörtert (Abschnitt 331.4). Aufbauend auf der Charakterisierung wird in Abschnitt 34 eine Systematisierung von Unternehmenszusammenschlüssen nach den durch die Gewährung zusätzlicher Eigenkapitalanteile veränderten Beherrschungsverhältnissen diskutiert, die für die bilanzielle Behandlung bedeutsam sein könnte. Abschließend werden im Rahmen der Beurteilung in Abschnitt 35 die zentralen Ergebnisse der Charakterisierung zusammengeführt und die für die Bilanzierung maßgeblichen Charakteristika herausgearbeitet.

32 Erwerb von Kapitalgesellschaftsanteilen als Vergleichsobjekt

Der gewöhnliche Erwerb von Kapitalgesellschaftsanteilen beruht auf einem schuldrechtlichen Vertrag zur Überlassung der Kapitalgesellschaftsanteile im Austausch für eine Gegenleistung.[193] Dabei erlangt das erwerbende Unternehmen einerseits die rechtliche und wirtschaftliche **Verfügungsgewalt über die Beteiligung** an dem erworbenen Unternehmen und damit über dessen Vermögenswerte und Schulden.[194] Andererseits überträgt das erwerbende Unternehmen eine Gegenleistung aus seinem Vermögen an die ehemaligen Gesellschafter des erworbenen Unternehmens.

Folglich liegt ein Anschaffungsvorgang vor, der entweder durch Hingabe liquider Mittel in Form eines Kaufes oder durch Hingabe anderweitigen Vermögens in Form eines Tausches vollzogen werden kann.[195] Das zentrale Merkmal eines Anschaffungsvorganges ist dabei ein sogenanntes Vermögensopfer des erwerbenden Unternehmens.[196] Das erwerbende Unternehmen wendet schließlich einen Teil seines Vermögens auf, um die Verfügungsgewalt über die Beteiligung zu erhalten.[197] Dem Zugang der Beteiligung steht also ein **Abfluss wirtschaftlicher Ressourcen** aus dem Vermögen des erwerbenden Unternehmens gegenüber.[198]

193 Vgl. Picot, G., Aktie als Akquisitionswährung, S. 266.

194 Vgl. Knüppel, M., Bilanzierung von Verschmelzungen, S. 63; Heinrich, T., Zusammenschluss durch Pooling of Interests, S. 46 f.

195 Vgl. Lieck, H., Bilanzierung von Umwandlungen, S. 141.

196 Vgl. Peffekoven, F. P., Pooling-of-Interests, S. 7; Knüppel, M., Bilanzierung von Verschmelzungen, S. 71; Delmas, B., Bewertung von Sacheinlagen, S. 22 f.

197 Die Gegenleistung kann auch in der Übernahme von Schulden des Veräußerers bestehen. Die Schuldenübernahme führt wie die Vermögenshingabe isoliert betrachtet zu einer Nettovermögensminderung beim Erwerber und Nettovermögenszunahme beim Veräußerer.

198 Vgl. Peffekoven, F. P., Reform der Kapitalkonsolidierung, S. 190, 193.

Durch den Erwerb der beherrschungsvermittelnden Beteiligung wird der Einflussbereich des erwerbenden Unternehmens insofern ausgeweitet, als es künftig zusätzlich über die Ressourcen und Prozesse des erworbenen Unternehmens und somit über dessen Geschäftstätigkeit verfügen kann.[199] Gleichwohl führt der Erwerb bei *angemessener* Gegenleistung grundsätzlich zu keiner Ausweitung des (Netto-)Vermögens des erwerbenden Unternehmens, da durch die Gegenleistung in gleichem Maße Vermögen abfließt.[200] Vielmehr handelt es sich um eine Vermögensumschichtung.[201] Die Beteiligung bzw. das dahinter stehende (Netto-)Vermögen des erworbenen Unternehmens tritt dabei an die Stelle der übertragenen Gegenleistung. Insofern liegt lediglich ein **Austausch von Ressourcen** vor.[202] Damit hat die Transaktion zunächst keine Auswirkungen auf den Umfang des (Netto-)Vermögens des erwerbenden Unternehmens. Wurde indes eine niedrigere oder höhere Gegenleistung als angemessen übertragen, wirkt sich dies unmittelbar zugunsten bzw. zulasten der Vermögenslage des erwerbenden Unternehmens sowie des entstehenden Konzerns aus.[203]

Während das erwerbende Unternehmen die Verfügungsgewalt über die Beteiligung am erworbenen Unternehmen erlangt, geben die ehemaligen Gesellschafter mit der Übertragung der Beteiligung ihre Verfügungsgewalt über diese Beteiligung auf.[204] Das erworbene Unternehmen scheidet somit vollständig aus dem Verfügungsbereich der ehemaligen Gesellschafter aus und tritt vollständig in den Verfügungsbereich des erwerbenden Unternehmens ein.[205] Für die Aufgabe ihrer Verfügungsgewalt über die Beteiligung werden die ehemaligen Gesellschafter mit einer Gegenleistung vonseiten des erwerbenden Unternehmens abgefunden.[206] Folglich werden die ehemaligen Gesellschafter aus ihrem Engagement bei dem erworbenen Unternehmen **ausgekauft**,[207] indem ihnen das von ihnen zur Verfügung gestellte Kapital ausbezahlt wird.[208] Dementsprechend wird das Eigenkapital des erworbenen Unternehmens künftig nicht mehr von dessen ehemaligen Gesellschaftern bereitgestellt, sondern von dem erwerbenden Unternehmen und damit mittelbar von dessen Gesellschaftern. Hinsichtlich der Gesellschafterstruktur des erwerbenden Unternehmens ergeben sich durch die Transaktion mithin keine Veränderungen.

---

199 Vgl. FAßBENDER, D., Anteilstausch, S. 242.

200 Dies setzt die Ausgeglichenheit von Leistung und Gegenleistung voraus.

201 Vgl. DELMAS, B., Bewertung von Sacheinlagen, S. 23 m. w. N.

202 Vgl. PEFFEKOVEN, F. P., Reform der Kapitalkonsolidierung, S. 198.

203 Diese Auswirkungen schlagen nicht zwangsläufig auf die bilanzielle Abbildung der Vermögenslage im Konzernabschluss durch, da aufgrund der Ausgeglichenheitsvermutung von Leistung und Gegenleistung die Beteiligung bzw. das (Netto-)Vermögen (einschließlich eines anzusetzenden Geschäfts- oder Firmenwertes) dennoch grundsätzlich mit der übertragenen Gegenleistung zu bewerten sind.

204 Vgl. BÖCKING, H.-J./KLEIN, G./LOPATTA, K., Unternehmenszusammenschlüsse, S. 23.

205 Vgl. KOCH, C./HOFACKER, K., Merger of Equals, S. 542. In der vorliegenden Arbeit wird stets die Übernahme einer einhundertprozentigen Beteiligung an dem aufzunehmenden Unternehmen unterstellt.

206 Vgl. SEPPELFRICKE, P./SEPPELFRICKE, J., Going Public, S. 365.

207 Vgl. HAYN, S./STRÖHER, T., in: Baetge u. a., IFRS, IFRS 3, Rn. 109; FOCKEN, E./LENZ, H., Spielräume der Kapitalkonsolidierung, S. 2438.

208 Vgl. PEFFEKOVEN, F. P., Reform der Kapitalkonsolidierung, S. 190. Die Auszahlung wird regelmäßig nicht dem *ursprünglich* bereitgestellten Kapital entsprechen. Vielmehr wird die Auszahlung u. a. von der seitherigen Entwicklung des Kapitals und dem Verhandlungsgeschick der Transaktionspartner beeinflusst.

Insofern bleibt ebenfalls das Eigenkapital des erwerbenden Unternehmens grundsätzlich unverändert,[209] da die Gesellschafter diesem Unternehmen weder zusätzliches Kapital zur Verfügung stellen noch verfügbares Kapital entziehen. Mit dem Erwerb der Beteiligung beschließt das erwerbende Unternehmen, das bereits verfügbare Kapital künftig anderweitig zu nutzen.[210] Der Erwerb der Beteiligung beruht daher auf einer Entscheidung über den Kapitaleinsatz auf Ebene des erwerbenden Unternehmens. Damit entspricht der Erwerb der Beteiligung einer **Investition** des erwerbenden Unternehmens in das erworbene Unternehmen.[211] Wirtschaftlich entsteht ein (positiver) Erfolg[212] aus der Investition erst, wenn in künftigen Perioden ein Überschuss über das eingesetzte Kapital erwirtschaftet wird.[213]

33 Einlage von Kapitalgesellschaftsanteilen als Untersuchungsobjekt

331. Kapitalerhöhung gegen Sacheinlage

331.1 Auswirkungen auf Gesellschafterebene

Im Gegensatz zu einem gewöhnlichen Erwerb basiert ein Unternehmenszusammenschluss durch Einlage von Kapitalgesellschaftsanteilen auf einem gesellschaftsrechtlichen Vorgang.[214] Dieser ist dadurch gekennzeichnet, dass den ehemaligen Gesellschaftern des aufzunehmenden Unternehmens Gesellschaftsrechte an dem aufnehmenden Unternehmen gewährt werden.[215]

Anstelle einer Abfindung in Form von liquiden Mitteln oder anderweitigem Vermögen für die Übertragung ihrer Beteiligung erhalten die ehemaligen Gesellschafter des aufzunehmenden Unternehmens Eigenkapitalanteile an dem aufnehmenden Unternehmen.[216] Diese Eigenkapitalanteile verleihen den ehemaligen Gesellschaftern sowohl Vermögens- als auch Verwaltungsrechte an dem aufnehmenden Unternehmen.[217] Folglich treten die ehemaligen Gesellschafter des aufzunehmenden Unternehmens neben die bisherigen Gesellschafter des aufnehmenden Unternehmens und somit in den **Gesellschafterkreis des entstehenden Konzerns** ein.[218] Sie tauschen gewissermaßen ihre direkte Beteiligung am aufzunehmenden Unternehmen gegen eine direkte

---

209 Vgl. Peffekoven, F. P., Reform der Kapitalkonsolidierung, S. 189.

210 Vgl. hier und im folgenden Satz Peffekoven, F. P., Pooling-of-Interests, S. 7.

211 Vgl. Kuhner, C., Abbildung von Unternehmenskäufen, S. 10.

212 Unter einem wirtschaftlichen Erfolg ist eine Vermögensänderung eines Unternehmens zu verstehen, die nicht auf Einlagen oder Entnahmen zurückzuführen ist. Ein Erfolg kann dabei positiv (Gewinn) oder negativ (Verlust) sein. Der wirtschaftliche Erfolg ist von dem bilanziellen Erfolg abzugrenzen, der den konkreten Vorschriften des Standardsetzers unterliegt. Ausführlich zum wirtschaftlichen Erfolgsbegriff vgl. Straub, B., Erfolgskonzeption, S. 12–29.

213 Vgl. Peffekoven, F. P., Reform der Kapitalkonsolidierung, S. 201; Rammert, S., Pooling of Interests, S. 624.

214 Vgl. hierzu Abschnitt 231. der vorliegenden Arbeit.

215 Vgl. Reichelt, D., Anteilstausch, S. 104 m. w. N.; Klasen, E., Akquisition in Krisenzeiten, S. 531.

216 Vgl. Schüppen, M./Walz, S., Ablauf und Formen eines Unternehmenskaufs, S. 59; Rammert, S., Pooling of Interests, S. 622.

217 Allgemein zu den mit Kapitalgesellschaftsanteilen verbundenen Mitgliedschaftsrechten vgl. Jannott, D./Hagemann, M., in: Frodermann u. a., Aktienrecht, Kapitel 2, Rn. 170–191.

218 Vgl. Koch, C./Hofacker, K., Merger of Equals, S. 542; Rammert, S., Pooling of Interests, S. 622; Vater, H., M&A Accounting, S. 1846 f.

Beteiligung am aufnehmenden Unternehmen,[219] wodurch sie mittelbar an dem aufzunehmenden Unternehmen beteiligt bleiben.[220]

Durch ihre gesellschaftsrechtliche Beteiligung an dem aufnehmenden Unternehmen werden die ehemaligen Gesellschafter **nicht ausgekauft**.[221] Vielmehr stellen auch die ehemaligen Gesellschafter dem aufnehmenden Unternehmen künftig Kapital zur Verfügung und partizipieren somit fortan an dem Erfolg des Konzerns.[222] Allerdings geben die ehemaligen Gesellschafter in der Regel ihre Mehrheitsbeteiligung und damit ihre beherrschende Stellung an dem aufzunehmenden Unternehmen zugunsten einer nicht beherrschenden Beteiligung an dem entstehenden Konzern auf.[223]

Wenngleich die bisherigen Gesellschafter des aufnehmenden Unternehmens damit in der Regel ihre beherrschende Stellung behalten, bedingt die Aufnahme zusätzlicher Gesellschafter[224] eine **Verwässerung** der Altanteile der bisherigen Gesellschafter.[225] Eine verhältniswahrende beteiligungsproportionale Teilnahme an der Kapitalerhöhung ist aufgrund des für den Unternehmenszusammenschluss zwingenden Bezugsrechtsausschlusses nicht möglich.[226] Folglich verringert sich in Abhängigkeit des vereinbarten Austauschverhältnisses der relative Kapitalanteil der bisherigen Gesellschafter an dem aufnehmenden Unternehmen.

Hinsichtlich der **Verwaltungsrechte** ist damit eine Einschränkung der Stimmrechte der bisherigen Gesellschafter verbunden, da die ehemaligen Gesellschafter des aufzunehmenden Unternehmens fortan auch ein ihrem Kapitalanteil entsprechendes Mitspracherecht am aufnehmenden Unternehmen erhalten.[227] Mit Blick auf die **Vermögensrechte** ergibt sich bei einem *angemessenen* Austauschverhältnis (zunächst) keine Veränderung für die Gesellschaftergruppen. Zwar entfällt auf die bisherigen Gesellschafter nur noch ein geringerer relativer Kapitalanteil

219 Vgl. FOCKEN, E./LENZ, H., Spielräume der Kapitalkonsolidierung, S. 2438.

220 Vgl. HAYN, S./STRÖHER, T., in: Baetge u. a., IFRS, IFRS 3, Rn. 110; HAIL, L., Pooling of Interests, S. 702; REICHELT, D., Anteilstausch, S. 104; REINER, G./GEUTER, T., Anteilstausch als Mittel oder Folge, S. 543; RAMMERT, S., Pooling of Interests, S. 622.

221 Vgl. FOCKEN, E./LENZ, H., Spielräume der Kapitalkonsolidierung, S. 2438; SIEGEL, T., Zeitwertansatz, S. 319 m. w. N.

222 Vgl. KÜTING, K./WIRTH, J., Int. Konzernrechnungslegung, S. 1194.

223 Vgl. ähnlich LIECK, H., Bilanzierung von Umwandlungen, S. 75. Zu den Fällen, in denen das aufnehmende Unternehmen so viele neue Anteile ausgibt, dass die ehemaligen Gesellschafter des aufzunehmenden Unternehmens eine gleichberechtigte oder beherrschende Gesellschafterstellung einnehmen, vgl. Abschnitt 34 der vorliegenden Arbeit.

224 Es wird davon ausgegangen, dass die ehemaligen Gesellschafter des aufzunehmenden Unternehmens gegenüber den bisherigen Gesellschaftern des aufnehmenden Unternehmens als fremde Dritte angesehen werden können. Anderenfalls läge hier ggf. eine Transaktion unter gemeinsamer Beherrschung vor, die nicht Gegenstand der vorliegenden Arbeit ist. Allgemein zu Unternehmenszusammenschlüssen unter gemeinsamer Beherrschung vgl. ALKEMEIER, M., Konzerninterne Unternehmenszusammenschlüsse.

225 Vgl. DIETZ, F., Aktien als Akquisitionswährung, S. 92.

226 Zum Erfordernis des Bezugsrechtsausschlusses vgl. Abschnitt 232.21 der vorliegenden Arbeit.

227 Vgl. FAßBENDER, D., Anteilstausch, S. 242; KOCH, C./HOFACKER, K., Merger of Equals, S. 542;GROS, S., Aktie als Akquisitionswährung, S. 783. In der vorliegenden Arbeit wird stets von der Übertragung stimmberechtigter Eigenkapitalanteile (Stammaktien) ausgegangen.

an dem aufnehmenden Unternehmen,[228] allerdings bezieht sich dieser Anteil auf ein entsprechend größeres (Netto-)Vermögen.[229] Sofern das Austauschverhältnis die Wertrelation zwischen den sich zusammenschließenden Unternehmen angemessen widerspiegelt, besteht der wertmäßige Anteil der beiden Gesellschaftergruppen am Vermögen der jeweiligen Unternehmen vor dem Zusammenschluss am Vermögen des Konzerns fort.[230] Weicht das vereinbarte Austauschverhältnis hingegen davon ab, wird die Transaktion für die jeweiligen Gesellschafter vergleichsweise vorteilhaft bzw. unvorteilhaft.[231] Beispielsweise führt ein höheres Austauschverhältnis, d. h. die Ausgabe von im Verhältnis zu den eingelegten Anteilen zu vielen neuen Eigenkapitalanteilen, zu einem sofortigen Vermögensverlust aufseiten der bisherigen Gesellschafter des aufnehmenden Unternehmens,[232] da sie künftig einen geringeren wertmäßigen Kapitalanteil an dem aufnehmenden Unternehmen bzw. Konzern halten als vor dem Zusammenschluss.[233] Für die ehemaligen Gesellschafter des aufzunehmenden Unternehmens ergibt sich hingegen ein korrespondierender Vermögenszuwachs, da sie einen größeren wertmäßigen Kapitalanteil an dem Konzern erhalten als ihre Einlage wert war. Folglich führt der Zusammenschluss zu einer Vermögensverschiebung auf Gesellschafterebene, da der Vorteil der einen Gesellschaftergruppe dem Nachteil der anderen entspricht. Die (Un-)**Vorteilhaftigkeit des Austauschverhältnisses** zum Zeitpunkt der Transaktion wirkt sich also nicht auf die Vermögenslage des entstehenden Konzerns,[234] sondern unmittelbar zugunsten oder zulasten der einen bzw. der anderen Gesellschaftergruppe aus.

331.2 Auswirkungen auf Konzernebene

Unabhängig von der Art der Gegenleistung erhält das aufnehmende Unternehmen das Eigentum an der Beteiligung an dem aufzunehmenden Unternehmen.[235] Ferner stehen dem aufnehmenden Unternehmen sämtliche mitgliedschaftlichen Rechte aus der Beteiligung zu. Sowohl hinsichtlich der Rechte *an* der Beteiligung als auch hinsichtlich der Rechte *aus* der Beteiligung ist es somit unerheblich, ob im Gegenzug Eigenkapitalanteile oder liquide Mittel bzw. anderweitiges Vermögen hingegeben werden. Das aufzunehmende Unternehmen wird in jedem Fall zu einem Tochterunternehmen des aufnehmenden Unternehmens und somit Teil der wirtschaftlichen Einheit. Die wirtschaftliche **Verfügungsgewalt** über die Vermögenswerte und Schulden des

[228] Vgl. KOCH, C./HOFACKER, K., Merger of Equals, S. 542.

[229] Vgl. JOHNSON, L. T./PETRONE, K., Why Eliminate the Pooling Method?, S. 6. Zu den Veränderungen auf Konzernebene vgl. Abschnitt 331.2 der vorliegenden Arbeit.

[230] Vgl. FÖRSTNER-REICHSTEIN, H., Verschmelzungen mit Genossenschaften, S. 238.

[231] Vgl. HEURUNG, R., Unternehmenswertverfahren bei Umwandlungen, S. 838.

[232] Vgl. LIECK, H., Bilanzierung von Umwandlungen, S. 185.

[233] Vgl. JOHNSON, L. T./PETRONE, K., Why Eliminate the Pooling Method?, S. 3.

[234] Zu den Auswirkungen auf die Vermögenslage des entstehenden Konzerns bei einem Erwerb vgl. Abschnitt 32 der vorliegenden Arbeit.

[235] Vgl. WASSERMEYER, F., Bewertungsfragen beim Tausch, S. 182; SCHMIDT, L./HAGEBÖKE, J., Offene Sacheinlagen, S. 1816; JOHNSON, L. T./PETRONE, K., Why Eliminate the Pooling Method?, S. 5; PEFFEKOVEN, F. P., Pooling-of-Interests, S. 15.

aufzunehmenden Unternehmens geht schließlich gleichermaßen bei einer Einlage wie bei einem Erwerb der Beteiligung auf das aufnehmende Unternehmen über.[236]

Im Gegenzug für die Einlage der Beteiligung gewährt das aufnehmende Unternehmen den ehemaligen Gesellschaftern des aufzunehmenden Unternehmens neue Eigenkapitalanteile. Die neu ausgegebenen Eigenkapitalanteile stammen jedoch nicht aus dem Vermögen des aufnehmenden Unternehmens.[237] Sie werden vielmehr von dem aufnehmenden Unternehmen durch die Kapitalerhöhung gegen Sacheinlage neu geschaffen und entstehen originär bei den einlegenden Gesellschaftern durch die Leistung ihrer Einlage.[238] Letztlich verbriefen die neuen Anteile einen Residualanspruch an dem (Netto-)Vermögen des aufnehmenden Unternehmens.[239] Da das verbriefte Vermögen auch bei Gewährung der neuen Anteile im Unternehmen verbleibt, kann darin kein Abfluss wirtschaftlicher Ressourcen gesehen werden.[240] Das aufnehmende Unternehmen wendet darüber hinaus weder liquide Mittel noch anderweitiges Vermögen auf, um die Beteiligung an dem aufzunehmenden Unternehmen zu erhalten.[241] Demzufolge führt der Zusammenschluss zu **keinem Abfluss wirtschaftlicher Ressourcen** aus dem Vermögen des aufnehmenden Unternehmens.[242] Es fehlt somit im Vergleich zu einem gewöhnlichen Erwerb an einem sogenannten Vermögensopfer.[243]

Die Zeichnung der neuen Eigenkapitalanteile aus der Kapitalerhöhung des aufnehmenden Unternehmens begründet eine Einlageforderung gegenüber den ehemaligen Gesellschaftern des aufzunehmenden Unternehmens, sofern die Einlage noch nicht geleistet wurde. Durch die Leistung der Sacheinlage wird diese Forderung schließlich erfüllt. In der Literatur wird in dem Abgang dieser Forderung teilweise ein Abfluss wirtschaftlicher Ressourcen gesehen.[244] Dieser Ansicht kann allerdings nicht gefolgt werden.[245] Für die ehemaligen Gesellschafter des aufzu-

---

236 Vgl. PEFFEKOVEN, F. P., Pooling-of-Interests, S. 15; KNÜPPEL, M., Bilanzierung von Verschmelzungen, S. 63; DELMAS, B., Bewertung von Sacheinlagen, S. 139.

237 Vgl. PENNÉ, G., Prüfung der Sacheinlagen, S. 117; so auch HOMMEL, M., Immaterielle Anlagewerte, S. 262.

238 Vgl. HOMMEL, M., Immaterielle Anlagewerte, S. 262; WINKELJOHANN, N./HERMESMEIER, T., Gründungs- und Eröffnungsbilanz, Rn. 191; LEINEN, M., Kapitalkonsolidierung im mehrstufigen Konzern, S. 156.

239 Vgl. PEFFEKOVEN, F. P., Pooling-of-Interests, S. 8.

240 Vgl. LÜDENBACH, N./FREIBERG, J., Verdeckte Einlagen, S. 1546; FREIBERG, J., Transaktionen mit Gesellschaftern, S. 221; MUTZE, O., Bewertung von Sacheinlagen, S. 326.

241 Vgl. WASSERMEYER, F., Bewertungsfragen beim Tausch, S. 186; SCHMIDT, L./HAGEBÖKE, J., Offene Sacheinlagen, S. 1818.

242 Vgl. VATER, H., M&A Accounting, S. 1846; KRAWITZ, N./KLOTZBACH, D., Fresh-Start-Methode, S. 1169 f.; so auch PEFFEKOVEN, F. P., Reform der Kapitalkonsolidierung, S. 193; SIEGEL, T., Zeitwertansatz, S. 318; REICHELT, D., Anteilstausch, S. 111; LEINEN, M., Kapitalkonsolidierung im mehrstufigen Konzern, S. 158; RAMMERT, S., Pooling of Interests, S. 622; sowie ausführlich HOMMEL, M., Immaterielle Anlagewerte, S. 260–262 m. w. N. A. A. GROH, M., Anschaffungskosten aus Sacheinlagen, S. 528; WINKELJOHANN, N./HERMESMEIER, T., Gründungs- und Eröffnungsbilanz, Rn. 194; BRUNS, H.-G., Pooling of Interests, S. 839.

243 Vgl. DELMAS, B., Bewertung von Sacheinlagen, S. 141; KNÜPPEL, M., Bilanzierung von Verschmelzungen, S. 72; SCHMIDT, L./HAGEBÖKE, J., Offene Sacheinlagen, S. 1816.

244 Vgl. GROH, M., Anschaffungskosten aus Sacheinlagen, S. 528; WINKELJOHANN, N./HERMESMEIER, T., Gründungs- und Eröffnungsbilanz, Rn. 194.

245 So auch DELMAS, B., Bewertung von Sacheinlagen, S. 33; SCHMIDT, L./HAGEBÖKE, J., Offene Sacheinlagen,

nehmenden Unternehmens besteht eine unmittelbare Verpflichtung zur Einlage der vereinbarten Sachleistung, die durch die Einbringung des aufzunehmenden Unternehmens erfüllt wird.[246] Insofern fließt kein Vermögen in Form der Einlageforderung ab, da die Forderung gerade auf die Einlage des aufzunehmenden Unternehmens gerichtet ist. Ferner hat das aufnehmende Unternehmen auch für die Entstehung der Einlageforderung selbst kein Vermögensopfer erbracht.[247] Die Frage nach dem Vermögensabfluss wird schließlich nur auf eine Zwischenstufe verlagert. Diese bildliche Vorstellung eines Vermögensabflusses basiert auf gesellschaftsrechtlichen Feinheiten zur Fiktion von Anschaffungskosten, die an dem wirtschaftlichen Gehalt der Transaktion aber nichts ändert.[248]

Da der Einlage von Kapitalgesellschaftsanteilen kein Abfluss wirtschaftlicher Ressourcen gegenübersteht, handelt es sich im Vergleich zu einem Erwerb nicht um einen Austausch, sondern um eine **Einbringung von Ressourcen**.[249] Insofern führt der Unternehmenszusammenschluss insgesamt zu einer Ausweitung des (Netto-)Vermögens des aufnehmenden Unternehmens.[250] Das gemeinsame Vermögen des entstehenden Konzerns umfasst folglich beide Vermögensmassen der zuvor alleinstehenden Unternehmen, ungeachtet dessen, wie viele Eigenkapitalanteile das aufnehmende Unternehmen im Rahmen des Zusammenschlusses ausgibt.[251] Schließlich werden beide Unternehmen unabhängig von dem Austauschverhältnis vollständig zusammengeführt.

Eine **Investition** seitens des aufnehmenden Unternehmens kann schließlich nicht angenommen werden.[252] Es mangelt an dem für eine Investition erforderlichen Kapitaleinsatz des Unternehmens.[253] Vielmehr fließt dem aufnehmenden Unternehmen zusätzliches Kapital zu.[254] Unter Berücksichtigung der Beteiligung beider Gesellschaftergruppen kann der Zusammenschluss wirtschaftlich derart interpretiert werden, dass die ehemaligen Gesellschafter des aufzunehmenden Unternehmens und die bisherigen Gesellschafter des aufnehmenden Unternehmens dem

---

S. 1816 f.; LEINEN, M., Kapitalkonsolidierung im mehrstufigen Konzern, S. 158 f.; FISCHER, M., Verschmelzung, S. 486.

246 Vgl. SCHMIDT, L./HAGEBÖKE, J., Offene Sacheinlagen, S. 1816 f.

247 Vgl. DELMAS, B., Bewertung von Sacheinlagen, S. 33.

248 Die Diskussion um einen solchen Vermögensabfluss wird in der Literatur hauptsächlich zur Rechtfertigung der Annahme von Anschaffungskosten bemüht. Vgl. GROH, M., Anschaffungskosten aus Sacheinlagen, S. 528.

249 Vgl. GROS, S., Aktie als Akquisitionswährung, S. 779; FOCKEN, E./LENZ, H., Spielräume der Kapitalkonsolidierung, S. 2438.

250 Vgl. PEFFEKOVEN, F. P., Reform der Kapitalkonsolidierung, S. 193; DELMAS, B., Bewertung von Sacheinlagen, S. 141.

251 Vgl. VATER, H., M&A Accounting, S. 1847; so wohl auch HAIL, L., Pooling of Interests, S. 702; TELKAMP, H.-J./BRUNS, C., Pooling vs. Fresh Start, S. 749. Hier liegt die Annahme zugrunde, dass stets einhundert Prozent der Anteile an dem aufzunehmenden Unternehmen übernommen werden.

252 Vgl. REICHELT, D., Anteilstausch, S. 111; PEFFEKOVEN, F. P., Pooling-of-Interests, S. 7; KUHNER, C., Abbildung von Unternehmenskäufen, S. 11. A. A. FAßBENDER, D., Anteilstausch, S. 141.

253 Vgl. PEFFEKOVEN, F. P., Pooling-of-Interests, S. 8.

254 Vgl. PEFFEKOVEN, F. P., Pooling-of-Interests, S. 7.

entstehenden Konzern ihre jeweiligen Ressourcen zur Nutzung unter gemeinsamer Beteiligung zur Verfügung stellen.

331.3 Bedeutung der Transaktionsebene

In der Literatur wird die Charakterisierung eines Unternehmenszusammenschlusses durch Einlage von Kapitalgesellschaftsanteilen teilweise davon abhängig gemacht, ob es sich um eine Transaktion auf Konzernebene oder Gesellschafterebene handelt. Einerseits würden Unternehmenszusammenschlüsse durch Einlage von Kapitalgesellschaftsanteilen wie gewöhnliche Erwerbe von den Geschäftsführungen veranlasst und organisiert.[255] Die Geschäftsführungen treffen dabei die **Vereinbarung** über den Zusammenschluss und verhandeln vor allem das Austauschverhältnis der Anteile.[256] Die Gesellschafter würden hingegen häufig erst über das Vorhaben informiert, wenn der Zusammenschluss bereits beschlossen ist.[257] Aufgrund ihrer beschränkten Einflussnahmemöglichkeiten wird ihnen bei den Verhandlungen daher nur eine nachrangige Bedeutung beigemessen,[258] sodass von einer Transaktion auf Ebene des Konzerns und insofern von einem gewöhnlichen Erwerb auszugehen sei.

Andererseits obliegt die endgültige **Entscheidung** bezüglich des Zusammenschlusses durch Einlage von Kapitalgesellschaftsanteilen grundsätzlich der Gesellschafterversammlung, da es sich bei einer Kapitalerhöhung um ein für die Gesellschafter zustimmungspflichtiges Geschäft handelt.[259] Während die (ehemaligen) Gesellschafter des aufzunehmenden Unternehmens ohnehin selbst darüber entscheiden, ob sie ihre Beteiligung gegen eine Beteiligung am aufnehmenden Unternehmen tauschen, müssen die (bisherigen) Gesellschafter des aufnehmenden Unternehmens schließlich dem Kapitalerhöhungsbeschluss zustimmen.[260] Hinsichtlich des Zustimmungserfordernisses ist allerdings zwischen den verschiedenen Formen der Kapitalerhöhung zu unterscheiden. Während die Hauptversammlung im Rahmen der ordentlichen und bedingten Kapitalerhöhung dem konkreten Zusammenschluss zustimmen muss, erteilt sie im Rahmen der genehmigten Kapitalerhöhung dem Vorstand unabhängig von einem konkreten Zusammenschluss eine Ermächtigung zur Erhöhung des Kapitals. Folglich hat die Gesellschafterversammlung in letzterem Fall keinen unmittelbaren Einfluss auf das Zustandekommen des konkreten Zusammenschlusses. Allerdings werden die Interessen der Gesellschafter durch das Zustimmungserfordernis des Aufsichtsrates – als Vertreter der Gesellschafter – geschützt,[261]

---

255 Vgl. MUJKANOVIC, R., Zukunft der Kapitalkonsolidierung, S. 539; JOHNSON, L. T./PETRONE, K., Why Eliminate the Pooling Method?, S. 5.

256 Vgl. IFRS 3.BC31; sowie MUJKANOVIC, R., Zukunft der Kapitalkonsolidierung, S. 539.

257 Vgl. JOHNSON, L. T./PETRONE, K., Why Eliminate the Pooling Method?, S. 5.

258 Vgl. BÖCKING, H.-J./KLEIN, G./LOPATTA, K., Unternehmenszusammenschlüsse, S. 22; MUJKANOVIC, R., Zukunft der Kapitalkonsolidierung, S. 539.

259 Vgl. VATER, H., M&A Accounting, S. 1847. Zu den Zustimmungspflichten bei Kapitalerhöhungen vgl. Abschnitt 232.21 der vorliegenden Arbeit.

260 Vgl. DEGENER, G. J., Merger of Equals, S. 25.

261 Vgl. ähnlich VATER, H., M&A Accounting, S. 1847.

sodass grundsätzlich von einer Entscheidung im Sinne der Gesellschafter auszugehen sein sollte.

Für die Abbildung im Konzernabschluss ist es indes unerheblich, wer die Entscheidung zum Zusammenschluss trifft.[262] Es kommt vielmehr darauf an, wie sich die Entscheidung auf die Vermögens-, Finanz- und Ertragslage des Konzerns auswirkt. Wie die vorstehenden Ausführungen in den Abschnitten 331.1 und 331.2 gezeigt haben, ist das Austauschverhältnis bei Zustandekommen des Unternehmenszusammenschlusses für die Vermögenslage des entstehenden Konzerns unbedeutend. Vielmehr bestimmt das Austauschverhältnis die Beteiligungsverhältnisse der Gesellschafter am entstehenden Konzern, der künftig beide Unternehmen vollumfänglich umfasst. Die Gesellschafter legen also gewissermaßen ihre Unternehmen zusammen.[263] Insofern kann von einer Investition der jeweiligen Gesellschafter in den Konzernverbund gesprochen werden.[264]

Zusammenfassend sind zwar sowohl die Gesellschafter als auch die Geschäftsführung an der Vereinbarung zum Zusammenschluss beteiligt, allerdings wirken sich die Konditionen der Vereinbarung ausschließlich und unmittelbar auf die Vermögensverhältnisse der Gesellschafter aus. Im Ergebnis ist daher von einer Transaktion zwischen den Gesellschaftern auszugehen,[265] die zu einem gemeinschaftlichen Eigentum zweier vormals alleinstehender Unternehmen führt.[266]

331.4 Maßgeblichkeit der Gegenleistung

Der Zugangsbewertung nach den IFRS liegt grundsätzlich das **Prinzip der Maßgeblichkeit der Gegenleistung** zugrunde.[267] Demnach sind Vermögenswerte bei erstmaliger Aufnahme in die Bilanz grundsätzlich mit dem Wert der übertragenen Gegenleistung zu bewerten.[268] Im Rahmen der Abbildung eines Unternehmenszusammenschlusses gemäß IFRS 3 bestimmt die übertragene Gegenleistung den Wert eines gegebenenfalls verbleibenden Unterschiedsbetrages aus der Kapitalkonsolidierung und somit des insgesamt erfassten (Netto-)Vermögens des aufzunehmenden Unternehmens im Konzernabschluss. Dieses Prinzip beruht auf der Annahme, dass der Wert der Leistung und der Wert der Gegenleistung in einem ausgeglichenen Verhältnis zueinander stehen.[269] Bei einer Einlage von Kapitalgesellschaftsanteilen stellt sich mithin die Frage,

---

262 Vgl. hier und im folgenden Satz Peffekoven, F. P., Pooling-of-Interests, S. 16.

263 Vgl. Telkamp, H.-J./Bruns, C., Pooling vs. Fresh Start, S. 749.

264 Vgl. Krawitz, N./Klotzbach, D., Fresh-Start-Methode, S. 1174.

265 Vgl. Rammert, S., Pooling of Interests, S. 622 m. w. N.; Vater, H., M&A Accounting, S. 1847; Heinrich, T., Zusammenschluss durch Pooling of Interests, S. 46 m. w. N. A. A. Mujkanovic, R., Zukunft der Kapitalkonsolidierung, S. 539; Johnson, L. T./Petrone, K., Why Eliminate the Pooling Method?, S. 5.

266 Vgl. Telkamp, H.-J./Bruns, C., Pooling vs. Fresh Start, S. 749.

267 Vgl. Wohlgemuth, M./Radde, J., Anschaffungskosten nach HGB und IAS, S. 906; Wohlgemuth, M., in: Schulze-Osterloh u. a., HdJ, Abt. I/9, Rn. 98; Knüppel, M., Bilanzierung von Verschmelzungen, S. 70.

268 Vgl. Wohlgemuth, M./Radde, J., Anschaffungskosten nach HGB und IAS, S. 906.

269 Zur Ausgeglichenheitsvermutung von Leistung und Gegenleistung im Kontext von Unternehmenszusammenschlüssen vgl. IFRS 3.BC331; sowie Haaker, A./Freiberg, J., Vereinnahmung eines negativen Goodwill, S. 325.

inwiefern die ausgegebenen neuen Eigenkapitalanteile des aufnehmenden Unternehmens als ein für die Bewertung des aufzunehmenden Unternehmens bzw. verbleibenden Unterschiedsbetrages maßgeblicher Wertmaßstab interpretiert werden können.

Die Einlage von Kapitalgesellschaftsanteilen als gesellschaftsrechtlicher Tatbestand wird als Vorgang eigener Art qualifiziert,[270] da sie weder abschließend als entgeltlich noch als unentgeltlich beurteilt werden könne.[271] Strittig ist dabei, inwiefern der hier betrachteten Transaktion ein gegenseitiges Austauschgeschäft zugrunde liegt, sodass die Ausgeglichenheit von Leistung und Gegenleistung angenommen werden kann.[272] Die ehemaligen Gesellschafter des aufzunehmenden Unternehmens übertragen ihre Beteiligung an das aufnehmende Unternehmen und erhalten im Gegenzug Eigenkapitalanteile an dem aufnehmenden Unternehmen. Aus ihrer Sicht könnte ein gegenseitiges Austauschverhältnis angenommen werden, da sie etwas aus ihrem Vermögen hergeben, um etwas anderes zu bekommen.[273] Aus Sicht des aufnehmenden Unternehmens kann jedoch in der Einlage (formalrechtlich) kein gegenseitiges Austauschverhältnis erkannt werden,[274] da das aufnehmende Unternehmen die Beteiligung erhält, ohne eine Gegenleistung aus dem eigenen Vermögen erbringen zu müssen.[275] Stattdessen gewähren die bisherigen Gesellschafter des aufnehmenden Unternehmens den ehemaligen Gesellschaftern des aufzunehmenden Unternehmens eine Beteiligung an dem aufnehmenden Unternehmen. Allerdings leisten die ehemaligen Gesellschafter die Einlage nicht an die bisherigen Gesellschafter, sondern an das aufnehmende Unternehmen.[276] Schließlich lässt sich auch im Verhältnis der Gesellschaftergruppen zueinander formalrechtlich kein gegenseitiger Austausch feststellen.[277]

Wirtschaftlich betrachtet tauschen die bisherigen Gesellschafter des aufnehmenden Unternehmens jedoch einen Teil ihrer Rechte an dem Vermögen des aufnehmenden Unternehmens gegen einen entsprechenden Teil der Rechte an dem Vermögen des aufzunehmenden Unternehmens.[278] Die ehemaligen Gesellschafter des aufzunehmenden Unternehmens verfahren umgekehrt, sodass nach der Transaktion beide Gesellschaftergruppen einen Teil der Rechte an ihrer ursprünglichen Investition aufgegeben und einen Teil der Rechte an einer neuen Investition

---

270 Vgl. MERKERT, H., Irrtum von der Entgeltlichkeit, S. 826; HOMMEL, M., Immaterielle Anlagewerte, S. 262; DÖLLERER, G., Verdeckte Einlagen, S. 1250.

271 Vgl. MERKERT, H., Irrtum von der Entgeltlichkeit, S. 826 m. w. N.

272 Vgl. MUJKANOVIC, R., Zukunft der Kapitalkonsolidierung, S. 538, der auch bei einer Einlage ein Austauschgeschäft annimmt. A. A. GROS, S., Aktie als Akquisitionswährung, S. 779, der einen entgeltlichen Anschaffungsvorgang bestreitet.

273 Vgl. HOFFMANN, A., Einlagen in Kapitalgesellschaften, S. 11; SCHMIDT, L./HAGEBÖKE, J., Offene Sacheinlagen, S. 1815; DÖLLERER, G., Aktienrecht und Steuerrecht, S. 334; WIESNER, G., Bilanzierung beim Anteilstausch, S. 10; MUJKANOVIC, R., Zukunft der Kapitalkonsolidierung, S. 538; LIECK, H., Bilanzierung von Umwandlungen, S. 74.

274 Vgl. LEINEN, M., Kapitalkonsolidierung im mehrstufigen Konzern, S. 159; STRÖHER, T., Common Control, S. 45; RÖHRKASTEN, B., Gewinnauswirkungen der Sacheinlage, S. 826.

275 Vgl. SCHMIDT, L./HAGEBÖKE, J., Offene Sacheinlagen, S. 1813; HOFFMANN, A., Einlagen in Kapitalgesellschaften, S. 11; MERKERT, H., Irrtum von der Entgeltlichkeit, S. 828.

276 Vgl. MERKERT, H., Irrtum von der Entgeltlichkeit, S. 828.

277 Vgl. HOMMEL, M., Immaterielle Anlagewerte, S. 261.

278 Vgl. VATER, H., M&A Accounting, S. 1846; HEINRICH, T., Zusammenschluss durch Pooling of Interests, S. 46; HOFFMANN, I., Interessenzusammenführung, S. 45 m. w. N.

erhalten haben. Dabei geben sie den Teil ihrer ursprünglichen Rechte nur her, um den Teil der neuen Rechte zu erhalten. Aufgrund dieser wirtschaftlichen Kausalität besteht ein **sachlicher Zusammenhang** zwischen der Einlage und der Ausgabe der neuen Eigenkapitalanteile,[279] sodass in der Literatur vermehrt von einer *tauschähnlichen* Transaktion zwischen den Gesellschaftern gesprochen wird.[280]

Teilweise wird argumentiert, dass nicht der Wert der ausgegebenen neuen Anteile den Wert der Einlage, sondern umgekehrt der Wert der Einlage den Wert der ausgegebenen Anteile bestimmt, sodass die ausgegebenen neuen Anteile nicht geeignet seien, als Wertmaßstab für das aufzunehmende Unternehmen zu dienen.[281] Dieser Zusammenhang ist prinzipiell zutreffend. Aufgrund der Einigung über das Austauschverhältnis ist diese Unterscheidung allerdings für die Ausgeglichenheit der Werte und folglich für die Eignung als Wertmaßstab unerheblich.[282] Da die jeweiligen Gesellschafter im Rahmen des Unternehmenszusammenschlusses grundsätzlich ein Interesse daran haben werden, ihre Vermögensverhältnisse zumindest zu wahren, besteht zwischen den bisherigen Gesellschaftern des aufnehmenden Unternehmens und den ehemaligen Gesellschaftern des aufzunehmenden Unternehmens ein **Interessengegensatz**.[283] Während die bisherigen Gesellschafter des aufnehmenden Unternehmens anstreben werden, möglichst wenige neue Anteile für die Beteiligung an dem aufzunehmenden Unternehmen auszugeben, werden die ehemaligen Gesellschafter des aufzunehmenden Unternehmens versuchen, ein möglichst hohes Austauschverhältnis durchzusetzen, da ein größerer Kapitalanteil der einen Gesellschaftergruppe einen entsprechend geringeren Kapitalanteil für die andere Gesellschaftergruppe bedeutet. Folglich kann das vereinbarte Austauschverhältnis als Ausgleich der entgegengesetzt gerichteten Interessen der jeweiligen Gesellschafter verstanden werden.[284] Ungeachtet dessen, welcher Wert den anderen bestimmt, ergibt sich die Zahl der neu auszugebenden Anteile anhand der Wertrelation der sich zusammenschließenden Unternehmen zueinander, die durch eine Markttransaktion zwischen den Gesellschaftern objektiviert ist.[285] Daher sollte grundsätzlich davon auszugehen sein, dass der Wert der neu ausgegebenen Anteile dem Wert des eingelegten Unternehmens entspricht.

Zusammenfassend liegt zwar formalrechtlich kein entgeltliches Austauschverhältnis zwischen dem aufnehmenden Unternehmen und den ehemaligen Gesellschaftern des aufzunehmenden

[279] Vgl. LEINEN, M., Kapitalkonsolidierung im mehrstufigen Konzern, S. 156; HOMMEL, M., Immaterielle Anlagewerte, S. 264 m. w. N.

[280] Vgl. STRÖHER, T., Common Control, S. 45 m. w. N.; LEINEN, M., Kapitalkonsolidierung im mehrstufigen Konzern, S. 159; LÜDENBACH, N./FREIBERG, J., Verdeckte Einlagen, S. 1546; MUTZE, O., Bewertung von Sacheinlagen, S. 324.

[281] Vgl. WINKELJOHANN, N./HERMESMEIER, T., Gründungs- und Eröffnungsbilanz, Rn. 191; KÜTING, K./KESSLER, H., Problematik der anderen Zuzahlungen, S. 34.

[282] Vgl. LEINEN, M., Kapitalkonsolidierung im mehrstufigen Konzern, S. 162.

[283] Vgl. LEINEN, M., Kapitalkonsolidierung im mehrstufigen Konzern, S. 159; FAßBENDER, D., Anteilstausch, S. 242; DEGENER, G. J., Merger of Equals, S. 130 f.; FISCHER, M., Verschmelzung, S. 486.

[284] Vgl. HOMMEL, M., Immaterielle Anlagewerte, S. 263 f.

[285] Vgl. LIECK, H., Bilanzierung von Umwandlungen, S. 182; KRAWITZ, N./KLOTZBACH, D., Fresh-Start-Methode, S. 1170.

Unternehmens und damit auch keine tatsächliche Gegenleistung für die Einlage vor.[286] Allerdings könnten die ausgegebenen neuen Anteile aufgrund des Interessengegensatzes zwischen den Gesellschaftern zum Zweck der Bewertung **wirtschaftlich als Wertmaßstab** für die erhaltene Beteiligung angenommen werden.[287]

332. Ausgabe bereits bestehender eigener Anteile

Nachdem der Zusammenschluss durch Einlage von Kapitalgesellschaftsanteilen im Rahmen einer Kapitalerhöhung betrachtet wurde, ist im Folgenden zu prüfen, inwiefern sich Unterschiede gegenüber der Ausgabe eigener Anteile ergeben. Überträgt das aufnehmende Unternehmen anstelle neuer Eigenkapitalanteile aus einer Kapitalerhöhung zuvor zurückerworbene eigene Anteile an die ehemaligen Gesellschafter des aufzunehmenden Unternehmens, könnte darin eine Gegenleistung aus dem Vermögen des aufnehmenden Unternehmens erkannt werden, die möglicherweise einen entgeltlichen Erwerb begründet.[288] Dieser Ansicht liegt die Annahme zugrunde, dass eigene Anteile als Vermögenswerte des aufnehmenden Unternehmens qualifiziert werden können,[289] sodass eine Hingabe dieser Anteile zu einem Abfluss von Ressourcen aus dem Vermögen des aufnehmenden Unternehmens führt.[290]

In der Literatur wird eigenen Anteilen häufig ein **ambivalenter Charakter** zugeschrieben.[291] Zum einen ließen sich eigene Anteile als Vermögenswerte, zum anderen als zurückgezahltes Eigenkapital interpretieren.[292] Zwar gehen die Anteile durch den Rückkauf in die Verfügungsgewalt des erwerbenden Unternehmens über, allerdings stehen dem Unternehmen selbst keine mitgliedschaftlichen Rechte aus den Anteilen zu.[293] Das Unternehmen ist folglich weder stimm- noch dividenden- oder liquidationserlösberechtigt, sodass sich für die eigenen Anteile ein Ertragswert von Null ergibt.[294] Selbst wenn das Unternehmen beispielsweise einen Anspruch auf die Auszahlung einer Dividende hätte, wäre darin kein Ressourcenzufluss zu erkennen, da das Unternehmen die Dividende an sich selbst zahlen würde.[295] Der Ressourcenfluss wäre rein zirkular, sodass aus eigenen Anteilen kein künftiger wirtschaftlicher Nutzenzufluss zu erwarten ist. Vielmehr repräsentieren eigene Anteile – ebenso wie neue Anteile – einen Residualanspruch an dem (Netto-)Vermögen des Unternehmens.[296] In der Hand eines Dritten kommt den

---

286 Vgl. WIESNER, G., Bilanzierung beim Anteilstausch, S. 6; GROS, S., Aktie als Akquisitionswährung, S. 779.

287 Vgl. LEINEN, M., Kapitalkonsolidierung im mehrstufigen Konzern, S. 158 f.

288 Vgl. PEFFEKOVEN, F. P., Reform der Kapitalkonsolidierung, S. 189 f.; FAßBENDER, D., Anteilstausch, S. 11 f.; LEINEN, M., Kapitalkonsolidierung im mehrstufigen Konzern, S. 158. A. A. REICHELT, D., Anteilstausch, S. 102–104.

289 Vgl. REICHELT, D., Anteilstausch, S. 102.

290 Vgl. LEINEN, M., Kapitalkonsolidierung im mehrstufigen Konzern, S. 158.

291 Vgl. KÜTING, K./REUTER, M., Abbildung von eigenen Anteilen, S. 658; SEIDLER, H., in: Bertram u. a., Haufe HGB, § 272, Rn. 78 m. w. N., wenn auch im handelsrechtlichen Kontext.

292 Vgl. SCHEFFLER, E., Eigenkapital nach IFRS, S. 82.

293 Ausführlich zu eigenen Anteilen vgl. Abschnitt 232.3 der vorliegenden Arbeit.

294 Vgl. HOFFMANN, W.-D./LÜDENBACH, N., in: Hoffmann u. a., NWB Bilanzierung, § 272, Rn. 43, wenn auch im handelsrechtlichen Kontext. A. A OSER, P./KROPP, M., Eigene Anteile, S. 188.

295 Vgl. IFRS 2.BC73.

296 Vgl. IFRS 2.BC73.

Anteilen durchaus ein Wert zu, da sie diesen Anspruch verbriefen. In der Hand des Unternehmens selbst sind sie hingegen wertlos, da sie nur einen Anspruch auf das Vermögen verbriefen, das sich selbst in der Hand des Unternehmens befindet.[297] Schließlich stellt auch der Standardsetzer fest, dass eigene Anteile grundsätzlich nicht als Vermögenswerte[298] des Unternehmens zu qualifizieren sind.[299]

Der **Rückkauf eigener Anteile** führt zu einem Ressourcenabfluss des Unternehmens an die Gesellschafter,[300] sodass das verfügbare Kapital des Unternehmens vermindert wird. Gleichermaßen verringert sich auch der Kapitaleinsatz der Gesellschafter des Unternehmens.[301] Obgleich die Eigenkapitalanteile gesellschaftsrechtlich weiterhin bestehen, erlöschen die damit verbundenen Rechte mit dem Rückkauf durch das Unternehmen,[302] sodass weniger mit Rechten versehene Anteile im Umlauf bleiben. Daher ist die Hingabe liquider Mittel oder anderweitigen Vermögens des Unternehmens zum Rückkauf eigener Anteile als eine Rückzahlung von Eigenkapital an die Gesellschafter zu interpretieren.[303] Folglich entspricht der Erwerb eigener Anteile zumindest wirtschaftlich einer Kapitalherabsetzung.[304] Der Unterschied zu einer formellen gesellschaftsrechtlichen Kapitalherabsetzung ist lediglich formalrechtlicher Natur, da die Einziehung der Anteile zusätzlich einer Satzungsänderung bedarf.[305]

Grundsätzlich könnte argumentiert werden, dass eine **Wiederveräußerung eigener Anteile** zu einem Ressourcenzufluss führt, der einen positiven Ertragswert und folglich einen Vermögenswert begründen könnte.[306] Dabei darf aber nicht verkannt werden, dass dazu die zuvor erloschenen mitgliedschaftlichen Rechte erneut zu gewähren sind. Die Wiederveräußerung führt insofern zwar zu einem Ressourcenzufluss, allerdings handelt es sich dabei um eine Gesellschaftertransaktion, da dieser Zufluss mit der Entstehung einer mitgliedschaftlichen Beteiligung verbunden ist.[307] Der gleiche Ressourcenzufluss könnte auch durch die Ausgabe neuer Anteile im Rahmen einer formellen Kapitalerhöhung realisiert werden.[308] In beiden Fällen wird

---

297 Vgl. HOHAGE, U., Erwerb eigener Anteile, S. 1034; HUBER, U., Aktienerwerb, S. 138 f. m. w. N.

298 Der Standardsetzer definiert einen Vermögenswert (*asset*) als eine gegenwärtige ökonomische Ressource, über die das Unternehmen aufgrund vergangener Ereignisse verfügen kann (CF.4.3). Eine ökonomische Ressource zeichnet sich dabei durch ein Recht aus, welches das Potenzial künftigen wirtschaftlichen Nutzens birgt (CF.4.4). Vgl. FISCHER, D. T., Neufassung des Rahmenkonzepts, S. 156.

299 Vgl. IFRS 2.BC73; CF.4.11 (a); sowie REICHELT, D., Anteilstausch, S. 102. A. A. OSER, P./KROPP, M., Eigene Anteile, S. 189. Gleichwohl akzeptiert der Standardsetzer eigene Anteile unter bestimmten Umständen als Planvermögen gemäß IAS 19 oder als Vergütungsbestandteile gemäß IFRS 2.

300 Vgl. IFRS 2.BC331.

301 Vgl. IFRS 2.BC331.

302 Vgl. HOHAGE, U., Erwerb eigener Anteile, S. 1034; BISE, W., Eigene Anteile, S. 804.

303 Vgl. IFRS 2.BC73; REICHELT, D., Anteilstausch, S. 102; SIEGEL, T., Charakter eigener Aktien, S. 359.

304 Vgl. MÜLLER, S./REINKE, J., Behandlung eigener Anteile, S. 436 m. w. N.; HOHAGE, U., Erwerb eigener Anteile, S. 1034.

305 Vgl. HAIBT, H., in: Frodermann u. a., Aktienrecht, Kapitel 12, Rn. 85; SETHE, R., in: Hopt u. a., AktG, Bd. 1, Vor § 222 AktG, Rn. 32.

306 Vgl. OSER, P./KROPP, M., Eigene Anteile, S. 189.

307 Vgl. IFRS 2.BC331; HOFFMANN, W.-D./LÜDENBACH, N., in: Hoffmann u. a., NWB Bilanzierung, § 272, Rn. 43, wenn auch im handelsrechtlichen Kontext.

308 Vgl. IFRS 2.BC331; LÜDENBACH, N., Erwerb eigener Anteile, S. 232.

das verfügbare Kapital des Unternehmens erhöht und zugleich eine mitgliedschaftliche Beteiligung begründet. Im Vergleich zu einer formellen Kapitalerhöhung werden zwar keine neuen Eigenkapitalanteile geschaffen, sondern bereits existierende Anteile erneut ausgegeben.[309] Da die eigenen Anteile aber während der Zeit im Besitz des Unternehmens selbst keine Rechte entfaltet haben, wird durch die Wiederveräußerung der eigenen Anteile die Zahl der mit Rechten versehenen Anteile (wieder) erhöht. Schließlich besteht wirtschaftlich kein Unterschied zwischen der Ausgabe neuer Eigenkapitalanteile aus einer formellen Kapitalerhöhung und der Wiederveräußerung zuvor zurückerworbener eigener Anteile.[310]

Der Anlass für eine abweichende Interpretation der Hingabe eigener Anteile im Rahmen eines Unternehmenszusammenschlusses gegenüber der Ausgabe neuer Anteile liegt darin begründet, dass der erforderliche Rückkauf eigener Anteile zu einem **Ressourcenabfluss** führt, in dem eine Gegenleistung für den Erhalt der Beteiligung an dem aufzunehmenden Unternehmen erkannt werden könnte.[311] So wird argumentiert, dass diese Konstruktion lediglich darüber hinweg täusche, dass es sich eigentlich um einen Erwerb handele, da die für den Rückkauf der eigenen Anteile eingesetzten Ressourcen stattdessen unmittelbar für den Erwerb der Beteiligung hätten eingesetzt werden können.[312] Diese Interpretation gründet auf der Idee, dass der Rückkauf und die erneute Ausgabe der eigenen Anteile im Rahmen des Unternehmenszusammenschlusses eine einheitliche Transaktion darstellen.[313] Allerdings sind die beiden Transaktionen gänzlich unabhängig voneinander.[314] Der Rückkauf eigener Anteile führt zwar zu einem Abfluss wirtschaftlicher Ressourcen. Bei genauerer Betrachtung fällt allerdings auf, dass der Ressourcenabfluss aufgrund des Rückkaufes der eigenen Anteile nicht zugunsten der ehemaligen Gesellschafter des aufzunehmenden Unternehmens, sondern zugunsten der bisherigen Gesellschafter des aufnehmenden Unternehmens ausfällt. Der Abfluss wirtschaftlicher Ressourcen ist daher nicht dem Zusammenschluss, sondern allein dem vorangegangenen Rückkauf eigener Anteile zuzurechnen, der als Kapitalherabsetzung zu interpretieren ist. Folglich kann darin keine Gegenleistung für die eingelegte Beteiligung der ehemaligen Gesellschafter des aufzunehmenden Unternehmens erkannt werden. Insofern werden diese Gesellschafter auch nicht – wie es für einen gewöhnlichen Erwerb üblich wäre – abgefunden. Stattdessen werden sie – wie bei der Ausgabe neuer Eigenkapitalanteile – Gesellschafter des aufnehmenden Unternehmens und bleiben mittelbar an dem aufzunehmenden Unternehmen beteiligt.

309 Vgl. hier und im folgenden Satz REICHERT, J./HARBARTH, S., Veräußerung und Einziehung eigener Aktien, S. 1442.

310 Vgl. LÜDENBACH, N., Erwerb eigener Anteile, S. 232; REICHELT, D., Anteilstausch, S. 102; MÜLLER, S./REINKE, J., Behandlung eigener Anteile, S. 438.

311 Vgl. JOHNSON, L. T./PETRONE, K., Why Eliminate the Pooling Method?, S. 5.

312 Vgl. SIMON, S., Pooling und Verschmelzung, S. 81.

313 Diese Vorstellung liegt vor allem dann nahe, wenn die eigenen Anteile für einen konkreten Zusammenschluss zurückgekauft werden und ein nur unerheblicher zeitlicher Abstand zwischen Rückkauf und Wiederausgabe liegt.

314 Vgl. BALLANTINE, H. W., Treasury Shares, S. 537.

Bedingt durch die Aufnahme zusätzlicher Gesellschafter am aufnehmenden Unternehmen tritt auch bei der Hingabe eigener Anteile eine Verwässerung der von den (nach dem Rückkauf eigener Anteile) verbliebenen bisherigen Gesellschaftern des aufnehmenden Unternehmens gehaltenen Anteile ein.[315] Durch das Aufleben der zuvor ruhenden Rechte aus den eigenen Anteilen verringern sich die Rechte aus jedem einzelnen Anteil vergleichbar mit einer formellen Kapitalerhöhung. Demzufolge verbleibt den bisherigen Gesellschaftern des aufnehmenden Unternehmens nur ein entsprechend geringerer relativer Kapitalanteil als vor dem Zusammenschluss. Da dem Zusammenschluss jedoch der Rückkauf der eigenen Anteile vorausgeht, treten die ehemaligen Gesellschafter des aufzunehmenden Unternehmens wirtschaftlich an die Stelle der bisherigen Gesellschafter des aufnehmenden Unternehmens, die ihre Beteiligung an dem aufnehmenden Unternehmen im Rahmen des Rückkaufes aufgegeben haben, ohne dass der Gesellschafterkreis insgesamt vergrößert wird.[316] Somit bleibt die Zahl der sich insgesamt im Umlauf befindlichen Eigenkapitalanteile konstant, sodass bezweifelt werden könnte, ob insgesamt eine **Verwässerung der Anteile** eintritt. Schließlich würden den verbliebenen Gesellschaftern des aufnehmenden Unternehmens im Rahmen der Wiederveräußerung der eigenen Anteile nur die Ansprüche genommen, die ihnen zuvor im Rahmen des Rückkaufes der eigenen Anteile angewachsen sind.[317]

Sofern die zurückerworbenen Eigenkapitalanteile vollständig an die ehemaligen Gesellschafter des aufzunehmenden Unternehmens übertragen werden, dürfte sich insgesamt keine Veränderung des relativen Kapitalanteils der verbliebenen bisherigen Gesellschafter des aufnehmenden Unternehmens ergeben, sodass deren Verwaltungsrechte nicht verwässert werden. Die Vermögensverhältnisse der Gesellschafter sind jedoch weiterhin abhängig von der Angemessenheit des vereinbarten Austauschverhältnisses. Entspricht der Wert des aufzunehmenden Unternehmens nicht mindestens dem gewährten Kapitalanteil, kommt es zu einer Verwässerung der Anteile der verbliebenen bisherigen Gesellschafter des aufnehmenden Unternehmens. Ein zu hohes Austauschverhältnis führt somit auch bei der Ausgabe eigener Anteile zu einer Verwässerung der Vermögensrechte. Daher wirkt sich ein Verhandlungserfolg aus dem Zusammenschluss wie bei der Ausgabe neuer Eigenkapitalanteile aus einer formellen Kapitalerhöhung unmittelbar auf Gesellschafterebene aus.[318]

Zusammenfassend sind der Rückkauf eigener Anteile und der Unternehmenszusammenschluss durch Ausgabe dieser Anteile zwei voneinander unabhängige Transaktionen. Dabei sind die wirtschaftlichen Auswirkungen eines Zusammenschlusses durch Ausgabe eigener Anteile mit denen eines Zusammenschlusses durch Ausgabe neuer Anteile vergleichbar. Beispielsweise

---

315 Vgl. REICHERT, J./HARBARTH, S., Veräußerung und Einziehung eigener Aktien, S. 1442.

316 Die jeweiligen bisherigen Gesellschafter müssen dabei nicht zwangsläufig ihre gesamte Beteiligung aufgeben. Ebenso ist es denkbar, dass die Gesellschafter nur einen Teil ihrer Anteile an das Unternehmen veräußern.

317 Vgl. KLASEN, E., Akquisition in Krisenzeiten, S. 533.

318 Zu den Auswirkungen des Zusammenschlusses auf die Verwaltungs- und Vermögensrechte der Gesellschafter vgl. Abschnitt 331.1 der vorliegenden Arbeit.

lässt sich ein Zusammenschluss vorstellen, bei dem das aufnehmende Unternehmen bereits ausreichend eigene Anteile hält. Unabhängig davon, ob dieses Unternehmen den Zusammenschluss durch Hingabe der eigenen Anteile oder Ausgabe neuer Anteile bewirkt, führt die Transaktion zu dem gleichen wirtschaftlichen Ergebnis. Schließlich geht das aufzunehmende Unternehmen vollständig und unabhängig von den Konditionen des Zusammenschlusses in den Verfügungsbereich des aufnehmenden Unternehmens über, während sich die aus dem vereinbarten Austauschverhältnis ergebende (Un-)Vorteilhaftigkeit der Transaktion durch Verwässerungseffekte unmittelbar in den Vermögensverhältnissen auf Gesellschafterebene niederschlägt.

34 Systematisierung von Unternehmenszusammenschlüssen nach den Beherrschungsverhältnissen auf Gesellschafterebene

Die vorangegangenen Ausführungen haben gezeigt, dass sich eine Einlage von Kapitalgesellschaftsanteilen aufgrund der Beteiligung der ehemaligen Gesellschafter des aufzunehmenden Unternehmens an dem entstehenden Konzern wesentlich von einem gewöhnlichen Erwerb unterscheidet. Hinsichtlich der entstehenden Beherrschungsverhältnisse auf Gesellschafterebene können dabei drei Fälle unterschieden werden, an die der Standardsetzer zum Teil unterschiedliche Bilanzierungsvorschriften knüpft. Daher wird im Folgenden untersucht, inwiefern sich diese Fälle tatsächlich voneinander unterscheiden.

Bisher wurde implizit von einem Zusammenschluss ausgegangen, bei dem die Beherrschung über das aufnehmende Unternehmen und damit über den entstehenden Konzern trotz der Aufnahme der ehemaligen Gesellschafter des aufzunehmenden Unternehmens bei den bisherigen Gesellschaftern verbleibt. Insofern behalten die bisherigen Gesellschafter ihre Mehrheitsbeteiligung[319] an dem aufnehmenden Unternehmen, während die ehemaligen Gesellschafter des aufzunehmenden Unternehmens nur eine nicht beherrschende Beteiligung erhalten. Das ist regelmäßig der Fall, wenn der Wert des aufnehmenden Unternehmens verhältnismäßig größer ist als der Wert des aufzunehmenden Unternehmens.[320] Diese Konstellation soll als Zusammenschluss **ohne Beherrschungsübergang** auf Gesellschafterebene des aufnehmenden Unternehmens bezeichnet und für die weiteren Ausführungen als Standardfall angenommen werden.

Wird indessen das verhältnismäßig größere Unternehmen in das kleinere Unternehmen eingebracht, wird das (kleinere) aufnehmende Unternehmen in der Regel so viele neue Anteile an die ehemaligen Gesellschafter des aufzunehmenden Unternehmens ausgeben müssen, dass sie nach dem Zusammenschluss eine mehrheitliche Beteiligung an dem aufnehmenden Unternehmen halten.[321] Deshalb ist es möglich, dass die ehemaligen Gesellschafter des aufzunehmenden

319 Aufgrund der Verwässerung ihrer Anteilsrechte verlieren die ehemaligen Gesellschafter zwar ihre einhundertprozentige Beteiligung, allerdings halten sie in dem betrachteten Fall weiterhin die Mehrheit der Anteile.

320 Vgl. PAWELZIK, K. U., Interessenzusammenschlüsse, S. 2572 f.

321 Vgl. KÜTING, K./MÜLLER, W./PILHOFER, J., Reverse Acquisitions, S. 258 m. w. N.; so auch ZWIRNER, C., Reverse Acquisition, S. 31. Das aufnehmende Unternehmen gibt in diesem Fall mehr neue Anteile aus als bislang ausstehen. Vgl. WEISER, M. F., Umgekehrte Unternehmenserwerbe, S. 489.

Unternehmens durch den Unternehmenszusammenschluss die Beherrschung über das aufnehmende Unternehmen erlangen.[322] Diese Konstellation soll im weiteren Verlauf der vorliegenden Arbeit als Zusammenschluss **mit Beherrschungsübergang** auf Gesellschafterebene bezeichnet werden. Der Standardsetzer spricht von einem sogenannten umgekehrten Unternehmenserwerb.[323]

Die Gesellschafter bringen ihre Unternehmen stets vollständig in den Konzernverbund ein, ohne eine Gegenleistung aus dem Konzernvermögen zu erhalten. Demzufolge umfasst der Konzern nach dem Zusammenschluss unabhängig von der Über- oder Unterordnung zwischen den Unternehmen sowohl das aufnehmende als auch das aufzunehmende Unternehmen. Da sich die Kapitalanteile der jeweiligen Gesellschafter am Konzern im Wesentlichen anhand des Verhältnisses des jeweils eingebrachten Unternehmenswertes zum Gesamtwert des Konzerns bestimmen, dürften daher auch die Beteiligungsverhältnisse der Gesellschafter am Konzern von der Über- oder Unterordnung der sich zusammenschließenden Unternehmen unabhängig sein.[324] Insofern ließe sich ein aus Konzernsicht wirtschaftlich vergleichbares Ergebnis erzielen, indem das wertmäßig größere, (vormals) aufzunehmende Unternehmen gegen Ausgabe von Eigenkapitalanteilen eine Kapitalbeteiligung am kleineren, (vormals) aufnehmenden Unternehmen übernimmt. Die Gesellschafter des wertmäßig größeren Unternehmens werden regelmäßig unabhängig von dem Über- oder Unterordnungsverhältnis zu den beherrschenden Gesellschaftern des entstehenden Konzerns. Das resultierende Über- oder Unterordnungsverhältnis betrifft somit lediglich die *formalrechtliche* Gestaltung des Zusammenschlusses. Im Ergebnis ist ein Unternehmenszusammenschluss mit Beherrschungsübergang auf Gesellschafterebene wirtschaftlich nicht anders zu beurteilen als ohne Beherrschungsübergang.

Aufgrund der aktienrechtlichen Beschränkungen bei einer bedingten oder genehmigten Kapitalerhöhung hinsichtlich des Umfanges der neuen Anteile sowie bei Verwendung eigener Anteile hinsichtlich des Bestandes an Anteilen ist ein Beherrschungsübergang auf die ehemaligen Gesellschafter des aufzunehmenden Unternehmens ausgeschlossen.[325] Die genannten Beschlüsse sind nicht dazu geeignet, den ehemaligen Gesellschaftern des aufzunehmenden Unternehmens eine ausreichende Zahl neuer Anteile zu gewähren, sodass ihnen die Mehrheit der Stimmrechte am aufnehmenden Unternehmen zuteilwürde. Für diese Konstellation steht den Gesellschaftern daher ausschließlich die ordentliche Kapitalerhöhung zur Verfügung.

---

322 Vgl. FREIBERG, J., Identifizierung des Erwerbers, S. 116; PAWELZIK, K. U., Interessenzusammenschlüsse, S. 2573; ZWIRNER, C., Reverse Acquisition, S. 31; SIMON, S., Pooling und Verschmelzung, S. 63.

323 In der Literatur wird von umgekehrten Unternehmenserwerben oder *reverse acquisitions* gesprochen. Vgl. z. B. ZWIRNER, C./SCHMIDT, J., Reverse Acquisition, S. 5; KRAWITZ, N./LEUKEL, S., Unternehmensfusionen, S. 92.

324 Vgl. ZWIRNER, C., Reverse Acquisition, S. 33.

325 Zu den aktienrechtlichen Beschränkungen bei einer Kapitalerhöhung vgl. Abschnitt 232.21 sowie beim Rückkauf eigener Anteile vgl. Abschnitt 232.3 der vorliegenden Arbeit.

Als Grenzfall zwischen den beiden dargestellten Konstellationen ist es ebenso möglich, dass die bisherigen Gesellschafter des aufnehmenden Unternehmens und die ehemaligen Gesellschafter des aufzunehmenden Unternehmens zu annähernd gleichen Teilen an dem entstehenden Konzern beteiligt sind.[326] Diese Konstellation soll im weiteren Verlauf der vorliegenden Arbeit als Zusammenschluss mit **Beherrschungsausgleich** auf Gesellschafterebene bezeichnet werden.[327] Das konkrete Beteiligungsverhältnis ergibt sich in diesem Fall aufgrund der (ungefähren) Wertgleichheit der sich zusammenschließenden Unternehmen.[328] Auch beim Beherrschungsausgleich ist die Über- oder Unterordnung der Unternehmen rein formalrechtlicher Natur. Das Mutter- und das Tochterunternehmen können vielmehr als „Geschwisterunternehmen" verstanden werden.[329] Die Ausführungen zum Zusammenschluss mit Beherrschungsübergang gelten hier gleichermaßen, sodass es keiner gesonderten Beurteilung bedarf.[330]

35 Abschließende Beurteilung des Charakters von Unternehmenszusammenschlüssen durch Einlage von Kapitalgesellschaftsanteilen

Gesellschaftsrechtlich stellt der hier betrachtete Unternehmenszusammenschluss unzweifelhaft eine Sacheinlage von Kapitalgesellschaftsanteilen dar.[331] Auf diese Weise wird – wie bei einem gewöhnlichen Erwerb – ein Beteiligungsverhältnis zwischen dem aufnehmenden und dem aufzunehmenden Unternehmen begründet. Dabei geht die Verfügungsgewalt über die Beteiligung und somit über die Vermögenswerte und Schulden des aufzunehmenden Unternehmens auf das aufnehmende Unternehmen über. Allerdings steht dem zugegangenen (Netto-)Vermögen kein Abfluss wirtschaftlicher Ressourcen aus dem Vermögen des aufnehmenden Unternehmens gegenüber, sodass kein entgeltlicher Anschaffungsvorgang angenommen werden kann.[332] Im Vergleich zu einem gewöhnlichen Erwerb kann die Sacheinlage daher nicht als Austausch von Ressourcen betrachtet werden, sondern ist als eine **Einbringung zusätzlicher Ressourcen** zu interpretieren, mit der eine Ausweitung des Konzernvermögens verbunden ist.

Aus formalrechtlicher Perspektive wird das aufzunehmende Unternehmen in das aufnehmende Unternehmen eingebracht, sodass sich eine Über- oder Unterordnung zwischen den sich zusammenschließenden Unternehmen ergibt. Das formalrechtliche Über- oder Unterordnungsverhältnis ist wirtschaftlich betrachtet jedoch unerheblich, da die Unternehmen fortan eine wirtschaftliche Einheit bilden. Zumal im Rahmen des Zusammenschlusses keine Ressourcen abfließen, umfasst der Konzern nach dem Zusammenschluss sowohl das gesamte Vermögen des

---

326 Vgl. HORN, N., Int. Unternehmenszusammenschlüsse, S. 475.

327 In der Literatur wird von Zusammenschlüssen unter Gleichen oder *merger of equals* gesprochen. Vgl. KRAWITZ, N./LEUKEL, S., Unternehmensfusionen, S. 92.

328 Vgl. KRAWITZ, N./KLOTZBACH, D., Fresh-Start-Methode, S. 1170.

329 Vgl. RAMMERT, S., Pooling of Interests, S. 622.

330 Vgl. PEFFEKOVEN, F. P., Pooling-of-Interests, S. 18.

331 Vgl. SCHMIDT, L./HAGEBÖKE, J., Offene Sacheinlagen, S. 1815; KNÜPPEL, M., Bilanzierung von Verschmelzungen, S. 72; REICHELT, D., Anteilstausch, S. 103 f., 221.

332 Vgl. GROS, S., Aktie als Akquisitionswährung, S. 779. A. A. NIEHUS, R. J., Pooling-of-Interests Methode, S. 437 f.; MUJKANOVIC, R., Zukunft der Kapitalkonsolidierung, S. 538 f.

aufnehmenden als auch das des aufzunehmenden Unternehmens unter Beteiligung beider Gesellschaftergruppen. Aus wirtschaftlicher Perspektive wird insofern nicht ein Unternehmen in das andere, sondern beide Unternehmen werden in den gemeinsamen Verbund eingebracht. Der Zusammenschluss durch Einlage von Kapitalgesellschaftsanteilen entspricht damit einer **Zusammenlegung zweier Unternehmen**,[333] da beide Gesellschaftergruppen dem Konzern ihre jeweiligen Ressourcen überlassen. Ein Erwerb entspricht hingegen einer Übernahme des aufzunehmenden Unternehmens durch das aufnehmende Unternehmen, infolgedessen ausschließlich die bisherigen Gesellschafter des aufnehmenden Unternehmens dem Verbund Ressourcen zur Verfügung stellen. Während die ehemaligen Gesellschafter des aufzunehmenden Unternehmens bei einem Erwerb aus dem Gesellschafterkreis ausscheiden und ihnen somit ein primäres Interesse an dem Konzern nicht mehr zu unterstellen ist, werden die ehemaligen Gesellschafter bei einer Einlage an dem Konzern beteiligt, sodass ihre Informationsinteressen im weiteren Verlauf der Untersuchung ebenso zu berücksichtigen sind wie diejenigen der bisherigen Gesellschafter des aufnehmenden Unternehmens.

Das **Austauschverhältnis** ist bei einem Zusammenschluss durch Einlage von Kapitalgesellschaftsanteilen zwar das zentrale Entscheidungskriterium, allerdings sind die wirtschaftlichen Verhältnisse des entstehenden Konzerns gänzlich unabhängig von dem vereinbarten Austauschverhältnis. Ein Verhandlungserfolg aufgrund eines vergleichsweise vorteilhaften oder unvorteilhaften Austauschverhältnisses wirkt sich daher – im Gegensatz zu einem gewöhnlichen Erwerb – nicht auf Gesellschaftsebene, sondern unmittelbar auf die Gesellschafter aus. Grundsätzlich schlagen sich zwar sämtliche Erfolge eines Unternehmens oder Konzerns letztlich mittelbar über ihre Kapitalbeteiligung stets auf die Gesellschafter nieder. Der hier betrachtete Sachverhalt unterscheidet sich davon aber insofern, als sich ein bestimmtes Austauschverhältnis und der damit verbundene Verhandlungserfolg oder -misserfolg *unmittelbar* zugunsten der einen und gleichzeitig zulasten der anderen Gesellschaftergruppe auswirken.

Das vereinbarte Austauschverhältnis bestimmt schließlich die Beteiligungsverhältnisse der Gesellschafter an dem entstehenden Konzern. Da beide Gesellschaftergruppen der sich zusammenschließenden Unternehmen zumindest ihre bisherigen Vermögensverhältnisse zu wahren versuchen, ist bis zum Zeitpunkt der Transaktion von **entgegengesetzten Interessen** der jeweiligen Gesellschaftergruppen auszugehen. Folglich kann der Zusammenschluss gewissermaßen als eine Transaktion zwischen den Gesellschaftern verstanden werden. Sobald beide Unternehmen und somit auch beide Gesellschaftergruppen vereint sind, verfolgen sie hingegen grundsätzlich gleichgerichtete Interessen, da sie mittelbar über die Beteiligung gleichermaßen entsprechend ihrem jeweiligen Kapitalanteil an den Erfolgen des gemeinsamen Konzerns partizipieren.

Ungeachtet der hier vorgenommenen Charakterisierung argumentiert der Standardsetzer, dass ein Unternehmenszusammenschluss durch Einlage von Kapitalgesellschaftsanteilen unter der

333 Vgl. KUHNER, C., Abbildung von Unternehmenskäufen, S. 10 f.

Fiktion einer Barkapitalerhöhung des aufnehmenden Unternehmens und anschließender Verwendung des Emissionserlöses zum Erwerb der Beteiligung dennoch wirtschaftlich als gewöhnlicher Erwerb interpretiert werden könne.[334] Diese Fiktion beruht auf der Annahme, dass die Kapitalerhöhung und der vermeintliche Erwerb voneinander unabhängig sind. Sofern die Bareinlage im Vorfeld des Beteiligungserwerbes von fremden Dritten und nicht von den ehemaligen Gesellschaftern des aufzunehmenden Unternehmens geleistet wird, könnten hier zwei voneinander unabhängige Geschäftsvorfälle angenommen werden, da die Bareinlage und der Unternehmenserwerb grundsätzlich getrennter unternehmerischer Disposition unterliegen. Das Austauschverhältnis bzw. die Zahl der gewährten neuen Anteile und damit die Vermögensverhältnisse auf Gesellschafterebene würden in diesem Fall von dem Wert der Bareinlage in Relation zu dem Wert des aufnehmenden Unternehmens bestimmt. Folglich wirkt sich ausschließlich die Barkapitalerhöhung unmittelbar und unabhängig von dem Zusammenschluss auf der Gesellschafterebene aus. Der anschließende Unternehmenszusammenschluss würde sodann wie ein gewöhnlicher Erwerb auf Gesellschaftsebene vollzogen, bei dem die ehemaligen Gesellschafter abgefunden werden.

Allerdings unterscheidet sich dieser Fall wesentlich von dem hier betrachteten Sachverhalt, bei dem die ehemaligen Gesellschafter des aufzunehmenden Unternehmens zu Gesellschaftern des aufnehmenden Unternehmens werden. Damit die Fiktion dennoch angewendet werden kann, wäre zu unterstellen, dass die das Gesellschafterverhältnis begründende Bareinlage von den ehemaligen Gesellschaftern selbst geleistet wird. In diesem Fall wird den ehemaligen Gesellschaftern des aufzunehmenden Unternehmens – nachdem sie zu neuen Gesellschaftern des aufnehmenden Unternehmens geworden sind – ihre Bareinlage gegen Hingabe der Beteiligung zurückgezahlt, sodass sich das Ergebnis wirtschaftlich nicht von einer Sacheinlage unterscheidet. Eine solche Transaktion wird auch als **verdeckte Sacheinlage** bezeichnet.[335]

Fraglich ist aber, ob die fingierte Barkapitalerhöhung und der anschließende Erwerb selbst unter diesen Umständen unabhängig voneinander betrachtet werden können. Da eine Sacheinlage unmittelbar auf die Einlage der Beteiligung an dem aufzunehmenden Unternehmen gerichtet ist, entspricht die Kapitalerhöhung durch Sacheinlage konzeptionsbedingt stets genau dem Wert des aufzunehmenden Unternehmens. Damit die Fiktion auch diesem Umstand gerecht wird, ist weiter zu unterstellen, dass die Bareinlage dem Wert des aufzunehmenden Unternehmens entspricht. Unter dieser Bedingung bestimmt sich das Austauschverhältnis zwar formalrechtlich nach der Bareinlage. Aufgrund der Wertidentität entspricht dieses Verhältnis aber genau demjenigen, das sich auch bei unmittelbarer Sacheinlage ergeben hätte. Ferner ist mit dem fingierten Erwerb auch kein Abfluss wirtschaftlicher Ressourcen verbunden, sodass sich die (Un-)Vorteilhaftigkeit des Zusammenschlusses nicht auf Gesellschaftsebene, sondern über die Barein-

334 Vgl. IFRS 3.BC34; JOHNSON, L. T./PETRONE, K., Why Eliminate the Pooling Method?, S. 5.

335 Vgl. SEPPELFRICKE, P./SEPPELFRICKE, J., Reverse Merger, S. 588; PENTZ, A., in: Goette u. a., MüKo AktG, Bd. 1, § 27 AktG, Rn. 74 f.

lage auf Gesellschafterebene auswirkt. Schließlich lässt sich der Zusammenschluss durch Einlage von Kapitalgesellschaftsanteilen auch mithilfe der Fiktion einer verdeckten Sacheinlage nicht als gewöhnlicher Erwerb interpretieren.

Im Ergebnis liegen entgegen der Ansicht des Standardsetzers[336] einem Unternehmenszusammenschluss durch Einlage von Kapitalgesellschaftsanteilen und einem entgeltlichen Unternehmenserwerb **unterschiedliche ökonomische Transaktionen** zugrunde.[337] Obwohl eine Einlage hinsichtlich des Überganges der Verfügungsgewalt über das aufzunehmende Unternehmen auf das aufnehmende Unternehmen einem Erwerb ähnelt, mangelt es an einem Abfluss wirtschaftlicher Ressourcen aus dem Vermögen des aufnehmenden Unternehmens, der für die Charakterisierung als Erwerb wesentlich ist.[338] Aufgrund der Zusammenlegung zweier Unternehmen unter Beteiligung beider Gesellschaftergruppen ergeben sich schließlich abweichende Implikationen für die Vermögens- und Ertragslage des entstehenden Konzerns, die für die Bewertung der Vermögenswerte und Schulden der sich zusammenschließenden Unternehmen sowie die Erfolgswirksamkeit des Zusammenschlusses im Konzernabschluss von Bedeutung sein könnten. Die Hingabe zuvor zurückerworbener eigener Anteile unterscheidet sich dabei wirtschaftlich nicht von der Ausgabe neuer Anteile.[339] Daher gelten die vorstehenden Ausführungen gleichermaßen für die Hingabe zurückerworbener eigener Anteile, sodass es keiner gesonderten Betrachtung im weiteren Verlauf der vorliegenden Arbeit bedarf.[340] Inwiefern die Unterschiede der Einlage von Kapitalgesellschaftsanteilen gegenüber einem gewöhnlichen Erwerb eine abweichende bilanzielle Behandlung bedingen, gilt es in Kapitel 5 kritisch zu analysieren. Als Grundlage der Analyse und anschließenden Würdigung dient dabei das *Conceptual Framework for Financial Reporting*, das im folgenden Kapitel vorgestellt wird.

---

336 Vgl. IFRS 3.BC29–BC35.

337 Vgl. SIEGEL, T., Zeitwertansatz, S. 319; PEFFEKOVEN, F. P., Reform der Kapitalkonsolidierung, S. 194, 196; BRUNS, H.-G., Pooling of Interests, S. 839. So auch BÖCKING, H.-J./KLEIN, G./LOPATTA, K., Unternehmenszusammenschlüsse, S. 23 f.; PAWELZIK, K. U., Interessenzusammenschlüsse, S. 2569, wenn auch nur in Bezug auf Zusammenschlüsse unter Gleichen. A. A. MUJKANOVIC, R., Bewertung bei Verschmelzung, S. 1737.

338 Vgl. SIEGEL, T., Zeitwertansatz, S. 318; NIEHUS, R. J., Pooling-of-Interests Methode, S. 445; REICHELT, D., Anteilstausch, S. 126.

339 Vgl. hierzu ausführlich Abschnitt 332. der vorliegenden Arbeit.

340 Vgl. REICHELT, D., Anteilstausch, S. 103.

4 Grundlagen der Konzernrechnungslegung nach IFRS

41 Stellung des *Conceptual Framework* innerhalb der IFRS

Das sogenannte *Conceptual Framework for Financial Reporting*[341] bildet die **theoretisch-konzeptionelle Grundlage** der (Konzern-)Rechnungslegung[342] nach den Regelungen des IASB.[343] Darin definiert der Standardsetzer sowohl das Ziel als auch grundlegende Prinzipien der Finanzberichterstattung für allgemeine Zwecke.[344] Dem Rahmenkonzept kommen zugleich mehrere Aufgaben zu.[345] Zum einen soll es den Standardsetzer bei der Entwicklung konzeptionell konsistenter Standards unterstützen[346] und zum anderen den Anwendern dieser Standards zur konsistenten Ausübung von Wahlrechten sowie zur Füllung von Regelungslücken dienen.[347] Darüber hinaus soll das Rahmenkonzept sämtlichen an der Finanzberichterstattung Interessierten behilflich sein, die Standards zu verstehen und zu interpretieren.[348] Letztlich ist das Rahmenkonzept auch zur Überarbeitung bestehender Standards heranzuziehen und daher als Analyse- und Würdigungsgrundlage der aktuellen Vorschriften zur Finanzberichterstattung über Unternehmenszusammenschlüsse durch Einlage von Kapitalgesellschaftsanteilen geeignet.[349]

Das *Conceptual Framework* ist selbst kein Standard.[350] Daher haben die Inhalte des Rahmenkonzeptes keinen Vorrang vor den Regelungen der IAS sowie IFRS und treten im Konfliktfall hinter die speziellen Regelungen der einschlägigen Standards zurück.[351] Die vermeintliche Subsidiarität des Rahmenkonzeptes steht einer kritischen Beurteilung der Konformität der Rege-

---

341 Den folgenden Ausführungen liegt das vom IASB am 29.03.2018 herausgegebene *Conceptual Framework for Financial Reporting* zugrunde. Dieses Rahmenkonzept ist das Ergebnis der im Jahr 2004 gemeinsam mit dem FASB begonnenen und seit dem Jahr 2012 allein vom IASB fortgeführten Überarbeitung des ursprünglich im Jahr 1989 vom IASC herausgegebenen *Framework for the Preparation and Presentation of Financial Statements*. Da das aktuelle *Conceptual Framework* (2018) erst kürzlich erschienen ist, beziehen sich einige Quellen noch auf dessen Vorgänger aus dem Jahr 2010 oder den entsprechenden *Exposure Draft* (ED/2015/3) vom 28.05.2015.

342 Die Regelungen des IASB sind grundsätzlich gleichermaßen auf Einzel- und Konzernabschlüsse anzuwenden. Insofern nimmt das *Conceptual Framework* übergreifend Bezug auf eine sog. *reporting entity* als berichterstattende Einheit. Vgl. THEILE, C., in: Heuser u. a., IFRS-Hdb, B. I., Rn. 202.

343 Vgl. WOLLMERT, P./ACHLEITNER, A.-K., Grundlagen der IAS-Rechnungslegung, S. 209 f.; KAMPMANN, H./SCHWEDLER, K., Gemeinsames Rahmenkonzept, S. 522.

344 Vgl. CF.SP1.1; sowie BAETGE, J./KIRSCH, H.-J./THIELE, S., Bilanzen, S. 145.

345 Vgl. ERB, C./PELGER, C., Neues Rahmenkonzept, S. 872. Allgemein zur Aufgabe des Rahmenkonzeptes vgl. BALLWIESER, W., Analyse des Rahmenkonzeptes, S. 452 f. Kritisch zu den Adressaten des Rahmenkonzeptes vgl. MERKT, H., Conceptual Framework, S. 489–491.

346 Vgl. CF.SP1.1 (a).

347 Vgl. CF.SP1.1 (b).

348 Vgl. CF.SP1.1 (c).

349 Vgl. BAETGE, J./KIRSCH, H.-J./THIELE, S., Bilanzen, S. 145; GASSEN, J./FISCHKIN, M./HILL, V., Das Rahmenkonzept-Projekt, S. 874.

350 Vgl. CF.SP1.2; sowie SCHEFFLER, E., Überarbeitetes Rahmenkonzept, S. R139; PELLENS, B. U. A., Int. Rechnungslegung, S. 97.

351 Vgl. CF.SP1.2; sowie ERB, C./PELGER, C., Praxisimplikationen des neuen Rahmenkonzepts, S. 328; SCHÖLLHORN, T./MÜLLER, M., Relevanz des Rahmenkonzepts, S. 1624.

lungen zur Abbildung von Unternehmenszusammenschlüssen mit der Zielsetzung der Finanzberichterstattung jedoch nicht entgegen. Dem Rahmenkonzept kommt ferner aufgrund direkter Bezugnahme verschiedener Standards[352] zumindest eine indirekte Bindungswirkung zu.[353]

42 Ziel und Adressaten des Konzernabschlusses nach IFRS

421. Ziel und Adressaten der Finanzberichterstattung nach IFRS

Das Ziel der Finanzberichterstattung nach IFRS leitet sich aus dem allgemeinen Bestreben des Standardsetzers nach Transparenz, Verantwortung und Effizienz an den Kapitalmärkten ab.[354] Die IFRS sollen dazu beitragen, indem sie Informationsasymmetrien hinsichtlich der berichterstattenden Einheit abbauen und somit fundierte ökonomische Entscheidungen ermöglichen.[355] Die Finanzberichterstattung ist insofern als Informationsinstrument der berichterstattenden Einheit gegenüber ihrem Geschäftsumfeld zu verstehen.[356] Aufgrund der üblichen Trennung der Verfügungsgewalt und des Eigentums von Kapitalgesellschaften steht der Abbau des Informationsvorteils der Geschäftsführung gegenüber den Kapitalgebern im Mittelpunkt der Bestrebungen.[357] Das Ziel der Finanzberichterstattung nach den Regelungen des IASB liegt schließlich in der **Vermittlung entscheidungsnützlicher Informationen** über die berichterstattende Einheit an gegenwärtige und potenzielle Kapitalgeber.[358]

Gegenwärtige und potenzielle Kapitalgeber treffen im Wesentlichen Entscheidungen über die Verteilung der ihnen zur Verfügung stehenden Ressourcen, indem sie über das Kaufen, Verkaufen sowie Halten von Eigen- und Fremdkapitaltiteln befinden oder ihre Verwaltungsrechte entsprechend ausüben.[359] Darunter fällt auch die Entscheidung über die **Bereitstellung wirtschaftlicher Ressourcen** in Form von Unternehmensbeteiligungen im Rahmen eines Zusammenschlusses durch Einlage von Kapitalgesellschaftsanteilen. Grundlage dieser Entscheidungen ist die aus der jeweiligen Investition zu erwartende Rendite.[360] Dabei hängt die diesbezüg-

---

352 Vgl. z. B. IFRS 3.11, sowie wesentliche Teile von IAS 1. Für eine vollständige Übersicht vgl. THEILE, C., Neues Conceptual Framework, S. 591.

353 Vgl. THEILE, C., Neues Conceptual Framework, S. 590; MERKT, H., Framework aus regelungsmethodischer Sicht, S. 491–497; PELLENS, B. U. A., Int. Rechnungslegung, S. 99. Zu der bislang ausgebliebenen Anerkennung des *Conceptual Framework* als europäisches Recht (sog. *endorsement*) vgl. HAAKER, A./FREIBERG, J., IFRS-Rahmenkonzept, S. 259 f.

354 Vgl. CF.SP1.5.

355 Vgl. CF.SP1.5 (a) und (b); sowie KÜTING, K./LAUER, P., Jahresabschlusszwecke, S. 1985; PELLENS, B. U. A., Int. Rechnungslegung, S. 4.

356 Vgl. WAGENHOFER, A./EWERT, R., Externe Unternehmensrechnung, S. 4; ACHLEITNER, A.-K., Normierung der Rechnungslegung, S. 36.

357 Vgl. CF.SP1.5 (b); sowie PELGER, C., Entscheidungsnützlichkeit, S. 159; COENENBERG, A. G./STRAUB, B., Entscheidungsunterstützung, S. 17.

358 Vgl. CF.1.2; sowie ERB, C./PELGER, C., Neues Rahmenkonzept, S. 873; COENENBERG, A. G./HALLER, A./SCHULTZE, W., Jahresabschlussanalyse, S. 67.

359 Vgl. CF.1.2; sowie PELGER, C., Entscheidungsnützlichkeit, S. 158 f.

360 Vgl. CF.1.3; sowie FISCHER, D. T., Entwurf eines Rahmenkonzeptes, S. 224.

liche Erwartungshaltung der Kapitalgeber sowohl von der Aussicht auf künftige Zahlungsmittelflüsse des Unternehmens als auch von der Einschätzung des verantwortungsvollen und dienlichen Umgangs der Geschäftsführung mit den überlassenen Ressourcen ab.[361]

Entsprechend diesen Informationsbedürfnissen der Kapitalgeber lässt sich das allgemeine Ziel der Finanzberichterstattung in zwei Teilziele zerlegen, die in der **Bewertungsfunktion** (*valuation usefulness*)[362] und in der **Rechenschaftsfunktion** (*stewardship*)[363] des (Konzern-)Abschlusses zum Ausdruck kommen.[364] Zum einen sollen den Kapitalgebern Informationen zur Verfügung gestellt werden, die es ihnen erlauben, die Höhe, den Zeitpunkt und die Unsicherheit künftiger Zahlungsmittelflüsse des Unternehmens einzuschätzen.[365] Dabei ist es nicht der Anspruch eines (Konzern-)Abschlusses, den Unternehmenswert abzubilden, sondern Informationen bereitzustellen, die eine Schätzung des Unternehmenswertes ermöglichen.[366] Zum anderen soll die Geschäftsführung mithilfe des (Konzern-)Abschlusses Rechenschaft über die Effektivität und Effizienz im Umgang mit den Ressourcen des Unternehmens ablegen.[367]

Wenngleich die Bewertungsfunktion und die Rechenschaftsfunktion in den meisten Fällen gleichgerichtet sein werden,[368] ist nicht auszuschließen, dass sie sich teilweise auch konfliktär gegenüberstehen können.[369] Dennoch verzichtet der Standardsetzer darauf, konkrete Leitlinien zum Umgang mit diesem Spannungsfeld zu erlassen.[370] Gegenüber dem *Conceptual Framework* aus dem Jahr 2010 hat der Standardsetzer den Rechenschaftsgedanken zwar wieder explizit adressiert und damit seine Bedeutung hervorgehoben.[371] Dies ist allerdings nicht so zu interpretieren, dass die Bewertungsfunktion eine der Rechenschaftsfunktion untergeordnete Stellung einnehmen soll.[372] Vielmehr sind die Bewertungsfunktion und die Rechenschaftsfunktion als **gleichwertige Teilziele** der Finanzberichterstattung zu verstehen.[373]

---

361 Vgl. CF.1.3; sowie ERB, C./PELGER, C., Neues Rahmenkonzept, S. 873 f.

362 Vgl. FÜLBIER, R. U./GASSEN, J., Bilanzrechtsregulierung, S. 139 f.

363 Vgl. COENENBERG, A. G./STRAUB, B., Entscheidungsunterstützung, S. 17–26.

364 Vgl. CF.1.3; sowie KOELEN, P., Investitionstheoretische Bewertungskalküle, S. 28 f.; GASSEN, J., Stewardship and valuation usefulness, S. 1–56.

365 Vgl. CF.1.3; sowie BUSCH, J./BOECKER, C., Conceptual Framework, S. 271; PELGER, C., Entscheidungsnützlichkeit, S. 158; SCHEFFLER, E., Überarbeitetes Rahmenkonzept, S. R139.

366 Vgl. CF.1.7; sowie SCHRUFF, W., Cashflow-Prognose und Rechenschaft, S. 860.

367 Vgl. CF.1.4 (b); sowie FISCHER, D. T., Neufassung des Rahmenkonzepts, S. 155; BUSCH, J./BOECKER, C., Conceptual Framework, S. 271; SCHEFFLER, E., Überarbeitetes Rahmenkonzept, S. R139.

368 Vgl. COENENBERG, A. G./STRAUB, B., Entscheidungsunterstützung, S. 25.

369 Vgl. SCHRUFF, W., Cashflow-Prognose und Rechenschaft, S. 859 f.; BALLWIESER, W., Analyse des Rahmenkonzeptes, S. 466–470; GEBHARDT, G./MORA, A./WAGENHOFER, A., Fundamental Concepts of IFRS, S. 110; FISCHER, D. T., Conceptual Framework Project, S. 324.

370 Vgl. GIMPEL-HENNING, N., Sukzessive Anteilserwerbe, S. 13.

371 Vgl. CF.1.3; CF.BC1.33; sowie FISCHER, D. T., Entwurf eines Rahmenkonzeptes, S. 224; THEILE, C./GOY, K., Entwurf ED/2015/3, S. 619; ERB, C./PELGER, C., Vorstellungen vom Rahmenkonzept, S. 1059. Im *Conceptual Framework* aus dem Jahr 2010 wurde die Rechenschaftsfunktion der Bewertungsfunktion untergeordnet. Vgl. PELGER, C., Entscheidungsnützlichkeit, S. 158.

372 Vgl. FISCHER, D. T., Entwurf eines Rahmenkonzeptes, S. 224.

373 Vgl. FISCHER, D. T., Conceptual Framework Project, S. 324; so auch GIMPEL-HENNING, N., Sukzessive Anteilserwerbe, S. 13; ALKEMEIER, M., Konzerninterne Unternehmenszusammenschlüsse, S. 36.

Um diese Ziele zu erfüllen und damit den Kapitalgebern eine Einschätzung sowohl der künftigen Zahlungsmittelflüsse als auch der Leistung der Geschäftsführung zu ermöglichen, muss der (Konzern-)Abschluss Informationen über die Ressourcen des Unternehmens, die Ansprüche gegen das Unternehmen sowie die Veränderungen dieser Ressourcen und Ansprüche im Zeitverlauf vermitteln.[374] In diesem Zusammenhang geben Informationen über die Struktur der Ressourcen und Ansprüche Auskunft über die **Vermögens- und Finanzlage** (*financial position*) des Unternehmens.[375] Die Veränderungen dieser Ressourcen und Ansprüche können hingegen entweder auf die Ertragslage des Unternehmens oder auf Transaktionen mit Kapitalgebern zurückzuführen sein.[376] Anhand der Abbildung der **Ertragslage** (*financial performance*) sollen die Kapitalgeber die erwirtschaftete Rendite der zur Verfügung gestellten Ressourcen beurteilen können.[377] Für ein umfassendes Verständnis der Veränderungen der Ressourcen und Ansprüche sind zusätzlich Informationen über **Transaktionen mit Kapitalgebern** erforderlich.[378] Im Rahmen von Unternehmenszusammenschlüssen durch Einlage von Kapitalgesellschaftsanteilen ist die Unterscheidung zwischen der Ertragslage und Transaktionen mit Kapitalgebern von besonderer Bedeutung. Aufgrund des gesellschaftsrechtlichen Charakters der Transaktion bedarf es einer kritischen Analyse, welche durch den Zusammenschluss bedingten Veränderungen der Ertragslage des Konzerns zuzuordnen sind und welche auf Transaktionen mit Gesellschaftern zurückgehen.

Die Finanzberichterstattung ist vorrangig an gegenwärtige und potenzielle Investoren, Kreditgeber und andere Gläubiger gerichtet.[379] Diese Kapitalgeber sind in der Regel auf Informationen aus den Abschlüssen angewiesen, um ihre Entscheidungen zu treffen, da sie häufig keine Möglichkeit haben, derartige Informationen anderweitig zu erhalten.[380] Daher gelten sie als **primäre Adressaten** (*primary users*) der Finanzberichterstattung.[381] Die Geschäftsführung hat im Gegensatz zu den Kapitalgebern für gewöhnlich zusätzliche Möglichkeiten, sich unternehmensintern mit Informationen entsprechend ihren Bedürfnissen zu versorgen, sodass die Informationen aus dem (Konzern-)Abschluss nicht primär an sie zu richten sind.[382] Darüber hinaus können auch weitere Interessengruppen – wie Behörden oder die Öffentlichkeit – an den zu

---

374 Vgl. CF.1.4; sowie FISCHER, D. T., Neufassung des Rahmenkonzepts, S. 155; SCHEFFLER, E., Überarbeitetes Rahmenkonzept, S. R139.

375 Vgl. CF.1.12; sowie GIMPEL-HENNING, N., Sukzessive Anteilserwerbe, S. 12.

376 Vgl. CF.1.15; sowie GIMPEL-HENNING, N., Sukzessive Anteilserwerbe, S. 12.

377 Vgl. CF.1.16.

378 Vgl. CF.1.21.

379 Vgl. CF.1.2; sowie DEHMEL, I./HOMMEL, M./KUNKEL, T., Conceptual Framework auf dem Prüfstand, S. 1706. Ausführlich zum Adressatenkreis der Rechnungslegung nach IFRS vgl. PELGER, C., Entscheidungsnützlichkeit, S. 160–162.

380 Vgl. CF.1.5. Gleichwohl ist die Finanzberichterstattung nicht in der Lage, sämtliche Informationsbedürfnisse der Kapitalgeber zu befriedigen, sodass sie ihrerseits auf zusätzliche Informationsquellen zurückgreifen werden müssen. Vgl. CF.1.6.

381 Vgl. CF.1.5.

382 Vgl. CF.1.9.

vermittelnden Informationen interessiert sein. Die zu vermittelnden Informationen sind allerdings nicht originär auf deren Bedürfnisse abzustimmen.[383]

422. Konzeption des Konzernabschlusses nach IFRS

Aufgrund der wirtschaftlichen Abhängigkeit konzernzugehöriger Unternehmen können diese in ihrer selbständigen Handlungsfähigkeit eingeschränkt sein, sodass die Abschlüsse der einzelnen Unternehmen den tatsächlichen Verhältnissen innerhalb des Verbundes möglicherweise nicht gerecht werden.[384] Die Abschlüsse der einzelnen Konzernunternehmen zeigen jeweils nur einen Ausschnitt der größeren wirtschaftlichen Einheit,[385] die zudem regelmäßig von konzerninternen Verflechtungen geprägt ist.[386] Aus diesen Gründen erachtet der Standardsetzer einen konsolidierten Abschluss des gesamten Konzernverbundes (sog. Konzernabschluss) für grundsätzlich aussagekräftiger als die nicht-konsolidierten Abschlüsse der einzelnen Konzernunternehmen (sog. Einzelabschlüsse).[387] Dementsprechend ist in einem Konzernabschluss die wirtschaftliche Lage sowohl des Mutterunternehmens als auch aller Tochterunternehmen unabhängig von der rechtlichen Struktur so darzustellen, als wären sie gemeinsam ein einziges Unternehmen (sog. **Einheitsfiktion**).[388] Dazu sind aufgrund der zumeist derivativen Konzernabschlusserstellung[389] sämtliche konzerninternen Verflechtungen zwischen den Konzernunternehmen durch entsprechende Konsolidierungsmaßnahmen zu beseitigen.[390] Insofern soll der Konzernabschluss dazu dienen, die Mängel der Einzelabschlüsse zu beheben (sog. **Kompensationsfunktion**).[391] Im Hinblick auf Unternehmenszusammenschlüsse durch Einlage von Kapitalgesellschaftsanteilen sind vor allem konzerninterne Kapitalverflechtungen aufgrund des entstehenden Beteiligungsverhältnisses zwischen dem aufnehmenden und dem aufzunehmenden Unternehmen im Rahmen der Kapitalkonsolidierung zu eliminieren.[392] Dabei stellt sich

383 Vgl. CF.1.10.

384 Vgl. PELLENS, B. U. A., Int. Rechnungslegung, S. 132; BUSSE VON COLBE, W. U. A., Konzernabschlüsse, S. 22–24; KÜTING, K./WEBER, C.-P., Konzernabschluss, S. 110 f.

385 Vgl. DREGER, K.-M., Konzernabschluß, S. 17.

386 Vgl. BAETGE, J./KIRSCH, H.-J./THIELE, S., Konzernbilanzen, S. 48 f.

387 Vgl. CF.3.18; sowie ERB, C./PELGER, C., Vorstellungen vom Rahmenkonzept, S. 1060.

388 Vgl. CF.3.15; sowie VON WYSOCKI, K./WOHLGEMUTH, M./BRÖSEL, G., Konzernrechnungslegung, S. 9. Zu dem Begriff der Einheitsfiktion vgl. EBELING, R. M., Einheitsfiktion, S. 5–8, wenn auch im handelsrechtlichen Kontext. Die Einheitsfiktion ist dabei nicht gleichbedeutend mit der Einheitstheorie. Zu dieser Diskussion vgl. HAYN, B., Konsolidierungstechnik, S. 27 f.

389 In den meisten Fällen werden Konzernabschlüsse derivativ auf Grundlage der Horizontaladdition der Einzelabschlüsse der Konzernunternehmen und anschließender Korrektur um konzerninterne Verflechtungen erstellt. Die Korrektur ist entbehrlich, wenn der Konzernabschluss originär unter ausschließlicher Berücksichtigung von konzernexternen Transaktionen erstellt wird. Vgl. PETERSEN, K./BANSBACH, F./DORNBACH, E., IFRS Praxishandbuch, S. 464; RICHTER, H./SÄGLITZ, H.-J., Originäre Konzernbuchführung, S. 311–336; KÜTING, K., Derivative Erstellung des Konzernabschlusses, S. 178.

390 Vgl. IFRS 10.B86; sowie BAETGE, J./KIRSCH, H.-J./THIELE, S., Konzernbilanzen, S. 47 f.; KÜTING, K./WEBER, C.-P., Konzernabschluss, S. 111.

391 Vgl. VON WYSOCKI, K./WOHLGEMUTH, M./BRÖSEL, G., Konzernrechnungslegung, S. 9; KÜTING, K./WEBER, C.-P., Konzernabschluss, S. 111.

392 Hinsichtlich der übrigen Konsolidierungsmaßnahmen sind keine für den hier betrachteten Sachverhalt spezifischen Herausforderungen zu erwarten. Vgl. ZWIRNER, C., Reverse Acquisition, S. 32, wenn auch nur im Kontext umgekehrter Unternehmenserwerbe.

gegenüber einem gewöhnlichen Unternehmenserwerb unter anderem die Frage nach den zu konsolidierenden Eigenkapitalbestandteilen, da grundsätzlich das Eigenkapital beider vormals alleinstehenden Unternehmen im Konzernabschluss auszuweisen ist.

Der Konzernabschluss vermittelt schließlich Informationen über die wirtschaftlichen Verhältnisse des Konzerns.[393] Unbeschadet der Adressierung ist der Konzernabschluss aus der **Perspektive des Konzerns** als eine *Einheit* aufzustellen und nicht an den Informationsbedürfnissen einer einzigen Gruppe von Kapitalgebern auszurichten.[394] Im Kontext von Unternehmenszusammenschlüssen durch Einlage von Kapitalgesellschaftsanteilen ist vor allem nicht zwischen den bisherigen Gesellschaftern des aufnehmenden und den ehemaligen Gesellschaftern des aufzunehmenden Unternehmens zu differenzieren, da sie nach dem Zusammenschluss gleichermaßen zu den primären Adressaten des Konzernabschlusses gehören. Gleichwohl ist es den (Konzern-)Abschlusserstellern überlassen, zusätzliche Informationen zur Verfügung zu stellen, die nur für einen bestimmten Teil der primären Adressaten nützlich sind.[395]

43 Qualitative Anforderungen an die Vermittlung entscheidungsnützlicher Informationen

431. Vorbemerkung

Zur Operationalisierung des übergeordneten Zieles der Finanzberichterstattung stellt der Standardsetzer qualitative Anforderungen (*qualitative characteristics*) an Abschlussinformationen, die sicherstellen sollen, dass die vermittelten Informationen für die primären Adressaten entscheidungsnützlich sind.[396] Demzufolge sind diese Anforderungen bei der Entwicklung und Überprüfung der Standards zu berücksichtigen.[397] Der Standardsetzer unterscheidet diesbezüglich zwischen grundlegenden (*fundamental*) und fördernden (*enhancing*) qualitativen Anforderungen.[398] Die **grundlegenden qualitativen Anforderungen** der Relevanz (*relevance*) und glaubwürdigen Darstellung (*faithful representation*) gelten als zwingend erforderliche Bedingungen, die an entscheidungsnützliche Informationen zu stellen sind.[399] Eine Information, die zwar relevant ist, aber nicht glaubwürdig dargestellt werden kann, ist ebenso wenig entscheidungsnützlich wie eine Information, die zwar glaubwürdig dargestellt werden kann, aber für die primären Adressaten nicht relevant ist.[400] Demzufolge müssen Informationen sowohl relevant als auch glaubwürdig dargestellt sein, um dem Ziel der Entscheidungsnützlichkeit gerecht zu werden.[401] Diese beiden grundlegenden Anforderungen sind allerdings bisweilen nicht widerspruchsfrei, sodass eine Abwägung zwischen der Relevanz und der Glaubwürdigkeit einer

---

393 Vgl. CF.3.1 f. i. V. m. CF.3.15.

394 Vgl. CF.3.8; sowie BUSCH, J./BOECKER, C., Conceptual Framework, S. 271.

395 Vgl. CF.1.8.

396 Vgl. HOFFMANN, S./DETZEN, D., Joint Conceptual Framework, S. 53; PELGER, C., Anforderungen im Conceptual Framework, S. 914.

397 Vgl. PELGER, C., Anforderungen im Conceptual Framework, S. 914.

398 Vgl. LORSON, P./GATTUNG, A., Faithful representation, S. 556.

399 Vgl. CF.2.20; sowie PELGER, C., Anforderungen im Conceptual Framework, S. 914.

400 Vgl. CF.2.20.

401 Vgl. CF.2.20; sowie GASSEN, J./FISCHKIN, M./HILL, V., Das Rahmenkonzept-Projekt, S. 878.

Information erforderlich sein kann.[402] Dabei ist es nach Ansicht des Standardsetzers zwar am effizientesten, Informationen zunächst nach der größten Relevanz auszuwählen, bevor sie auf eine mögliche glaubwürdige Darstellung geprüft werden,[403] allerdings gelten beide grundlegenden Anforderungen als gleichwertig und jeweils unverzichtbar für die Aufnahme einer Information in den (Konzern-)Abschluss.[404]

Während die grundlegenden qualitativen Anforderungen für die Entscheidungsnützlichkeit einer Information zwingend zu erfüllen sind, kann die Erfüllung bzw. Nichterfüllung der **fördernden qualitativen Anforderungen** die Entscheidungsnützlichkeit weder begründen noch widerlegen.[405] Daher sind sie den grundlegenden Anforderungen untergeordnet.[406] Informationen sind aber umso nützlicher, je stärker sie den fördernden Anforderungen entsprechen.[407] Folglich sind die fördernden Anforderungen gerade dann für die Auswahl einer Abbildungsalternative ausschlaggebend, sofern verschiedene Abbildungsalternativen zu gleichermaßen relevanten und glaubwürdig dargestellten Informationen führen.[408] Unabhängig davon sind die fördernden Anforderungen bei der Abbildung eines jeden Sachverhaltes möglichst zu maximieren.[409] Im Einzelnen umfassen die fördernden qualitativen Anforderungen die Vergleichbarkeit (*comparability*), die Nachprüfbarkeit (*verifiability*), die Zeitnähe (*timeliness*) und die Verständlichkeit (*understandability*) entscheidungsnützlicher Informationen.[410] Zwischen diesen Anforderungen besteht keine Rangordnung, vielmehr bedarf es einer Abwägung und Gewichtung dieser Anforderungen im Einzelfall, sodass die Entscheidungsnützlichkeit insgesamt maximiert wird.[411]

Als **Nebenbedingung** der Entscheidungsnützlichkeit ist die Kostenrestriktion (*cost constraint*) zu beachten.[412] Daher muss der Nutzen einer Information zumindest die Kosten der Informationsbereitstellung und -auswertung rechtfertigen.

---

402 Vgl. BAETGE, J./KIRSCH, H.-J./THIELE, S., Bilanzen, S. 148.

403 Vgl. CF.2.21; sowie KAMPMANN, H./SCHWEDLER, K., Gemeinsames Rahmenkonzept, S. 529; GASSEN, J./FISCHKIN, M./HILL, V., Das Rahmenkonzept-Projekt, S. 878; PELGER, C., Anforderungen im Conceptual Framework, S. 914.

404 Vgl. LORSON, P./GATTUNG, A., Faithful representation, S. 556.

405 Vgl. CF.2.37; sowie GASSEN, J./FISCHKIN, M./HILL, V., Das Rahmenkonzept-Projekt, S. 878; PELGER, C., Anforderungen im Conceptual Framework, S. 914.

406 Vgl. LORSON, P./GATTUNG, A., Faithful representation, S. 556 f.; HOFFMANN, S./DETZEN, D., Joint Conceptual Framework, S. 53; FISCHER, D. T., Entwurf eines Rahmenkonzeptes, S. 224.

407 Vgl. CF.2.23.

408 Vgl. CF.2.23; sowie ALKEMEIER, M., Konzerninterne Unternehmenszusammenschlüsse, S. 38.

409 Vgl. CF.2.37.

410 Vgl. CF.2.23.

411 Vgl. CF.2.38; sowie GASSEN, J./FISCHKIN, M./HILL, V., Das Rahmenkonzept-Projekt, S. 878.

412 Vgl. CF.2.39; sowie PELGER, C., Anforderungen im Conceptual Framework, S. 915.

432. Grundlegende qualitative Anforderungen

432.1 Relevanz

Entscheidungsnützliche Informationen müssen sowohl relevant als auch glaubwürdig sein.[413] Die Relevanz einer Information kommt nach Ansicht des Standardsetzers in der Fähigkeit zum Ausdruck, Entscheidungen der primären Adressaten beeinflussen zu können.[414] Dabei ist die *Möglichkeit* zur Beeinflussung entscheidend, selbst dann, wenn nicht alle Adressaten die Informationen bei ihren Entscheidungen berücksichtigen oder die Informationen bereits kennen.[415]

Entsprechend den bereits erläuterten Informationsbedürfnissen der primären Adressaten[416] ist eine Information in der Lage, die Entscheidungen der Adressaten zu beeinflussen, sofern sie entweder einen vorhersagenden Wert (*predictive value*), einen bestätigenden Wert (*confirmatory value*) oder beides hat.[417] Hinsichtlich der Bewertungsfunktion des (Konzern-)Abschlusses kommt es vornehmlich auf den **vorhersagenden Wert** einer Information an.[418] Demnach muss die Information zur Schätzung künftiger Zahlungsflüsse genutzt werden können, wenngleich die Information selbst keine Vorhersage sein muss.[419] Hinsichtlich der Rechenschaftsfunktion ist hingegen der **bestätigende Wert** von besonderer Bedeutung.[420] Dementsprechend müssen die primären Adressaten durch eine Information in die Lage versetzt werden, eine frühere Einschätzung zu den wirtschaftlichen Verhältnissen der berichterstattenden Einheit zu verifizieren oder zu korrigieren.[421] Ebenso wie die Teilziele der Finanzberichterstattung[422] bisweilen nicht überschneidungsfrei sind, haben auch Finanzinformationen häufig einen sowohl vorhersagenden als auch bestätigenden Wert.[423] In Bezug auf die Einlage von Kapitalgesellschaftsanteilen werden die Adressaten zum einen an Informationen interessiert sein, die ihnen zur Vorhersage der künftigen Zahlungsflüsse aus den zusammengeschlossenen Unternehmen und folglich der Rendite ihrer Investition dienen. Zum anderen werden die Adressaten ein Interesse an Informationen haben, anhand derer sie beurteilen können, ob der Zusammenschluss erfolgreich war.

Die zusätzliche Anforderung der **Wesentlichkeit** (*materiality*) beschränkt die Menge der vorhersagenden oder bestätigenden Informationen insofern, als nur solche Informationen in den (Konzern-)Abschluss aufgenommen werden sollen, die für die Entscheidungen der primären

---

413 Vgl. CF.2.4; sowie FISCHER, D. T., Neufassung des Rahmenkonzepts, S. 155.
414 Vgl. CF.2.6.
415 Vgl. CF.2.6; sowie KAMPMANN, H./SCHWEDLER, K., Gemeinsames Rahmenkonzept, S. 527 f.
416 Zu den Informationsbedürfnissen der primären Adressaten vgl. Abschnitt 421. der vorliegenden Arbeit.
417 Vgl. CF.2.7; sowie FISCHER, D. T., Neufassung des Rahmenkonzepts, S. 155; BAETGE, J./KIRSCH, H.-J./THIELE, S., Bilanzen, S. 147.
418 Vgl. EWELT-KNAUER, C., Berichtsinstrument der wirtschaftlichen Einheit, S. 17; so auch GIMPEL-HENNING, N., Sukzessive Anteilserwerbe, S. 16.
419 Vgl. CF.2.8.
420 Vgl. EWELT-KNAUER, C., Berichtsinstrument der wirtschaftlichen Einheit, S. 17; so auch GIMPEL-HENNING, N., Sukzessive Anteilserwerbe, S. 16.
421 Vgl. CF.2.9.
422 Zu den Teilzielen der Finanzberichterstattung nach IFRS vgl. Abschnitt 421. der vorliegenden Arbeit.
423 Vgl. CF.2.10.

Adressaten in Bezug auf das konkrete Unternehmen bzw. den Konzern bedeutsam sind.[424] Grundsätzlich gelten nur solche Informationen als relevant, die durch unterlassene oder fehlerhafte Darstellung die Entscheidungen beeinflussen könnten und somit aufgrund der Art und des Ausmaßes des betreffenden Sachverhaltes wesentlich sind.[425] Der Standardsetzer verzichtet indes auf eine weitere Konkretisierung der Wesentlichkeit, da dies ein unternehmensspezifischer Aspekt der Relevanz ist.[426]

432.2 Glaubwürdige Darstellung

Eine entscheidungsnützliche Information muss nicht nur relevant sein, sondern auch glaubwürdig dargestellt werden.[427] Eine glaubwürdige Darstellung ist die möglichst realitätsgetreue Abbildung des zugrunde liegenden wirtschaftlichen Sachverhaltes im (Konzern-)Abschluss.[428] Dabei legt der Standardsetzer ein besonderes Augenmerk auf die **wirtschaftliche Betrachtungsweise** (*substance of an economic phenomenon*).[429] Dementsprechend sollen die vermittelten Informationen weniger die rechtliche Form als die wirtschaftliche Substanz eines Sachverhaltes widerspiegeln.[430] Speziell die bilanzielle Behandlung von Unternehmenszusammenschlüssen durch Einlage von Kapitalgesellschaftsanteilen rechtfertigt der Standardsetzer mehrfach mit einer wirtschaftlichen Betrachtungsweise,[431] die es allerdings kritisch zu hinterfragen gilt.

Idealerweise ist eine glaubwürdige Darstellung vollständig (*complete*), neutral (*neutral*) und fehlerfrei (*free from error*).[432] Der Standardsetzer räumt allerdings ein, dass dieses Ideal für gewöhnlich nicht erreicht werden kann.[433] Diese Anforderungen sind daher bestmöglich zu erfüllen.

Eine glaubwürdige Darstellung setzt voraus, dass den primären Adressaten die Informationen möglichst **vollständig** zur Verfügung gestellt werden, die zum Verständnis eines Sachverhaltes erforderlich sind.[434] Über eine lückenlose Erfassung sämtlicher Geschäftsvorfälle hinaus sind dafür gegebenenfalls weitere Beschreibungen und Erläuterungen erforderlich.[435] In diesem Zusammenhang könnte es aufgrund der gesellschaftsrechtlichen Besonderheiten für das Verständnis der Adressaten von Bedeutung sein, dass ein Unternehmenszusammenschluss durch eine

---

424 Vgl. CF.2.11; sowie FISCHER, D. T., Neufassung des Rahmenkonzepts, S. 155.

425 Vgl. CF.2.11; sowie KAMPMANN, H./SCHWEDLER, K., Gemeinsames Rahmenkonzept, S. 529.

426 Vgl. CF.2.11; sowie PELGER, C., Anforderungen im Conceptual Framework, S. 914.

427 Vgl. CF.2.12.

428 Vgl. KIRSCH, H., Conceptual Framework, S. 30.

429 Vgl. ERB, C./PELGER, C., Neues Rahmenkonzept, S. 874; BUSCH, J./BOECKER, C., Conceptual Framework, S. 271.

430 Vgl. CF.2.12; sowie ERB, C./PELGER, C., Neues Rahmenkonzept, S. 874; KIRSCH, H., Conceptual Framework, S. 30.

431 So z. B. bei der Anwendung der Erwerbsmethode (IFRS 3.BC34) und vor allem bei der Abbildung umgekehrter Unternehmenserwerbe (IFRS 3.BC96).

432 Vgl. CF.2.13.

433 Vgl. hier und im folgenden Satz CF.2.13; sowie FISCHER, D. T., Neufassung des Rahmenkonzepts, S. 155.

434 Vgl. CF.2.14.

435 Vgl. THEILE, C., in: Heuser u. a., IFRS-Hdb, B. II., Rn. 274.

Einlage anstelle eines gewöhnlichen Erwerbes von Kapitalgesellschaftsanteilen vollzogen wurde.

Neutralität erfordert eine weder positiv noch negativ verzerrte Abbildung eines Sachverhaltes.[436] Demzufolge dürfen Informationen nicht derart beeinflusst werden, dass sie in einer beabsichtigten Art und Weise von den Adressaten aufgenommen werden. Während der Standardsetzer das Prinzip der Vorsicht (*prudence*) im *Conceptual Framework* aus dem Jahr 2010 noch für unvereinbar mit der Anforderung der Neutralität gehalten hatte,[437] wurde es im Zuge der Überarbeitung explizit in das *Conceptual Framework* aufgenommen.[438] Das Prinzip der Vorsicht ist allerdings nicht als tendenziell zurückhaltender Vermögens- oder Ergebnisausweis zu verstehen, indem höhere Anforderungen an die Erfassung von Vermögenswerten und Erträgen gestellt werden als an die Erfassung von Schulden und Aufwendungen (*asymmetric prudence*[439]).[440] Vielmehr ist Sorgfalt bei dem Ansatz und der Bewertung sämtlicher Abschlussposten walten zu lassen, sofern eine Abbildung den Umgang mit Ermessensspielräumen unter Unsicherheit erfordert (*cautious prudence*[441]).[442] Dadurch sollen sowohl eine Über- als auch eine Unterbewertung gleichermaßen vermieden werden.[443]

Im Sinne der glaubwürdigen Darstellung sollten Informationen darüber hinaus möglichst **fehlerfrei** sein.[444] Wenn Unsicherheiten bestehen, wird es nicht immer möglich sein, sicherzustellen, dass Informationen in jeder Hinsicht richtig sind.[445] Einer fehlerfreien Darstellung wird allerdings bereits dann entsprochen, wenn der Sachverhalt ohne Fehler und Auslassungen beschrieben wird und die Informationen mithilfe eines angemessenen und einwandfrei angewendeten Prozesses ermittelt wurden.[446] In diesem Zusammenhang weist der Standardsetzer explizit auf mögliche Bewertungsunsicherheit (*measurement uncertainty*) bei der Bilanzierung hin, die die Glaubwürdigkeit einer Information einschränken kann.[447] Gleichwohl steht die Bewertungsunsicherheit einer glaubwürdigen Darstellung nicht per se entgegen.[448] Vielmehr ist der

---

436 Vgl. hier und im folgenden Satz CF.2.15.

437 Vgl. DEHMEL, I./HOMMEL, M./KUNKEL, T., Conceptual Framework auf dem Prüfstand, S. 1707; KAMPMANN, H./SCHWEDLER, K., Gemeinsames Rahmenkonzept, S. 527.

438 Vgl. CF.2.16; sowie ERB, C./PELGER, C., Vorstellungen vom Rahmenkonzept, S. 1059. Vgl. hierzu ausführlich BEINSEN, B./WAGENHOFER, A., Vorsichtsprinzip, S. 413–419.

439 Vgl. CF.BC2.37 (b).

440 Vgl. CF.2.17; sowie ERB, C./PELGER, C., Neues Rahmenkonzept, S. 874. Eine solche Auffassung des Vorsichtsprinzips entspricht eher dem handelsrechtlichen Verständnis einer imparitätischen Erfassung von Gewinnen und Verlusten. Vgl. BAETGE, J./KIRSCH, H.-J./THIELE, S., Bilanzen, S. 137–139.

441 Vgl. CF.BC2.37 (a).

442 Vgl. CF.2.16; sowie ERB, C./PELGER, C., Neues Rahmenkonzept, S. 874; DEHMEL, I./HOMMEL, M./KUNKEL, T., Conceptual Framework auf dem Prüfstand, S. 1707.

443 Vgl. CF.2.16; sowie ERB, C./PELGER, C., Neues Rahmenkonzept, S. 874; BUSCH, J./BOECKER, C., Conceptual Framework, S. 271.

444 Vgl. CF.2.13.

445 Vgl. CF.2.18; sowie THEILE, C., in: Heuser u. a., IFRS-Hdb, B. II., Rn. 277.

446 Vgl. CF.2.18; sowie KIRSCH, H.-J. U. A., Bedeutung der Verlässlichkeit, S. 769.

447 Vgl. CF.2.19.

448 Vgl. CF.2.19; sowie ERB, C./PELGER, C., Neues Rahmenkonzept, S. 874; KIRSCH, H.-J. U. A., Bedeutung der Verlässlichkeit, S. 769.

Umgang mit Bewertungsunsicherheit eine zentrale Herausforderung der Finanzberichterstattung.[449] Für eine dennoch glaubwürdige Darstellung ist es wichtig, dass den Adressaten bewusst gemacht wird, dass es sich bei einer Information gegebenenfalls um eine Schätzung handelt, und auf die Grenzen des Schätzprozesses hingewiesen wurde.[450]

Zusammenfassend ist eine Information entscheidungsnützlich und demzufolge in den (Konzern-)Abschluss aufzunehmen, wenn sie sowohl relevant ist als auch glaubwürdig dargestellt werden kann. Unter diesen Voraussetzungen ist die Entscheidungsnützlichkeit weiter zu erhöhen, indem die fördernden qualitativen Anforderungen der Vergleichbarkeit, Nachprüfbarkeit, Zeitnähe und Verständlichkeit bestmöglich erfüllt werden.

433. Fördernde qualitative Anforderungen

433.1 Vergleichbarkeit

Da Entscheidungen der primären Adressaten hinsichtlich ihrer Ressourcenallokation regelmäßig Entscheidungen zwischen verschiedenen Alternativen darstellen, ist es erforderlich, dass Finanzinformationen vergleichbar sind.[451] Das betrifft zum einen die Vergleichbarkeit innerhalb eines Unternehmens zwischen **verschiedenen Perioden** und zum anderen die Vergleichbarkeit innerhalb einer Periode zwischen **verschiedenen Unternehmen**.[452] Um Ähnlichkeiten und Unterschiede zu verstehen, müssen ähnliche Sachverhalte ähnlich und unterschiedliche Sachverhalte unterschiedlich abgebildet werden.[453] Die Vergleichbarkeit von Informationen wird hingegen nicht erhöht, indem unterschiedliche Sachverhalte einheitlich abgebildet werden.[454] Da sich Unternehmenszusammenschlüsse durch Einlage von Kapitalgesellschaftsanteilen unter wirtschaftlichen Gesichtspunkten nicht unwesentlich von gewöhnlichen Erwerben unterscheiden, könnte eine unterschiedliche bilanzielle Behandlung erforderlich sein. Dabei dürfte zur Beurteilung des Erfolges aus dem Zusammenschluss auch der Vergleichbarkeit des Konzernabschlusses mit den Einzelabschlüssen der vormals alleinstehenden Unternehmen eine besondere Bedeutung zukommen.[455]

433.2 Nachprüfbarkeit

Die Möglichkeit zur Prüfung der vermittelten Informationen gibt den Adressaten Sicherheit bezüglich der Glaubwürdigkeit dieser Informationen und stärkt somit das Vertrauen in die Finanzberichterstattung.[456] Gleichwohl ist die Nachprüfbarkeit keine Voraussetzung der grundlegenden Anforderung einer glaubwürdigen Darstellung, sodass auch Informationen, die nicht

---

449 Vgl. CF.2.19.
450 Vgl. CF.2.18.
451 Vgl. CF.2.24.
452 Vgl. CF.2.24; sowie FISCHER, D. T., Neufassung des Rahmenkonzepts, S. 155.
453 Vgl. CF.2.25 i. V. m. CF.2.27.
454 Vgl. CF.2.27.
455 Vgl. RAMMERT, S., Pooling of Interests, S. 623.
456 Vgl. CF.2.30; sowie ALKEMEIER, M., Konzerninterne Unternehmenszusammenschlüsse, S. 44; LORSON, P./GATTUNG, A., Faithful representation, S. 561.

nachgeprüft werden können, in den (Konzern-)Abschluss aufgenommen werden müssen, falls sie relevant und glaubwürdig sind.[457] Nachprüfbarkeit bedeutet, dass verschiedene fachkundige und unabhängige Betrachter insofern übereinkommen, als die Darstellung eines Sachverhaltes glaubwürdig ist.[458] Dazu müssen sie den vermittelten Informationen nicht uneingeschränkt zustimmen.[459] Vielmehr sollten sie bei dem Versuch, die vermittelten Informationen nachzuvollziehen, diese als plausibel einschätzen.

Nicht alle Informationen lassen sich unmittelbar durch Beobachtung nachprüfen (**direkte Nachprüfbarkeit**).[460] Das ist in der Regel nur möglich, wenn die Informationen auf Marktpreisen beruhen.[461] Obschon direkt nachprüfbare Informationen vorzuziehen sind,[462] werden vielfach nur die Einflussfaktoren sowie das Verfahren, die zur Ermittlung einer Information genutzt wurden, plausibilisiert werden können (**indirekte Nachprüfbarkeit**).[463] Vor allem die Nachprüfbarkeit zukunftsgerichteter Informationen – z. B. über die aus einem Unternehmenszusammenschluss zu erwartenden Synergien – ist erheblich eingeschränkt, sodass es entsprechend einer vollständigen und fehlerfreien Berichterstattung der Offenlegung der bei der Ermittlung der Informationen getroffenen Annahmen, angewendeten Verfahren sowie weiterer berücksichtigter Einflussfaktoren bedarf.[464] Nur so können die Adressaten fundiert selbst entscheiden, ob sie diese Informationen in ihre Entscheidung einfließen lassen.

433.3 Zeitnähe

Entsprechend der Anforderung der Zeitnähe sind Informationen rechtzeitig zu berichten, damit sie in den Entscheidungen der Adressaten noch berücksichtigt werden können.[465] Dabei nimmt der Standardsetzer an, dass Informationen im Zeitverlauf regelmäßig an Relevanz verlieren,[466] sodass sie möglichst **frühzeitig** bereitgestellt werden sollten. Die zeitnahe Berichterstattung wird allerdings von der glaubwürdigen Darstellung bedingt.[467] Deshalb muss trotz einer frühzeitigen Informationsvermittlung stets die Glaubwürdigkeit gewahrt werden. Die Anforderung der zeitnahen Berichterstattung befindet sich daher in einem Spannungsfeld zwischen Relevanz

457 Vgl. implizit CF.2.32; sowie KIRSCH, H.-J. U. A., Bedeutung der Verlässlichkeit, S. 768; SCHRUFF, W., Cashflow-Prognose und Rechenschaft, S. 859.

458 Vgl. CF.2.30; sowie FISCHER, D. T., Neufassung des Rahmenkonzepts, S. 156.

459 Vgl. CF.2.30.

460 Vgl. CF.2.31.

461 Vgl. LORSON, P./GATTUNG, A., Faithful representation, S. 562.

462 Vgl. KAMPMANN, H./SCHWEDLER, K., Gemeinsames Rahmenkonzept, S. 528.

463 Vgl. CF.2.31; sowie LORSON, P./GATTUNG, A., Faithful representation, S. 562.

464 Vgl. CF.2.32; sowie ENGELKE, F., Mehrstufiger Konzern, S. 64.

465 Vgl. CF.2.33.

466 Vgl. CF.2.33; sowie FISCHER, D. T., Neufassung des Rahmenkonzepts, S. 156; WAWRZINEK, W./LÜBBIG, M., in: Driesch u. a., Beck IFRS-Hdb, § 2, Rn. 83.

467 Vgl. WAWRZINEK, W./LÜBBIG, M., in: Driesch u. a., Beck IFRS-Hdb, § 2, Rn. 83.

und glaubwürdiger Darstellung.[468] Ältere Informationen sind indes nicht zwangsläufig obsolet.[469] Vielmehr werden neben aktuellen Informationen zusätzlich Informationen über zurückliegende Ereignisse benötigt, um beispielsweise Entwicklungen zu erkennen und zu beurteilen.[470]

433.4 Verständlichkeit

Wirtschaftliche Sachverhalte sind bisweilen naturgemäß komplex.[471] Damit die Adressaten der Finanzberichterstattung diese Sachverhalte dennoch verstehen können, müssen sie möglichst klar und prägnant **klassifiziert**, **charakterisiert** sowie **präsentiert** werden.[472] Zwar würde der Verzicht auf Informationen zu besonders komplexen Sachverhalten die Verständlichkeit des (Konzern-)Abschlusses möglicherweise begünstigen, allerdings steht das im Konflikt mit der Anforderung der Vollständigkeit im Sinne einer glaubwürdigen Darstellung.[473] Folglich dürfen den Adressaten Informationen zugunsten einer verständlicheren Darstellung nicht vorenthalten werden.[474] Stattdessen geht der Standardsetzer davon aus, dass die Adressaten mit angemessenem Sachverstand und der erforderlichen Sorgfalt die Informationen auswerten und im Zweifel einen fachkundigen Berater hinzuziehen.[475]

434. Kostenrestriktion entscheidungsnützlicher Rechnungslegung

Gegenüber den qualitativen Anforderungen an eine entscheidungsnützliche Berichterstattung ist die Kostenrestriktion als eine **Nebenbedingung** der Bereitstellung entscheidungsnützlicher Informationen im Sinne der Wirtschaftlichkeit zu verstehen.[476] Die Bereitstellung entscheidungsnützlicher Informationen dient letztlich der Funktionsfähigkeit der Kapitalmärkte.[477] Eine derartige Informationsversorgung der Adressaten ist nur solange lohnenswert, wie der gesamtwirtschaftliche Nutzen die Kosten aus der Bereitstellung auf der einen und die Kosten aus der Auswertung der Informationen auf der anderen Seite rechtfertigt.[478]

Den gegenwärtigen und potenziellen Kapitalgebern entstehen Kosten sowohl mittelbar aus der Zusammenstellung, Verarbeitung, Prüfung und Verbreitung der Informationen vonseiten des Unternehmens, die sich schließlich auf die Rendite ihrer Investition niederschlagen, als auch unmittelbar aus der Analyse und Interpretation dieser Informationen.[479] Demgegenüber profi-

---

468 Vgl. SCHÖLLHORN, T./MÜLLER, M., Relevanz des Rahmenkonzepts, S. 1627; WAWRZINEK, W./LÜBBIG, M., in: Driesch u. a., Beck IFRS-Hdb, § 2, Rn. 83.

469 Vgl. CF.2.33; sowie PELLENS, B. U. A., Int. Rechnungslegung, S. 109.

470 Vgl. CF.2.33.

471 Vgl. CF.2.35.

472 Vgl. CF.2.34; sowie FISCHER, D. T., Neufassung des Rahmenkonzepts, S. 156.

473 Vgl. CF.2.35.

474 Vgl. WAWRZINEK, W./LÜBBIG, M., in: Driesch u. a., Beck IFRS-Hdb, § 2, Rn. 84.

475 Vgl. CF.2.36; sowie FISCHER, D. T., Neufassung des Rahmenkonzepts, S. 156.

476 Vgl. BAETGE, J./KIRSCH, H.-J./THIELE, S., Bilanzen, S. 150.

477 Vgl. CF.2.41.

478 Vgl. CF.2.39.

479 Vgl. CF.2.40.

tieren die Kapitalgeber zum einen individuell von fundierteren Entscheidungen und zum anderen allgemein von geringeren Kapitalkosten.[480] Im (Konzern-)Abschluss sind nur diejenigen Informationen bereitzustellen, deren Nutzen die Kosten übersteigt.[481] Konfligiert die entscheidungsnützlichste Darstellung einer Information mit dieser Bedingung, so ist auf die nächstbeste Abbildungsweise auszuweichen, die weiterhin entscheidungsnützlich, aber mit der Kostenrestriktion vereinbar ist.[482] Insofern hat vor allem der Standardsetzer bei der Entwicklung und Überarbeitung der Standards die Kostenrestriktion zu beachten, indem er sämtliche durch die Vorschriften induzierten Kosten durch Konsultation der Abschlussersteller, der Adressaten, der Prüfer sowie der Wissenschaft berücksichtigt.[483]

44 Erfolgskonzeption der Rechnungslegung nach IFRS

Die Darstellung der Ertragslage soll Auskunft über die finanzielle Leistungsfähigkeit des Unternehmens geben,[484] indem die Erträge und die Aufwendungen der abgeschlossenen Periode einander gegenübergestellt werden.[485] Eine **periodengerechte Erfassung** (*accrual accounting*) von Erträgen und Aufwendungen stellt dabei eine nützlichere Grundlage zur Beurteilung der finanziellen Leistungsfähigkeit dar als eine allein auf Ein- und Auszahlungen basierende Abbildung.[486] Als implizite Nebenbedingung der periodengerechten Erfassung ist dabei grundsätzlich das sogenannte **Kongruenzprinzip** (*clean surplus*) zu beachten, das den Zusammenhang zwischen den Erträgen und Aufwendungen einerseits und den tatsächlichen Zahlungsströmen andererseits sicherstellt.[487] Gemäß dem Kongruenzprinzip muss der Totalerfolg eines Unternehmens auf Basis der erfassten Erträge und Aufwendungen über die Totalperiode dem Saldo aus Ein- und Auszahlungen entsprechen.[488] Dazu ist es erforderlich, dass sämtliche Veränderungen des Eigenkapitals, die nicht auf Transaktionen mit Gesellschaftern zurückzuführen sind, in der Ergebnisrechnung erfasst werden. Allerdings ist die Kongruenzbedingung nicht als zwingende Anforderung an die Vermittlung entscheidungsnützlicher Informationen zu verstehen.[489] Vielmehr ist im Einzelfall zu prüfen, inwiefern ein Verstoß gegen das Kongruenzprinzip

480 Vgl. CF.2.41.

481 Vgl. SCHEFFLER, E., Überarbeitetes Rahmenkonzept, S. R139; PELLENS, B. U. A., Int. Rechnungslegung, S. 110.

482 Vgl. HOFFMANN, S./DETZEN, D., Joint Conceptual Framework, S. 55.

483 Vgl. CF.2.42. Wenngleich auch das berichterstattende Unternehmen bei der Aufstellung des (Konzern-)Abschlusses die Kostenrestriktion grds. zu beachten hat, wird allenfalls in Ausnahmefällen der Verzicht auf die Bereitstellung einzelner Informationen mit dem Verweis auf die Kostenrestriktion zu rechtfertigen sein. Vgl. WAWRZINEK, W./LÜBBIG, M., in: Driesch u. a., Beck IFRS-Hdb, § 2, Rn. 95.

484 Vgl. CF.1.16.

485 Vgl. CF.4.1 (b).

486 Vgl. CF.1.17.

487 Zur Bedeutung des Kongruenzprinzips in der internationalen Rechnungslegung vgl. SCHILDBACH, T., Externe Rechnungslegung und Kongruenz, S. 1813; ORDELHEIDE, D., Bedeutung des Kongruenzprinzips, S. 515–529. Das Kongruenzprinzip wird zwar im *Conceptual Framework* nicht explizit erwähnt, allerdings lassen sich die damit verfolgten Ziele aus den qualitativen Anforderungen ableiten. So auch GIMPEL-HENNING, N., Sukzessive Anteilserwerbe, S. 62 m. w. N.

488 Vgl. hier und im folgenden Satz BUSSE VON COLBE, W., Gefährdung des Kongruenzprinzips, S. 127 f.

489 Vgl. SCHILDBACH, T., Externe Rechnungslegung und Kongruenz, S. 1814 m. w. N.; so auch GIMPEL-HENNING, N., Sukzessive Anteilserwerbe, S. 65.

ausnahmsweise durch einen verbesserten Einblick in die Vermögens-, Finanz-, und Ertragslage des Konzerns gerechtfertigt werden kann.[490]

Im Einklang mit dem Kongruenzprinzip definiert der Standardsetzer Ertrag und Aufwand als Mehrung bzw. Minderung des Eigenkapitals,[491] die nicht auf Transaktionen mit Eigenkapitalgebern zurückzuführen sind.[492] Folglich geben Transaktionen mit Gesellschaftern in ihrer Funktion als Eigenkapitalgeber keinen Anlass zur Erfassung von Erträgen oder Aufwendungen.[493] Dementsprechend unterscheidet der Standardsetzer erfolgswirtschaftlich zwischen Änderungen des Eigenkapitals aufgrund der **betrieblichen Leistung** des Unternehmens einerseits (Ertrag und Aufwand) und solchen aufgrund von **Eigenkapitaltransaktionen**[494] andererseits (Zuführungen von und Abführungen an Eigenkapitalgeber(n)).[495] Eigenkapitaltransaktionen beruhen dabei nicht auf der betrieblichen Leistung des Unternehmens, sondern auf der Bereitstellung von Kapital zur betrieblichen Nutzung bzw. auf der Rückzahlung von Kapital.[496] Die vollumfänglichen Veränderungen des Eigenkapitals einer Periode umfassen schließlich zum einen den Saldo der Erträge und Aufwendungen (sog. Gesamtergebnis[497]) und zum anderen den Saldo der Zuführungen von und Abführungen an Eigenkapitalgeber(n).[498] Aufgrund des gesellschaftsrechtlichen Charakters einer Einlage von Kapitalgesellschaftsanteilen könnte diese Unterscheidung für die konzernbilanzielle Abbildung des hier betrachteten Sachverhaltes von zentraler Bedeutung sein.

45 Überblick über die einschlägigen Regelungen des IASB zur bilanziellen Abbildung der Einlage von Kapitalgesellschaftsanteilen

Gemäß den Vorschriften des IFRS 2 macht eine gesellschaftsrechtliche Kapitalerhöhung gegen Sacheinlagen grundsätzlich eine der Einlage entsprechende, aber nicht weiter spezifizierte **Erhöhung des bilanziellen Eigenkapitals** erforderlich.[499] Der Standardsetzer definiert dabei das

---

490 Vgl. GIMPEL-HENNING, N., Sukzessive Anteilserwerbe, S. 65.

491 Der Standardsetzer legt der Erfolgsermittlung den sog. *asset-liability-approach* zugrunde. Insofern werden Erträge und Aufwendungen in Abhängigkeit der Veränderungen von Vermögenswerten und Schulden definiert. Vgl. CF.4.71; sowie ausführlich zum *asset-liability-approach* SCHREIBER, S., Asset-Liability-Approach, S. 572–577. Dabei stellt der Standardsetzer jedoch klar, dass Informationen zu Erträgen und Aufwendungen nicht weniger bedeutsam sind als Informationen zu Vermögenswerten und Schulden. Vgl. CF.4.71; sowie ERB, C./PELGER, C., Neues Rahmenkonzept, S. 875; KUHNER, C./BOTHEN, D., Other Comprehensive Income, S. 163.

492 Vgl. CF.4.68 f.; sowie ERB, C./PELGER, C., Neues Rahmenkonzept, S. 875; THEILE, C./GOY, K., Entwurf ED/2015/3, S. 620.

493 Vgl. CF.4.70.

494 Unter Eigenkapitaltransaktionen (*equity transactions*) sind Geschäftsvorfälle mit Gesellschaftern in ihrer Funktion als Eigenkapitalgeber zu verstehen. Vgl. IFRS 10.23.

495 Vgl. CF.1.15; CF.4.68–4.70; sowie FISCHER, D. T., Entwurf eines Rahmenkonzeptes, S. 225 f.

496 Insofern sind Kapitaltransaktionen mit Gesellschaftern nicht erfolgswirtschaftlich begründbar. Vgl. IAS 1.109; sowie ALTHOFF, F., Rechtsgeschäfte, S. 277.

497 Das Gesamtergebnis (*comprehensive income*) umfasst zum einen das Periodenergebnis (*profit or loss*) und zum anderen das sonstige Ergebnis (*other comprehensive income*). Ausführlich zum Gesamtergebnis vgl. KUHNER, C./BOTHEN, D., Other Comprehensive Income, S. 161–168. Die Unterscheidung zwischen Periodenergebnis und sonstigem Ergebnis ist für die vorliegende Arbeit indes ohne Bedeutung.

498 Vgl. CF.5.3 (b); sowie KAJÜTER, P., Eigenkapitalveränderungsrechnung, S. 109.

499 Vgl. IFRS 2.7.

bilanzielle Eigenkapital (*equity*) als Residualgröße nach Abzug der Schulden von den Vermögenswerten eines Unternehmens.[500] Innerhalb des Eigenkapitals unterscheidet er grundlegend zwischen dem gezeichneten Kapital (*issued capital*[501]) und den Rücklagen (*reserves*), die auf die Gesellschafter des Mutterunternehmens entfallen, einerseits und den nicht beherrschenden Anteilen (*non-controlling interests*) andererseits.[502] Eine weitere Untergliederung des Eigenkapitals ist angezeigt, falls diese für das Verständnis der Vermögenslage – zum Beispiel aufgrund gesellschaftsrechtlicher Verfügungsbeschränkungen über einzelne Eigenkapitalkomponenten – erforderlich ist.[503] Insofern sieht der Standardsetzer zumindest einen gesonderten Ausweis des Aufgeldes (*share premium*) und der übrigen Rücklagen vor.[504] Folglich erscheint eine Untergliederung entsprechend den aktienrechtlich maßgeblichen Eigenkapitalkomponenten in gezeichnetes Kapital, Kapitalrücklage[505] und Gewinnrücklagen[506] regelkonform und für die vorliegende Arbeit zweckdienlich.[507]

Das gezeichnete Kapital und die Kapitalrücklage umfassen gemeinsam das dem Unternehmen von den Gesellschaftern von außen zugeführte Kapital, während die Gewinnrücklagen das im Rahmen der Geschäftstätigkeit erwirtschaftete Kapital ausweisen.[508] Das gezeichnete Kapital

---

[500] Vgl. IAS 32.11; CF.4.63; sowie PELLENS, B. U. A., Int. Rechnungslegung, S. 571.

[501] Aus den Regelungen des IASB geht nicht eindeutig hervor, ob der Begriff *issued capital* nur das gezeichnete Kapital oder auch die Kapitalrücklage umfasst. Vgl. SCHEFFLER, E., Eigenkapital nach IFRS, S. 19. In der vorliegenden Arbeit wird entsprechend der deutschen Übersetzung des IAS 1 unter dem Begriff *issued capital* ausschließlich das gezeichnete Kapital verstanden.

[502] Vgl. IAS 1.54 (q), (r); sowie COENENBERG, A. G./HALLER, A./SCHULTZE, W., Jahresabschlussanalyse, S. 373; SCHEFFLER, E., Eigenkapital nach IFRS, S. 18. Diese Unterscheidung ist für die vorliegende Arbeit indes unerheblich, da von nicht beherrschenden Anteilen abstrahiert wird, indem stets eine einhundertprozentige Beteiligung an dem aufzunehmenden Unternehmen unterstellt wird.

[503] Vgl. IAS 1.55 und IAS 1.77; sowie CLEMENS, R., in: Driesch u. a., Beck IFRS-Hdb, § 12, Rn. 23.

[504] Vgl. IAS 1.79; sowie COENENBERG, A. G./HALLER, A./SCHULTZE, W., Jahresabschlussanalyse, S. 375; BAETGE, J./KIRSCH, H.-J./THIELE, S., Bilanzen, S. 535. Der gesonderte Ausweis kann entweder in der Bilanz oder im Anhang vorgenommen werden.

[505] Der bilanzielle Wert der Kapitalrücklage kann aufgrund abweichender Vorschriften nach IFRS von der gesellschaftsrechtlichen Kapitalrücklage gemäß § 150 AktG i. V. m. § 272 Abs. 2 HGB abweichen. In diesem Fall wird ein entsprechender Hinweis in Bilanz oder Anhang empfohlen. Vgl. BISCHOF, S./WENDLANDT, K., in: Baetge u. a., IFRS, IAS 1, Rn. 123.

[506] Die Gewinnrücklagen umfassen nach IFRS auch das Bilanzergebnis. Vgl. COENENBERG, A. G./HALLER, A./SCHULTZE, W., Jahresabschlussanalyse, S. 383. Ferner kann eine weitere Untergliederung der Gewinnrücklagen in die nach aktienrechtlichen Vorschriften zu bildenden Rücklagen erforderlich sein. Vgl. PELLENS, B. U. A., Int. Rechnungslegung, S. 584. Diese Differenzierung hat für die vorliegende Arbeit indes keine Bedeutung.

[507] Vgl. BISCHOF, S./WENDLANDT, K., in: Baetge u. a., IFRS, IAS 1, Rn. 120, 122; CLEMENS, R., in: Driesch u. a., Beck IFRS-Hdb, § 12, Rn. 24; SCHEFFLER, E., Eigenkapital nach IFRS, S. 18 f., 70; PAWELZIK, K. U., in: Heuser u. a., IFRS-Hdb, C. XI., Rn. 2870. Darüber hinaus sind weitere Rücklagen für aufgrund von einzelnen Standards erfolgsneutral im sonstigen Ergebnis (*other comprehensive income*) zu erfassende Sachverhalte zu bilden. Vgl. COENENBERG, A. G./HALLER, A./SCHULTZE, W., Jahresabschlussanalyse, S. 377 f. Diese Rücklagen haben für die vorliegende Arbeit indes keine Bedeutung.

[508] Vgl. PELLENS, B. U. A., Int. Rechnungslegung, S. 581–585; COENENBERG, A. G./HALLER, A./SCHULTZE, W., Jahresabschlussanalyse, S. 349; KÜTING, K., Derivative Erstellung des Konzernabschlusses, S. 182.

entspricht dabei dem in der Satzung festgelegten und im Handelsregister eingetragenen Grundkapital der Aktiengesellschaft.[509] Wird das Grundkapital durch Ausgabe neuer Eigenkapitalanteile erhöht, ist der Nennwert der neuen Anteile daher im **gezeichneten Kapital** zu erfassen.[510] Sofern die neuen Anteile zu einem höheren Betrag als dem Nennwert ausgegeben werden, ist das Aufgeld in die **Kapitalrücklage** einzustellen.[511] Die betragsmäßige Erhöhung des Eigenkapitals insgesamt bestimmt sich daher anhand des Wertes der dem Unternehmen als Einlage zur Verfügung gestellten Ressourcen.[512]

Während im Rahmen einer Bareinlage der Wert der zugeführten liquiden Mittel unmittelbar anhand des Nominalwertes ersichtlich ist, wird bei einer Sacheinlage eine Bewertung des eingebrachten (Netto-)Vermögens erforderlich. Grundsätzlich regelt IFRS 2 *Share-based Payment* sämtliche Sachverhalte, bei denen eine Vergütung durch die Gewährung von Eigenkapitalanteilen erfolgt.[513] Damit werden prinzipiell auch Sacheinlagen von dem Anwendungsbereich des IFRS 2 erfasst,[514] der eine Bewertung der Einlage mit dem beizulegenden Zeitwert des *erhaltenen* Vermögens vorsieht, es sei denn, der beizulegende Zeitwert der hingegebenen Eigenkapitalanteile ist verlässlicher.[515] Allerdings sind finanzielle Vermögenswerte von dem Anwendungsbereich des IFRS 2 ausgeschlossen,[516] sodass die Regelungen auf Kapitalgesellschaftsanteile nicht anzuwenden sind. Die Bewertung von (eingelegten) Kapitalgesellschaftsanteilen an Tochterunternehmen wird im **Einzelabschluss** schließlich durch IAS 27 *Separate Financial Statements* bestimmt.[517] Dementsprechend besteht für die Anteile ein Wahlrecht zwischen einer Bewertung zu Anschaffungskosten, zum beizulegenden Zeitwert gemäß IFRS 9 und nach der Equity-Methode gemäß IAS 28.[518] Der Fall der Gewährung von Eigenkapitalanteilen als Gegenleistung für die Einlage von Kapitalgesellschaftsanteilen an einem Tochterunternehmen wird allerdings im Regelwerk des IASB nicht explizit adressiert,[519] sodass vor allem der Anschaffungskostenbegriff gemäß IAS 27 in diesem Kontext nicht hinreichend konkretisiert ist.[520]

---

509 Vgl. CLEMENS, R., in: Driesch u. a., Beck IFRS-Hdb, § 12, Rn. 31; COENENBERG, A. G./HALLER, A./SCHULTZE, W., Jahresabschlussanalyse, S. 337.

510 Vgl. LÜDENBACH, N./HOFFMANN, W.-D./FREIBERG, J., in: Lüdenbach u. a., Haufe IFRS, § 20, Rn. 84; CLEMENS, R., in: Driesch u. a., Beck IFRS-Hdb, § 12, Rn. 31.

511 Vgl. CLEMENS, R., in: Driesch u. a., Beck IFRS-Hdb, § 12, Rn. 60.

512 Vgl. LÜDENBACH, N./FREIBERG, J., Verdeckte Einlagen, S. 1546.

513 Vgl. IFRS 2.2; sowie PELLENS, B./CRASSELT, N., Share-based Payment, S. 36; LÜDENBACH, N., Bilanzierung der Sacheinlage, S. 94.

514 Vgl. PELLENS, B./CRASSELT, N., Share-based Payment, S. 36; HOFFMANN, W.-D., Einbringung von Betrieben, S. 404.

515 Vgl. IFRS 2.10; sowie LÜDENBACH, N./HOFFMANN, W.-D./FREIBERG, J., in: Lüdenbach u. a., Haufe IFRS, § 20, Rn. 81.

516 Vgl. IFRS 2.5; sowie LIECK, H., Bilanzierung von Umwandlungen, S. 148; ERNST & YOUNG (Hrsg.), International GAAP 2018 (Vol. 2), S. 2501.

517 Vgl. IAS 27.2; sowie VON OERTZEN, C., in: Driesch u. a., Beck IFRS-Hdb, § 7, Rn. 51.

518 Vgl. IAS 27.10; sowie VON OERTZEN, C., in: Driesch u. a., Beck IFRS-Hdb, § 7, Rn. 51 f.; SCHILDBACH, T./FELDHOFF, P., Konzernabschluss, S. 184.

519 Vgl. ERNST & YOUNG (Hrsg.), International GAAP 2018 (Vol. 1), S. 505; LÜDENBACH, N./HOFFMANN, W.-D./FREIBERG, J., in: Lüdenbach u. a., Haufe IFRS, § 23, Rn. 32.

520 Vgl. ERNST & YOUNG (Hrsg.), International GAAP 2018 (Vol. 2), S. 2501.

Im **Konzernabschluss** werden Unternehmenszusammenschlüsse durch Einlage von Kapitalgesellschaftsanteilen von den Vorschriften des IFRS 3 *Business Combinations* erfasst.[521] Entsprechend der Erwerbsmethode[522] ist nicht die Beteiligung an dem erworbenen Unternehmen selbst anzusetzen, sondern sämtliche identifizierbaren Vermögenswerte und übernommenen Schulden des erworbenen Unternehmens sind grundsätzlich mit ihren beizulegenden Zeitwerten in den Konzernabschluss aufzunehmen.[523] Ferner ist ein etwaiger Unterschiedsbetrag zwischen dem angesetzten Nettovermögen und dem beizulegenden Zeitwert der übertragenen Gegenleistung zu ermitteln.[524] Im Fall der Gewährung von Eigenkapitalanteilen ist zur Bewertung der Gegenleistung der beizulegende Zeitwert der hingegebenen Anteile heranzuziehen, es sei denn, der beizulegende Zeitwert der erhaltenen Eigenkapitalanteile ist verlässlicher bestimmbar.[525] Ein positiver Unterschiedsbetrag ist als Geschäfts- oder Firmenwert zu aktivieren,[526] während ein negativer Unterschiedsbetrag nach einer erneuten Prüfung der Wertansätze und der Gegenleistung sofort ertragswirksam zu vereinnahmen ist.[527]

In der Literatur wird in Analogie zu IFRS 3 eine Bewertung der Beteiligung mit dem beizulegenden Zeitwert der übertragenen Gegenleistung auch im Einzelabschluss des Mutterunternehmens für sachgerecht erachtet.[528] Demzufolge ist die Beteiligung mit dem beizulegenden Zeitwert der hingegebenen Eigenkapitalanteile zu bewerten, es sei denn, der beizulegende Zeitwert der erhaltenen Beteiligung ist verlässlicher bestimmbar.[529] Im Folgenden wird schließlich eine Bewertung der Beteiligung im Einzelabschluss analog zu IFRS 3 unterstellt.

Sowohl die Regelungen für den Einzelabschluss als auch für den Konzernabschluss unterscheiden bei der bilanziellen Abbildung nicht zwischen der Ausgabe neuer Eigenkapitalanteile aus einer Kapitalerhöhung und der Hingabe zuvor zurückerworbener **eigener Anteile**.[530] Vielmehr betrachtet der Standardsetzer den Rückkauf und die Wiederveräußerung eigener Anteile als Eigenkapitaltransaktionen, die – wie eine Kapitalherabsetzung bzw. Kapitalerhöhung – erfolgsneutral direkt im Eigenkapital zu berücksichtigen sind.[531] Demzufolge sind zurückerwor-

---

521 Vgl. IFRS 3.2; sowie GROS, S., Aktie als Akquisitionswährung, S. 779.

522 Ausführlich zur Erwerbsmethode nach IFRS 3 vgl. Abschnitt 521. der vorliegenden Arbeit.

523 Vgl. IFRS 3.10; IFRS 3.18; sowie HAYN, S./STRÖHER, T., in: Baetge u. a., IFRS, IFRS 3, Rn. 152, 200.

524 Vgl. IFRS 3.32.

525 Vgl. IFRS 3.33; sowie KIRSCH, H.-J./HENDLER, M./FABER, M., in: Baetge u. a., Bilanzrecht, § 301 HGB, Rn. 578.

526 Vgl. IFRS 3.32; sowie BAETGE, J./KIRSCH, H.-J./THIELE, S., Konzernbilanzen, S. 238.

527 Vgl. IFRS 3.34; sowie BAETGE, J./KIRSCH, H.-J./THIELE, S., Konzernbilanzen, S. 239.

528 Vgl. ERNST & YOUNG (Hrsg.), International GAAP 2018 (Vol. 1), S. 505; PAWELZIK, K. U., in: Heuser u. a., IFRS-Hdb, C. XI., Rn. 2878. Im Rahmen des hier nicht betrachteten *asset deal* ist IFRS 3 ohnehin auch im Einzelabschluss anzuwenden. Vgl. KIRSCH, H.-J./HENDLER, M./FABER, M., in: Baetge u. a., Bilanzrecht, § 301 HGB, Rn. 504.

529 Vgl. PAWELZIK, K. U., in: Heuser u. a., IFRS-Hdb, C. XI., Rn. 2878.

530 Vgl. IFRS 2.BC331; sowie PELLENS, B./CRASSELT, N., Share-based Payment, S. 38.

531 Vgl. IAS 32.33; IAS 32.BC32; IAS 32.AG36; sowie SCHEFFLER, E., Eigenkapital nach IFRS, S. 84; EBELING, R. M., Eigenkapitaldifferenzen, S. 1610.

bene eigene Anteile nicht als Vermögenswert zu aktivieren, sondern vom Eigenkapital abzuziehen.[532] Die Anschaffungskosten des Rückkaufes sind dabei entweder in einer Summe vom gesamten Eigenkapital offen abzusetzen (Anschaffungskostenmethode) oder entsprechend der Verteilung bei der ursprünglichen Ausgabe gegen das gezeichnete Kapital und die Kapitalrücklage zu kürzen (Nennwertmethode).[533] Sofern die Anschaffungskosten den ursprünglichen Ausgabebetrag übersteigen, mindert die Differenz die Gewinnrücklagen.[534] Bei der Wiederveräußerung entfällt der Abzug vom Eigenkapital insgesamt bzw. vom gezeichneten Kapital und von der Kapitalrücklage.[535] Eine mögliche Differenz ist mit der Kapitalrücklage zu verrechnen.[536]

---

532 Vgl. IFRS 2.BC330; sowie SCHEFFLER, E., Eigenkapital nach IFRS, S. 84; LÜDENBACH, N./HOFFMANN, W.-D./FREIBERG, J., in: Lüdenbach u. a., Haufe IFRS, § 20, Rn. 86.

533 Vgl. hier und im folgenden Satz PELLENS, B. U. A., Int. Rechnungslegung, S. 590.

534 SIC 16 sah darüber hinaus eine modifizierte Nennwertmethode vor, bei der die Anschaffungskosten nach dem Ermessen des Bilanzierenden auf die Eigenkapitalkomponenten verteilt werden durften. Nach der Außerkraftsetzung von SIC 16 durch IAS 32 wird die Zulässigkeit dieser Methode aufgrund eingeschränkter Vereinbarkeit mit der Zielsetzung der IFRS allerdings bezweifelt. Vgl. PELLENS, B. U. A., Int. Rechnungslegung, S. 590; COENENBERG, A. G./HALLER, A./SCHULTZE, W., Jahresabschlussanalyse, S. 382; MENTZ, A., in: Hennrichs u. a., MüKo Bilanzrecht, Bd. 1, IAS 32, Rn. 287.

535 Eine Minderung der Gewinnrücklagen bei der Nennwertmethode wird im Gegensatz zum HGB nicht wieder aufgeholt. Vgl. PELLENS, B. U. A., Int. Rechnungslegung, S. 592.

536 Vgl. PELLENS, B. U. A., Int. Rechnungslegung, S. 592.

5 Kritische Analyse der Abbildung von Unternehmenszusammenschlüssen durch Einlage von Kapitalgesellschaftsanteilen im Konzernabschluss nach IFRS

51 Vorbemerkung

Die aktuellen Vorschriften zur Abbildung von Unternehmenszusammenschlüssen nach IFRS 3 unterscheiden nicht zwischen einem gewöhnlichen Erwerb und einer Einlage. Folglich sind sämtliche Unternehmenszusammenschlüsse einheitlich nach der Erwerbsmethode abzubilden.[537] Zur Rechtfertigung dieser Behandlung argumentiert der Standardsetzer, nahezu alle Unternehmenszusammenschlüsse seien Erwerbe.[538] Die Charakterisierung der Einlage von Kapitalgesellschaftsanteilen in Kapitel 3 hat gezeigt, dass durch eine Einlage ein beherrschungsvermittelndes Beteiligungsverhältnis zwischen dem aufnehmenden und dem aufzunehmenden Unternehmen und folglich ein Konzernverbund im Sinne einer wirtschaftlichen Einheit begründet werden.[539] Im Hinblick auf die Entstehung eines Konzernverbundes ähnelt die Einlage von Kapitalgesellschaftsanteilen somit durchaus einem gewöhnlichen Erwerb. Der wesentliche Unterschied zu einem gewöhnlichen Erwerb besteht allerdings darin, dass die ehemaligen Gesellschafter des aufzunehmenden Unternehmens nicht abgefunden, sondern an dem entstehenden Konzern beteiligt werden. Das aufnehmende Unternehmen wendet ferner keine Ressourcen aus seinem Vermögen auf, um die Beteiligung zu erhalten. Vielmehr stellen beide Gesellschaftergruppen dem Konzern die Ressourcen ihrer jeweiligen Unternehmen zur Verfügung. Nach dem Zusammenschluss umfasst der Konzern schließlich sämtliche Ressourcen sowohl des aufnehmenden als auch des aufzunehmenden Unternehmens unter Beteiligung beider Gesellschaftergruppen. Insofern handelt es sich bei einer Einlage wirtschaftlich um eine **Zusammenlegung von Ressourcen** zweier vormals getrennter Unternehmen, während sich ein gewöhnlicher Erwerb als Übernahme des einen Unternehmens durch das andere darstellt.

Aus dem Charakter der Einlage ergeben sich gegenüber einem gewöhnlichen Erwerb Besonderheiten vor allem hinsichtlich der **Erfolgswirkungen** aus dem Zusammenschluss. Konkret wirkt sich ein Verhandlungserfolg nicht auf Konzernebene, sondern unmittelbar auf die Vermögensverhältnisse auf Gesellschafterebene aus.[540] Das betrifft allerdings nur den Zeitpunkt des Zusammenschlusses, da sich die anschließenden Erfolge aus der vereinten Geschäftstätigkeit der zusammengeschlossenen Unternehmen wie nach einem gewöhnlichen Erwerb auf Konzernebene niederschlagen. Die bilanzielle Erfassung des Zusammenschlusses im Zeitpunkt des Zusammenschlusses ist aber bereits maßgebend für die Ermittlung der Erfolge künftiger Perioden. Demzufolge sind vor allem die Bewertung der Vermögenswerte und Schulden des aufzu-

---

537 Vgl. IFRS 3.4; sowie KIRSCH, H.-J./HENDLER, M./FABER, M., in: Baetge u. a., Bilanzrecht, § 301 HGB, Rn. 502.

538 Vgl. IFRS 3.BC23.; sowie GROS, S., Aktie als Akquisitionswährung, S. 780 m. w. N.

539 Vgl. hier und im Folgenden Abschnitt 35 der vorliegenden Arbeit.

540 Vgl. hierzu ausführlich Abschnitt 331.1 der vorliegenden Arbeit.

nehmenden Unternehmens sowie die Behandlung eines Unterschiedsbetrages aus der Kapitalkonsolidierung vor dem Hintergrund der Folgebewertung zu analysieren, da der erstmalige Wertansatz des zugegangenen (Netto-)Vermögens den damit verbundenen künftigen Aufwand determiniert.

Es stellt sich also die Frage nach einer sachgerechten **Abbildung des Unternehmenszusammenschlusses** im Zeitpunkt des Zusammenschlusses als Ausgangspunkt einer entscheidungsnützlichen Finanzberichterstattung über den Konzernverbund. Die Abbildung wird maßgeblich von der anzuwendenden Kapitalkonsolidierungsmethode bestimmt. Vor diesem Hintergrund ist zu untersuchen, ob eine Abbildung des Zusammenschlusses als Erwerbstransaktion nach der Erwerbsmethode sachgerecht ist oder ob die identifizierten Unterschiede gegenüber einem gewöhnlichen Erwerb eine abweichende Behandlung erforderlich machen. Die Anwendung einer spezifischen Bilanzierungsmethode für Zusammenschlüsse durch Einlage von Kapitalgesellschaftsanteilen wäre nur zu rechtfertigen, wenn diese Methode die wirtschaftlichen Gegebenheiten dieses Sachverhaltes, denen die Erwerbsmethode nicht gerecht werden kann, adäquat berücksichtigt.[541] Um die Anwendung einer spezifischen Methode auf den hier betrachteten Sachverhalt sicherzustellen, muss ferner eine zweifelsfreie Unterscheidung zwischen einer Einlage und einem Erwerb möglich sein. Gegenstand der folgenden Ausführungen sind daher die kritische Analyse verschiedener Kapitalkonsolidierungsmethoden hinsichtlich der Einlage von Kapitalgesellschaftsanteilen sowie deren Würdigung vor dem Ziel der Finanzberichterstattung nach IFRS.

Im Rahmen der Einführung von IFRS 3 im Jahr 2004 hat sich der Standardsetzer intensiv mit drei konkreten Methoden der Kapitalkonsolidierung befasst.[542] Die **Erwerbsmethode** (*acquisition method*) ist gegenwärtig die einzige nach den IFRS zulässige Kapitalkonsolidierungsmethode. Die **Interessenzusammenführungsmethode** (*pooling of interests method*) und die **Neugründungsmethode** (*fresh start method*) sind zwar nach den derzeitigen Regelungen des IASB nicht zulässig, allerdings wurden diese Methoden ursprünglich zur Abbildung von Unternehmenszusammenschlüssen durch Einlage von Kapitalgesellschaftsanteilen entwickelt.[543] Aus diesem Grund werden im Folgenden zunächst die geltenden Regelungen zur Anwendung der Erwerbsmethode nach IFRS 3 untersucht (Abschnitt 52), bevor sowohl die Interessenzusammenführungsmethode (Abschnitt 53) als auch die Neugründungsmethode (Abschnitt 54) betrachtet werden. Der kritischen Analyse der Methoden wird jeweils eine Erläuterung des allgemeinen Konzeptes der entsprechenden Methode vorangestellt. Die Analyse konzentriert sich sodann schwerpunktmäßig auf die Bewertung des Reinvermögens und die Behandlung eines Unterschiedsbetrages aus der Kapitalkonsolidierung als Determinanten der Darstellung der Vermögens- und Ertragslage sowie auf den Ausweis der Eigenkapitalbestandteile. Diese As-

---

541 Vgl. von Wysocki, K./Wohlgemuth, M./Eisolt, D., Konzernrechnungslegung, 4. Aufl., S. 140.
542 Vgl. IFRS 3.BC37–BC55 (2004) und IFRS 3.BC22–BC57.
543 Vgl. Rammert, S., Pooling of Interests, S. 621 f.

pekte werden im Rahmen der jeweiligen Methode in Bezug auf die Einlage von Kapitalgesellschaftsanteilen kritisch hinterfragt und anschließend vor dem Ziel der Finanzberichterstattung nach IFRS gewürdigt. Aufbauend auf den Ergebnissen werden die betrachteten Methoden insgesamt gegeneinander abgewogen und eine Empfehlung für die Bilanzierung von Unternehmenszusammenschlüssen durch Einlage von Kapitalgesellschaftsanteilen herausgearbeitet (Abschnitt 55).

52 Erwerbsmethode nach IFRS 3

521. Konzeption der Erwerbsmethode

Die Erwerbsmethode ist nach den Regelungen des IASB grundsätzlich auf **sämtliche Unternehmenszusammenschlüsse** anzuwenden.[544] Als Unternehmenszusammenschluss gilt jeder Geschäftsvorfall, bei dem ein Erwerber (*acquirer*) die Beherrschung (*control*) über einen Geschäftsbetrieb[545] (*business*) erlangt.[546] Unabhängig davon, ob die im Austausch für die Beherrschung übertragene Gegenleistung in der Hingabe von liquiden Mitteln oder anderen Vermögenswerten, der Übernahme von Schulden oder der Ausgabe von Eigenkapitalanteilen besteht, sei die Erwerbsmethode auf sämtliche Unternehmenszusammenschlüsse anwendbar.[547] Die formalrechtliche Struktur der Transaktion ist dabei unerheblich,[548] sodass auch Unternehmenszusammenschlüsse durch Einlage von Kapitalgesellschaftsanteilen von den Regelungen des IFRS 3 erfasst werden.

Die ursprüngliche **Konzeption** der Erwerbsmethode beruht auf einem käuflichen Erwerb einer Unternehmensbeteiligung, bei dem eine finanzielle Gegenleistung aus dem Konzernverbund an die ehemaligen Gesellschafter des Akquisitionsobjektes abfließt.[549] Die Erwerbsmethode bildet einen solchen Zusammenschluss insgesamt – wie den Erwerb eines beliebigen Vermögenswertes – grundsätzlich erfolgsneutral mit seinen Anschaffungskosten ab.[550] Für die Abbildung im Konzernabschluss werden allerdings anstelle des Beteiligungserwerbes der Erwerb der einzelnen Vermögenswerte und die Übernahme der Schulden des erworbenen Unternehmens fingiert

---

544 Vgl. IFRS 3.4; sowie HAYN, S./STRÖHER, T., in: Baetge u. a., IFRS, IFRS 3, Rn. 20. Ausnahmen von dem Anwendungsbereich des IFRS 3 bestehen hinsichtlich der Gründung von Gemeinschaftsunternehmen und des Zusammenschlusses unter gemeinsamer Beherrschung sowie für Investmentgesellschaften. Vgl. IFRS 3.2 (a), (c) und IFRS 3.2A.

545 Sofern kein Geschäftsbetrieb vorliegt, ist der Geschäftsvorfall als Erwerb der einzelnen Vermögenswerte und Schulden gemäß IFRS 3.2 (b) abzubilden. Zur Definition eines Geschäftsbetriebes vgl. IFRS 3.A. In der vorliegenden Arbeit wird allerdings stets ein Geschäftsbetrieb in Form einer Kapitalgesellschaft unterstellt.

546 Vgl. IFRS 3.A; sowie BERNDT, T./GUTSCHE, R., in: Hennrichs u. a., MüKo Bilanzrecht, Bd. 1, IFRS 3, Rn. 31.

547 Vgl. IASC (Hrsg.), G4+1 Position Paper, Tz. 19.

548 Vgl. HAYN, S./STRÖHER, T., in: Baetge u. a., IFRS, IFRS 3, Rn. 24.

549 Vgl. BAETGE, J./KIRSCH, H.-J./THIELE, S., Konzernbilanzen, S. 182; BERNDT, T./GUTSCHE, R., in: Hennrichs u. a., MüKo Bilanzrecht, Bd. 1, IFRS 3, Rn. 57; GLAUM, M./VOGEL, S., Unternehmenszusammenschlüsse, S. 45; SIEGEL, T., Zeitwertansatz, S. 317.

550 Vgl. HAYN, S./STRÖHER, T., in: Baetge u. a., IFRS, IFRS 3, Rn. 96; MUJKANOVIC, R., Zukunft der Kapitalkonsolidierung, S. 534, 538; ORDELHEIDE, D., Kapitalkonsolidierung und Konzernerfolg, S. 292 f. Eine Ausnahme besteht in der ertragswirksamen Erfassung eines Gewinns aus einem günstigen Erwerb. Vgl. hierzu ausführlich Abschnitt 524.1 der vorliegenden Arbeit.

(sog. **Einzelerwerbsfiktion**).[551] Demzufolge sind sämtliche identifizierbaren Vermögenswerte und Schulden des erworbenen Unternehmens einzeln im Konzernabschluss des erwerbenden Unternehmens anzusetzen und mit ihren angenommenen Anschaffungskosten in Höhe der jeweiligen beizulegenden Zeitwerte zu bewerten.[552] Durch den zusätzlichen Ansatz eines Geschäfts- oder Firmenwertes werden schließlich insgesamt die Anschaffungskosten der Beteiligung im Konzernabschluss abgebildet.[553] Während sämtliche stillen Reserven und stillen Lasten des erworbenen Unternehmens vollständig aufzudecken sind,[554] sind die Buchwerte der Vermögenswerte und Schulden des erwerbenden Unternehmens grundsätzlich unverändert aus dem Einzelabschluss in den Konzernabschluss zu übernehmen, da diese nicht Teil der Transaktion sind.[555] Schließlich bildet die Erwerbsmethode den Zusammenschluss aus der **Perspektive des erwerbenden Unternehmens** ab.[556]

In den Folgeperioden sind die aufgedeckten stillen Reserven und stillen Lasten sowie der Geschäfts- oder Firmenwert des aufzunehmenden Unternehmens erfolgswirksam fortzuführen.[557] Insgesamt wird den künftigen Erträgen des aufzunehmenden Unternehmens somit der Aufwand aus der Abnutzung oder dem Verbrauch des erworbenen Vermögens gegenübergestellt, der den periodisierten Anschaffungskosten der Beteiligung entspricht.[558] Die **Erfolgskonzeption** der Erwerbsmethode entspricht somit derjenigen einer typischen Investition, da langfristig nur dann ein positiver Erfolg aus dem Erwerb ausgewiesen wird, sofern die Rückflüsse die Investitionsauszahlung amortisieren.[559] Während die Anschaffungskosten der Beteiligung im Einzelabschluss in der Regel nach den Vorschriften für finanzielle Vermögenswerte fortgeführt werden, sind sie im Konzernabschluss nach den jeweiligen Vorschriften für die einzelnen Vermögenswerte und Schulden zu periodisieren.[560] Der Unterschied gegenüber der Folgebewertung der Beteiligung im Einzelabschluss des aufnehmenden Unternehmens besteht schließlich in der konkreten Periodisierung der Anschaffungskosten.

---

551 Vgl. LÜDENBACH, N./HOFFMANN, W.-D./FREIBERG, J., in: Lüdenbach u. a., Haufe IFRS, § 31, Rn. 12; THEILE, C./PAWELZIK, K. U., in: Heuser u. a., IFRS-Hdb, D. VI., Rn. 5530; VON WYSOCKI, K./WOHLGEMUTH, M./BRÖSEL, G., Konzernrechnungslegung, S. 114; ORDELHEIDE, D., Erwerbsmethode (Teil I), S. 240.

552 Vgl. BAETGE, J./KIRSCH, H.-J./THIELE, S., Konzernbilanzen, S. 184; VON WYSOCKI, K./WOHLGEMUTH, M./BRÖSEL, G., Konzernrechnungslegung, S. 114. Insofern wird der *share deal* konzernbilanziell einem *asset deal* entsprechend abgebildet. Vgl. PELLENS, B. U. A., Int. Rechnungslegung, S. 854. Die Verteilung der Anschaffungskosten der Beteiligung auf die dahinter stehenden Vermögenswerte und Schulden wird auch als Kaufpreisallokation bezeichnet. Bei der Verteilung sind die Vermögenswerte und Schulden jedoch unabhängig von der tatsächlichen Gegenleistung vollständig mit ihren beizulegenden Zeitwerten zu bewerten. Vgl. KÜTING, K./WIRTH, J., Negativer Unterschiedsbetrag, S. 143.

553 Vgl. MUJKANOVIC, R., Unternehmenserwerbe im Konzernabschluss, S. 644.

554 Vgl. IFRS 3.18; sowie GLAUM, M./VOGEL, S., Unternehmenszusammenschlüsse, S. 46.

555 Vgl. HAYN, S./STRÖHER, T., in: Baetge u. a., IFRS, IFRS 3, Rn. 96.

556 Vgl. IFRS 3.BC25; sowie IASC (Hrsg.), G4+1 Position Paper, Tz. 48; GLAUM, M./VOGEL, S., Unternehmenszusammenschlüsse, S. 46.

557 Vgl. VON WYSOCKI, K./WOHLGEMUTH, M./BRÖSEL, G., Konzernrechnungslegung, S. 115.

558 Vgl. ORDELHEIDE, D., Erwerbsmethode (Teil I), S. 239; KLEIN, G., Erfassung des Goodwill, S. 796.

559 Vgl. ORDELHEIDE, D., Kapitalkonsolidierung und Konzernerfolg, S. 292 f.; BUSSE VON COLBE, W. U. A., Konzernabschlüsse, S. 199.

560 Vgl. hier und im folgenden Satz ORDELHEIDE, D., Kapitalkonsolidierung und Konzernerfolg, S. 293 f.

IFRS 3 sieht vier Schritte zur Anwendung der Erwerbsmethode vor. Da die Erwerbsmethode den Zusammenschluss aus Sicht des Erwerbers abbilden soll, ist es zwingend erforderlich, in einem ersten Schritt den **Erwerber** unter den sich zusammenschließenden Unternehmen zu identifizieren.[561] Der Erwerber ist dabei grundsätzlich das Unternehmen, das die Beherrschung über das andere Unternehmen erlangt.[562] In einem zweiten Schritt ist der **Erwerbszeitpunkt** zu bestimmen.[563] Der Erwerbszeitpunkt ist der Zeitpunkt, an dem die Beherrschung über das aufzunehmende Unternehmen auf den Erwerber übergeht,[564] und insofern der maßgebliche Zeitpunkt zur Bestimmung der beizulegenden Zeitwerte der übertragenen Gegenleistung sowie der erworbenen Vermögenswerte und übernommenen Schulden.[565] Ferner dient der Erwerbszeitpunkt der Abgrenzung der Aufwendungen und Erträge des aufzunehmenden Unternehmens, da diese erst ab dem Erwerbszeitpunkt in den Konzernabschluss zu übernehmen sind. In einem dritten Schritt werden die erworbenen **identifizierbaren Vermögenswerte und übernommenen Schulden** des erworbenen Unternehmens im Konzernabschluss angesetzt und grundsätzlich mit ihren beizulegenden Zeitwerten bewertet.[566] Der Schwerpunkt der folgenden Analyse liegt auf dem vierten Schritt, nach dem ein etwaiger **Unterschiedsbetrag** zwischen dem beizulegenden Zeitwert der übertragenen Gegenleistung und dem nach IFRS 3 bewerteten Nettovermögen zu erfassen ist. Ein positiver Unterschiedsbetrag ist als Geschäfts- oder Firmenwert zu aktivieren,[567] während ein negativer Unterschiedsbetrag nach erneuter Prüfung der Wertansätze und der Gegenleistung sofort vollständig ertragswirksam als Gewinn aus einem günstigen Erwerb zu vereinnahmen ist.[568]

Obwohl der Standardsetzer der Ansicht ist, dass alle Formen von Unternehmenszusammenschlüssen nach der Erwerbsmethode abzubilden sind, räumt er zugleich ein, dass einzelne Zusammenschlüsse unter Umständen keine Erwerbe sein könnten.[569] Die allgemeine **Anwendbarkeit der Erwerbsmethode** begründet er schließlich damit, dass sich dennoch stets ein Erwerber bestimmen ließe.[570] Dieses Argument allein vermag indes nicht zu überzeugen, da mit

561 Vgl. IFRS 3.6; sowie PELLENS, B. U. A., Int. Rechnungslegung, S. 869; HAYN, S./STRÖHER, T., in: Baetge u. a., IFRS, IFRS 3, Rn. 105.

562 Vgl. IFRS 3.7; sowie PELLENS, B. U. A., Int. Rechnungslegung, S. 869.

563 Hinsichtlich des Erwerbszeitpunktes sind keine für den hier betrachteten Sachverhalt spezifischen Herausforderungen zu erwarten, sodass er in der vorliegenden Arbeit nicht näher betrachtet wird.

564 Vgl. IFRS 3.8; sowie SENGER, T./BRUNE, J. W., in: Driesch u. a., Beck IFRS-Hdb, § 34, Rn. 58.

565 Vgl. hier und im folgenden Satz KIRSCH, H.-J./HENDLER, M./FABER, M., in: Baetge u. a., Bilanzrecht, § 301 HGB, Rn. 535.

566 Vgl. IFRS 3.10, 3.18; sowie KIRSCH, H.-J./HENDLER, M./FABER, M., in: Baetge u. a., Bilanzrecht, § 301 HGB, Rn. 525. Sofern das Mutterunternehmen weniger als einhundert Prozent der Anteile am Tochterunternehmen hält, ist zusätzlich ein nicht beherrschender Anteil (*non-controlling interest*) am Eigenkapital des Tochterunternehmens im Konzernabschluss anzusetzen, der nicht dem Mutterunternehmen zugeordnet werden kann. Von nicht beherrschenden Anteilen wird in der vorliegenden Arbeit allerdings abstrahiert, indem stets eine einhundertprozentige Beteiligung an dem aufzunehmenden Unternehmen unterstellt wird.

567 Vgl. IFRS 3.32; sowie SENGER, T./BRUNE, J. W., in: Driesch u. a., Beck IFRS-Hdb, § 34, Rn. 232.

568 Vgl. IFRS 3.34; sowie HAAKER, A./FREIBERG, J., Vereinnahmung eines negativen Goodwill, S. 325.

569 Vgl. IFRS 3.BC27.

570 Vgl. IFRS 3.BC28; sowie HAYN, S./STRÖHER, T., in: Baetge u. a., IFRS, IFRS 3, Rn. 95.

der Bestimmung eines Erwerbers nur eine formale Voraussetzung zur Anwendung der Erwerbsmethode erfüllt ist. Eine den tatsächlichen wirtschaftlichen Verhältnissen entsprechende Abbildung des Zusammenschlusses ist damit noch nicht erwiesen.

Hinsichtlich eines Zusammenschlusses durch Einlage von Kapitalgesellschaftsanteilen ist die **Eignung der Einzelerwerbsfiktion** kritisch zu hinterfragen. Die Charakterisierung in Kapitel 3 hat bereits gezeigt, dass sich eine Einlage wirtschaftlich wesentlich von einem Erwerb unterscheidet. Unter Berücksichtigung der dem Konzernabschluss zugrunde liegenden Einheitsfiktion[571] ist der Sachverhalt zwar hinsichtlich des Zuganges der einzelnen Vermögenswerte und Schulden mit einem gewöhnlichen Erwerb vergleichbar, allerdings kann die Annahme eines *Erwerbes* der einzelnen Vermögenswerte und Schulden nicht aufrechterhalten werden, da das aufnehmende Unternehmen keine Gegenleistung aus dem eigenen Vermögen erbringt.[572] Vielmehr legen die ehemaligen Gesellschafter des aufzunehmenden Unternehmens die Beteiligung unentgeltlich in den Konzern ein. Demzufolge wäre allenfalls die Fiktion einer *Einlage* der einzelnen Vermögenswerte und Schulden zu vertreten. Eine solche Interpretation ist aus Sicht des aufnehmenden Unternehmens insofern sachgerecht, als den ehemaligen Gesellschaftern des aufzunehmenden Unternehmens für die Bereitstellung ihrer Ressourcen im Konzernverbund eine gesellschaftsrechtliche Beteiligung am aufnehmenden Unternehmen gewährt wird.[573] Der Mangel an einer Gegenleistung wirft allerdings die Frage auf, ob die erfolgsrechnerische Amortisation von (fingierten) Anschaffungskosten – wie sie die Erwerbsmethode vorsieht – weiterhin angemessen ist.

Daher gilt es zu prüfen, inwiefern die ursprünglich für entgeltliche Erwerbe konzipierten Regelungen des IFRS 3 sinnvoll auf Unternehmenszusammenschlüsse durch Einlage von Kapitalgesellschaftsanteilen übertragen werden können. Aufbauend auf der Fiktion einer Einlage der einzelnen Vermögenswerte und Schulden sollen dazu die wesentlichen Schritte der Erwerbsmethode kritisch analysiert werden. Maßgeblich für die anschließende Würdigung ist dabei die Charakterisierung des Zusammenschlusses als Zusammenlegung von Ressourcen unter Beteiligung beider Gesellschaftergruppen, ohne dass eine Gegenleistung den Verbund verlässt.[574]

522. Identifizierung des Erwerbers

522.1 Grundsatz zur Identifizierung des Erwerbers

Die Erwerbsmethode bildet den Unternehmenszusammenschluss aus **Sicht des erwerbenden Unternehmens** ab.[575] Deshalb ist es für die konzernbilanzielle Abbildung nach IFRS 3 zwingend erforderlich, eines der sich zusammenschließenden Unternehmen als den Erwerber zu

---

571 Zur Konzeption des Konzernabschlusses vgl. Abschnitt 422. der vorliegenden Arbeit.

572 Vgl. hierzu Abschnitt 35 der vorliegenden Arbeit.

573 Vgl. FOCKEN, E./LENZ, H., Spielräume der Kapitalkonsolidierung, S. 2438 m. w. N.

574 Zum Charakter der hier betrachteten Transaktion vgl. Kapitel 3 der vorliegenden Arbeit.

575 Vgl. IFRS 3.BC25; sowie HAYN, S./STRÖHER, T., in: Baetge u. a., IFRS, IFRS 3, Rn. 105; SENGER, T./BRUNE, J. W., in: Driesch u. a., Beck IFRS-Hdb, § 34, Rn. 46.

identifizieren.[576] Die Unterscheidung zwischen erwerbendem und erworbenem Unternehmen ist entscheidend für den Wertansatz der jeweiligen Vermögenswerte und Schulden.[577] Während die Buchwerte der Vermögenswerte und Schulden des erwerbenden Unternehmens im Konzernabschluss grundsätzlich unverändert[578] fortgeführt werden, sind die Vermögenswerte und Schulden des erworbenen Unternehmens vollständig neu zu bewerten und gegebenenfalls ein Unterschiedsbetrag zu erfassen.[579]

Der Erwerber ist nach den Vorschriften des IFRS 3 grundsätzlich das Unternehmen, das im Rahmen des Zusammenschlusses aus wirtschaftlicher Sicht[580] die Beherrschung über das andere Unternehmen erlangt.[581] Zur Bestimmung des beherrschenden Unternehmens greift IFRS 3 auf die **Beherrschungskonzeption**[582] des IFRS 10 *Consolidated Financial Statements* zurück.[583] Dementsprechend ist der Erwerber anhand der Definition und der Leitlinien zur Beherrschung (*control*) des IFRS 10 zu identifizieren. Ein Beherrschungsverhältnis liegt demzufolge vor, sofern der Erwerber variablen wirtschaftlichen Erfolgen aus dem Engagement bei einem Unternehmen ausgesetzt ist und die Möglichkeit hat, diese Erfolge mithilfe seiner Verfügungsgewalt über das Unternehmen zu beeinflussen.[584] Die Identifizierung des Erwerbers für Zwecke der Abbildung eines Unternehmenszusammenschlusses auf Basis der Beherrschungskonzeption ist nach Ansicht des Standardsetzers konsistent mit der Beurteilung der Konzernabschlussaufstellungspflicht sowie der Abgrenzung des Konsolidierungskreises, die ebenso auf der Beherrschungskonzeption basieren.[585]

Sollte sich der Erwerber anhand der Beherrschungskonzeption des IFRS 10 nicht zweifelsfrei bestimmen lassen, sind weitere **Indikatoren** des IFRS 3 zu berücksichtigen.[586] Der Standard-

576 Vgl. IFRS 3.6; sowie PELLENS, B. U. A., Int. Rechnungslegung, S. 869; HAYN, S./STRÖHER, T., in: Baetge u. a., IFRS, IFRS 3, Rn. 105.

577 Vgl. FREIBERG, J., Identifizierung des Erwerbers, S. 116; LIECK, H., Bilanzierung von Umwandlungen, S. 114.

578 Lediglich eine Anpassung an die konzerneinheitlichen Bilanzierungsvorschriften ist ggf. erforderlich. Vgl. IFRS 10.B87.

579 Vgl. THEILE, C./PAWELZIK, K. U., in: Heuser u. a., IFRS-Hdb, D. VI., Rn. 5540.

580 Vgl. SENGER, T./BRUNE, J. W., in: Driesch u. a., Beck IFRS-Hdb, § 34, Rn. 45; LÜDENBACH, N./HOFFMANN, W.-D./FREIBERG, J., in: Lüdenbach u. a., Haufe IFRS, § 31, Rn. 14.

581 Vgl. BAETGE, J./KIRSCH, H.-J./THIELE, S., Konzernbilanzen, S. 237; PELLENS, B. U. A., Int. Rechnungslegung, S. 869; BERNDT, T./GUTSCHE, R., in: Hennrichs u. a., MüKo Bilanzrecht, Bd. 1, IFRS 3, Rn. 59.

582 Zur Beherrschungskonzeption des IFRS 10 vgl. BUSCH, J./ROTH, M., Konzernrechnungslegungspflicht, S. 95–97.

583 Vgl. IFRS 3.7; sowie HAYN, S./STRÖHER, T., in: Baetge u. a., IFRS, IFRS 3, Rn. 106.

584 Vgl. IFRS 10.6; sowie ZÜLCH, H./POPP, M., Consolidated Financial Statements, S. 1532; BUSCH, J./ROTH, M., Konzernrechnungslegungspflicht, S. 96; sowie ausführlich KÜTING, K./MOJADADR, M., Control-Konzept, S. 273–285.

585 Vgl. IFRS 3.BC93. Darüber hinaus findet sich die Beherrschungskonzeption auch in der Definition eines Vermögenswertes wieder. Vgl. CF.4.3.

586 Vgl. IFRS 3.7 und IFRS 3.B13; sowie BAETGE, J./KIRSCH, H.-J./THIELE, S., Konzernbilanzen, S. 237; PELLENS, B. U. A., Int. Rechnungslegung, S. 869; THEILE, C./PAWELZIK, K. U., in: Heuser u. a., IFRS-Hdb, D. VI., Rn. 5542; LÖW, E./KLEINHANS, D., Umgekehrte Unternehmenserwerbe, S. 880.

setzer unterscheidet dabei zwischen Unternehmenszusammenschlüssen durch Erwerb einerseits und durch Einlage andererseits.[587] Sofern die Kapitalgesellschaftsanteile im Wesentlichen durch die Hingabe von liquiden Mitteln, anderen Vermögenswerten oder die Übernahme von Schulden erworben werden (Erwerb), gilt regelmäßig das Unternehmen als Erwerber, das die Gegenleistung erbringt.[588] Wird der Zusammenschluss hingegen im Wesentlichen durch die Ausgabe von Eigenkapitalanteilen bewirkt (Einlage), ist nach Ansicht des Standardsetzers für gewöhnlich das die Eigenkapitalanteile ausgebende Unternehmen der Erwerber.[589]

Bei einem Zusammenschluss durch **Einlage von Kapitalgesellschaftsanteilen** dürfte sich regelmäßig das aufnehmende Unternehmen aufgrund der Kapitalbeteiligung an dem aufzunehmenden Unternehmen anhand der Beherrschungskonzeption eindeutig als Erwerber identifizieren lassen.[590] Entsprechend dem wirtschaftlichen Charakter der Transaktion fällt es allerdings schwer, eines der sich zusammenschließenden Unternehmen als Erwerber und das andere als Erworbenen zu verstehen. Die Einlage von Kapitalgesellschaftsanteilen führt zwar formalrechtlich zu einem Über- oder Unterordnungsverhältnis zwischen dem aufnehmenden und dem aufzunehmenden Unternehmen, sodass die Identifizierung eines Erwerbers nach der Beherrschungskonzeption möglich ist. Die Beherrschungsverhältnisse innerhalb des Verbundes sind allerdings unerheblich für die Beurteilung des Sachverhaltes, da die Konzernunternehmen eine wirtschaftliche Einheit bilden, die entsprechend der Einheitsfiktion wie ein einziges Unternehmen abzubilden ist.[591] Zumal keines der Unternehmen eine Gegenleistung erbringt und beide Gesellschaftergruppen an dem Konzern beteiligt werden, ist die Transaktion vielmehr als Zusammenlegung von Ressourcen zu charakterisieren,[592] sodass unter wirtschaftlichen Gesichtspunkten nicht zwischen einem erwerbenden und einem erworbenen Unternehmen unterschieden werden kann.

Im Ergebnis wird der Erwerber gemäß IFRS 3 bei einem Zusammenschluss durch Einlage von Kapitalgesellschaftsanteilen ungeachtet der wirtschaftlichen Verhältnisse des Sachverhaltes nach dem Über- oder Unterordnungsverhältnis der sich zusammenschließenden Unternehmen entsprechend der Beherrschungskonzeption bestimmt. Bei einem gewöhnlichen Erwerb erscheint ein solches Vorgehen hingegen unkritisch, da das Unternehmen, das die Beteiligung an dem anderen Unternehmen von dessen ehemaligen Gesellschaftern im Austausch für eine Gegenleistung übernimmt, regelmäßig mit dem anschließend beherrschenden Unternehmen zusammenfällt.

---

587 Vgl. HAYN, S./STRÖHER, T., in: Baetge u. a., IFRS, IFRS 3, Rn. 108.

588 Vgl. IFRS 3.B14; sowie SENGER, T./BRUNE, J. W., in: Driesch u. a., Beck IFRS-Hdb, § 34, Rn. 49.

589 Vgl. IFRS 3.B15; sowie SENGER, T./BRUNE, J. W., in: Driesch u. a., Beck IFRS-Hdb, § 34, Rn. 50.

590 Vgl. PAWELZIK, K. U., Interessenzusammenschlüsse, S. 2574; MUJKANOVIC, R., Zukunft der Kapitalkonsolidierung, S. 540. In der vorliegenden Arbeit sei eine beherrschungsvermittelnde Kapitalbeteiligung unterstellt.

591 Zur Einheitsfiktion vgl. Abschnitt 422. der vorliegenden Arbeit.

592 Zum Charakter der hier betrachteten Transaktion vgl. Kapitel 3 der vorliegenden Arbeit.

522.2 Berücksichtigung eines umgekehrten Unternehmenserwerbes im Rahmen der Einlage von Kapitalgesellschaftsanteilen

Obwohl sich in aller Regel ein Erwerber anhand der Beherrschungskonzeption nach IFRS 10 bestimmen lassen sollte, räumt der Standardsetzer ein, dass im Rahmen eines Zusammenschlusses durch Einlage von Kapitalgesellschaftsanteilen – entgegen der allgemeinen Beherrschungskonzeption – das formalrechtlich aufnehmende Unternehmen unter wirtschaftlichen Gesichtspunkten erworben worden sein könnte.[593] Daher soll im Folgenden untersucht werden, inwiefern eine von der Beherrschungskonzeption abweichende Bestimmung des Erwerbers im Rahmen des hier betrachteten Zusammenschlusses zu einer sachgerechten Abbildung des Sachverhaltes führt.

Gemäß IFRS 3 sind in dem Fall einer Einlage von Kapitalgesellschaftsanteilen zusätzlich alle einschlägigen Tatsachen und Umstände bei der Identifizierung des wirtschaftlich beherrschenden Unternehmens zu berücksichtigen.[594] Dazu sind vor allem die Beteiligungsverhältnisse auf Gesellschafterebene, die Zusammensetzung des Geschäftsführungs- und Aufsichtsorgans sowie die Bedingungen des Anteilstausches heranzuziehen.[595] Dementsprechend sei regelmäßig das Unternehmen der wirtschaftliche Erwerber, dessen Gesellschafter nach der Transaktion den größten Stimmrechtsanteil an dem Verbund halten oder die Mehrheit der Geschäftsführung bzw. des Aufsichtsrates bestellen oder abberufen können. Sofern nach der Würdigung aller einschlägigen Tatsachen und Umstände das formalrechtlich aufzunehmende Unternehmen als wirtschaftlicher Erwerber identifiziert wird, liegt ein sogenannter **umgekehrter Unternehmenserwerb** vor.[596] Die Transaktion gilt als *umgekehrter* Erwerb, da die Veräußerer – also die ehemaligen Gesellschafter des aufzunehmenden Unternehmens – die Beherrschung über den Konzern erlangen.[597] Demzufolge ist der Unternehmenszusammenschluss aus Sicht des aufzunehmenden Unternehmens abzubilden,[598] so als hätte das aufzunehmende Unternehmen eine Kapitalbeteiligung an dem aufnehmenden Unternehmen erworben.[599] Der umgekehrte Unternehmenserwerb führt also zu einer reziproken Anwendung der Erwerbsmethode.[600] Schließlich sind die stillen Reserven und stillen Lasten des aufnehmenden Unternehmens aufzudecken und

593 Vgl. IFRS 3.B15; sowie FREIBERG, J., Identifizierung des Erwerbers, S. 116.

594 Vgl. IFRS 3.B15; sowie PELLENS, B. U. A., Int. Rechnungslegung, S. 870.

595 Vgl. hier und im folgenden Satz IFRS 3.B15 (a)–(e); sowie HAYN, S./STRÖHER, T., in: Baetge u. a., IFRS, IFRS 3, Rn. 110.

596 Vgl. IFRS 3.B19; sowie BERNDT, T./GUTSCHE, R., in: Hennrichs u. a., MüKo Bilanzrecht, Bd. 1, IFRS 3, Rn. 138. Der umgekehrte Unternehmenserwerb wird auch als *reverse acquisition* oder *reverse merger* bezeichnet. Vgl. VATER, H., Reverse IPO, S. 2445.

597 Vgl. THEILE, C./PAWELZIK, K. U., in: Heuser u. a., IFRS-Hdb, D. VI., Rn. 5860; LANDGRAF, C./SHIRKHANI, D./MEESE, J.-N., Umgekehrte Unternehmenserwerbe, S. 65.

598 Vgl. SENGER, T./BRUNE, J. W., in: Driesch u. a., Beck IFRS-Hdb, § 34, Rn. 54.

599 Vgl. PAWELZIK, K. U., Prüfung des Konzerneigenkapitals, S. 135.

600 Vgl. VATER, H., Reverse IPO, S. 2450; so auch WEISER, M. F., Umgekehrte Unternehmenserwerbe, S. 491; ZWIRNER, C., Fallstudie zu Reverse Acquisitions, S. 139; KÜTING, K./MÜLLER, W./PILHOFER, J., Reverse Acquisitions, S. 259.

gegebenenfalls ein Geschäfts- oder Firmenwert anzusetzen, während die Buchwerte des aufzunehmenden Unternehmens im Konzernabschluss fortgeführt werden.[601] Ferner ist die Gegenleistung fiktiv vonseiten des aufzunehmenden Unternehmens zu ermitteln.[602] Die konsequent umgekehrte Anwendung der Erwerbsmethode wird allerdings hinsichtlich des Eigenkapitalausweises durchbrochen,[603] der sich weiterhin an den Verhältnissen des formalrechtlich aufnehmenden Unternehmens orientiert.[604]

Diese **speziellen Regelungen** zu umgekehrten Unternehmenserwerben laufen hinsichtlich des hier betrachteten Sachverhaltes allerdings zumindest formal ins Leere, da sie nicht als Ausnahmeregelung vom Beherrschungskonzept formuliert sind, sondern nach dem Wortlaut des IFRS 3 nur in den Fällen angewendet werden sollen, in denen sich anhand des Beherrschungskonzeptes nach IFRS 10 kein eindeutiger Erwerber ermitteln lässt.[605] Bei einem Unternehmenszusammenschluss durch Einlage von Kapitalgesellschaftsanteilen erlangt aber das aufnehmende Unternehmen unzweifelhaft die Beherrschung über das aufzunehmende Unternehmen, da dem aufnehmenden Unternehmen sämtliche Rechte aus der Beteiligung am aufzunehmenden Unternehmen zustehen. Folglich bedarf es faktisch keiner zusätzlichen Kriterien zur Ermittlung des beherrschenden Unternehmens.[606] Dennoch zieht der Standardsetzer offensichtlich die Möglichkeit in Betracht, dass der nach der Beherrschungskonzeption ermittelte Erwerber im Fall einer Einlage von Kapitalgesellschaftsanteilen von dem wirtschaftlichen Erwerber abweichen kann, und schreibt unter den gegebenen Umständen eine Sonderbehandlung umgekehrter Erwerbe vor. Daraus lässt sich schließen, dass die Beherrschungskonzeption nicht alle Fälle bei der Ermittlung des wirtschaftlichen Erwerbers sachgerecht abdeckt.

Hinter den Regelungen zum umgekehrten Unternehmenserwerb steht die Überlegung, dass das aufzunehmende Unternehmen unter wirtschaftlichen Gesichtspunkten die Beherrschung über das aufnehmende Unternehmen erlange und daher der wirtschaftliche Erwerber sein müsse.[607] Eine solche Beurteilung ist allerdings nicht haltbar.[608] Eine tatsächliche Beherrschung des aufnehmenden Unternehmens durch das aufzunehmende Unternehmen ist selbst wirtschaftlich nicht begründbar, da das aufzunehmende Unternehmen weder die Verfügungsgewalt über das

---

601 Vgl. ZWIRNER, C./SCHMIDT, J., Reverse Acquisition, S. 5; PELLENS, B. U. A., Int. Rechnungslegung, S. 870; FREIBERG, J., Identifizierung des Erwerbers, S. 117.

602 Dabei ist die Gegenleistung nach dem Wert der Eigenkapitalanteile zu bemessen, die das aufzunehmende Unternehmen hätte ausgeben müssen, um eine entsprechende Beteiligung an dem aufnehmenden Unternehmen zu erhalten. Vgl. IFRS 3.B20; sowie ZWIRNER, C./SCHMIDT, J., Reverse Acquisition, S. 33; LANDGRAF, C./SHIRKHANI, D./MEESE, J.-N., Umgekehrte Unternehmenserwerbe, S. 67.

603 Vgl. LIECK, H., Bilanzierung von Umwandlungen, S. 125 f.; KÜTING, K./MÜLLER, W./PILHOFER, J., Reverse Acquisitions, S. 268; LÖW, E./KLEINHANS, D., Umgekehrte Unternehmenserwerbe, S. 882.

604 Vgl. FREIBERG, J., Identifizierung des Erwerbers, S. 117; SENGER, T./BRUNE, J. W., in: Driesch u. a., Beck IFRS-Hdb, § 34, Rn. 56.

605 Vgl. hier und im Folgenden PAWELZIK, K. U., Interessenzusammenschlüsse, S. 2574 f., wenn auch noch in Bezug auf IAS 27; so auch SACHSE, K., Umgekehrter Unternehmenserwerb, S. 61.

606 So auch LIECK, H., Bilanzierung von Umwandlungen, S. 124 f., wenn auch noch in Bezug auf IAS 27.

607 Vgl. IFRS 3.BC96; sowie SENGER, T./BRUNE, J. W., in: Driesch u. a., Beck IFRS-Hdb, § 34, Rn. 53; BALZER, A., Auswirkungen eines Unternehmenszusammenschlusses, S. 130.

608 Vgl. PAWELZIK, K. U., Interessenzusammenschlüsse, S. 2573. A. A. KÜTING, K./MÜLLER, W./PILHOFER, J., Reverse Acquisitions, S. 268.

aufnehmende Unternehmen hat noch variablen wirtschaftlichen Erfolgen des aufnehmenden Unternehmens ausgesetzt ist.[609] Mit der wirtschaftlichen Betrachtungsweise ist offensichtlich eine zusätzliche **Würdigung der Beherrschungsverhältnisse** auf Gesellschafterebene beabsichtigt.[610] Demzufolge beherrscht bei einem umgekehrten Unternehmenserwerb nicht das aufzunehmende Unternehmen selbst, sondern dessen ehemalige Gesellschafter beherrschen nach dem Zusammenschluss das aufnehmende Unternehmen,[611] da das aufnehmende Unternehmen so viele Eigenkapitalanteile ausgegeben hat, dass die bisherigen Gesellschafter künftig nur noch eine nicht beherrschende Beteiligung halten (sog. Beherrschungsübergang auf Gesellschafterebene[612]).

Die Beteiligungsverhältnisse auf Gesellschafterebene ergeben sich dabei im Wesentlichen aus dem Verhältnis der Unternehmenswerte zueinander.[613] Ein Zusammenschluss zweier Unternehmen führt daher unter sonst gleichen Umständen unabhängig von dem Über- oder Unterordnungsverhältnis *innerhalb* des Konzerns zu den gleichen Beteiligungsverhältnissen *an* dem Konzern. Demnach ist die Beherrschung über den Konzern durch das Wertverhältnis der Unternehmen vorbestimmt, sodass in der Regel die Gesellschafter des wertmäßig größeren Unternehmens die Beherrschung über den Konzern erlangen. Zwar ist das Über- oder Unterordnungsverhältnis für die Beteiligungsverhältnisse an dem Konzern unbedeutend, allerdings ist es nach IFRS 3 für die Qualifikation eines Zusammenschlusses als umgekehrter Unternehmenserwerb maßgeblich. Je nachdem, welches Unternehmen das andere aufnimmt, führt der Zusammenschluss in Bezug auf das *aufnehmende* Unternehmen somit zu einem Beherrschungsübergang auf Gesellschafterebene oder eben nicht. Wirtschaftlich hat dieser Übergang jedoch keine Bedeutung, da die Gesellschafter des wertmäßig kleineren Unternehmens sowohl bei Über- als auch bei Unterordnung ohnehin aufgrund des Wertverhältnisses ihre beherrschende Stellung verlieren.[614]

Die Abbildung 5-1 veranschaulicht diesen Sachverhalt. Fall 1 und Fall 2 unterscheiden sich lediglich durch die Über- oder Unterordnung der Unternehmen A und B. Die Beteiligungsverhältnisse der Gesellschaftergruppen a und b an dem Konzern unterscheiden sich in den beiden Fällen nicht, da sie sich im Wesentlichen aus dem Wertverhältnis der Unternehmen zueinander ergeben und der Konzern unabhängig von dem Über- oder Unterordnungsverhältnis beide Unternehmen vollständig umfasst. Insofern sind die beiden Strukturierungen wirtschaftlich gleichwertig. Während in beiden Fällen die Beherrschung über das Unternehmen B mittelbar oder

[609] Vgl. PAWELZIK, K. U., Prüfung des Konzerneigenkapitals, S. 136; so auch SACHSE, K., Umgekehrter Unternehmenserwerb, S. 59 f.; WEISER, M. F., Umgekehrte Unternehmenserwerbe, S. 496; LIECK, H., Bilanzierung von Umwandlungen, S. 124.

[610] Vgl. PAWELZIK, K. U., Interessenzusammenschlüsse, S. 2572 f.

[611] Vgl. PAWELZIK, K. U., Interessenzusammenschlüsse, S. 2573; SACHSE, K., Umgekehrter Unternehmenserwerb, S. 59; HENDLER, M./ZÜLCH, H., Beteiligungsverhältnisse bei Tochterunternehmen, S. 485.

[612] Zur Systematisierung von Unternehmenszusammenschlüssen durch Einlage von Kapitalgesellschaftsanteilen vgl. Abschnitt 34 der vorliegenden Arbeit.

[613] Zu den Beteiligungsverhältnissen vgl. Abschnitt 232.4 der vorliegenden Arbeit.

[614] Vgl. hierzu Abschnitt 34 der vorliegenden Arbeit.

unmittelbar auf die Gesellschaftergruppe a übergeht, ergibt sich aber nur im Fall 2 ein Beherrschungsübergang in Bezug auf das *aufnehmende* Unternehmen, sodass dieser Fall nach den Regelungen des IFRS 3 als umgekehrter Unternehmenserwerb zu beurteilen ist.

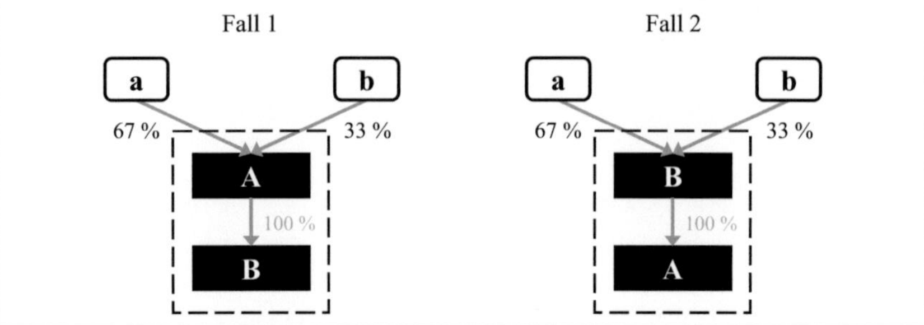

Legende: A, B ≙ Unternehmen A, B | a, b ≙ Gesellschaftergruppe a, b

Abbildung 5-1: Beherrschungsübergang auf Gesellschafterebene

Dabei bleibt allerdings fraglich, inwiefern die Beteiligungsverhältnisse auf Gesellschafterebene für die Bilanzierung auf Konzernebene maßgeblich sind. Falls die Beteiligungsverhältnisse bei der Abbildung im (Konzern-)Abschluss zu berücksichtigen wären, müsste konsequenterweise bei jeder Übernahme einer Mehrheitsbeteiligung an einem (Mutter-)Unternehmen aufgrund des Überganges der Beherrschung auf einen neuen Gesellschafter die Erwerbsmethode angewendet werden.[615] Stattdessen bildet der Konzernabschluss die wirtschaftlichen Verhältnisse der wirtschaftlichen Einheit und nicht die der Gesellschafter ab.[616] Die **wirtschaftlichen Verhältnisse des Konzerns** sind bei einem Zusammenschluss durch Einlage von Kapitalgesellschaftsanteilen aber unabhängig von den Beteiligungsverhältnissen auf Gesellschafterebene,[617] da die jeweiligen Gesellschafter ihre vormals alleinstehenden Unternehmen vollständig in den Verbund einbringen, ohne dass Ressourcen aus dem Verbund abfließen.[618] Eine gesonderte Regelung zur bilanziellen Abbildung von umgekehrten Unternehmenserwerben scheint daher auf den ersten Blick nicht angezeigt. Bei genauerer Betrachtung fällt allerdings auf, dass nach den Indikatoren des IFRS 3 bei einem Unternehmenszusammenschluss durch Einlage von Kapitalgesellschaftsanteilen unabhängig von dem formalrechtlichen Über- oder Unterordnungsverhältnis stets das gleiche – in der Regel das größere – der sich zusammenschließenden Unternehmen als

615 Vgl. LIECK, H., Bilanzierung von Umwandlungen, S. 125; PAWELZIK, K. U., Interessenzusammenschlüsse, S. 2575; so auch SACHSE, K., Umgekehrter Unternehmenserwerb, S. 60.

616 Vgl. ähnlich PAWELZIK, K. U., Interessenzusammenschlüsse, S. 2575; MUJKANOVIC, R., Unternehmenserwerbe im Konzernabschluss, S. 641. Zum Abbildungsobjekt eines Konzernabschlusses vgl. Abschnitt 422. der vorliegenden Arbeit.

617 Vgl. ähnlich LIECK, H., Bilanzierung von Umwandlungen, S. 122, wenn auch im Kontext umwandlungsrechtlicher Verschmelzungen.

618 Zu den Auswirkungen des Zusammenschlusses auf Konzernebene vgl. Abschnitt 331.2 der vorliegenden Arbeit.

Erwerber identifiziert wird. Ohne die speziellen Vorschriften zu umgekehrten Unternehmenserwerben könnte derselbe wirtschaftliche Sachverhalt mithilfe einer formalrechtlichen Strukturierung auf unterschiedliche Weise abgebildet werden, da nach der allgemeinen Beherrschungskonzeption des IFRS 10 regelmäßig das *aufnehmende* Unternehmen als Erwerber identifiziert würde.[619]

522.3 Kritische Würdigung der Identifizierung des Erwerbers bei Einlage von Kapitalgesellschaftsanteilen

Ein Unternehmenszusammenschluss und damit eine Erweiterung der wirtschaftlichen Einheit liegen vor, sofern ein Unternehmen erstmalig die Beherrschung über ein anderes Unternehmen erlangt. Die Identifizierung des Erwerbers anhand der Beherrschungskonzeption scheint auf den ersten Blick konsequent, da die Beherrschungskonzeption bereits der Abgrenzung der wirtschaftlichen Einheit zugrunde liegt. Daher liegt es nahe, den Erwerber in dem Unternehmen zu vermuten, das nach dem Zusammenschluss das andere Unternehmen beherrscht. Zwar greift der Standardsetzer mit der Beherrschungskonzeption des IFRS 10 auf eine **wirtschaftliche Beurteilung der Beherrschung** zurück, allerdings führt das nicht zwangsläufig auch zur Bestimmung des wirtschaftlichen Erwerbers, da die Beherrschungskonzeption nur auf einen Teilaspekt eines Erwerbes abstellt. Obwohl ein gewöhnlicher Erwerb sowohl durch einen Zugang von Vermögen als auch durch einen Abfluss von Ressourcen als Gegenleistung gekennzeichnet ist,[620] trägt die Beherrschungskonzeption nur ersterem Rechnung. Insofern berücksichtigt der Standardsetzer zwar den Übergang der Verfügungsgewalt über das erworbene (Netto-)Vermögen bei der Bestimmung des Erwerbers, allerdings wird einem Ressourcenabfluss in diesem Zusammenhang keine Bedeutung beigemessen.

Mit Blick auf die Konzeption der Erwerbsmethode, die eine Abbildung des Zusammenschlusses nach dem Vorbild einer Investition vorsieht, ist der **Ressourceneinsatz** indes eine zentrale Voraussetzung,[621] da die erfolgsrechnerische Amortisation der Gegenleistung nur geboten ist, sofern das erwerbende Unternehmen auch tatsächlich Ressourcen eingesetzt hat. Anderenfalls führt die erfolgswirksame Amortisation infolge der erfolgsneutralen Zugangsbewertung regelmäßig zu einem Konflikt mit dem Kongruenzprinzip der Rechnungslegung. Bei einem gewöhnlichen Erwerb ist die Identifizierung des Erwerbers nach der Beherrschungskonzeption unter diesem Gesichtspunkt zumeist unproblematisch, da das Unternehmen, das die Beherrschung über das andere Unternehmen erlangt, in der Regel auch die Gegenleistung erbringt. Bei einer Einlage mangelt es hingegen an einer Gegenleistung aus dem Vermögen des aufnehmenden Unternehmens.

Die **Maßgeblichkeit des Beherrschungstatbestandes** gemäß IFRS 3 führt damit zu der Fehleinschätzung, dass im Rahmen einer Einlage ebenfalls ein Erwerber identifiziert werden könne,

---

619 Vgl. KNÜPPEL, M., Bilanzierung von Verschmelzungen, S. 61.

620 Zu den Merkmalen eines gewöhnlichen Erwerbes vgl. Abschnitt 32 der vorliegenden Arbeit.

621 Vgl. SIEGEL, T., Zeitwertansatz, S. 317.

da auch hier ein Beherrschungsverhältnis entsteht. Die Beherrschungsverhältnisse innerhalb des Verbundes sind allerdings nur insoweit bedeutsam, als sie die wirtschaftliche Einheit abgrenzen und damit die in den Konzernabschluss einzubeziehenden Ressourcen festlegen. Bei einem Zusammenschluss durch Einlage von Kapitalgesellschaftsanteilen wird die wirtschaftliche Einheit zwar um das aufzunehmende Unternehmen erweitert, allerdings ist bei einer Einlage trotz der erlangten Beherrschung über das aufzunehmende Unternehmen wirtschaftlich kein Erwerber auszumachen,[622] da der Zusammenschluss nicht als Übernahme, sondern als Zusammenlegung von Ressourcen zu interpretieren ist. Damit die Erwerbsmethode – wie vom Standardsetzer vorgesehen – dennoch angewendet werden kann, ist im Zweifel „mit aller Gewalt" ein Erwerber zu bestimmen.[623]

Bei der Bestimmung des Erwerbers nach der Beherrschungskonzeption gemäß IFRS 10 wird der Ressourcenabfluss und damit ein **wesentlicher Unterschied** zwischen einem gewöhnlichen Erwerb und einer Einlage vernachlässigt. Eine Unterscheidung zwischen einem gewöhnlichen Erwerb und einer Einlage trifft der Standardsetzer erst in zweiter Instanz, sofern die Anwendung der Beherrschungskonzeption zu keinem eindeutigen Ergebnis führt. Die weiterführenden Indikatoren des IFRS 3 zur Identifizierung des Erwerbers stellen dann zwar auf die Gegenleistung ab. Bei einer Einlage von Kapitalgesellschaftsanteilen wird allerdings vernachlässigt, dass die vermeintliche Gegenleistung in Form der Ausgabe von Eigenkapitalanteilen nicht als Ressourcenabfluss des ausgebenden Unternehmens interpretiert werden kann und daher nicht zur Identifizierung eines Erwerbers geeignet ist.

Für den Fall eines **umgekehrten Unternehmenserwerbes** durchbricht der Standardsetzer diese Regelung. Hinsichtlich der bilanziellen Abbildung eines solchen Sachverhaltes erscheint die umgekehrte Anwendung der Erwerbsmethode zunächst wie eine Sonderregelung. Allerdings wird die Abbildung nur in *formalrechtlicher* Hinsicht „auf den Kopf gestellt". Offensichtlich hat der Standardsetzer erkannt, dass die beiden Fälle wirtschaftlich identisch und daher im Sinne der Vergleichbarkeit auf die gleiche Weise abzubilden sind. Dementsprechend folgt der Standardsetzer der wirtschaftlichen Betrachtungsweise zugunsten einer glaubwürdigen Darstellung im Konzernabschluss.[624] Allerdings bleibt weiterhin grundlegend zu bezweifeln, ob die bilanzielle Abbildung aus der Perspektive eines fiktiven Erwerbers dem wirtschaftlichen Charakter der Transaktion gerecht werden kann.[625]

Im Ergebnis ist die Beherrschungskonzeption nach IFRS 10 nicht uneingeschränkt zur Identifizierung eines Erwerbers geeignet, da der Ressourcenabfluss unberücksichtigt bleibt. Während

---

622 Vgl. SIEGEL, T., Zeitwertansatz, S. 318.

623 Vgl. PAWELZIK, K. U., Interessenzusammenschlüsse, S. 2569.

624 Vgl. ZWIRNER, C., Reverse Acquisition, S. 37; WEISER, M. F., Umgekehrte Unternehmenserwerbe, S. 496 m. w. N.; KÜTING, K./MÜLLER, W./PILHOFER, J., Reverse Acquisitions, S. 268.

625 PAWELZIK, K. U., Interessenzusammenschlüsse, S. 2575, merkt dabei an, dass die Ratio hinter den Regelungen zu umgekehrten Unternehmenserwerben eigentlich eine Abbildung nach der Interessenzusammenführungsmethode erfordere. Ausführlich zur Interessenzusammenführungsmethode vgl. Abschnitt 53 der vorliegenden Arbeit.

die Beherrschungskonzeption bei einem gewöhnlichen Erwerb dennoch regelmäßig zu sachgerechten Ergebnissen führt, ist die Bestimmung eines Erwerbers an sich nicht mit dem Charakter eines Zusammenschlusses durch Einlage von Kapitalgesellschaftsanteilen vereinbar. Der Zusammenschluss entspricht einer Zusammenlegung von Ressourcen durch die Gesellschafter, sodass keines der Unternehmen als Erwerber aus der Transaktion hervorgeht. Mit den Regelungen zu umgekehrten Unternehmenserwerben stellt der Standardsetzer zwar sicher, dass wirtschaftlich identische Zusammenschlüsse unabhängig von der Über- oder Unterordnung im Konzern auf die gleiche Weise im Konzernabschluss abgebildet werden. Im Folgenden ist aber noch kritisch zu prüfen, inwiefern die Abbildung des Zusammenschlusses aus der Perspektive eines fiktiven Erwerbers den tatsächlichen wirtschaftlichen Verhältnissen gerecht werden kann.

523. Ansatz und Bewertung der erworbenen Vermögenswerte und übernommenen Schulden

523.1 Ansatz der erworbenen Vermögenswerte und übernommenen Schulden

Im Sinne der Einzelerwerbsfiktion hat der Erwerber nach den Vorschriften des IFRS 3 sämtliche erworbenen identifizierbaren Vermögenswerte und übernommenen Schulden sowie nicht beherrschenden Anteile[626] in seinem Konzernabschluss einzeln und getrennt von einem etwaigen Geschäfts- oder Firmenwert anzusetzen.[627] Voraussetzung für die Aufnahme in den Konzernabschluss ist zum einen, dass die Vermögenswerte und Schulden den jeweiligen Definitionen aus dem *Conceptual Framework* entsprechen.[628] Zum anderen müssen die Vermögenswerte und Schulden im Austausch für die erbrachte Gegenleistung im Rahmen des Unternehmenszusammenschlusses übertragen werden und dürfen nicht Teil einer separaten Transaktion sein.[629]

Entsprechend den **Definitionskriterien** des *Conceptual Framework* ist ein Vermögenswert (*asset*) eine gegenwärtige ökonomische Ressource, die sich aufgrund eines vergangenen Ereignisses in der Verfügungsgewalt des berichterstattenden Unternehmens befindet.[630] Eine ökonomische Ressource wird dabei als ein Recht konkretisiert, welches das Potenzial[631] künftigen wirtschaftlichen Nutzens birgt.[632] Eine Schuld (*liability*) ist hingegen eine aufgrund vergangener

---

626 Von nicht beherrschenden Anteilen wird in der vorliegenden Arbeit abstrahiert, indem stets eine einhundertprozentige Beteiligung an dem aufzunehmenden Unternehmen unterstellt wird.

627 Vgl. IFRS 3.10; sowie BERNDT, T./GUTSCHE, R., in: Hennrichs u. a., MüKo Bilanzrecht, Bd. 1, IFRS 3, Rn. 66.

628 Vgl. IFRS 3.11; sowie HAYN, S./STRÖHER, T., in: Baetge u. a., IFRS, IFRS 3, Rn. 160.

629 Vgl. IFRS 3.12; sowie BEYHS, O./WAGNER, B., Unternehmenszusammenschlüsse, S. 74.

630 Vgl. CF.4.3; sowie ERB, C./PELGER, C., Neues Rahmenkonzept, S. 875.

631 Während das *Conceptual Framework* (2010) noch einen erwarteten Nutzenzufluss zur Definition eines Vermögenswertes voraussetzte, ist nach dem *Conceptual Framework* (2018) bereits das Potenzial dazu ausreichend. Vgl. ERB, C./PELGER, C., Implikationen des Rahmenkonzeptes, S. 339. Ferner wurden die Wahrscheinlichkeit des Nutzenzuflusses und die verlässliche Bewertbarkeit als Ansatzkriterien aufgehoben. Vgl. DEHMEL, I., Definitions- und Ansatzkriterien, S. 1773. In Bezug auf die Abbildung von Unternehmenszusammenschlüssen sind dadurch indes keine materiellen Auswirkungen zu erwarten, da IFRS 3 ohnehin nicht auf die Ansatzkriterien des (ehemaligen) *Conceptual Framework* rekurriert. Vgl. IFRS 3.BC126; sowie ALKEMEIER, M., Konzerninterne Unternehmenszusammenschlüsse, S. 117 m. w. N.

632 Vgl. CF.4.4; sowie FISCHER, D. T., Neufassung des Rahmenkonzepts, S. 156.

Ereignisse entstandene gegenwärtige Verpflichtung des berichterstattenden Unternehmens zur Übertragung ökonomischer Ressourcen an einen Dritten.[633]

Im Rahmen der konzernbilanziellen Abbildung des Zusammenschlusses ist die Aktivierungs- bzw. Passivierungsfähigkeit aus Sicht des erwerbenden Unternehmens neu zu beurteilen.[634] Daher ist der Ansatz im Konzernabschluss unabhängig davon, ob die Vermögenswerte und Schulden bereits im Einzelabschluss des aufzunehmenden Unternehmens angesetzt wurden.[635] Vielmehr sind sämtliche erworbenen Vermögenswerte und übernommenen Schulden gesondert in den Konzernabschluss aufzunehmen, sofern sie einzeln identifizierbar sind. Das Kriterium der Identifizierbarkeit dient dabei vor allem der Abgrenzung der Vermögenswerte von einem etwaigen Geschäfts- oder Firmenwert.[636] Während die **Identifizierbarkeit** von materiellen Vermögenswerten regelmäßig unproblematisch sein dürfte, kann sie bei immateriellen Vermögenswerten durchaus herausfordernd sein, da eine Abgrenzung zu einem Geschäfts- oder Firmenwert aufgrund der fehlenden physischen Substanz nicht immer eindeutig ist.[637] Ein Vermögenswert gilt als identifizierbar (*identifiable*), falls er entweder separierbar (*separable*) ist oder sich aus vertraglichen oder gesetzlichen Rechten (*contractual or legal rights*) ergibt.[638] Separierbarkeit setzt dabei voraus, dass der Vermögenswert von dem Unternehmen getrennt und veräußert werden kann. Beruht der Vermögenswert hingegen auf vertraglichen oder gesetzlichen Rechten, ist es unerheblich, ob die Rechte getrennt veräußert werden können.

Auffällig ist dabei, dass der Standardsetzer im Rahmen eines Unternehmenszusammenschlusses nach IFRS 3 offensichtlich allein die Identifizierbarkeit eines Vermögenswertes für den Ansatz im Konzernabschluss als ausreichend erachtet.[639] Mithin sind die Wahrscheinlichkeit eines künftigen Nutzenzuflusses sowie die verlässliche Bewertbarkeit eines Vermögenswertes aus dem Zusammenschluss seitens des Bilanzierenden nicht zu beurteilen.[640] Beide Voraussetzungen gelten im Rahmen eines Unternehmenszusammenschlusses stets als erfüllt.[641] Der Standardsetzer begründet diese Annahme damit, dass die Erwartungen hinsichtlich des künftigen

---

633 Vgl. CF.4.26; sowie ERB, C./PELGER, C., Neues Rahmenkonzept, S. 875.

634 Vgl. SENGER, T./BRUNE, J. W., in: Driesch u. a., Beck IFRS-Hdb, § 34, Rn. 74; LÜDENBACH, N./HOFFMANN, W.-D./FREIBERG, J., in: Lüdenbach u. a., Haufe IFRS, § 31, Rn. 71.

635 Vgl. IFRS 3.13; sowie HACHMEISTER, D., Neuregelung von IFRS 3, S. 118; BUSCHHÜTER, M., Unternehmenszusammenschlüsse, S. 298.

636 Vgl. KIRSCH, H.-J./HENDLER, M./FABER, M., in: Baetge u. a., Bilanzrecht, § 301 HGB, Rn. 541.

637 Vgl. KÜTING, K./WIRTH, J., Unternehmenszusammenschlüsse, S. 171; ZELGER, H., Purchase Price Allocation, S. 154.

638 Vgl. hier und im Folgenden IFRS 3.A; sowie GLAUM, M./VOGEL, S., Unternehmenszusammenschlüsse, S. 47.

639 Vgl. KÜTING, K./WEBER, C.-P., Konzernabschluss, S. 383; so auch ALKEMEIER, M., Konzerninterne Unternehmenszusammenschlüsse, S. 112.

640 Vgl. HAYN, S./STRÖHER, T., in: Baetge u. a., IFRS, IFRS 3, Rn. 163; SCHWEDLER, K., Business Combinations Phase II, S. 133. Während das *Conceptual Framework* (2010) die Wahrscheinlichkeit des Nutzenzuflusses und die verlässliche Bewertbarkeit noch als Ansatzkriterien vorsah, ist das *Conceptual Framework* (2018) nun konsistent mit der Regelung in IFRS 3. Vgl. DEHMEL, I., Definitions- und Ansatzkriterien, S. 1773. Diese Kriterien sind aber weiterhin zumeist Bestandteil einzelner Standards, so z. B. IAS 16 *Property, Plant and Equipment* oder IAS 38 *Intangible Assets*. Vgl. IAS 16.7 und IAS 38.21.

641 Vgl. IAS 38.33; sowie ROGLER, S./SCHMIDT, M./TETTENBORN, M., Immaterielle Vermögenswerte, S. 579.

Nutzenzuflusses durch die übertragene Gegenleistung hinreichend konkretisiert seien.[642] Die vermeintliche Berücksichtigung der erworbenen Vermögenswerte im Kaufpreiskalkül des Erwerbers reicht dem Standardsetzer offenbar als Nachweis eines wahrscheinlichen sowie verlässlich bewertbaren Nutzenzuflusses aus. Die Wahrscheinlichkeit des Nutzenzuflusses ist dementsprechend nicht beim Ansatz, sondern nur bei der Bewertung der Vermögenswerte zu berücksichtigen.[643]

Hinsichtlich eines Unternehmenszusammenschlusses durch Einlage von Kapitalgesellschaftsanteilen ist allgemein fraglich, inwiefern es eines tatsächlichen Erwerbes bedarf, um die Vermögenswerte und Schulden im Konzernabschluss einzeln ansetzen zu können. Schließlich ist die **Einzelerwerbsfiktion** bei einer Einlage nicht (unmittelbar) anwendbar, da dem Unternehmenszusammenschluss kein Erwerb zugrunde liegt.[644] Stattdessen könnte aber die Einlage der einzelnen Vermögenswerte und Schulden fingiert werden.[645] Bei einer Einlage geht die Verfügungsgewalt über die Beteiligung an dem aufzunehmenden Unternehmen wie bei einem gewöhnlichen Erwerb auf das aufnehmende Unternehmen über. Insofern erlangt das aufnehmende Unternehmen auch in diesem Fall mittelbar die Verfügungsgewalt über die einzelnen Vermögenswerte und Schulden des aufzunehmenden Unternehmens,[646] sodass ihr Ansatz im Konzernabschluss des aufnehmenden Unternehmens nach den Vorschriften des IFRS 3 grundsätzlich angezeigt sein dürfte.

Mit den geringen Anforderungen an einen Ansatz im Konzernabschluss beabsichtigt der Standardsetzer eine möglichst **umfängliche Identifizierung** erworbener Vermögenswerte separat vom Geschäfts- oder Firmenwert, sodass diese Residualgröße wertmäßig möglichst gering ausfällt.[647] Da sämtliche nicht einzeln aktivierten Vermögenswerte ohnehin in der Residualgröße aufgehen,[648] führt ein erweiterter Ansatz identifizierbarer Vermögenswerte nicht zu einer Ausweitung des bilanziell insgesamt erfassten Vermögens, sondern lediglich zu einem differenzierteren Einblick in die Vermögenslage des erworbenen Unternehmens.[649] Obgleich aus einem erweiterten Ansatz übernommener Schulden hingegen eine entsprechend größere Residualgröße resultiert, ist damit ebenfalls ein differenzierterer Einblick in die Vermögenslage des erworbenen Unternehmens verbunden. Während allerdings die Höhe der Gegenleistung und

---

642 Vgl. hier und im folgenden Satz IAS 38.33; sowie ALKEMEIER, M., Konzerninterne Unternehmenszusammenschlüsse, S. 118.

643 Vgl. ROGLER, S./SCHMIDT, M./TETTENBORN, M., Immaterielle Vermögenswerte, S. 579.

644 Vgl. FOCKEN, E./LENZ, H., Spielräume der Kapitalkonsolidierung, S. 2438. Siehe hierzu auch Abschnitt 521. der vorliegenden Arbeit.

645 Vgl. hierzu Abschnitt 521. der vorliegenden Arbeit.

646 Vgl. hierzu Abschnitt 331.2 der vorliegenden Arbeit.

647 Vgl. ROGLER, S./SCHMIDT, M./TETTENBORN, M., Immaterielle Vermögenswerte, S. 585; PELLENS, B. U. A., Int. Rechnungslegung, S. 874; KÜTING, K./WEBER, C.-P., Konzernabschluss, S. 383.

648 Vgl. IAS 38.68 (b); sowie KÜTING, K./WEBER, C.-P., Konzernabschluss, S. 379; GUTSCHE, R., Intangibles, S. 194, der den Geschäfts- oder Firmenwert als „Sammelbecken" der nicht einzeln aktivierten Vermögenswerte bezeichnet.

649 Vgl. IAS 38.BC19B; sowie BUSSE VON COLBE, W. U. A., Konzernabschlüsse, S. 236; ALKEMEIER, M., Konzerninterne Unternehmenszusammenschlüsse, S. 118, wenn auch im Kontext konzerninterner Unternehmenszusammenschlüsse.

damit grundsätzlich auch der Umfang des bilanziell insgesamt zu erfassenden Nettovermögens des erworbenen Unternehmens bei einem gewöhnlichen Erwerb durch eine Markttransaktion bestimmt ist,[650] fehlt es bei einem Unternehmenszusammenschluss durch Einlage von Kapitalgesellschaftsanteilen an einer Gegenleistung. Dies steht einem Ansatz der erworbenen Vermögenswerte und übernommenen Schulden gleichwohl nicht per se entgegen, da der Ansatz auch bei einem gewöhnlichen Erwerb nicht an die Gegenleistung gebunden ist.[651] Vielmehr ist gegebenenfalls sogar ein Ansatz von Vermögenswerten (und Schulden) über die Gegenleistung hinaus erforderlich.[652]

Kritisch könnte indes die Beurteilung des Ansatzes von Vermögenswerten des aufzunehmenden Unternehmens im Konzernabschluss sein, die in dessen Einzelabschluss aufgrund des **Aktivierungsverbotes** für bestimmte *selbsterstellte* immaterielle Vermögenswerte gemäß IAS 38 *Intangible Assets* nicht angesetzt werden dürfen.[653] Für gewöhnlich gelten diese Vermögenswerte im Rahmen des Zusammenschlusses als erworben und folglich durch den Erwerbsvorgang als hinreichend objektiviert, sodass sie im Konzernabschluss künftig nicht mehr dem Aktivierungsverbot unterliegen.[654] Daher scheint der Erwerbsvorgang maßgeblich für die vom Einzelabschluss abweichende Beurteilung der Aktivierungsfähigkeit zu sein. Zwar fehlt es bei einer Einlage von Kapitalgesellschaftsanteilen an einer Gegenleistung aus dem Vermögen des aufnehmenden Unternehmens. Eine geringere Objektivierung des Ansatzes selbsterstellter immaterieller Vermögenswerte gegenüber einem gewöhnlichen Erwerb ist aber nicht zu befürchten, da dennoch eine Markttransaktion zwischen den Gesellschaftern der sich zusammenschließenden Unternehmen angenommen werden kann.[655] Der in dem Austauschverhältnis zum Ausdruck kommende Interessenausgleich dürfte den Anforderungen des Standardsetzers an einen separaten Ansatz in gleicher Weise genügen wie bei einem gewöhnlichen Erwerb.

Im Ergebnis bedarf es zum Ansatz der hinter der Beteiligung am aufzunehmenden Unternehmen stehenden einzelnen Vermögenswerte und Schulden nicht zwingend eines tatsächlichen Erwerbsvorganges. Die Fiktion der Einlage der einzelnen Vermögenswerte und Schulden des aufzunehmenden Unternehmens genügt ebenfalls der Rechtfertigung des Ansatzes, da die Verfügungsgewalt bei einer Einlage und bei einem Erwerb gleichermaßen auf das den Konzernab-

---

650 Eine etwaige Differenz zwischen der Gegenleistung und dem neubewerteten Nettovermögen des erworbenen Unternehmens wird regelmäßig durch die (zusätzliche) Aktivierung eines positiven Unterschiedsbetrages ausgeglichen. Eine Ausnahme hiervon besteht in der ertragswirksamen Erfassung eines negativen Unterschiedsbetrages, die mit einer Ausweitung des bilanzierten Nettovermögens verbunden ist.

651 Vgl. ALKEMEIER, M., Konzerninterne Unternehmenszusammenschlüsse, S. 119, wenn auch im Kontext konzerninterner Unternehmenszusammenschlüsse.

652 Vgl. PELLENS, B. U. A., Int. Rechnungslegung, S. 855.

653 Das Ansatzverbot betrifft *selbsterstellte* Markennamen, Drucktitel, Verlagsrechte, Kundenlisten sowie ähnliche immaterielle Vermögenswerte. Vgl. IAS 38.63.

654 Vgl. IFRS 3.13; sowie BERNDT, T./GUTSCHE, R., in: Hennrichs u. a., MüKo Bilanzrecht, Bd. 1, IFRS 3, Rn. 75; KÜTING, K./WEBER, C.-P., Konzernabschluss, S. 383.

655 Zum Interessengegensatz bei einem Unternehmenszusammenschluss durch Einlage von Kapitalgesellschaftsanteilen vgl. Abschnitt 331.4 der vorliegenden Arbeit.

schluss aufstellende Unternehmen übergeht. Der gesonderte Ausweis der ansonsten im Geschäfts- oder Firmenwert untergehenden Vermögenswerte und Schulden ist daher hinsichtlich eines möglichst differenzierten Einblickes in die Vermögenslage des aufzunehmenden Unternehmens zunächst zu befürworten.[656]

523.2 Neubewertung der erworbenen Vermögenswerte und übernommenen Schulden

Zur Abbildung eines Unternehmenszusammenschlusses im Konzernabschluss des Erwerbers sieht IFRS 3 eine vollständige Neubewertung der erworbenen identifizierbaren Vermögenswerte und übernommenen Schulden grundsätzlich mit ihren beizulegenden Zeitwerten zum Erwerbszeitpunkt vor.[657] Der beizulegende Zeitwert (*fair value*) ist als derjenige Preis definiert, der in einer gewöhnlichen Transaktion zwischen Marktteilnehmern bei der Veräußerung eines Vermögenswertes oder der Übertragung einer Schuld am Bewertungsstichtag gezahlt würde.[658] Die Bewertung mit den beizulegenden Zeitwerten liegt in der **Einzelerwerbsfiktion** begründet. Dementsprechend werden die jeweiligen Vermögenswerte und Schulden mit denjenigen Werten im Konzernabschluss berücksichtigt, die der Erwerber theoretisch mit der übertragenen Gegenleistung für die einzelnen Vermögenswerte und Schulden entrichtet hat.[659] Schließlich bildet die Erwerbsmethode den Zusammenschluss nach den allgemeinen Grundsätzen für den Erwerb einzelner Vermögenswerte und die Übernahme einzelner Schulden ab.[660] Während IFRS 3 (2004) konzeptionell noch eine Verteilung des Gesamtkaufpreises auf die einzelnen Vermögenswerte und Schulden vorsah (sog. **Kaufpreisallokation**), ist die Neubewertung nach den Vorschriften des überarbeiteten IFRS 3 gänzlich losgelöst von der übertragenen Gegenleistung.[661] Folglich sind die stillen Reserven und stillen Lasten der Vermögenswerte und Schulden des erworbenen Unternehmens unabhängig von einer Gegenleistung vollständig aufzudecken.[662] Die Gegenleistung ist daher ausschließlich für die Ermittlung eines Unterschiedsbetrages von Bedeutung.[663]

Wird der hier betrachtete Sachverhalt als **Einlage der einzelnen Vermögenswerte und Schulden** interpretiert, ist die Bewertung mit den jeweiligen beizulegenden Zeitwerten gemäß IFRS 3

---

656 So auch LIECK, H., Bilanzierung von Umwandlungen, S. 72.

657 Vgl. IFRS 3.18; sowie BEYHS, O./WAGNER, B., Unternehmenszusammenschlüsse, S. 76.

658 Vgl. IFRS 3.A; IFRS 13.9; sowie KIRSCH, H.-J. U. A., in: Baetge u. a., IFRS, IFRS 13, Rn. 14. Siehe hierzu auch Abschnitt 524.232. der vorliegenden Arbeit.

659 Vgl. KÜTING, K./WIRTH, J., Unternehmenszusammenschlüsse, S. 170. Der beizulegende Zeitwert ist zwar als hypothetischer Veräußerungspreis definiert. Allerdings geht der Standardsetzer davon aus, dass sich der Beschaffungspreis und der Veräußerungspreis eines Vermögenswertes in aller Regel entsprechen. Vgl. IFRS 13.BC44.

660 Vgl. IFRS 3.BC24; sowie IASC (Hrsg.), G4+1 Position Paper, Tz. 109.

661 Vgl. HACHMEISTER, D., Neuregelung von IFRS 3, S. 116; ALKEMEIER, M., Konzerninterne Unternehmenszusammenschlüsse, S. 110.

662 Vgl. BAETGE, J./KIRSCH, H.-J./THIELE, S., Konzernbilanzen, S. 238.

663 Vgl. HAYN, S./STRÖHER, T., in: Baetge u. a., IFRS, IFRS 3, Rn. 150. Ausführlich zur Behandlung eines Unterschiedsbetrages vgl. Abschnitt 524. der vorliegenden Arbeit.

zumindest regelungssystematisch konsequent, da die Vorschriften zur Bilanzierung von Sacheinlagen nach IFRS 2 ebenfalls eine Bewertung mit dem beizulegenden Zeitwert des zugegangenen Vermögens vorsehen.[664] Für eine Bewertung der Vermögenswerte und Schulden mit ihren beizulegenden Zeitwerten auch bei einem Zusammenschluss durch Einlage von Kapitalgesellschaftsanteilen spricht, dass der tatsächliche Wert der jeweiligen Vermögenswerte und Schulden von der zugrunde liegenden Transaktion in aller Regel unabhängig ist.[665] Darüber hinaus gelten Zeitwerte allgemein als aussagekräftigere Indikatoren der Fähigkeit eines Unternehmens, künftige Zahlungsmittelflüsse zu generieren, als Buchwerte.[666] Vor dem Hintergrund der Darstellung der Vermögenslage des aufzunehmenden Unternehmens im Konzernabschluss ist eine Bewertung mit den beizulegenden Zeitwerten daher grundsätzlich zu begrüßen. Die Erwerbsmethode bildet schließlich die tatsächlichen Vermögensverhältnisse des aufzunehmenden Unternehmens im Konzernabschluss ab. Somit wird den Adressaten des Konzernabschlusses ein besserer Einblick in die Vermögenslage des Akquisitionsobjektes gewährt als bei einer Fortführung der Buchwerte aus dessen Einzelabschluss.

Allerdings stellt die Neubewertung der Vermögenswerte und Schulden des aufzunehmenden Unternehmens das berichterstattende Unternehmen vor nicht unwesentliche **Herausforderungen**. Sofern keine Marktpreise für die einzelnen Vermögenswerte und Schulden unmittelbar am Markt zu beobachten sind, sind zur Bestimmung der jeweiligen beizulegenden Zeitwerte Bewertungsverfahren erforderlich, die mit erheblichen Ermessensspielräumen verbunden sein können.[667] Vor allem die Bewertung von immateriellen Vermögenswerten ist aufgrund ihrer Einzigartigkeit häufig nur schwer objektivierbar.[668] Im Hinblick auf einen Zusammenschluss durch Einlage von Kapitalgesellschaftsanteilen mangelt es gegenüber einem gewöhnlichen Erwerb zwar zusätzlich an einer (vermeintlich) objektivierenden Gegenleistung seitens des aufnehmenden Unternehmens, allerdings wird auch bei einem Erwerb zur Bewertung der einzelnen Vermögenswerte und Schulden nicht auf die übertragene Gegenleistung zurückgegriffen.[669] Zum einen ist die Bewertung der Höhe nach nicht auf die Gegenleistung beschränkt. Zum anderen lässt sich die Gegenleistung nicht unmittelbar den einzelnen Vermögenswerten und Schulden zuordnen. Die mit der Neubewertung verbundenen Herausforderungen ergeben sich schließlich unabhängig von einer übertragenen Gegenleistung, da der Gegenleistung auch bei einem gewöhnlichen Erwerb allenfalls ein plausibilisierender Charakter zukommt.

---

664 Vgl. IFRS 2.10; sowie PELLENS, B./CRASSELT, N., Share-based Payment, S. 36.

665 Vgl. JOHNSON, L. T./PETRONE, K., Why Eliminate the Pooling Method?, S. 5.

666 Vgl. RAMMERT, S., Pooling of Interests, S. 624. Allgemein zur Aussagefähigkeit von Zeitwerten vgl. WILLIS, D., Financial Assets and Liabilities, S. 860.

667 Vgl. RAMMERT, S., Pooling of Interests, S. 625 f.

668 Vgl. HOFFMANN, W.-D., Immaterielle Vermögenswerte, S. 68.

669 Vgl. hier und im Folgenden ALKEMEIER, M., Konzerninterne Unternehmenszusammenschlüsse, S. 120, wenn auch im Kontext konzerninterner Unternehmenszusammenschlüsse.

In den Folgeperioden sind die Vermögenswerte und Schulden einschließlich der aufgedeckten stillen Reserven und stillen Lasten grundsätzlich nach den entsprechenden Vorschriften der jeweils einschlägigen IFRS fortzuführen.[670] Aufgrund der Abschreibung stiller Reserven sowie der Auflösung stiller Lasten werden im Konzernabschluss zusätzliche **Erfolgswirkungen** gegenüber dem Einzelabschluss des aufzunehmenden Unternehmens erfasst.[671] Der insgesamt aufgrund der Folgebewertung des Vermögens erfasste Aufwand entspricht zwar dem tatsächlichen wirtschaftlichen Werteverzehr ausgehend von dem Zeitwert der zum Zeitpunkt des Zusammenschlusses eingelegten Ressourcen. Diese Erfolgswirkungen lassen sich dabei aber nicht auf tatsächliche Zahlungen zurückführen. Insofern wird die Kongruenz zwischen Zahlungsebene und Erfolgsebene an dieser Stelle durchbrochen,[672] sodass die Ertragslage des Konzerns verzerrt wiedergegeben wird.[673]

Bei einem gewöhnlichen Erwerb hingegen übernimmt das erwerbende Unternehmen die Ressourcen des erworbenen Unternehmens von dessen ehemaligen Gesellschaftern im Austausch für eine Gegenleistung.[674] Insofern entspricht der Erwerb einer Investition in das erworbene Unternehmen, wobei die ehemaligen Gesellschafter aus dem Gesellschafterkreis ausscheiden. Infolge der Zugangsbewertung mit der auf die Vermögenswerte und Schulden sowie einen etwaigen Geschäfts- oder Firmenwert verteilten Gegenleistung wird sodann im Rahmen der Folgebewertung der Ressourcenverzehr des erwerbenden Unternehmens bzw. dessen bisheriger Gesellschafter als Aufwand des Konzerns erfasst, sodass die Kongruenz trotz der Neubewertung insgesamt erhalten bleibt. Die Buchwerte aus dem Einzelabschluss des erworbenen Unternehmens sind zur Beurteilung des Erfolges aus dieser Investition fortan unerheblich, da diese auf dem früheren Ressourceneinsatz der *ehemaligen* Gesellschafter beruhen. Aus der Sicht des Konzerns sind vielmehr die von dem erwerbenden Unternehmen in Form der Gegenleistung eingesetzten Ressourcen für die Erfolgsbeurteilung maßgebend.

Im Unterschied zu einem gewöhnlichen Erwerb erbringt bei einem Zusammenschluss durch **Einlage** von Kapitalgesellschaftsanteilen das aufnehmende Unternehmen keine Gegenleistung aus dem eigenen Vermögen, sodass keine Ressourcen aus dem Konzernverbund abfließen.[675] Daher hat das aufnehmende Unternehmen keine Ressourcen für den Zusammenschluss eingesetzt, deren Verzehr im Rahmen der Folgebewertung als Aufwand des Konzerns erfasst werden müsste. Vielmehr bringen die ehemaligen Gesellschafter des aufzunehmenden Unternehmens

---

670 Vgl. IFRS 3.54; sowie BERNDT, T./GUTSCHE, R., in: Hennrichs u. a., MüKo Bilanzrecht, Bd. 1, IFRS 3, Rn. 148. Der Standardsetzer sieht konkrete Ausnahmen für zurückerworbene Rechte, Eventualschulden, Entschädigungsansprüche sowie bedingte Gegenleistungen vor. Vgl. IFRS 3.55–58.

671 Vgl. VATER, H., M&A Accounting, S. 1844.

672 Vgl. KUHNER, C./LÜDTKE-HANDJERY, A., Aktivierung eigenen Börsenwertes, S. 548.

673 Vgl. VATER, H., M&A Accounting, S. 1843.

674 Zum Charakter eines gewöhnlichen Erwerbes vgl. Abschnitt 32 der vorliegenden Arbeit.

675 Ausführlich zum Charakter einer Einlage vgl. Abschnitt 33 der vorliegenden Arbeit.

ihre Ressourcen (zusätzlich) in den Konzernverbund ein.[676] Dabei stellen sie dem Konzern diejenigen Ressourcen zur Verfügung, die sie zuvor dem aufzunehmenden Unternehmen überlassen hatten, sodass deren Buchwerte weiterhin maßgeblich sind.

Im Ergebnis steht die Neubewertung der Vermögenswerte und Schulden des aufzunehmenden Unternehmens nach der Erwerbsmethode gemäß IFRS 3 regelungssystematisch im Einklang mit den Vorschriften für Sacheinlagen gemäß IFRS 2. Allerdings wird bei einem Zusammenschluss durch Einlage von Kapitalgesellschaftsanteilen aufgrund der erfolgsneutralen Neubewertung die Kongruenz zwischen Zahlungsebene und Erfolgsebene durchbrochen, sodass die Beurteilung des Konzernerfolges in den künftigen Perioden erschwert wird.

523.3 Kritische Würdigung des Ansatzes und der Bewertung der erworbenen Vermögenswerte und übernommenen Schulden bei Einlage von Kapitalgesellschaftsanteilen

Bei der Abbildung eines Unternehmenszusammenschlusses nach der Erwerbsmethode gemäß IFRS 3 ist die **Perspektive des Erwerbers** einzunehmen. Demnach sind die Vermögenswerte und Schulden des erworbenen Unternehmens mit ihren angenommenen Anschaffungskosten aus Sicht des Erwerbers im Konzernabschluss anzusetzen, während die Vermögenswerte und Schulden des erwerbenden Unternehmens mit ihren Buchwerten fortgeführt werden. Die Ausführungen in Abschnitt 522. haben bereits gezeigt, dass die Identifizierung eines Erwerbers bei einem Unternehmenszusammenschluss durch Einlage von Kapitalgesellschaftsanteilen mit dem wirtschaftlichen Charakter der Transaktion konfligiert. Die Bestimmung eines Erwerbers vernachlässigt in diesem Fall die Tatsache, dass dieser fiktive Erwerber keine Gegenleistung in Form von Ressourcen aus dem eigenen Vermögen für den Zusammenschluss aufgewendet hat. Mithin erscheint eine Bewertung der Vermögenswerte und Schulden mit ihren angenommenen Anschaffungskosten zweifelhaft.

Aus der Perspektive des aufnehmenden Unternehmens liegt die Interpretation des Zusammenschlusses als Einlage der Vermögenswerte und Schulden des aufzunehmenden Unternehmens nahe, da die ehemaligen Gesellschafter des aufzunehmenden Unternehmens dem aufnehmenden Unternehmen zusätzliche Ressourcen zur Verfügung stellen. Das aufnehmende Unternehmen stellt zwar den Konzernabschluss auf, allerdings ist dabei die **Perspektive der wirtschaftlichen Einheit** einzunehmen. Während ein gewöhnlicher Erwerb auch aus der Perspektive der wirtschaftlichen Einheit weiterhin einer Übernahme der Vermögenswerte und Schulden des aufzunehmenden Unternehmens durch das aufnehmende Unternehmen entspricht, ist der hier betrachtete Zusammenschluss wirtschaftlich als Zusammenlegung von Ressourcen zu interpretieren, da beide Gesellschaftergruppen an dem Konzern beteiligt werden.[677] Daher wäre – der Fiktion einer Einlage einzelner Vermögenswerte und Schulden folgend – eine Einlage sowohl

---

[676] Vgl. FOCKEN, E./LENZ, H., Spielräume der Kapitalkonsolidierung, S. 2438.
[677] Vgl. hierzu Abschnitt 35 der vorliegenden Arbeit.

seitens der bisherigen Gesellschafter des aufnehmenden Unternehmens als auch seitens der ehemaligen Gesellschafter des aufzunehmenden Unternehmens in den Konzernverbund zu fingieren. Diese Interpretation bedingt eine Neubewertung *sämtlicher* Vermögenswerte und Schulden des gesamten Konzerns, die ausführlich im Rahmen der Neugründungsmethode in Abschnitt 54 der vorliegenden Arbeit analysiert wird.

Die asymmetrische Behandlung nach der Erwerbsmethode hat auch Auswirkungen auf die Beurteilung der Entscheidungsnützlichkeit. Daher soll im Folgenden zunächst untersucht werden, inwiefern die Informationen des Konzernabschlusses auf Basis der ausschließlichen Neubewertung der Vermögenswerte und Schulden des aufzunehmenden Unternehmens für die Entscheidungen der Adressaten des Konzernabschlusses nützlich sind. Die vermittelten Informationen sind dann entscheidungsnützlich, wenn sie den grundlegenden qualitativen Anforderungen der Relevanz und der glaubwürdigen Darstellung genügen.[678] Hinsichtlich der **Relevanz** hat die Bewertung der Vermögenswerte und Schulden mit ihren beizulegenden Zeitwerten durchaus einen vorhersagenden Wert, da über die stillen Reserven und stillen Lasten des aufzunehmenden Unternehmens und somit über künftig zu erwartende Zahlungsflüsse berichtet wird.[679] Die geringen Anforderungen an den Ansatz in der Konzernbilanz ermöglichen dabei eine umfassende Berücksichtigung stiller Reserven und stiller Lasten des aufzunehmenden Unternehmens, sodass der Konzernabschluss dessen (Netto-)Vermögen grundsätzlich (vollumfänglich) mit seinem Wert zum Transaktionszeitpunkt zeigt.[680] Die Prognose künftig zu erwartender Zahlungsflüsse des Konzerns wird allerdings insofern eingeschränkt, als die stillen Reserven und stillen Lasten im Vermögen des aufnehmenden Unternehmens im Konzernabschluss weiterhin verborgen bleiben.[681]

Die **glaubwürdige Darstellung** des Zusammenschlusses durch Einlage von Kapitalgesellschaftsanteilen erfordert eine den tatsächlichen Verhältnissen entsprechende Abbildung des Sachverhaltes. Dazu müssen die Informationen vollständig, neutral und fehlerfrei sein. Einerseits wird die Vermögenslage des aufzunehmenden Unternehmens einschließlich sämtlicher stiller Reserven und stiller Lasten vollständig wiedergegeben. Andererseits ist die Abbildung der Vermögenslage des aufnehmenden Unternehmens auf Grundlage der Buchwerte eingeschränkt. Darüber hinaus eröffnet die Neubewertung der Vermögenswerte und Schulden des aufzunehmenden Unternehmens erhebliche Ermessensspielräume, die die Neutralität der Informationen gefährden. Vor allem die Bewertung von selbsterstellten immateriellen Vermögenswerten ist aufgrund der Unsicherheit eines künftigen Nutzens fehleranfällig. Zwar sind die Herausforderungen der Neubewertung bei einer Einlage von Kapitalgesellschaftsanteilen nicht stärker ausgeprägt als bei einem gewöhnlichen Erwerb, allerdings wird die Neubewertung der Vermögenswerte und Schulden nur eines Unternehmens dem wirtschaftlichen Charakter einer

678 Zu den Anforderungen an entscheidungsnützliche Informationen vgl. Abschnitt 43 der vorliegenden Arbeit.
679 Vgl. VATER, H., M&A Accounting, S. 1844.
680 Vgl. ROGLER, S./SCHMIDT, M./TETTENBORN, M., Immaterielle Vermögenswerte, S. 585.
681 Vgl. RAMMERT, S., Pooling of Interests, S. 624; VATER, H., M&A Accounting, S. 1845.

Zusammenlegung zweier Unternehmen nicht gerecht, sodass die glaubwürdige Darstellung insgesamt eingeschränkt ist. Hierin konkretisiert sich schließlich der bereits im Rahmen der Identifizierung eines Erwerbers angedeutete Konflikt der Perspektive des Erwerbers mit dem Charakter des hier betrachteten Zusammenschlusses.[682]

Aufgrund der Fortführung der Buchwerte des aufnehmenden Unternehmens wird die **Bewertungsfunktion** des Konzernabschlusses beeinträchtigt. Zugunsten der Bewertungsfunktion wären nicht nur die Vermögenswerte und Schulden des aufzunehmenden Unternehmens, sondern auch diejenigen des aufnehmenden Unternehmens mit ihren beizulegenden Zeitwerten neu zu bewerten.[683] Eine erfolgsneutrale Neubewertung führt allerdings zu einem Konflikt mit dem Kongruenzprinzip. Aufgrund der erfolgswirksamen Fortführung der aufgedeckten stillen Reserven wird zusätzlicher Aufwand im Konzernabschluss erfasst, obwohl die Gesellschafter ihre Unternehmen im Rahmen des Zusammenschlusses lediglich zusammengelegt haben, ohne dass Ressourcen aus dem Verbund abgeflossen sind. Die Gesellschafter stellen dem Konzern somit weiterhin dieselben Ressourcen zur Verfügung, die sie den vormals alleinstehenden Unternehmen überlassen hatten. Schließlich ergibt sich infolge des Zusammenschlusses kein zusätzlicher Werteverzehr gegenüber der separaten Führung der Unternehmen, den die Geschäftsführung zu verantworten hätte.[684] Demzufolge wird die **Rechenschaftsfunktion** des Konzernabschlusses eingeschränkt, da eine adäquate Beurteilung des Umganges der Geschäftsführung mit den ihr zur Verfügung gestellten Ressourcen anhand des Konzernabschlusses nur bedingt möglich ist.

Im Ergebnis zeigt der wirtschaftliche Charakter einer Zusammenlegung von Ressourcen eine Gleichbehandlung des aufnehmenden und aufzunehmenden Unternehmens bei der Bewertung der Vermögenswerte und Schulden an. Die Neubewertung der Vermögenswerte und Schulden von nur einem der sich zusammenschließenden Unternehmen lässt sich aus wirtschaftlicher Perspektive nicht rechtfertigen und ist demzufolge willkürlich. Die Entscheidungsnützlichkeit der vermittelten Informationen kann schließlich aufgrund der Einschränkungen hinsichtlich der glaubwürdigen Darstellung nicht sichergestellt werden.

524. Erfassung eines Unterschiedsbetrages aus der Kapitalkonsolidierung

524.1 Ermittlung und Behandlung eines Unterschiedsbetrages nach IFRS 3

Im Anschluss an die Identifizierung des Erwerbers, die Bestimmung des Erwerbszeitpunktes[685] sowie den Ansatz und die Bewertung der erworbenen identifizierbaren Vermögenswerte und

682 Vgl. hierzu Abschnitt 522.3 der vorliegenden Arbeit.

683 Vgl. VATER, H., M&A Accounting, S. 1845. Eine entsprechende Neubewertung aller sich zusammenschließenden Unternehmen sieht nur die sog. Neugründungsmethode vor. Vgl. hierzu ausführlich Abschnitt 541. der vorliegenden Arbeit.

684 Gleichfalls werden zusätzliche Erträge aus der Auflösung stiller Lasten im Konzernabschluss gezeigt, die der Leistung der Geschäftsführung nicht zuzurechnen sind.

685 Hinsichtlich des Erwerbszeitpunktes sind keine für den hier betrachteten Sachverhalt spezifischen Herausforderungen zu erwarten, sodass er in der vorliegenden Arbeit nicht näher betrachtet wurde.

übernommenen Schulden ist im vierten und letzten Schritt der Erwerbsmethode nach IFRS 3 ein gegebenenfalls nach der Kapitalkonsolidierung verbleibender Unterschiedsbetrag im Konzernabschluss des Erwerbers zu erfassen.[686] Ausgehend von der Horizontaladdition der Einzelabschlüsse der sich zusammenschließenden Unternehmen im Rahmen der derivativen Konzernabschlusserstellung[687] müssen mithilfe der Kapitalkonsolidierung sämtliche konzerninternen Kapitalverflechtungen aus dem Summenabschluss beseitigt werden.[688] Zur Vermeidung einer **Doppelerfassung** des Beteiligungsbuchwertes und dem dahinter stehenden Nettovermögen des erworbenen Unternehmens einerseits sowie des Eigenkapitals des erwerbenden Unternehmens und dem des erworbenen Unternehmens andererseits sind der Beteiligungsbuchwert und das entsprechende Eigenkapital des erworbenen Unternehmens gegeneinander aufzurechnen.[689] Konsolidierungstechnisch resultiert aus der Aufrechnung regelmäßig ein Unterschiedsbetrag,[690] da sich diese Werte nur in Ausnahmefällen in gleicher Höhe gegenüberstehen.[691]

Der Unterschiedsbetrag ist gemäß IFRS 3 als **Residualgröße** zu ermitteln.[692] Ausgangspunkt der Ermittlung ist die vonseiten des erwerbenden Unternehmens an die ehemaligen Gesellschafter des erworbenen Unternehmens übertragene **Gegenleistung** (*consideration transferred*).[693] Insofern stellt der Standardsetzer zur Bestimmung des Unterschiedsbetrages nicht auf den zu konsolidierenden Beteiligungsbuchwert aus dem Einzelabschluss des erwerbenden Unternehmens ab, sondern bezieht sich direkt auf die übertragene Gegenleistung des Erwerbers.[694] Schließlich ist die Gegenleistung grundsätzlich mit dem beizulegenden Zeitwert der an die ehemaligen Gesellschafter übertragenen Vermögenswerte, von ihnen übernommenen Schulden sowie an sie ausgegebenen Eigenkapitalanteile zu bewerten.[695] Sofern die Gegenleistung nicht ausschließlich aus Barmitteln besteht, ist eine gesonderte Bewertung erforderlich, um den beizulegenden Zeitwert der Gegenleistung zu bestimmen.[696] Vor allem bei dem hier betrachteten

---

686 Vgl. IFRS 3.5; sowie BERNDT, T./GUTSCHE, R., in: Hennrichs u. a., MüKo Bilanzrecht, Bd. 1, IFRS 3, Rn. 65.

687 Zur derivativen Konzernabschlusserstellung vgl. Abschnitt 422. der vorliegenden Arbeit.

688 Vgl. BUSSE VON COLBE, W. U. A., Konzernabschlüsse, S. 193 f.; BAETGE, J./KIRSCH, H.-J./THIELE, S., Konzernbilanzen, S. 181; FOCKEN, E./LENZ, H., Spielräume der Kapitalkonsolidierung, S. 2437.

689 Vgl. IFRS 10.B86 (b); sowie KÜTING, K./WEBER, C.-P., Konzernabschluss, S. 326 f.; PELLENS, B. U. A., Int. Rechnungslegung, S. 854. Zur Doppelerfassung vgl. BUSSE VON COLBE, W. U. A., Konzernabschlüsse, S. 193 f.; SCHINDLER, J., Kapitalkonsolidierung, S. 366.

690 Vgl. BAETGE, J./KIRSCH, H.-J./THIELE, S., Konzernbilanzen, S. 227; PELLENS, B. U. A., Int. Rechnungslegung, S. 856; FOCKEN, E./LENZ, H., Spielräume der Kapitalkonsolidierung, S. 2437.

691 Vgl. BAETGE, J./KIRSCH, H.-J./THIELE, S., Konzernbilanzen, S. 182; HAYN, S./STRÖHER, T., in: Baetge u. a., IFRS, IFRS 3, Rn. 258.

692 Vgl. IFRS 3.BC312 und IFRS 3.BC328; sowie SENGER, T./BRUNE, J. W., in: Driesch u. a., Beck IFRS-Hdb, § 34, Rn. 232; KÜTING, K./WEBER, C.-P., Konzernabschluss, S. 330.

693 Vgl. SENGER, T./BRUNE, J. W., in: Driesch u. a., Beck IFRS-Hdb, § 34, Rn. 172.

694 Vgl. ALKEMEIER, M., Konzerninterne Unternehmenszusammenschlüsse, S. 123 f. Die übertragene Gegenleistung entspricht nicht zwangsläufig dem Beteiligungsbuchwert aus dem Einzelabschluss des erwerbenden Unternehmens. Bspw. sind Anschaffungsnebenkosten bei der Ermittlung des Unterschiedsbetrages nicht zu berücksichtigen, sodass der Beteiligungsbuchwert im Vorfeld der Kapitalkonsolidierung entsprechend aufwandswirksam anzupassen ist. Vgl. IFRS 3.53. Zur Behandlung von Anschaffungsnebenkosten vgl. FREIBERG, J., Anschaffungsnebenkosten, S. 311–314.

695 Vgl. IFRS 3.37; sowie HAYN, S./STRÖHER, T., in: Baetge u. a., IFRS, IFRS 3, Rn. 128.

696 Vgl. SENGER, T./BRUNE, J. W., in: Driesch u. a., Beck IFRS-Hdb, § 34, Rn. 176. Bei einer Gegenleistung, die

Unternehmenszusammenschluss durch Einlage von Kapitalgesellschaftsanteilen besteht die vermeintliche Gegenleistung in der **Ausgabe von Eigenkapitalanteilen**, deren beizulegender Zeitwert zum Erwerbszeitpunkt zunächst zu ermitteln ist.[697] Sollte der beizulegende Zeitwert der Eigenkapitalanteile des erworbenen Unternehmens ausnahmsweise zuverlässiger ermittelt werden können als der beizulegende Zeitwert der Eigenkapitalanteile des erwerbenden Unternehmens, sind anstelle der ausgegebenen Eigenkapitalanteile die erhaltenen Eigenkapitalanteile des erworbenen Unternehmens zur Bewertung der Gegenleistung heranzuziehen.[698]

Anschließend ist die übertragene Gegenleistung dem Saldo der nach den Vorschriften des IFRS 3 bewerteten erworbenen identifizierbaren Vermögenswerte und übernommenen Schulden des erworbenen Unternehmens **gegenüberzustellen**.[699] Übersteigt der Wert der übertragenen Gegenleistung den Wert des erworbenen Nettovermögens, so ist der verbleibende positive Unterschiedsbetrag als Geschäfts- oder Firmenwert in der Konzernbilanz des Erwerbers zu aktivieren.[700] Ein negativer Unterschiedsbetrag darf hingegen nicht in der Konzernbilanz angesetzt werden.[701]

Mit der Aktivierung eines **Geschäfts- oder Firmenwertes** (*goodwill*) wird unterstellt, dass der Erwerber mit der übertragenen Gegenleistung positive Ertragserwartungen über den reinen Substanzwert des erworbenen Unternehmens hinaus vergütet hat.[702] Der diese Ertragserwartungen repräsentierende Geschäfts- oder Firmenwert gilt dabei als immaterieller Vermögenswert mit unbestimmter Nutzungsdauer.[703] Demzufolge ist der Geschäfts- oder Firmenwert nicht planmäßig fortzuführen, sondern nach den Vorschriften des IAS 36 *Impairment of Assets* in den

---

ausschließlich aus Barmitteln besteht, ist der beizulegende Zeitwert in der Regel ihr Nominalwert. Vgl. GROS, S., Aktie als Akquisitionswährung, S. 780 m. w. N.

697 Vgl. SENGER, T./BRUNE, J. W., in: Driesch u. a., Beck IFRS-Hdb, § 34, Rn. 195.

698 Vgl. IFRS 3.33; sowie BERNDT, T./GUTSCHE, R., in: Hennrichs u. a., MüKo Bilanzrecht, Bd. 1, IFRS 3, Rn. 111; PELLENS, B. U. A., Int. Rechnungslegung, S. 872.

699 Vgl. IFRS 3.32; sowie TETTENBORN, M./HÖLTKEN, M., Beschaffenheit des Goodwill, S. 2513. Hält das erwerbende Unternehmen bereits Anteile an dem erworbenen Unternehmen (Altanteile), ist eine Hinzurechnung des beizulegenden Zeitwertes dieser Altanteile zu der Gegenleistung erforderlich. Vgl. IFRS 3.32 (a) (iii). Bei einer Beteiligung von weniger als einhundert Prozent sind der Gegenleistung zusätzlich sämtliche nicht beherrschenden Anteile hinzuzurechnen. Vgl. IFRS 3.32 (a) (ii). Hinsichtlich der Bewertung der nicht beherrschenden Anteile eröffnet IFRS 3 ein Wahlrecht zwischen ihrem beteiligungsproportionalen Anspruch am neubewerteten Nettovermögen des erworbenen Unternehmens (*partial goodwill method*) und ihrem beizulegenden Zeitwert (*full goodwill method*). Vgl. hierzu ausführlich BADER, A./SCHREDER, M., Full vs. Partial Goodwill Methode, S. 276–282; HAAKER, A., Full Goodwill Method, S. 188–194; sowie übersichtsartig HAAKER, A./FREIBERG, J., Full Goodwill Option, S. 22 f. Eine solche Unterscheidung ist für die vorliegende Arbeit indes unerheblich, da von der Übernahme einer einhundertprozentigen Beteiligung im Rahmen einer einheitlichen Transaktion ausgegangen wird.

700 Vgl. IFRS 3.32; sowie PELLENS, B. U. A., Int. Rechnungslegung, S. 856.

701 Vgl. SENGER, T./BRUNE, J. W., in: Driesch u. a., Beck IFRS-Hdb, § 34, Rn. 235; HAYN, S./STRÖHER, T., in: Baetge u. a., IFRS, IFRS 3, Rn. 269.

702 Vgl. BAETGE, J./KIRSCH, H.-J./THIELE, S., Konzernbilanzen, S. 227.

703 Vgl. BAETGE, J./KIRSCH, H.-J./THIELE, S., Konzernbilanzen, S. 238; PELLENS, B. U. A., Int. Rechnungslegung, S. 882; TETTENBORN, M./HÖLTKEN, M., Beschaffenheit des Goodwill, S. 2513 f.

Folgeperioden regelmäßig auf eine Wertminderung zu prüfen und gegebenenfalls außerplanmäßig abzuschreiben (sog. *impairment-only-approach*[704]).[705] Der Aufwand aus der Wertminderung eines Geschäfts- oder Firmenwertes darf nicht wieder aufgeholt werden, sodass ein geminderter Wertansatz des Geschäfts- oder Firmenwertes beizubehalten ist.[706]

Ein negativer Unterschiedsbetrag entsteht hingegen, sofern der Wert der übertragenen Gegenleistung hinter dem Wert des erworbenen Nettovermögens zurückbleibt.[707] Der Standardsetzer geht davon aus, dass sich ein negativer Unterschiedsbetrag nur in Ausnahmefällen ergibt, da ein vernünftiger Kaufmann unter gewöhnlichen Umständen einem Verkauf zu einem Preis unter dem Marktwert nicht zustimmen würde.[708] Daher sind im Fall eines negativen Unterschiedsbetrages der Ansatz und die Bewertung der erworbenen identifizierbaren Vermögenswerte und übernommenen Schulden sowie die Bewertung der übertragenen Gegenleistung erneut zu prüfen und gegebenenfalls zu korrigieren (sog. *reassessment*).[709] Verbleibt weiterhin ein negativer Unterschiedsbetrag, ist dieser unabhängig von seiner tatsächlichen Entstehungsursache unmittelbar ertragswirksam als **Gewinn aus einem günstigen Erwerb** (*gain on a bargain purchase*) in der Gewinn- und Verlustrechnung zu erfassen.[710]

Aufgrund der unterschiedlichen bilanziellen Erfassung von Unterschiedsbeträgen wird im Rahmen der bevorstehenden Analyse grundlegend zwischen einem positiven und einem negativen Unterschiedsbetrag unterschieden. Folglich soll zunächst der positive Unterschiedsbetrag hinsichtlich seines Charakters, seiner Ermittlung und seiner bilanziellen Behandlung bei einem Zusammenschluss durch Einlage von Kapitalgesellschaftsanteilen untersucht werden (Abschnitt 524.2), bevor der negative Unterschiedsbetrag in analoger Vorgehensweise analysiert wird (Abschnitt 524.3). Die Analyse sowohl des positiven als auch des negativen Unterschiedsbetrages schließt dabei jeweils mit einer Würdigung der Ergebnisse vor dem Ziel der Finanzberichterstattung nach IFRS.

524.2 Positiver Unterschiedsbetrag aus der Kapitalkonsolidierung

524.21 Vorbemerkung

Der Gesamtwert eines Unternehmens ist zumeist größer als die Summe der Werte seiner Teile.[711] Dieser Unterschied offenbart sich regelmäßig im Rahmen der Kapitalkonsolidierung

704 Ausführlich zum *impairment-only-approach* vgl. BIEKER, M./ESSER, M., Goodwillbilanzierung, S. 449–458; sowie kritisch HAAKER, A., Impairment-Only-Ansatz, S. 1918; GUTSCHE, R., Goodwill, S. 371–377.

705 Vgl. IAS 36.90; sowie PELLENS, B. U. A., Int. Rechnungslegung, S. 882; SENGER, T./BRUNE, J. W., in: Driesch u. a., Beck IFRS-Hdb, § 34, Rn. 238.

706 Vgl. IAS 36.124; sowie KÜTING, K./WEBER, C.-P., Konzernabschluss, S. 402.

707 Vgl. IFRS 3.34; sowie SENGER, T./BRUNE, J. W., in: Driesch u. a., Beck IFRS-Hdb, § 34, Rn. 235.

708 Vgl. IFRS 3.BC371; sowie KÜTING, K./WEBER, C.-P., Konzernabschluss, S. 406.

709 Vgl. IFRS 3.36; sowie BERNDT, T./GUTSCHE, R., in: Hennrichs u. a., MüKo Bilanzrecht, Bd. 1, IFRS 3, Rn. 104.

710 Vgl. IFRS 3.34; sowie HAYN, S./STRÖHER, T., in: Baetge u. a., IFRS, IFRS 3, Rn. 269; SENGER, T./BRUNE, J. W., in: Driesch u. a., Beck IFRS-Hdb, § 34, Rn. 235, 237.

711 Vgl. HINZ, M., Goodwillbilanzierung, S. 349; SELLHORN, T., Behandlung des Goodwill, S. 885.

als positiver Unterschiedsbetrag zwischen der erbrachten Gegenleistung und dem neubewerteten Nettovermögen des erworbenen Unternehmens und wird für gewöhnlich als Geschäfts- oder Firmenwert bezeichnet.[712] Ganz allgemein kann der Geschäfts- oder Firmenwert eines Unternehmens durch künftige **Ertragserwartungen** erklärt werden, die über den Wert des bilanziellen Nettovermögens hinausgehen.[713] Investitionstheoretisch beschreibt der Geschäfts- oder Firmenwert den Unterschied zwischen dem Ertragswert und dem Substanzwert des Unternehmens.[714] Während sich der Ertragswert als Barwert der künftigen Einzahlungsüberschüsse ergibt, entspricht der Substanzwert den kumulierten Zeitwerten der einzelnen Vermögenswerte abzüglich der Schulden.[715] Eine positive Differenz zwischen diesen Werten spiegelt schließlich Ertragspotenziale wider, die nicht im Substanzwert reflektiert werden.[716] Diese Ertragspotenziale können zum einen auf nicht bilanzierungsfähige wertbildende Faktoren wie beispielsweise die Marktstellung, die Kunden- und Lieferantenbeziehungen, die Organisationsstruktur, die Mitarbeiterqualifikation und -motivation sowie die Standortvorteile des Unternehmens zurückzuführen sein.[717] Zum anderen können sich im Rahmen eines Unternehmenszusammenschlusses aber auch Ertragspotenziale aus erwarteten Verbundvorteilen oder geplanten Restrukturierungen ergeben, die ebenfalls im Geschäfts- oder Firmenwert abgebildet sind.[718]

Zwar ist der Geschäfts- oder Firmenwert aus dem Zusammenschluss als rechnerische Residualgröße aus der übertragenen Gegenleistung und dem bilanzierten Nettovermögen zu ermitteln, allerdings steht das einer Interpretation seines Charakters und seiner Bestandteile nicht per se entgegen.[719] Für eine fundierte Analyse der Behandlung eines positiven Unterschiedsbetrages aus einem Unternehmenszusammenschluss durch Einlage von Kapitalgesellschaftsanteilen ist eine differenzierte Auseinandersetzung mit dem eigentlichen Charakter und den einzelnen Bestandteilen des Geschäfts- oder Firmenwertes vielmehr unerlässlich (Abschnitt 524.22). Vor dem Hintergrund, dass das aufnehmende Unternehmen keine Gegenleistung aus dem eigenen Vermögen erbringt, wird im Folgenden zunächst der derivative Charakter des Geschäfts- oder Firmenwertes aus einer Einlage erörtert (Abschnitt 524.221.). Anschließend wird der positive Unterschiedsbetrag in seine konzeptionellen Bestandteile zerlegt (Abschnitt 524.222.), die im weiteren Verlauf der vorliegenden Arbeit die Grundlage für eine differenzierte Analyse der

---

712 Vgl. HAYN, S./STRÖHER, T., in: Baetge u. a., IFRS, IFRS 3, Rn. 258.

713 Vgl. BAETGE, J./KIRSCH, H.-J./THIELE, S., Konzernbilanzen, S. 227; PELLENS, B. U. A., Int. Rechnungslegung, S. 856; LOPATTA, K., Goodwillbilanzierung, S. 91 f.; SCHMIDT, I. M., Umfassende Rechnungslegung, S. 57; KAHLE, H., Goodwill-Bilanzierung, S. 849.

714 Vgl. BALLWIESER, W., Geschäftswert, S. 304; STREIM, H. U. A., Goodwill-Bilanzierung, S. 22; HINZ, M., Goodwillbilanzierung, S. 349; WÖHE, G., Firmenwert, S. 92; KAHLE, H., Goodwill-Bilanzierung, S. 849.

715 Vgl. HINZ, M., Goodwillbilanzierung, S. 349; SCHMIDT, I. M., Umfassende Rechnungslegung, S. 56; KAHLE, H., Goodwill-Bilanzierung, S. 849.

716 Vgl. HINZ, M., Goodwillbilanzierung, S. 349.

717 Vgl. BAETGE, J./KIRSCH, H.-J./THIELE, S., Bilanzen, S. 170; HINZ, M., Goodwillbilanzierung, S. 349; SELLHORN, T., Behandlung des Goodwill, S. 888; WÖHE, G., Firmenwert, S. 89 f.; KAHLE, H., Goodwill-Bilanzierung, S. 849.

718 Vgl. HINZ, M., Goodwillbilanzierung, S. 349 f.; SCHMIDT, I. M., Umfassende Rechnungslegung, S. 60; KAHLE, H., Goodwill-Bilanzierung, S. 849.

719 Vgl. KAHLE, H., Goodwill-Bilanzierung, S. 850; TETTENBORN, M./HÖLTKEN, M., Beschaffenheit des Goodwill, S. 2513.

Residualgröße bilden. Um den Aussagegehalt der Residualgröße im Rahmen des hier betrachteten Sachverhaltes zu beurteilen, ist es erforderlich, die Ermittlung des Unterschiedsbetrages anhand des beizulegenden Zeitwertes der übertragenen Gegenleistung genauer zu untersuchen (Abschnitt 524.23). Aufbauend auf diesen Erkenntnissen wird die bilanzielle Behandlung des positiven Unterschiedsbetrages diskutiert (Abschnitt 524.24) und abschließend vor dem Ziel der Finanzberichterstattung nach IFRS gewürdigt (Abschnitt 524.25).

524.22 Charakter und Bestandteile eines positiven Unterschiedsbetrages

524.221. Derivativer Charakter eines positiven Unterschiedsbetrages

Grundlegend ist zwischen einem originären und einem derivativen Geschäfts- oder Firmenwert zu unterscheiden.[720] Ein **originärer Geschäfts- oder Firmenwert** (*internally generated goodwill*) wurde im Laufe der Geschäftstätigkeit durch den unternehmensinternen Aufbau und die Pflege wertbildender Faktoren von einem Unternehmen selbst geschaffen.[721] Zur Bestimmung des originären Geschäfts- oder Firmenwertes bedarf es in der Regel einer Gesamtbewertung des Unternehmens.[722] Die Identifizierung und Bewertung der jeweiligen wertbildenden Faktoren hängt dabei aber maßgeblich von subjektiven Erwartungen ab, sodass der Gesamtunternehmenswert und somit der originäre Geschäfts- oder Firmenwert nur schwer objektivierbar sind.[723] Der Standardsetzer hat sich daher für ein konkretes Aktivierungsverbot eines originären Geschäfts- oder Firmenwertes entschieden.[724]

Ein **derivativer Geschäfts- oder Firmenwert** (*purchased goodwill*) wurde hingegen im Rahmen eines Unternehmenszusammenschlusses erworben und kann daher aus der im Austausch für das erworbene Unternehmen übertragenen Gegenleistung abgeleitet werden.[725] Zwar sind die einzelnen wertbildenden Faktoren auch bei einem derivativen Geschäfts- oder Firmenwert nicht einzeln identifizierbar. Im Gegensatz zu einem originären Geschäfts- oder Firmenwert ist

---

720 Vgl. BALLWIESER, W., Geschäftswert, S. 304; SCHMIDT, I. M., Umfassende Rechnungslegung, S. 59; HINZ, M., Goodwillbilanzierung, S. 350; KÜTING, K./KOCH, C., Goodwill in der Bilanzierungspraxis, S. 49.

721 Vgl. BAETGE, J./KIRSCH, H.-J./THIELE, S., Bilanzen, S. 170, 245; HINZ, M., Goodwillbilanzierung, S. 350; WÖHE, G., Firmenwert, S. 91; SCHMIDT, I. M., Umfassende Rechnungslegung, S. 59.

722 Vgl. WÖHE, G., Firmenwert, S. 91.

723 Vgl. IAS 38.49; sowie HINZ, M., Goodwillbilanzierung, S. 350; KAHLE, H., Goodwill-Bilanzierung, S. 849.

724 Vgl. IAS 38.48; sowie TETTENBORN, M./HÖLTKEN, M., Beschaffenheit des Goodwill, S. 2514; LOPATTA, K., Goodwillbilanzierung, S. 92; KAHLE, H., Goodwill-Bilanzierung, S. 849. Obgleich der originäre Geschäfts- oder Firmenwert dem *Conceptual Framework* nach die Voraussetzungen zum Ansatz als Vermögenswert erfüllt, ist der Standardsetzer der Ansicht, dass der Ansatz nicht erforderlich sei, um das Ziel der Finanzberichterstattung nach IFRS zu erfüllen. Vgl. DEHMEL, I., Definitions- und Ansatzkriterien, S. 1774.

725 Vgl. HINZ, M., Goodwillbilanzierung, S. 350; BUSSE VON COLBE, W. U. A., Konzernabschlüsse, S. 236.

ein derivativer Geschäfts- oder Firmenwert aber durch eine Markttransaktion bestätigt und folglich vergleichsweise stärker objektiviert.[726] Schließlich definiert der Standardsetzer den derivativen Geschäfts- oder Firmenwert aus einem Unternehmenszusammenschluss explizit als einen Vermögenswert,[727] der zwingend im Konzernabschluss des Erwerbers zu aktivieren ist.[728]

Mangels Identifizierbarkeit der jeweiligen wertbildenden Faktoren ist eine unmittelbare Bewertung des derivativen Geschäfts- oder Firmenwertes nicht möglich.[729] Stattdessen ist der derivative Geschäfts- oder Firmenwert grundsätzlich als **Residualgröße** aus der übertragenen Gegenleistung und dem neubewerteten Nettovermögen des erworbenen Unternehmens zu ermitteln.[730] Der originäre und der derivative Geschäfts- oder Firmenwert müssen dabei wertmäßig nicht übereinstimmen.[731] In Abhängigkeit von der Gegenleistung kann der derivative Geschäfts- oder Firmenwert dem originären entsprechen, diesen übersteigen oder dahinter zurückbleiben.[732] In der Regel wird der Erwerber neben dem originären Geschäfts- oder Firmenwert des erworbenen Unternehmens erwartete Verbundvorteile aus dem Zusammenschluss in seinem Kaufpreiskalkül berücksichtigen.[733] Zugleich ist davon auszugehen, dass der letztlich aktivierte Geschäfts- oder Firmenwert nur einen Teil des insgesamt erwarteten Ertragspotenzials aus dem Unternehmenszusammenschluss repräsentiert, da der Erwerber zumeist einen Preis unterhalb seiner individuellen Zahlungsbereitschaft durchsetzen kann.[734]

Im Hinblick auf einen Unternehmenszusammenschluss durch **Einlage von Kapitalgesellschaftsanteilen** besteht die vermeintliche Gegenleistung aus den ausgegebenen Eigenkapitalanteilen. Insofern hat das aufnehmende Unternehmen keine Ressourcen aus seinem Vermögen an die ehemaligen Gesellschafter des aufzunehmenden Unternehmens übertragen, sodass es an einer pagatorischen Grundlage zur Ermittlung des Unterschiedsbetrages fehlt.[735] Zwar lässt sich theoretisch ein Unterschiedsbetrag anhand des beizulegenden Zeitwertes der ausgegebenen Ei-

---

[726] Vgl. BALLWIESER, W., Geschäftswert, S. 305; SELLHORN, T., Behandlung des Goodwill, S. 887; HINZ, M., Goodwillbilanzierung, S. 350; LOPATTA, K., Goodwillbilanzierung, S. 93; MOXTER, A., Geschäfts- oder Firmenwert, S. 849; HAAKER, A., Goodwill-Bilanzierung, S. 65 m. w. N. Die Objektivierung ist allerdings insofern zu relativieren, als auch die Ermittlung des Substanzwertes Ermessensspielräume eröffnet. Vgl. KAHLE, H., Goodwill-Bilanzierung, S. 849.

[727] Vgl. IFRS 3.A; IFRS 3.BC312–BC318; IAS 36.81; sowie HAYN, S./STRÖHER, T., in: Baetge u. a., IFRS, IFRS 3, Rn. 261; BUSSE VON COLBE, W. U. A., Konzernabschlüsse, S. 237; HINZ, M., Goodwillbilanzierung, S. 352; TETTENBORN, M./HÖLTKEN, M., Beschaffenheit des Goodwill, S. 2514.

[728] Vgl. IFRS 3.32; sowie PELLENS, B. U. A., Int. Rechnungslegung, S. 856; BERNDT, T./GUTSCHE, R., in: Hennrichs u. a., MüKo Bilanzrecht, Bd. 1, IFRS 3, Rn. 82.

[729] Vgl. IFRS 3.BC328; sowie HAYN, S./STRÖHER, T., in: Baetge u. a., IFRS, IFRS 3, Rn. 266; HAAKER, A., Goodwill-Bilanzierung, S. 78 m. w. N.

[730] Vgl. IFRS 3.BC312 und IFRS 3.BC328; sowie HAYN, S./STRÖHER, T., in: Baetge u. a., IFRS, IFRS 3, Rn. 262.

[731] Vgl. HINZ, M., Goodwillbilanzierung, S. 351.

[732] Vgl. BUSSE VON COLBE, W. U. A., Konzernabschlüsse, S. 236.

[733] Vgl. SCHMIDT, I. M., Umfassende Rechnungslegung, S. 60. Siehe hierzu auch Abschnitt 524.222. der vorliegenden Arbeit.

[734] Vgl. HAAKER, A., Goodwill-Bilanzierung, S. 125 m. w. N.

[735] Vgl. ähnlich PELLENS, B./SELLHORN, T., Fresh-Start-Methode, S. 2132.

genkapitalanteile ermitteln. Die Ermittlung des beizulegenden Zeitwertes der ausgegebenen Eigenkapitalanteile bedarf allerdings regelmäßig einer Unternehmensbewertung.[736] Demzufolge ist die Bestimmung des (vermeintlich) derivativen Geschäfts- oder Firmenwertes mit ähnlichen Herausforderungen verbunden wie die eines originären Geschäfts- oder Firmenwertes.

Schließlich ist kritisch zu prüfen, ob es sich bei einer Einlage von Kapitalgesellschaftsanteilen überhaupt um einen derivativen Geschäfts- oder Firmenwert handeln kann. Einerseits wurde der Geschäfts- oder Firmenwert im Rahmen des hier betrachteten Sachverhaltes von dem aufnehmenden Unternehmen nicht selbst geschaffen. Andererseits hat das aufnehmende Unternehmen diesen Geschäfts- oder Firmenwert auch nicht im Rahmen eines Erwerbsvorganges vergütet.[737] Angesichts der Regelungen zu unentgeltlichen Unternehmenszusammenschlüssen[738] oder zur *full goodwill method*[739] scheint es dem Standardsetzer jedoch nicht zwangsläufig auf die Übertragung einer pagatorischen Gegenleistung anzukommen, damit der Unterschiedsbetrag einen derivativen Charakter hat.[740] In diesen Fällen lässt er den Ansatz eines Geschäfts- oder Firmenwertes auch dann zu, wenn dieser nicht (vollständig) durch eine Gegenleistung abgegolten wurde. Im Zentrum der Beurteilung der Ansatzfähigkeit steht offenbar nicht die Gegenleistung an sich, sondern vielmehr die Tatsache, dass der Geschäfts- oder Firmenwert im Rahmen einer Markttransaktion übertragen und eben nicht selbst geschaffen wurde.[741] Bei einer Einlage wendet das aufnehmende Unternehmen zwar keine Gegenleistung aus dem eigenen Vermögen auf. Dem Zusammenschluss liegt aber dennoch eine Markttransaktion zwischen den Gesellschaftern zugrunde.[742] In diesem Sinne ließe sich auch einem Unterschiedsbetrag aus dem Zusammenschluss durch Einlage von Kapitalgesellschaftsanteilen ein derivativer Charakter zugestehen.[743]

524.222. Bestandteile eines positiven Unterschiedsbetrages

Angesichts der Vielfalt der wertbildenden Faktoren, die die Residualgröße letztlich bestimmen,[744] wird der derivative Geschäfts- oder Firmenwert häufig als ein undurchsichtiges Wertekonglomerat beschrieben.[745] Der Standardsetzer unternimmt dennoch den Versuch, den derivativen Geschäfts- oder Firmenwert zumindest in konzeptioneller Hinsicht in seine Bestandteile

---

736 Vgl. LIECK, H., Bilanzierung von Umwandlungen, S. 93.

737 Zu den verschiedenen Auffassungen betreffend den derivativen Charakter eines Geschäfts- oder Firmenwertes vgl. HAAKER, A., Goodwill-Bilanzierung, S. 62–67.

738 Vgl. IFRS 3.33; sowie SENGER, T./BRUNE, J. W., in: Driesch u. a., Beck IFRS-Hdb, § 34, Rn. 197.

739 Vgl. IFRS 3.19 (a); sowie BADER, A./SCHREDER, M., Full vs. Partial Goodwill Methode, S. 276–282.

740 So auch ENGELKE, F., Mehrstufiger Konzern, S. 91; ALKEMEIER, M., Konzerninterne Unternehmenszusammenschlüsse, S. 126; PELLENS, B./SELLHORN, T./AMSHOFF, H., Reform der Konzernbilanzierung, S. 1751 f.

741 Vgl. HAAKER, A., Goodwill-Bilanzierung, S. 65 f. m. w. N.; SCHMIDT, I. M., Umfassende Rechnungslegung, S. 60 f.; BUSSE VON COLBE, W. U. A., Konzernabschlüsse, S. 238.

742 Vgl. hierzu Abschnitt 331.4 der vorliegenden Arbeit.

743 So auch DEGENER, G. J., Merger of Equals, S. 130 f., der von einem quasi-derivativen Geschäfts- oder Firmenwert spricht. A. A. SIEGEL, T., Zeitwertansatz, S. 319, der den Geschäfts- oder Firmenwert als fiktiv bezeichnet.

744 Vgl. SCHMIDT, I. M., Umfassende Rechnungslegung, S. 53.

745 Vgl. SELLHORN, T., Behandlung des Goodwill, S. 888; SCHMIDT, I. M., Umfassende Rechnungslegung, S. 57; KÜHNBERGER, M., Firmenwerte in der Bilanz, S. 677; HAAKER, A., Full Goodwill Method, S. 57; KAHLE, H.,

zu zerlegen,[746] die im Folgenden als Grundlage einer differenzierten Analyse des Unterschiedsbetrages dienen. Dabei identifiziert er in Anlehnung an die Konzeption von JOHNSON/PETRONE zwei Kernkomponenten (sog. *core goodwill*[747]), die den derivativen Geschäfts- oder Firmenwert maßgeblich begründen.[748] Zum einen besteht der derivative Geschäfts- oder Firmenwert aus dem **Fortführungswert** (*going concern goodwill*[749]) des erworbenen Unternehmens.[750] Darunter sind solche Ertragspotenziale zusammenzufassen, die bei unveränderter Fortführung der Geschäftstätigkeit des bestehenden Unternehmens über den Substanzwert hinaus zu erwarten sind.[751] Der Fortführungswert beruht demzufolge auf den wertbildenden Faktoren des originären Geschäfts- oder Firmenwertes,[752] die dem alleinstehenden (*stand-alone*) Unternehmen bereits vor dem Zusammenschluss anhaften (sog. unechte Synergien[753]).[754] Zum anderen umfasst der derivative Geschäfts- oder Firmenwert den **Kombinationswert** (*combination goodwill*[755]) aus dem Zusammenschluss.[756] Im Gegensatz zu dem Fortführungswert wird der Kombinationswert erst durch den Zusammenschluss geschaffen und ist daher für die individuelle Unternehmensverbindung spezifisch.[757] Der Kombinationswert beschreibt dabei das Ertragspotenzial, das sich im Wesentlichen aufgrund von erwarteten Verbundvorteilen zwischen dem Erwerber und dem erworbenen Unternehmen ergibt (sog. echte Synergien[758]).[759] Darüber hinaus können Ertragspotenziale aus geplanten Restrukturierungsmaßnahmen oder aus dem Beitrag des erworbenen Unternehmens zur Strategieumsetzung des Erwerbers resultieren, die ebenfalls dem Kombinationswert zugeordnet werden können.[760]

Aufgrund der Ermittlungssystematik des Unterschiedsbetrages nach IFRS 3 kann die zu aktivierende Residualgröße weitere Bestandteile enthalten, die dem derivativen Geschäfts- oder

Goodwill-Bilanzierung, S. 850; KÜTING, K., Bilanzanalyse am Neuen Markt, S. 676.

746 Vgl. IFRS 3.BC313–BC318. Der Standardsetzer orientiert sich dabei an der Konzeption von JOHNSON, L. T./PETRONE, K., Is Goodwill an Asset?, S. 293–303. Daneben bestehen in der Literatur weitere Ansätze zur Erklärung der Komponenten eines Geschäfts- oder Firmenwertes. Vgl. z. B. WÖHE, G., Firmenwert, S. 89–108; SELLHORN, T., Behandlung des Goodwill, S. 885–892; ALVAREZ, M./BIBERACHER, J., Goodwill-Bilanzierung, S. 346–353.

747 Vgl. JOHNSON, L. T./PETRONE, K., Is Goodwill an Asset?, S. 296.

748 Vgl. IFRS 3.BC316; sowie HINZ, M., Goodwillbilanzierung, S. 351; HAYN, S./STRÖHER, T., in: Baetge u. a., IFRS, IFRS 3, Rn. 265–267.

749 Vgl. JOHNSON, L. T./PETRONE, K., Is Goodwill an Asset?, S. 296.

750 Vgl. IFRS 3.BC313 (3).

751 Vgl. JOHNSON, L. T./PETRONE, K., Is Goodwill an Asset?, S. 296; STREIM, H. U. A., Goodwill-Bilanzierung, S. 23.

752 Vgl. HINZ, M., Goodwillbilanzierung, S. 351; PELLENS, B. U. A., Int. Rechnungslegung, S. 856; SELLHORN, T., Behandlung des Goodwill, S. 889. Ferner kann der Fortführungswert auch derivative Geschäfts- oder Firmenwerte aus vorhergehenden Transaktionen umfassen. Vgl. IFRS 3.BC316; sowie JOHNSON, L. T./PETRONE, K., Is Goodwill an Asset?, S. 296; LOPATTA, K., Goodwillbilanzierung, S. 96.

753 Vgl. IDW (Hrsg.), IDW S 1 (2008), Rn. 32–34.

754 Vgl. JOHNSON, L. T./PETRONE, K., Is Goodwill an Asset?, S. 296; HAAKER, A., Goodwill-Bilanzierung, S. 126 f.

755 Vgl. JOHNSON, L. T./PETRONE, K., Is Goodwill an Asset?, S. 296.

756 Vgl. IFRS 3.BC313 (4).

757 Vgl. IFRS 3.BC316; sowie JOHNSON, L. T./PETRONE, K., Is Goodwill an Asset?, S. 296; SELLHORN, T., Behandlung des Goodwill, S. 889; LOPATTA, K., Goodwillbilanzierung, S. 96.

758 Vgl. IDW (Hrsg.), IDW S 1 (2008), Rn. 32–34.

759 Vgl. IFRS 3.BC316; sowie HACHMEISTER, D./KUNATH, O., Geschäfts- oder Firmenwert, S. 65.

760 Vgl. HINZ, M., Goodwillbilanzierung, S. 351; SELLHORN, T., Behandlung des Goodwill, S. 890.

Firmenwert konzeptionell nicht zuzurechnen sind.[761] So besteht die Möglichkeit, dass der Erwerber bewusst oder unbewusst eine zu hohe Gegenleistung für das erworbene Unternehmen erbringt.[762] Eine solche **Überzahlung** (*overpayment*[763]) ist nicht durch künftige Ertragspotenziale des erworbenen Unternehmens gedeckt und daher kein werthaltiger Bestandteil des derivativen Geschäfts- oder Firmenwertes.[764] Vielmehr ergibt sich nach Ansicht des Standardsetzers aus dem Unternehmenszusammenschluss aufgrund der Überzahlung ein wirtschaftlicher Verlust für das erwerbende Unternehmen,[765] da der übertragenen Gegenleistung nur Ertragspotenziale in geringerer Höhe gegenüberstehen. In konzeptioneller Hinsicht sei die Überzahlung daher nicht als Teil des Geschäfts- oder Firmenwertes zu aktivieren, sondern müsste bereits im Erwerbszeitpunkt als Aufwand erfasst werden.[766] Allerdings ist eine tatsächliche Überzahlung im Erwerbszeitpunkt – wenn überhaupt – nur schwer zu erkennen und zu quantifizieren, sodass eine gesonderte Behandlung nicht praktikabel erscheint.[767] Somit fließt eine Überzahlung zwangsläufig in die Residualgröße ein und wird infolgedessen als Teil des derivativen Geschäfts- oder Firmenwertes aktiviert.[768] Der Standardsetzer weist in diesem Zusammenhang aber darauf hin, dass eine Überzahlung theoretisch in den folgenden Perioden im Rahmen einer Werthaltigkeitsprüfung erkannt und entsprechend aufwandswirksam korrigiert würde.[769]

Neben einer Überzahlung kann sich auch eine **Überbewertung** (*overvaluation*[770]) der übertragenen Gegenleistung in der Residualgröße niederschlagen.[771] Eine Überbewertung repräsentiert ebenso wie eine Überzahlung keine künftigen Ertragspotenziale und ist daher konzeptionell nicht dem Geschäfts- oder Firmenwert zuzurechnen.[772] Vielmehr handelt es sich dabei um einen

---

761 Vgl. STREIM, H. U. A., Goodwill-Bilanzierung, S. 23; HOMMEL, M., Goodwill und Badwill, S. 803. Der Standardsetzer identifiziert nicht aufgedeckte stille Reserven als weitere Komponenten des Unterschiedsbetrages, die konzeptionell ebenfalls kein Bestandteil des Geschäfts- oder Firmenwertes sind. Diese Komponenten sind gemäß IFRS 3.BC317 durch einen umfassenden Ansatz sämtlicher identifizierbarer Vermögenswerte mit ihren beizulegenden Zeitwerten zu vermeiden. Ausführlich zum Ansatz und zur Bewertung der Vermögenswerte vgl. Abschnitt 523. der vorliegenden Arbeit.

762 Vgl. IFRS 3.BC382.

763 Vgl. IFRS 3.BC313 (6); sowie JOHNSON, L. T./PETRONE, K., Is Goodwill an Asset?, S. 295 f.

764 Vgl. IFRS 3.BC315; sowie SELLHORN, T., Behandlung des Goodwill, S. 888 f. Eine Unterzahlung (*underpayment*) führt hingegen zu einer entsprechend niedrigeren Residualgröße. In diesem Fall wird nur ein Teil der erwarteten Ertragspotenziale vergütet.

765 Vgl. IFRS 3.BC315; sowie JOHNSON, L. T./PETRONE, K., Is Goodwill an Asset?, S. 296.

766 Vgl. IFRS 3.BC382.

767 Vgl. IFRS 3.BC382; sowie HACHMEISTER, D./KUNATH, O., Geschäfts- oder Firmenwert, S. 65.

768 Vgl. STREIM, H. U. A., Goodwill-Bilanzierung, S. 23; HACHMEISTER, D./KUNATH, O., Geschäfts- oder Firmenwert, S. 65; MOSER, U./TESCHE, T./HELL, C., Untersuchung des erworbenen Goodwill, S. 86.

769 Vgl. IFRS 3.BC382; sowie HAYN, S./STRÖHER, T., in: Baetge u. a., IFRS, IFRS 3, Rn. 266.

770 Vgl. IFRS 3.BC313 (5); sowie JOHNSON, L. T./PETRONE, K., Is Goodwill an Asset?, S. 295.

771 Vgl. HACHMEISTER, D./KUNATH, O., Geschäfts- oder Firmenwert, S. 65.

772 Vgl. IFRS 3.BC315; sowie STREIM, H. U. A., Goodwill-Bilanzierung, S. 23. Eine Unterbewertung (*undervaluation*) wird vom Standardsetzer zwar nicht explizit berücksichtigt, ist aber ebenso denkbar und führt zu einer entsprechend niedrigeren Residualgröße.

Bewertungsfehler im Rahmen der Bewertung der Gegenleistung,[773] dem mit besonderer Sorgfalt vorzubeugen ist.[774] Aufgrund von Unwägbarkeiten im Bewertungsprozess werden sich Bewertungsfehler allerdings nicht immer vollständig vermeiden lassen, sodass eine gegebenenfalls verbleibende Überbewertung dennoch in die Residualgröße eingeht und als Teil des derivativen Geschäfts- oder Firmenwertes aktiviert wird.[775] Sofern die Überbewertung als solche erkannt wird, wäre der Wertansatz des Geschäfts- oder Firmenwertes theoretisch nach den allgemeinen Regelungen zur Berichtigung von Fehlern gemäß IAS 8 retrospektiv erfolgsneutral zu korrigieren.[776] Da es (nachträglich) allerdings nur schwer möglich sein dürfte, eine Überbewertung als solche zu identifizieren, ist eher davon auszugehen, dass diese künftig im Rahmen einer Werthaltigkeitsprüfung undifferenziert als Wertminderungsaufwand erfasst wird.

Obgleich aufgrund der Ermittlungssystematik auch geschäftswertfremde Bestandteile in den Unterschiedsbetrag einfließen können, geht der Standardsetzer davon aus, dass die Residualgröße im Wesentlichen aus den Kernbestandteilen eines Geschäfts- oder Firmenwertes besteht, sodass ein positiver Unterschiedsbetrag insgesamt als Vermögenswert zu klassifizieren ist.[777] Die Abbildung 5-2 gibt einen Überblick über die zuvor beschriebenen (potenziellen) Bestandteile eines positiven Unterschiedsbetrages nach IFRS 3.

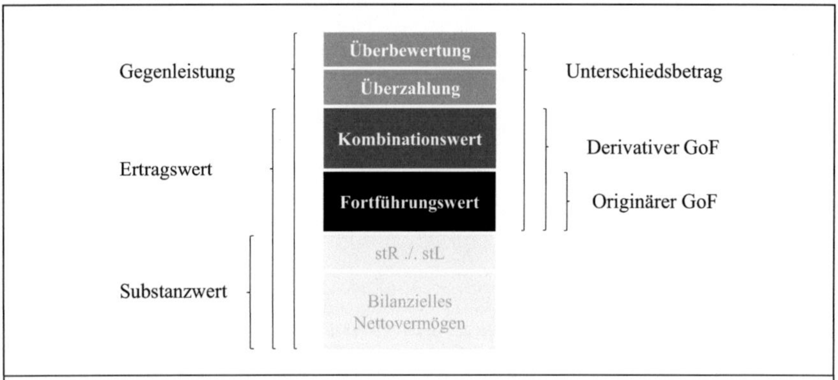

Legende: GoF ≙ Geschäfts- oder Firmenwert | stL ≙ stille Lasten | stR ≙ stille Reserven

Abbildung 5-2: Potenzielle Bestandteile eines positiven Unterschiedsbetrages nach IFRS 3

773 Vgl. IFRS 3.BC315; sowie JOHNSON, L. T./PETRONE, K., Is Goodwill an Asset?, S. 295 f.; SELLHORN, T., Behandlung des Goodwill, S. 889.

774 Vgl. IFRS 3.BC317 (a).

775 Vgl. STREIM, H. U. A., Goodwill-Bilanzierung, S. 23.

776 Vgl. IAS 8.42–47.

777 Vgl. IFRS 3.BC135 (2004); sowie HAYN, S./STRÖHER, T., in: Baetge u. a., IFRS, IFRS 3, Rn. 266.

524.23 Ermittlung eines positiven Unterschiedsbetrages anhand des beizulegenden Zeitwertes der Gegenleistung

524.231. Vorbemerkung

Der Wert des derivativen Geschäfts- oder Firmenwertes leitet sich nach den Vorschriften des IFRS 3 aus dem beizulegenden Zeitwert der übertragenen Gegenleistung ab.[778] Da es im Rahmen von Unternehmenszusammenschlüssen durch Einlage von Kapitalgesellschaftsanteilen aber an der Übertragung wirtschaftlicher Ressourcen aus dem Vermögen des aufnehmenden Unternehmens als Gegenleistung für die Beteiligung an dem aufzunehmenden Unternehmen fehlt, ist grundsätzlich auf den beizulegenden Zeitwert der ausgegebenen Eigenkapitalanteile abzustellen.[779] Für den Fall, dass der Wert der erhaltenen Anteile allerdings verlässlicher ermittelt werden kann als derjenige der ausgegebenen Anteile, ist stattdessen der beizulegende Zeitwert der Eigenkapitalanteile des aufzunehmenden Unternehmens zur Bestimmung der Gegenleistung heranzuziehen. Dabei stellt sich die Frage, inwiefern der beizulegende Zeitwert der ausgegebenen bzw. erhaltenen Eigenkapitalanteile geeignet ist, den derivativen Geschäfts- oder Firmenwert aus dem Zusammenschluss abzuleiten. Dazu wird zunächst allgemein die Konzeption des beizulegenden Zeitwertes nach IFRS 13 vorgestellt (Abschnitt 524.232.), bevor die konkreten Implikationen aus der Verwendung der jeweiligen Bezugsgröße für den Umfang und die Bestandteile des derivativen Geschäfts- oder Firmenwertes analysiert werden (Abschnitt 524.233.).

524.232. Konzeption des beizulegenden Zeitwertes nach IFRS 13

Die Grundprinzipien der Bewertung mit dem beizulegenden Zeitwert werden mit dem Ziel ihrer einheitlichen Verwendung innerhalb der Rechnungslegung nach IFRS standardübergreifend in IFRS 13 *Fair Value Measurement* geregelt.[780] Der beizulegende Zeitwert (*fair value*[781]) ist demgemäß als derjenige Preis definiert, der im Rahmen einer gewöhnlichen Transaktion zwischen Marktteilnehmern bei der Veräußerung eines Vermögenswertes oder der Übertragung einer Schuld am Bewertungsstichtag gezahlt würde.[782] Insofern entspricht der beizulegende Zeitwert einem **Marktpreis**, der die gegenwärtigen Marktbedingungen aus der Perspektive eines typischen Marktteilnehmers widerspiegelt.[783] Dabei wird eine **gewöhnliche Transaktion** zwischen sachverständigen, vertragswilligen und voneinander unabhängigen Marktteilnehmern

---

778 Vgl. hierzu Abschnitt 524.1 der vorliegenden Arbeit.

779 Vgl. hier und im folgenden Satz IFRS 3.32 f.

780 Vgl. GROßE, J.-V., Fair Value Measurement, S. 286; ZWIRNER, C./BOECKER, C., Fair Value Measurement, S. 7; FISCHER, D. T., Fair Value Measurement, S. 235.

781 Der Begriff des *fair value* impliziert zwar, dass es sich um den angemessenen „wahren" Wert eines Vermögenswertes oder einer Schuld handelt. Allerdings stellt der Standardsetzer bewusst auf einen (fiktiven) Marktpreis ab, der nicht zwangsläufig diesem Wert entsprechen muss. Vgl. CASTEDELLO, M./KLINGBEIL, C., IFRS 13: Anwendungsfragen, S. 483 f.

782 Vgl. IFRS 3.A; IFRS 13.9; sowie KIRSCH, H.-J. U. A., in: Baetge u. a., IFRS, IFRS 13, Rn. 14; GROßE, J.-V., Fair Value Measurement, S. 287.

783 Vgl. IFRS 13.2; IFRS 13.24; sowie HITZ, J.-M./ZACHOW, J., Beizulegender Zeitwert, S. 966; GROßE, J.-V., Fair Value Measurement, S. 286, 288.

unterstellt,[784] sodass von einer etwaigen Not- oder Zwangssituation zu abstrahieren ist.[785] Ferner sind nur diejenigen Merkmale des Bewertungsobjektes in die Bewertung einzubeziehen, die auch ein **typischer Marktteilnehmer** berücksichtigen würde.[786] Transaktions- und unternehmensspezifische Einflüsse sind zugunsten der strengen Marktorientierung hingegen ausdrücklich zu vernachlässigen.[787]

Der Standardsetzer stellt explizit auf den **Veräußerungspreis** (*exit price*) ab,[788] sodass Beschaffungspreise sowie Nutzungswerte für die Ermittlung des beizulegenden Zeitwertes grundsätzlich nicht infrage kommen.[789] Dabei ist es für die Bewertung unerheblich, ob der Vermögenswert oder die Schuld tatsächlich veräußert werden soll.[790] Vielmehr ist die Veräußerung zu fingieren und ein hypothetischer Veräußerungspreis zu ermitteln (Abgangsfiktion).[791]

Sofern der Veräußerungspreis nicht unmittelbar am Markt beobachtet werden kann, sind zur Ermittlung des beizulegenden Zeitwertes geeignete Bewertungsverfahren heranzuziehen.[792] Als **Bewertungsverfahren** kommen dabei grundsätzlich marktpreisorientierte (*market approach*), kapitalwertorientierte (*income approach*) oder kostenorientierte (*cost approach*) Verfahren in Betracht.[793] Der Standardsetzer sieht grundsätzlich keine Rangordnung zur Anwendung der jeweiligen Verfahren vor.[794] Stattdessen macht er die Wahl eines Verfahrens von der Verfügbarkeit und der Qualität der bewertungsrelevanten **Eingangsparameter** abhängig.[795] Dabei ist grundlegend zwischen beobachtbaren und nicht beobachtbaren Eingangsparametern

---

784 Vgl. IFRS 13.15; IFRS 13.A; sowie GROßE, J.-V., Fair Value Measurement, S. 288.

785 Vgl. FLICK, P./GEHRER, J./MEYER, S., Fair Value-Ermittlung, S. 388.

786 Vgl. IFRS 13.11; sowie ZWIRNER, C./BOECKER, C., Fair Value Measurement, S. 8; GROßE, J.-V., Fair Value Measurement, S. 287. Transaktionskosten sind dabei nicht in den beizulegenden Zeitwert einzubeziehen. Transportkosten (zum Markt) sind hingegen zwar grundsätzlich zu berücksichtigen, allerdings dürften diese bei der Bewertung von Eigenkapitalanteilen vernachlässigbar sein. Vgl. IFRS 13.25 f.; sowie FLICK, P./GEHRER, J./MEYER, S., Fair Value-Ermittlung, S. 388.

787 Vgl. ZWIRNER, C./BOECKER, C., Fair Value Measurement, S. 8; FLICK, P./GEHRER, J./MEYER, S., Fair Value-Ermittlung, S. 388.

788 Vgl. IFRS 13.24; sowie FISCHER, D. T., Fair Value Measurement, S. 236; ZWIRNER, C./BOECKER, C., Fair Value Measurement, S. 8. Gleichwohl geht der Standardsetzer davon aus, dass der Beschaffungspreis und der Veräußerungspreis in der Regel identisch sind. Vgl. IFRS 13.BC44; sowie ausführlich CASTEDELLO, M./KLINGBEIL, C., IFRS 13: Anwendungsfragen, S. 483 f.

789 Vgl. LÜDENBACH, N./HOFFMANN, W.-D./FREIBERG, J., in: Lüdenbach u. a., Haufe IFRS, § 8a, Rn. 13; HITZ, J.-M./ZACHOW, J., Beizulegender Zeitwert, S. 966.

790 Vgl. WAWRZINEK, W./LÜBBIG, M., in: Driesch u. a., Beck IFRS-Hdb, § 2, Rn. 240; FLICK, P./GEHRER, J./MEYER, S., Fair Value-Ermittlung, S. 388.

791 Vgl. HITZ, J.-M./ZACHOW, J., Beizulegender Zeitwert, S. 966; GIMPEL-HENNING, N., Sukzessive Anteilserwerbe, S. 98.

792 Vgl. IFRS 13.61 f.; sowie FISCHER, D. T., Fair Value Measurement, S. 237; ZWIRNER, C./BOECKER, C., Fair Value Measurement, S. 8.

793 Vgl. IFRS 13.62; sowie FISCHER, D. T., Fair Value Measurement, S. 237.

794 Vgl. IFRS 13.74; sowie CASTEDELLO, M./KLINGBEIL, C., IFRS 13: Anwendungsfragen, S. 485 f.; ZWIRNER, C./BOECKER, C., Fair Value Measurement, S. 9; HITZ, J.-M./ZACHOW, J., Beizulegender Zeitwert, S. 969.

795 Vgl. IFRS 13.61; sowie FISCHER, D. T., Fair Value Measurement, S. 237.

zu unterscheiden und dasjenige Verfahren zu wählen, dessen Verwendung möglichst viele beobachtbare und möglichst wenige nicht beobachtbare Eingangsparameter erfordert.[796]

Zur Beurteilung der Güte der Eingangsparameter ordnet der Standardsetzer diese in eine dreistufige **Hierarchie** ein.[797] Dabei nimmt er eine Abstufung der Bewertungsparameter nach ihrer Objektivität vor.[798] Die Güte des ermittelten beizulegenden Zeitwertes insgesamt wird schließlich durch den Eingangsparameter der niedrigsten Hierarchiestufe bestimmt, der die Bewertung maßgeblich beeinflusst hat.[799] Diese Einordnung ist letztlich bedeutsam, da in Abhängigkeit der Hierarchiestufe unterschiedlich umfangreich im Anhang über die verwendeten Parameter zu berichten ist.[800] Dadurch soll den Adressaten die Möglichkeit gegeben werden, die Güte des beizulegenden Zeitwertes selbst zu beurteilen.[801]

Die höchste Priorität bei der Auswahl der Eingangsparameter kommt der **ersten Stufe** (*level 1 inputs*) der Hierarchie zu.[802] Die erste Stufe umfasst Marktpreise, die auf *aktiven* Märkten[803] für *identische* Vermögenswerte oder Schulden am Bewertungsstichtag zu beobachten sind.[804] Nach Auffassung des Standardsetzers ist ein solcher Preis der verlässlichste Nachweis für den beizulegenden Zeitwert des Bewertungsobjektes und daher unverändert zu übernehmen.[805] Dementsprechend handelt es sich bei Preisen der ersten Stufe streng genommen nicht um Eingangsparameter für ein Bewertungsverfahren, sondern um den beizulegenden Zeitwert selbst.[806] Eine gegebenenfalls erforderliche Anpassung dieses Preises schränkt die Objektivität des sich ergebenden Wertes ein und führt daher unweigerlich zu einer Herabstufung innerhalb der Hierarchie.[807]

---

796 Vgl. IFRS 13.61; IFRS 13.67; sowie ZWIRNER, C./BOECKER, C., Fair Value Measurement, S. 8; CASTEDELLO, M./KLINGBEIL, C., IFRS 13: Anwendungsfragen, S. 486; GROßE, J.-V., Fair Value Measurement, S. 290; HITZ, J.-M./ZACHOW, J., Beizulegender Zeitwert, S. 968.

797 Vgl. IFRS 13.72; sowie FISCHER, D. T., Fair Value Measurement, S. 237; HITZ, J.-M./ZACHOW, J., Beizulegender Zeitwert, S. 969.

798 Vgl. GROßE, J.-V., Fair Value Measurement, S. 290.

799 Vgl. IFRS 13.73; sowie FISCHER, D. T., Fair Value Measurement, S. 238; CASTEDELLO, M./KLINGBEIL, C., IFRS 13: Anwendungsfragen, S. 486; ZWIRNER, C./BOECKER, C., Fair Value Measurement, S. 9.

800 Vgl. ZWIRNER, C./BOECKER, C., Fair Value Measurement, S. 9.

801 Vgl. CASTEDELLO, M./KLINGBEIL, C., IFRS 13: Anwendungsfragen, S. 486.

802 Vgl. IFRS 13.72; sowie THEILE, C., in: Heuser u. a., IFRS-Hdb, B. IV., Rn. 470.

803 Auf einem aktiven Markt (*active market*) finden Transaktionen mit ausreichender Häufigkeit und ausreichendem Volumen statt, sodass fortlaufend Preisinformationen zu dem Vermögenswert oder der Schuld bereitstehen. Vgl. IFRS 13.A; sowie ausführlich zu den Anforderungen an einen aktiven Markt KÜTING, K./CASSEL, J., Bewertung börsengehandelter Anteile, S. 287–305.

804 Vgl. IFRS 13.76; sowie FISCHER, D. T., Fair Value Measurement, S. 238; GROßE, J.-V., Fair Value Measurement, S. 291.

805 Vgl. IFRS 13.77; sowie HITZ, J.-M./ZACHOW, J., Beizulegender Zeitwert, S. 969; FISCHER, D. T., Fair Value Measurement, S. 238.

806 Vgl. GROßE, J.-V., Fair Value Measurement, S. 290.

807 Vgl. IFRS 13.79; sowie HITZ, J.-M./ZACHOW, J., Beizulegender Zeitwert, S. 969; FLICK, P./GEHRER, J./MEYER, S., Fair Value-Ermittlung, S. 390.

Bei Eingangsparametern der **zweiten Stufe** (*level 2 inputs*) handelt es sich um solche, die nicht der ersten Stufe zugeordnet, aber weiterhin direkt oder zumindest indirekt an einem Markt beobachtet werden können.[808] Neben angepassten Marktpreisen der ersten Stufe sind darunter auch Marktpreise *identischer* Vermögenswerte und Schulden an *inaktiven* Märkten sowie Marktpreise *ähnlicher* Vermögenswerte und Schulden an *aktiven* Märkten zu subsumieren.[809] Darüber hinaus können auch andere Marktinformationen, die keine Preise darstellen, der zweiten Stufe zugeordnet werden, sofern sie an einem Markt beobachtet werden können.[810] Schließlich zählen selbst solche Informationen noch zur zweiten Stufe, die lediglich aus beobachtbaren Daten abgeleitet werden.[811] Eine Anpassung der Parameter der zweiten Stufe zieht demzufolge nicht zwingend eine Herabstufung in der Hierarchie nach sich.[812] Je nach Ausmaß der Anpassung kann allerdings eine Einordnung auf der dritten Stufe angezeigt sein.[813]

Die Eingangsparameter der **dritten Stufe** (*level 3 inputs*) umfassen schließlich sämtliche Informationen, die nicht an einem Markt beobachtet werden können.[814] Darunter fallen vor allem unternehmensinterne Informationen, Einschätzungen und Erwartungen.[815] Grundsätzlich ist auf die Parameter der dritten Stufe nur in dem Maße zurückzugreifen, wie es an bewertungsrelevanten beobachtbaren Informationen mangelt.[816] Dabei ist zu beachten, dass der beizulegende Zeitwert auch unter Verwendung unternehmensinterner Informationen weiterhin die Perspektive eines typischen Marktteilnehmers widerspiegeln muss.[817]

Die Vorschriften zur Bewertung von Vermögenswerten und Schulden zum beizulegenden Zeitwert nach IFRS 13 gelten ausdrücklich auch für die Bewertung von **Eigenkapitalanteilen**, die das aufnehmende Unternehmen im Rahmen eines Unternehmenszusammenschlusses an die ehemaligen Gesellschafter des aufzunehmenden Unternehmens ausgegeben hat.[818] Bei der Bewertung der Eigenkapitalanteile des aufnehmenden Unternehmens zum Zweck der Bestimmung der Gegenleistung ist anzunehmen, dass die Anteile nach der Übertragung weiter fortbestehen und die Rechte und Pflichten aus den Eigenkapitalanteilen unverändert an die neuen Eigner übergehen.[819] Sofern keine Preise für die Ausgabe von neuen Eigenkapitalanteilen des aufnehmenden Unternehmens auf einem aktiven Markt zu beobachten sind, ist ersatzweise auf

808 Vgl. IFRS 13.81; sowie FISCHER, D. T., Fair Value Measurement, S. 238; HITZ, J.-M./ZACHOW, J., Beizulegender Zeitwert, S. 969.
809 Vgl. IFRS 13.82 (a) und (b); sowie CASTEDELLO, M./KLINGBEIL, C., IFRS 13: Anwendungsfragen, S. 486.
810 Vgl. IFRS 13.82 (c); sowie HITZ, J.-M./ZACHOW, J., Beizulegender Zeitwert, S. 969.
811 Vgl. IFRS 13.82 (d); sowie FLICK, P./GEHRER, J./MEYER, S., Fair Value-Ermittlung, S. 390.
812 Vgl. FISCHER, D. T., Fair Value Measurement, S. 238.
813 Vgl. IFRS 13.84; sowie FISCHER, D. T., Fair Value Measurement, S. 238.
814 Vgl. IFRS 13.86; sowie FLICK, P./GEHRER, J./MEYER, S., Fair Value-Ermittlung, S. 390.
815 Vgl. HITZ, J.-M./ZACHOW, J., Beizulegender Zeitwert, S. 969.
816 Vgl. IFRS 13.87; sowie HITZ, J.-M./ZACHOW, J., Beizulegender Zeitwert, S. 970.
817 Vgl. IFRS 13.87; sowie KIRSCH, H.-J. U. A., in: Baetge u. a., IFRS, IFRS 13, Rn. 87.
818 Vgl. IFRS 13.4; 13.34; sowie FLICK, P./GEHRER, J./MEYER, S., Fair Value-Ermittlung, S. 392.
819 Vgl. IFRS 13.34 (b); sowie FISCHER, D. T., Fair Value Measurement, S. 236.

den Marktpreis bestehender Eigenkapitalanteile an dem aufnehmenden Unternehmen zurückzugreifen, die sich im Besitz dessen Anteilseigner befinden.[820]

524.233. Bezugsgröße für die Bestimmung der Gegenleistung

524.233.1 Ausgegebene Eigenkapitalanteile als Bezugsgröße

Nach der Auffassung des Standardsetzers ist der beizulegende Zeitwert der übertragenen Gegenleistung der beste Nachweis für den beizulegenden Zeitwert der Beteiligung an dem aufzunehmenden Unternehmen.[821] Dieser Zusammenhang beruht auf dem einer Erwerbstransaktion grundsätzlich zugrunde liegenden **Interessengegensatz** zwischen dem Erwerber und den ehemaligen Gesellschaftern des erworbenen Unternehmens, der seinen Ausgleich in der vereinbarten Gegenleistung findet.[822] Ein Zusammenschluss kommt in aller Regel nur zustande, wenn dem Grenzpreis des Erwerbers ein geringerer Grenzpreis der ehemaligen Gesellschafter gegenübersteht. Die jeweiligen Grenzpreise beruhen zwar auf den subjektiven Einschätzungen der Transaktionspartner bezüglich des Gesamtwertes des Akquisitionsobjektes, allerdings spiegelt die tatsächlich übertragene Gegenleistung nicht nur die subjektive Beurteilung des Bilanzierenden wider, sondern ist das Ergebnis der Verhandlungen zwischen unabhängigen Transaktionspartnern. Somit ist sie gewissermaßen objektiviert, da die Transaktion nur zustande kommt, wenn sich die Einschätzungen des Erwerbers und des Veräußerers überschneiden.

Im Hinblick auf einen Unternehmenszusammenschluss durch Einlage von Kapitalgesellschaftsanteilen besteht die vermeintliche Gegenleistung in der Ausgabe von Eigenkapitalanteilen. Während sich die Transaktionspartner bei einem gewöhnlichen Erwerb in der Regel auf einen Kaufpreis einigen, wird bei einem Zusammenschluss durch Einlage ein Austauschverhältnis vereinbart.[823] Dieses **Austauschverhältnis** bestimmt letztlich die Zahl der auszugebenden Eigenkapitalanteile und damit die relativen Kapitalanteile der jeweiligen Gesellschafter am Konzern. Dementsprechend bedeutet ein größerer Kapitalanteil für die eine Gesellschaftergruppe einen entsprechend geringeren Kapitalanteil für die andere. Dabei wird sich keine Gesellschaftergruppe vermögensmäßig schlechter stellen wollen als zuvor, sodass auch bei einer Einlage ein Interessengegensatz zwischen den Gesellschaftern der jeweiligen Unternehmen hinsichtlich der vermeintlichen Gegenleistung, d. h. in dem hier betrachteten Sachverhalt hinsichtlich der Zahl der auszugebenden Eigenkapitalanteile am aufnehmenden Unternehmen, besteht.[824]

Die bisherigen Gesellschafter des aufnehmenden Unternehmens werden den ehemaligen Gesellschaftern des aufzunehmenden Unternehmens insgesamt nur so viele neue Eigenkapitalan-

[820] Vgl. IFRS 13.37; sowie FISCHER, D. T., Fair Value Measurement, S. 236.
[821] Vgl. IFRS 3.BC331; sowie HAAS, C., Goodwill-Bilanzierung, S. 164.
[822] Vgl. hier und im Folgenden HAAKER, A., Goodwill-Bilanzierung, S. 123–125.
[823] Vgl. hier und im folgenden Satz Abschnitt 232.4 der vorliegenden Arbeit.
[824] Vgl. hierzu Abschnitt 331.4 der vorliegenden Arbeit.

teile gewähren, dass der ihnen verbleibende Kapitalanteil am erwarteten Gesamtwert des Konzerns zumindest dem Wert ihres bislang alleinstehenden Unternehmens entspricht.[825] Der Gesamtwert des entstehenden Konzerns setzt sich dabei nicht nur aus dem Reinvermögen der sich zusammenschließenden Unternehmen zusammen, sondern umfasst zusätzlich erwartete Ertragspotenziale, die über den reinen Substanzwert der Unternehmen hinausgehen. Je mehr Ertragspotenziale die bisherigen Gesellschafter des aufnehmenden Unternehmens aus dem Zusammenschluss erwarten, desto mehr Eigenkapitalanteile dürften sie daher bereit sein auszugeben, da ein geringerer verbleibender relativer Kapitalanteil an dem entstehenden Konzern genügt, um ihre bisherigen Vermögensverhältnisse zu wahren. Mithin ist durchaus davon auszugehen, dass sie neben dem Substanzwert des aufzunehmenden Unternehmens auch die darüber hinausgehenden erwarteten Ertragspotenziale aufgrund eines **Fortführungswertes** sowie eines **Kombinationswertes** in ihrem Kalkül berücksichtigen,[826] sodass sich diese Potenziale prinzipiell in dem Austauschverhältnis und damit in der Zahl der ausgegebenen Eigenkapitalanteile niederschlagen. Der Gesamtwert der ausgegebenen Eigenkapitalanteile steht daher in direktem Zusammenhang mit dem erwarteten Gesamtwert des aufzunehmenden Unternehmens aus Sicht der bisherigen Gesellschafter des aufnehmenden Unternehmens. Da die bisherigen Gesellschafter allerdings regelmäßig ein Austauschverhältnis durchsetzen können, bei dem sie weniger neue Eigenkapitalanteile ausgeben müssen, als sie unter Berücksichtigung sämtlicher erwarteter Ertragspotenziale höchstens bereit wären, wird die vermeintliche Gegenleistung und infolgedessen ein etwaiger Unterschiedsbetrag – wie bei einem gewöhnlichen Erwerb – zumeist nur einen entsprechenden Teil dieser Ertragspotenziale repräsentieren.

Sofern die bisherigen Gesellschafter des aufnehmenden Unternehmens einem entsprechend hohen Austauschverhältnis zugestimmt haben, aber keine Ertragspotenziale in der erwarteten Höhe realisiert werden können, halten die bisherigen Gesellschafter nach dem Zusammenschluss nur einen geringeren wertmäßigen Kapitalanteil an dem Konzern als vorher an ihrem alleinstehenden Unternehmen, da sie ihrem Kalkül zum verbleibenden Kapitalanteil offenbar einen Gesamtwert des Konzerns zugrunde gelegt haben, der über seinen Substanzwert hinausgeht und daher von der Realisation künftiger Ertragspotenziale abhängig ist. Folglich müssen sich diese Ertragspotenziale noch realisieren, damit die bisherigen Gesellschafter ihre Vermögensverhältnisse tatsächlich wahren können. Geben die bisherigen Gesellschafter bewusst oder unbewusst mehr Eigenkapitalanteile aus, als es angesichts der tatsächlich realisierbaren Ertragspotenziale angemessen wäre, ist die erbrachte Gegenleistung somit nicht vollständig von künftigen Ertragspotenzialen gedeckt. Nach der Konzeption von JOHNSON/PETRONE handelt es sich daher um eine sogenannte **Überzahlung**, die konzeptionell nicht dem Geschäfts- oder Firmenwert zuzurechnen ist.[827] Die Identifizierung einer Überzahlung erscheint allerdings auch bei

825 Vgl. WINKELJOHANN, N./DEUBERT, M., in: Grottel u. a., Beck Bil-Komm, § 301, Rn. 265; so auch PAWELZIK, K. U., Prüfung des Konzerneigenkapitals, S. 126.

826 Vgl. ähnlich DEGENER, G. J., Merger of Equals, S. 128 f.; MAIER-REIMER, G., Wert der Sacheinlage, S. 263.

827 Vgl. hierzu Abschnitt 524.222. der vorliegenden Arbeit.

einer Einlage nicht ohne Weiteres möglich, sodass sie regelmäßig unreflektiert den Wert der Gegenleistung beeinflussen dürfte.

Die ausgegebenen Eigenkapitalanteile sind schließlich mit ihrem beizulegenden Zeitwert nach den Vorschriften des IFRS 13, also vorzugsweise mit dem Marktpreis der sich im Umlauf befindlichen Eigenkapitalanteile des aufnehmenden Unternehmens, zu bewerten. Während eine **Überbewertung** bei einer rein monetären Gegenleistung aufgrund der Maßgeblichkeit des Nominalwertes weitestgehend ausgeschlossen sein dürfte, kann bei einem Zusammenschluss durch Einlage von Kapitalgesellschaftsanteilen die Bestimmung des beizulegenden Zeitwertes der ausgegebenen Eigenkapitalanteile durchaus fehleranfällig sein.[828] Sofern die Eigenkapitalanteile des aufnehmenden Unternehmens nicht zum Handel an einer Börse zugelassen sind, werden zur Bewertung der Gegenleistung zumeist keine Eingangsparameter der ersten Stufe verfügbar sein. Daher sind regelmäßig geeignete Bewertungsverfahren heranzuziehen, die auf Eingangsparametern der zweiten oder dritten Stufe beruhen und demzufolge mit entsprechenden Einschränkungen hinsichtlich der Objektivität der ermittelten Werte verbunden sein können.[829] Selbst wenn am Bewertungsstichtag Marktpreise für die Eigenkapitalanteile des aufnehmenden Unternehmens an einem aktiven Markt unmittelbar zu beobachten sind und somit Eingangsparameter der ersten Stufe zur Bewertung der Gegenleistung vorliegen, ist eine Überbewertung der Gegenleistung nicht gänzlich auszuschließen. Die Durchführung eines Unternehmenszusammenschlusses durch Einlage von Kapitalgesellschaftsanteilen wird schließlich gerade durch eine (zu) hohe Marktkapitalisierung des aufnehmenden Unternehmens begünstigt,[830] sodass eine Überbewertung der Eigenkapitalanteile des aufnehmenden Unternehmens am Markt im Rahmen des hier betrachteten Sachverhaltes nicht unwahrscheinlich ist.

Im Ergebnis ist der beizulegende Zeitwert der ausgegebenen Eigenkapitalanteile konzeptionell durchaus zur Bestimmung des derivativen Geschäfts- oder Firmenwertes aus dem Unternehmenszusammenschluss geeignet, da die ausgegebenen Eigenkapitalanteile die erwarteten Ertragspotenziale sowohl aufgrund eines Fortführungswertes als auch aufgrund eines Kombinationswertes repräsentieren. Gegenüber einem gewöhnlichen Erwerb ergeben sich allerdings zusätzliche Herausforderungen hinsichtlich der Ermittlung des beizulegenden Zeitwertes, die dem zugrunde liegenden Sachverhalt aufgrund einer nicht monetären Gegenleistung geschuldet sind.

524.233.2 Erhaltene Eigenkapitalanteile als Bezugsgröße

Grundsätzlich ist es möglich, dass der beizulegende Zeitwert der Eigenkapitalanteile des aufzunehmenden Unternehmens verlässlicher bestimmt werden kann als der beizulegende Zeitwert der Eigenkapitalanteile des aufnehmenden Unternehmens.[831] Das ist beispielsweise der Fall,

[828] Vgl. IFRS 3.BC313 (5); sowie LIECK, H., Bilanzierung von Umwandlungen, S. 93; RAMMERT, S., Pooling of Interests, S. 625.

[829] Vgl. ähnlich RAMMERT, S., Pooling of Interests, S. 625 f.; VATER, H., M&A Accounting, S. 1845.

[830] Vgl. hierzu Abschnitt 22 der vorliegenden Arbeit.

[831] Vgl. IFRS 3.33.

wenn die Eigenkapitalanteile des aufzunehmenden Unternehmens an einer Börse gehandelt werden, diejenigen des aufnehmenden Unternehmens hingegen nicht.[832] Unter diesen Umständen ist die vermeintliche Gegenleistung mit dem beizulegenden Zeitwert der erhaltenen Eigenkapitalanteile anstelle der ausgegebenen Eigenkapitalanteile zu bewerten.[833] Insofern stellt der Standardsetzer streng genommen nicht mehr auf die Bewertung der Gegenleistung ab, sondern sieht eine **unmittelbare Bewertung der Beteiligung** am aufzunehmenden Unternehmen vor, um den Geschäfts- oder Firmenwert aus dem Zusammenschluss zu bestimmen.

Aufgrund der **strengen Marktorientierung** des beizulegenden Zeitwertes nach IFRS 13 ist bei der Bewertung der Beteiligung an dem aufzunehmenden Unternehmen die Perspektive eines typischen Marktteilnehmers einzunehmen.[834] Daher dürfen nur diejenigen Merkmale des aufzunehmenden Unternehmens in die Bewertung einbezogen werden, die auch ein typischer Marktteilnehmer in seinem Bewertungskalkül berücksichtigen würde. Demzufolge sind Ertragspotenziale, die sich aus der individuellen Integration des aufzunehmenden Unternehmens in das aufnehmende Unternehmen ergeben, zu vernachlässigen.[835] Die strenge Marktorientierung des IFRS 13 ist zwar auch bei der Bewertung der ausgegebenen Eigenkapitalanteile zur Ermittlung eines Unterschiedsbetrages maßgeblich, allerdings bezieht sich die Bewertung in diesem Fall nicht unmittelbar auf das aufzunehmende Unternehmen, sondern auf die übertragene Gegenleistung. Während unternehmensspezifische Ertragspotenziale aus dem Zusammenschluss nicht in den beizulegenden Zeitwert der ausgegebenen Anteile einbezogen werden dürfen, können die entsprechenden Ertragspotenziale dennoch über den Umfang der ausgegebenen Anteile den Gesamtwert der Gegenleistung beeinflussen.

Der **Fortführungswert** repräsentiert diejenigen Ertragspotenziale, die sich selbst bei unveränderter Fortführung des aufzunehmenden Unternehmens entfalten, da sie dem alleinstehenden Unternehmen bereits anhaften.[836] Diese Ertragspotenziale können folglich nicht nur im Rahmen des konkreten Zusammenschlusses, sondern prinzipiell von jedem Marktteilnehmer realisiert werden, sodass davon auszugehen ist, dass auch ein typischer Marktteilnehmer diese Potenziale in sein Bewertungskalkül einbeziehen würde.[837] Insofern dürften sich aus der einzunehmenden marktorientierten Bewertungsperspektive keine wesentlichen Einschränkungen hinsichtlich der Berücksichtigung eines Fortführungswertes des aufzunehmenden Unternehmens im beizulegenden Zeitwert der erhaltenen Eigenkapitalanteile ergeben.

---

832 Vgl. MEYER, M., in: Thiele u. a., Int. Bilanzrecht, IFRS 3, Rn. 259.

833 Vgl. IFRS 3.33; sowie MEYER, M., in: Thiele u. a., Int. Bilanzrecht, IFRS 3, Rn. 259.

834 Vgl. hier und im Folgenden Abschnitt 524.232. der vorliegenden Arbeit.

835 Vgl. ALKEMEIER, M., Konzerninterne Unternehmenszusammenschlüsse, S. 138–141, wenn auch im Kontext konzerninterner Unternehmenszusammenschlüsse.

836 Vgl. hierzu Abschnitt 524.222. der vorliegenden Arbeit.

837 Vgl. ALKEMEIER, M., Konzerninterne Unternehmenszusammenschlüsse, S. 140.

Der **Kombinationswert** umfasst hingegen gerade diejenigen Ertragspotenziale, die sich aufgrund des konkreten Zusammenschlusses ergeben, sodass er einen für die individuelle Unternehmensverbindung spezifischen Wert darstellt.[838] Obwohl die individuelle Integrationsstrategie des aufnehmenden Unternehmens maßgeblich den Wert des aufzunehmenden Unternehmens innerhalb des Verbundes bestimmen wird,[839] sind ebendiese unternehmensspezifischen Ertragspotenziale nach den Vorschriften des IFRS 13 nicht in den beizulegenden Zeitwert einzubeziehen. Dementsprechend dürfen ausschließlich solche Verbundvorteile in die Bewertung des aufzunehmenden Unternehmens einfließen, die auch ein typischer Marktteilnehmer heben könnte und infolgedessen in seinem Bewertungskalkül berücksichtigen würde.[840] Analog sind geplante Restrukturierungspotenziale nur bewertungsrelevant, sofern sie das alleinstehende aufzunehmende Unternehmen betreffen und damit grundsätzlich sämtlichen Marktteilnehmern offenstehen.[841] Im Vergleich zu einer Bewertung des Unterschiedsbetrages auf der Grundlage der ausgegebenen Eigenkapitalanteile schränkt die Konzeption des beizulegenden Zeitwertes damit die Berücksichtigung eines Kombinationswertes aus dem Zusammenschluss ein, sodass der beizulegende Zeitwert der erhaltenen Eigenkapitalanteile die im Austauschverhältnis antizipierten Ertragspotenziale zugunsten der marktorientierten Bewertung gegebenenfalls nur unvollständig widerspiegelt.

Zugleich ist der beizulegende Zeitwert der erhaltenen Eigenkapitalanteile aber aufgrund der unmittelbaren Bezugnahme auf die Beteiligung an dem aufzunehmenden Unternehmen anstelle der übertragenen Gegenleistung unempfindlich gegenüber einer etwaigen **Überzahlung**.[842] Zwar schlägt sich eine Überzahlung gegebenenfalls weiterhin in der Zahl der ausgegebenen Eigenkapitalanteile nieder. Da der Unterschiedsbetrag jedoch auf der Grundlage der erhaltenen Eigenkapitalanteile ermittelt wird, wird eine mögliche Überzahlung nicht im Geschäfts- oder Firmenwert erfasst. Schließlich ist der Marktwert der Beteiligung am aufzunehmenden Unternehmen zumindest konzeptionell gänzlich unabhängig von der Zahl der ausgegebenen Eigenkapitalanteile.

Eine **Überbewertung** des aufzunehmenden Unternehmens lässt sich allerdings auch durch eine unmittelbare Bewertung der Unternehmensbeteiligung nicht ausschließen, da es wie bei der Bewertung der ausgegebenen Eigenkapitalanteile einer Unternehmensbewertung bedarf, die maßgeblich von der Güte der verfügbaren Eingangsparameter abhängig ist. Der Hierarchie des IFRS 13 folgend sind dabei vornehmlich Marktpreise an einem aktiven Markt heranzuziehen.[843] Zwar können auch Eingangsparameter der ersten Stufe von einer Überbewertung am Markt betroffen sein, allerdings ist eine akute Überbewertung der erhaltenen Eigenkapitalanteile im Vergleich zu den ausgegebenen Eigenkapitalanteilen weniger wahrscheinlich, da die

838 Vgl. hierzu Abschnitt 524.222. der vorliegenden Arbeit.
839 Vgl. WIRTH, J., Firmenwertbilanzierung, S. 123.
840 Vgl. PFAUTH, A., Goodwillbilanzierung, S. 123 f.
841 Vgl. ALKEMEIER, M., Konzerninterne Unternehmenszusammenschlüsse, S. 140 m. w. N.
842 Vgl. MEYER, M., in: Thiele u. a., Int. Bilanzrecht, IFRS 3, Rn. 257.
843 Zur Hierarchie des IFRS 13 vgl. Abschnitt 524.232. der vorliegenden Arbeit.

Transaktion durch eine hohe Marktkapitalisierung des aufzunehmenden Unternehmens nicht begünstigt wird. Sofern aber keine entsprechenden Marktpreise zu beobachten sind oder Anpassungen[844] erforderlich sind, um den Anforderungen der Konzeption des IFRS 13 zu entsprechen, ist auf Bewertungsparameter der zweiten oder dritten Stufe zurückzugreifen. Die Bewertung ist sodann grundsätzlich mit ähnlichen Herausforderungen verbunden wie die Bewertung der ausgegebenen Eigenkapitalanteile.

Zusammenfassend spiegeln sich individuelle Ertragspotenziale des Kombinationswertes, die sich aus dem konkreten Zusammenschluss ergeben, aufgrund der strengen Marktorientierung des IFRS 13 nicht im beizulegenden Zeitwert der Beteiligung an dem aufzunehmenden Unternehmen wider, sodass die aus dem Zusammenschluss erwarteten Ertragspotenziale nur unvollständig von dem Unterschiedsbetrag repräsentiert werden könnten. Demgegenüber ist der Unterschiedsbetrag auf Grundlage des beizulegenden Zeitwertes der Beteiligung aber unabhängig von einer etwaigen Überzahlung, der keine künftigen Ertragspotenziale gegenüberstehen.

524.24 Beurteilung der Aktivierung eines positiven Unterschiedsbetrages bei Einlage von Kapitalgesellschaftsanteilen

Der zu aktivierende Geschäfts- oder Firmenwert ergibt sich als positiver Unterschiedsbetrag zwischen dem beizulegenden Zeitwert der ausgegebenen oder der erhaltenen Eigenkapitalanteile und dem neubewerteten Nettovermögen des aufzunehmenden Unternehmens. Je nachdem, welche Bezugsgröße zur Ermittlung des Geschäfts- oder Firmenwertes herangezogen wird, umfasst die Residualgröße unterschiedliche Bestandteile. Die Abbildung 5-3 stellt die (potenziellen) **Bestandteile eines positiven Unterschiedsbetrages** in Abhängigkeit von der Bezugsgröße schematisch gegenüber.

Aufgrund der unterschiedlichen Bestandteile, die in Abhängigkeit von der Bezugsgröße in dem Unterschiedsbetrag erfasst werden, ist eine pauschale Analyse der bilanziellen Behandlung dieser Residualgröße bei einer Einlage von Kapitalgesellschaftsanteilen nicht zielführend. Bevor ein abschließendes Urteil hinsichtlich der Aktivierung des positiven Unterschiedsbetrages gebildet werden kann, sind daher die einzelnen (potenziellen) Bestandteile gesondert zu betrachten.

Ein Unternehmenszusammenschluss durch Einlage von Kapitalgesellschaftsanteilen unterscheidet sich hinsichtlich der Entstehung einer Unternehmensverbindung nicht von einem gewöhnlichen Erwerb, sodass grundsätzlich auch bei einer Einlage künftige (zusätzliche) Ertragspotenziale aus dem Zusammenschluss zu erwarten sind. Insofern ist der Ansatz eines **Fortführungs- und Kombinationswertes** vor dem Hintergrund einer möglichst vollständigen Darstellung der Vermögenslage des Konzerns auch im Rahmen einer Einlage zunächst zu befürworten,

---

844 Bei der Verwendung von Börsenkursen ist zu beachten, dass diese nur den Marktpreis einzelner Anteile wiedergeben und nicht den einer mehrheitlichen Beteiligung. Insofern werden regelmäßig Anpassungen in Form von Kontrollzuschlägen (*control premium*) erforderlich sein. Vgl. IFRS 13.69; sowie KÜTING, K./CASSEL, J., Anteilige Marktkapitalisierung, S. 2636.

da diese Werte künftige Ertragspotenziale des Verbundes repräsentieren, die sich durch eine Markttransaktion konkretisiert haben.

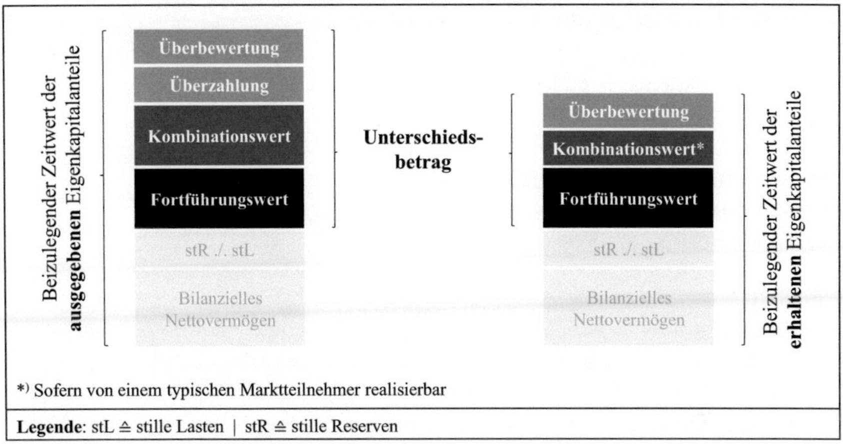

Abbildung 5-3: Bestandteile eines positiven Unterschiedsbetrages in Abhängigkeit von der Bezugsgröße

Der Ansatz der Kernkomponenten eines Geschäfts- oder Firmenwertes führt sodann aufgrund der Folgebewertung nach den Vorschriften des IAS 36 gegenüber den Einzelabschlüssen zu zusätzlichem Aufwand im Konzernabschluss. Das Konzernergebnis wird demzufolge (über die Totalperiode) stärker belastet als die Ergebnisse der alleinstehenden Unternehmen, da die jeweiligen Erträge zusätzlich die **Abschreibungen auf den Geschäfts- oder Firmenwert** kompensieren müssen.[845] Selbst wenn sämtliche im Austauschverhältnis antizipierten Ertragspotenziale aus dem Geschäfts- oder Firmenwert realisiert werden können, würde sich dies (zumindest langfristig) nicht durch höhere Ergebnisse in der Gewinn- und Verlustrechnung abzeichnen, da die entsprechenden Erträge annahmegemäß[846] von den Abschreibungen auf den Geschäfts- oder Firmenwert neutralisiert werden. Demzufolge würde trotz der verbesserten Ertragslage unter sonst gleichen Umständen nur ein konstantes Ergebnis gegenüber den Vorperioden ausgewiesen.[847] Eine Ergebnissteigerung zeigt sich nur in dem Maße, wie die künftigen Erträge die (Abschreibungen der) antizipierten Ertragspotenziale übertreffen.

Bei einem gewöhnlichen Erwerb ist diese bilanzielle Behandlung sachgerecht, da die übertragene Gegenleistung zunächst amortisiert werden muss, bevor sich ein wirtschaftlicher Erfolg

845 Vgl. KOCH, C./HOFACKER, K., Merger of Equals, S. 543; RAMMERT, S., Pooling of Interests, S. 623.

846 Da die Eignung des *impairment-only-approach* zur periodengerechten Erfassung von Wertminderungen nicht Gegenstand der vorliegenden Arbeit ist, wird hier und im Folgenden unterstellt, dass die Folgebewertung des Geschäfts- oder Firmenwertes grundsätzlich zu einem Wertminderungsaufwand führt, sobald die Ertragspotenziale realisiert werden oder mit ihrer Realisation nicht mehr zu rechnen ist. Kritisch zur Eignung des *impairment-only-approach* vgl. LORSON, P./HAAKER, A., Impairment-only-Ansatz, S. 906–909.

847 Vgl. ähnlich PELLENS, B./SELLHORN, T., Fresh-Start-Methode, S. 2130.

aus dem Zusammenschluss ergibt.[848] Durch eine Einlage werden die vormals alleinstehenden Unternehmen hingegen lediglich zusammengelegt, ohne dass Ressourcen aus dem Verbund abfließen. Die Amortisation einer Gegenleistung durch die Realisation der antizipierten Ertragspotenziale ist insofern nicht erforderlich. Selbst wenn die erwarteten Ertragspotenziale nicht realisiert werden können, ergibt sich für den Konzernverbund kein wirtschaftlicher Verlust aus dem Zusammenschluss. In diesem Fall wurden einzig die Erwartungen an den Zusammenschluss nicht (vollständig) erfüllt. Da das aufnehmende Unternehmen diese Erwartungen allerdings nicht vergütet hat, ergeben sich daraus keine (negativen) **erfolgswirtschaftlichen Konsequenzen** auf Konzernebene. Die aufwandswirksame Erfassung von Wertminderungen auf einen Geschäfts- oder Firmenwert aus einem Zusammenschluss durch Einlage von Kapitalgesellschaftsanteilen erscheint folglich nicht sachgerecht.

Im Allgemeinen wirkt sich die Ausgabe der Eigenkapitalanteile bei einem Zusammenschluss durch Einlage von Kapitalgesellschaftsanteilen nicht auf der Konzernebene aus, sondern bestimmt allein die Beteiligungsverhältnisse auf der **Gesellschafterebene**. Vorbehaltlich der Realisation der erwarteten Ertragspotenziale, die über den Substanzwert des aufzunehmenden Unternehmens hinausgehen, bedingt der Zusammenschluss (zunächst) eine Vermögensverschiebung zulasten der bisherigen Gesellschafter des aufnehmenden Unternehmens, da sie aufgrund der Höhe des Austauschverhältnisses künftig einen geringeren wertmäßigen Kapitalanteil an dem aufnehmenden Unternehmen bzw. Konzern halten als vor dem Zusammenschluss. Während die bisherigen Gesellschafter daher auf die Realisation der im Austauschverhältnis antizipierten Ertragspotenziale angewiesen sind, um ihre Vermögensverhältnisse zu wahren, ergibt sich für die ehemaligen Gesellschafter des aufzunehmenden Unternehmens ein Vermögenszuwachs, selbst wenn keine der erwarteten Ertragspotenziale realisiert werden können. Folglich repräsentiert der positive Unterschiedsbetrag diejenigen Ertragspotenziale, die über den Substanzwert des aufzunehmenden Unternehmens hinaus tatsächlich realisiert werden müssen, damit die *bisherigen* Gesellschafter des aufnehmenden Unternehmens ihre Vermögensverhältnisse wahren können.

Hat das aufnehmende Unternehmen im Rahmen eines Unternehmenszusammenschlusses durch Einlage von Kapitalgesellschaftsanteilen mehr Eigenkapitalanteile an die ehemaligen Gesellschafter des aufzunehmenden Unternehmens ausgegeben, als es angesichts des tatsächlichen Wertverhältnisses der Unternehmen zueinander (unter Berücksichtigung erwarteter Ertragspotenziale) angemessen wäre, liegt eine **Überzahlung** vor. Folglich steht die Überzahlung auch bei einer Einlage in keinem Zusammenhang mit künftigen Ertragspotenzialen, sodass der Ansatz dieses Wertes in der Konzernbilanz wie bei einem gewöhnlichen Erwerb eigentlich nicht geboten ist. Allerdings ist die wirtschaftliche Lage des Konzerns völlig unabhängig von dem Austauschverhältnis bzw. der Zahl und dem Wert der ausgegebenen Eigenkapitalanteile. Insofern wird die wirtschaftliche Lage des Konzerns durch die Ausgabe der (überzähligen) Eigen-

848 Vgl. GUTSCHE, R., Goodwill, S. 371.

kapitalanteile nicht belastet, sodass die Überzahlung aus Sicht des Konzerns nicht als wirtschaftlicher Verlust aus dem Unternehmenszusammenschluss interpretiert werden kann.[849] Die Überzahlung führt – wie bereits beschrieben – vielmehr zu einer Vermögensverschiebung auf Gesellschafterebene zulasten der bisherigen Gesellschafter des aufnehmenden Unternehmens. Vor dem Hintergrund, dass der Konzernabschluss die wirtschaftliche Lage des Konzerns und nicht die der Gesellschafter abbilden soll,[850] ist eine aufwandswirksame Erfassung der Überzahlung bei einer Einlage daher weder im Erwerbszeitpunkt noch in den Folgeperioden im Rahmen einer Werthaltigkeitsprüfung angezeigt.[851] Konzeptionell wäre der auf eine Überzahlung zurückgehende Teil eines Unterschiedsbetrages stattdessen bereits im Erwerbszeitpunkt konsolidierungstechnisch mit der Kapitalrücklage zu verrechnen. Schließlich wurde die Kapitalrücklage aus dem Einzelabschluss des aufnehmenden Unternehmens zuvor infolge der Einlage der Kapitalgesellschaftsanteile fälschlicherweise in entsprechendem Maße erhöht.[852]

Wie eine Überzahlung hat auch eine **Überbewertung** bei einem Zusammenschluss durch Einlage von Kapitalgesellschaftsanteilen keine Auswirkungen auf die wirtschaftlichen Verhältnisse des Konzerns, da die Gesellschafter ihre Unternehmen vollständig zusammenlegen, ohne dass Ressourcen den Verbund verlassen. Im Unterschied zu einer Überzahlung wirkt sich eine Überbewertung aber auch nicht auf die Vermögensverhältnisse auf Gesellschafterebene aus, da das Austauschverhältnis von der Bewertung der Gegenleistung zur Bestimmung des Unterschiedsbetrages nicht tangiert wird.[853] Demzufolge betrifft eine Überbewertung allein die Abbildungsebene des Konzernabschlusses. Eine aufwandswirksame Erfassung der Überbewertung ist daher konzeptionell zu keinem Zeitpunkt geboten. Stattdessen wäre eine Überbewertung analog zu einer Überzahlung bereits im Erwerbszeitpunkt konsolidierungstechnisch mit der Kapitalrücklage zu verrechnen.

Im Ergebnis sind der Fortführungswert und der Kombinationswert auch bei einer Einlage von Kapitalgesellschaftsanteilen indikativ für die aus dem Unternehmenszusammenschluss erwarteten Ertragspotenziale, sodass eine Aktivierung dieser Komponenten als Teil des Geschäfts- oder Firmenwertes vor dem Hintergrund der Darstellung der Vermögenslage durchaus gerechtfertigt werden könnte. Hingegen ist weder eine Überzahlung noch eine Überbewertung konzeptionell dem derivativen Geschäfts- oder Firmenwert zuzurechnen. Ihrem wirtschaftlichen Charakter entsprechend wären sie im Rahmen einer Einlage von Kapitalgesellschaftsanteilen erfolgsneutral mit der Kapitalrücklage des Konzerns zu verrechnen. Da diese Komponenten der

---

849 Zur konzeptionell angezeigten aufwandswirksamen Erfassung einer Überzahlung bei einem gewöhnlichen Erwerb vgl. Abschnitt 524.222. der vorliegenden Arbeit.

850 Zum Abbildungsobjekt eines Konzernabschlusses vgl. Abschnitt 422. der vorliegenden Arbeit.

851 A. A. DEGENER, G. J., Merger of Equals, S. 131.

852 An dieser Stelle wird vorausgesetzt, dass der Wertansatz der Beteiligung an dem aufzunehmenden Unternehmen im Einzelabschluss des aufnehmenden Unternehmens dem Wert der Gegenleistung nach IFRS 3 entspricht. Zur Bewertung der Beteiligung im Einzelabschluss vgl. Abschnitt 45 der vorliegenden Arbeit.

853 Die Bewertung der ausgegebenen Eigenkapitalanteile für bilanzielle Zwecke ist dabei von der Bewertung der Unternehmen zur Bestimmung des Austauschverhältnisses abzugrenzen. Bewertungsfehler bei der Bestimmung des Austauschverhältnisses führen hingegen zu einer Über- oder Unterzahlung und sind dementsprechend zu beurteilen.

übertragenen Gegenleistung indes nur schwer zu isolieren sind,[854] gehen sie dennoch regelmäßig in den Wertansatz des Geschäfts- oder Firmenwertes ein, wodurch die Vermögenslage des Konzerns infolge der Aktivierung nicht werthaltiger Bestandteile eines Unterschiedsbetrages zu positiv dargestellt wird. Die mögliche aufwandswirksame Erfassung des Geschäfts- oder Firmenwertes im Rahmen einer Werthaltigkeitsprüfung in den Folgeperioden führt ferner zu einer Verzerrung der Darstellung der Ertragslage, da die Amortisation einer Gegenleistung bei einer Einlage von Kapitalgesellschaftsanteilen nicht geboten ist.

524.25 Kritische Würdigung der Behandlung eines positiven Unterschiedsbetrages bei Einlage von Kapitalgesellschaftsanteilen

Ein positiver Unterschiedsbetrag aus einem Zusammenschluss durch Einlage von Kapitalgesellschaftsanteilen umfasst im Wesentlichen künftige Ertragspotenziale des aufzunehmenden Unternehmens, die sich in dem vereinbarten Austauschverhältnis konkretisiert haben. In Abhängigkeit von der Bezugsgröße repräsentiert der Geschäfts- oder Firmenwert entweder nur solche Ertragspotenziale, die auch ein typischer Marktteilnehmer realisieren könnte (erhaltene Eigenkapitalanteile), oder auch solche, die sich aus der konkreten Unternehmensverbindung zwischen dem aufnehmenden und dem aufzunehmenden Unternehmen ergeben (ausgegebene Eigenkapitalanteile). Da der Wert des aufzunehmenden Unternehmens im Konzernverbund maßgeblich von der konkreten Integrationsstrategie abhängig ist, sollte eine Bewertung des Geschäfts- oder Firmenwertes vor dem Hintergrund der Bewertungsfunktion des Konzernabschlusses auf der Basis des beizulegenden Zeitwertes der *ausgegebenen* Eigenkapitalanteile bevorzugt werden. Mit Blick auf die **Relevanz** der vermittelten Informationen ist durchaus davon auszugehen, dass der Ansatz eines solchen Geschäfts- oder Firmenwertes aufgrund der repräsentierten künftigen Ertragspotenziale einen vorhersagenden Wert für die Konzernabschlussadressaten hat. Allerdings bedarf die Bewertung des Geschäfts- oder Firmenwertes aus einem Zusammenschluss durch Einlage gegenüber einem gewöhnlichen Erwerb stets der Ermittlung eines Unternehmenswertes. Demzufolge ist die Bewertung mit ähnlichen Herausforderungen der Ermittlung eines (nicht aktivierungsfähigen) originären Geschäfts- oder Firmenwertes verbunden, wodurch die Neutralität und Fehlerfreiheit der Informationen gefährdet und somit die **glaubwürdige Darstellung** des Sachverhaltes eingeschränkt werden kann.

Darüber hinaus werden die Ertragspotenziale des gesamten Konzerns unter Umständen nur unvollständig erfasst, da die Erwerbsmethode ausschließlich diejenigen Ertragspotenziale abbildet, deren Realisation erforderlich ist, damit die bisherigen Gesellschafter des aufnehmenden Unternehmens ihre bisherigen Vermögensverhältnisse bei dem gegebenen Austauschverhältnis wahren können. Diese Information ist zwar aus der Perspektive der bisherigen Gesellschafter des aufnehmenden Unternehmens durchaus relevant. Aus der Sicht der ehemaligen Gesellschafter des aufzunehmenden Unternehmens ist sie hingegen unzutreffend, da diese nicht auf

[854] Vgl. LOPATTA, K., Goodwillbilanzierung, S. 96.

die **Realisation dieser Ertragspotenziale** zur Wahrung ihrer Vermögensverhältnisse angewiesen sind. Damit kommt den Interessen der bisherigen Gesellschafter des aufnehmenden Unternehmens offenbar ein stärkeres Gewicht zu als denjenigen der ehemaligen Gesellschafter des aufzunehmenden Unternehmens, obwohl sämtliche Gesellschafter gleichermaßen zu den primären Adressaten des Konzernabschlusses zählen. Hierin wird erneut der Konflikt des Charakters der Transaktion mit der Abbildung des Zusammenschlusses aus der Perspektive des Erwerbers (bzw. dessen Gesellschaftern) deutlich, der sich bereits im Rahmen der Identifizierung eines Erwerbers angedeutet hat.[855]

In den auf den Zusammenschluss folgenden Perioden ist der Geschäfts- oder Firmenwert regelmäßig auf eine Wertminderung zu prüfen. Die Erfassung von **Wertminderungsaufwand** suggeriert dabei eine wirtschaftliche Belastung des Konzerns, obwohl keines der Unternehmen ursprünglich wirtschaftliche Ressourcen für den Zusammenschluss aufgewendet hat. Insofern wird die aufwandswirksame Folgebewertung des Geschäfts- oder Firmenwertes der tatsächlichen Ertragslage des Konzerns nicht gerecht. Die Geschäftsführung muss stattdessen zusätzlichen und niemals zahlungswirksamen Aufwand vor den Gesellschaftern rechtfertigen, den sie nicht verursacht hat, sodass die Rechenschaftsfunktion des Konzernabschlusses eingeschränkt wird. Die Beurteilung des Erfolges aus dem Zusammenschluss und damit die Einschätzung der Leistung der Geschäftsführung sind folglich anhand des Konzernabschlusses nur bedingt möglich.

Im Ergebnis ist der positive Unterschiedsbetrag zwischen dem beizulegenden Zeitwert der ausgegebenen Eigenkapitalanteile und dem neubewerteten Nettovermögen des aufzunehmenden Unternehmens zwar indikativ für die erwarteten künftigen Ertragspotenziale des Konzerns. Allerdings ist eine Amortisation der vermeintlichen Gegenleistung nicht erforderlich, sodass die aufwandswirksame Folgebewertung des positiven Unterschiedsbetrages zu einer nicht sachgerechten Belastung des Konzernergebnisses führt. Um eine künftige Belastung des Konzernergebnisses zu vermeiden, wäre daher eine **erfolgsneutrale Verrechnung** des Unterschiedsbetrages mit der Kapitalrücklage des Konzerns im Zeitpunkt des Zusammenschlusses in Betracht zu ziehen.[856]

---

855 Vgl. hierzu Abschnitt 522.3 der vorliegenden Arbeit.

856 Diese Möglichkeit wird im Rahmen der Interessenzusammenführungsmethode in Abschnitt 533. der vorliegenden Arbeit genauer betrachtet.

524.3 Negativer Unterschiedsbetrag aus der Kapitalkonsolidierung

524.31 Charakter und Bestandteile eines negativen Unterschiedsbetrages

Bei der Gegenüberstellung der übertragenen Gegenleistung und des erworbenen Nettovermögens ergibt sich regelmäßig ein positiver Unterschiedsbetrag.[857] Gleichwohl kann in Ausnahmefällen[858] auch das neubewertete Nettovermögen den beizulegenden Zeitwert der Gegenleistung übersteigen, sodass ein negativer Unterschiedsbetrag entsteht.[859]

Nach Ansicht des Standardsetzers handelt es sich bei einem Unternehmenszusammenschluss um ein Tauschgeschäft, bei dem Leistung und Gegenleistung grundsätzlich in einem ausgeglichenen Verhältnis zueinander stehen.[860] Da ein negativer Unterschiedsbetrag zwischen dem Substanzwert des aufzunehmenden Unternehmens und der übertragenen Gegenleistung diese Ausgeglichenheitsvermutung infrage stellt,[861] geht der Standardsetzer zunächst davon aus, dass ein **Bewertungsfehler** vorliegt.[862] Aus diesem Grund sind die Einflussgrößen, die zu einem negativen Unterschiedsbetrag geführt haben können, erneut zu prüfen und gegebenenfalls zu korrigieren (sog. *reassessment*).[863] Ein aus Bewertungsfehlern resultierender negativer Unterschiedsbetrag kann dabei einerseits auf eine Überbewertung des erworbenen Nettovermögens und andererseits auf eine Unterbewertung der Gegenleistung zurückzuführen sein.[864] Vor allem bei einem Unternehmenszusammenschluss durch Einlage von Kapitalgesellschaftsanteilen, bei dem die Gegenleistung nicht in Form von Barmitteln, sondern in Form von Eigenkapitalanteilen

---

857 Vgl. SCHMIDT, I. M., Umfassende Rechnungslegung, S. 61; BIEKER, M./ESSER, M., Goodwillbilanzierung, S. 457; HAAKER, A., Full Goodwill Method, S. 345 m. w. N.

858 Vgl. IFRS 3.BC371. Im Rahmen des *post implementation review* zu IFRS 3 wurde die ursprüngliche Beurteilung des negativen Unterschiedsbetrages als seltener Ausnahmefall indes relativiert. Vgl. IASB (Hrsg.), Staff Paper 12F (September 2014), Rn. 53 f. Eine von der ESMA durchgeführte Studie belegt bspw. die Entstehung eines negativen Unterschiedsbetrages in elf Prozent der untersuchten Unternehmenszusammenschlüsse. Vgl. ESMA (Hrsg.), Report on the application of IFRS 3, Rn. 70–74. Vgl. hierzu auch ZÜLCH, H., Badwill, S. 313 f.

859 Vgl. IFRS 3.34; IFRS 3.BC371; sowie KÜTING, K./WIRTH, J., Negativer Unterschiedsbetrag, S. 143 f.; TETTENBORN, M./ROHLEDER, S., Passiver Unterschiedsbetrag, S. 418; SENGER, T./BRUNE, J. W., in: Driesch u. a., Beck IFRS-Hdb, § 34, Rn. 235.

860 Vgl. IFRS 3.BC331; sowie KÜTING, K./WIRTH, J., Negativer Unterschiedsbetrag, S. 144; GROS, S., Bilanzierung eines „bargain purchase“, S. 1957; HAAKER, A./FREIBERG, J., Vereinnahmung eines negativen Goodwill, S. 325; OPPERMANN, M./PILHOFER, J./MÜLLER, R., Negative Unterschiedsbeträge, S. 290.

861 Vgl. ALKEMEIER, M., Konzerninterne Unternehmenszusammenschlüsse, S. 147; KASPERZAK, R./LIECK, H., Bedeutung des Reassessment, S. 1017.

862 Vgl. KÜTING, K./WIRTH, J., Negativer Unterschiedsbetrag, S. 144.

863 Vgl. IFRS 3.36; sowie KÜTING, K./WIRTH, J., Negativer Unterschiedsbetrag, S. 144.

864 Vgl. IFRS 3.BC373. Eine Überbewertung des erworbenen Nettovermögens kann auch auf standardkonforme Ausnahmen von der Bewertung zum beizulegenden Zeitwert zurückzuführen sein. Vgl. IFRS 3.35; sowie HAAKER, A./FREIBERG, J., Lucky-Buy-Fiktion, S. 345. Bspw. dürfen latente Steuern nicht abgezinst werden, sodass sie ggf. nicht mit ihrem beizulegenden Zeitwert anzusetzen sind. Vgl. IFRS 3.24 f. Allerdings ist davon auszugehen, dass sich durch abweichende Bewertungsvorschriften für einzelne Bilanzposten nur geringe Teile eines negativen Unterschiedsbetrages erklären lassen. Vgl. HAAKER, A./FREIBERG, J., Vereinnahmung eines negativen Goodwill, S. 325; OPPERMANN, M./PILHOFER, J./MÜLLER, R., Negative Unterschiedsbeträge, S. 291.

erbracht wird, besteht Bewertungsunsicherheit hinsichtlich des beizulegenden Zeitwertes der ausgegebenen Eigenkapitalanteile.[865]

Sofern nach einer kritischen Prüfung sowohl der Identifizierung und Bewertung des Nettovermögens als auch der Bewertung der Gegenleistung weiterhin ein negativer Unterschiedsbetrag verbleibt, ist ein entsprechender Gewinn aus einem **günstigen Erwerb** (sog. *bargain purchase*[866]) ertragswirksam in der Gewinn- und Verlustrechnung des Konzerns zu erfassen.[867] Folglich geht der Standardsetzer offenbar davon aus, dass sich aus der Transaktion unmittelbar ein wirtschaftlicher Vorteil für den Erwerber ergibt, da der Wert der erworbenen Vermögenswerte abzüglich der übernommenen Schulden den Wert der übertragenen Gegenleistung übersteigt.[868] Zumal sachverständige und unabhängige Marktteilnehmer ihre Beteiligung an einem Unternehmen allerdings unter gewöhnlichen Umständen nicht wissentlich und willentlich zu einem Preis unterhalb des Substanzwertes veräußern würden, führt der Standardsetzer den negativen Unterschiedsbetrag auf ungewöhnliche Transaktionsumstände (*anomalous transactions*) zurück.[869] Beispielsweise könne eine zwangsweise Liquidation oder ein Notverkauf den Veräußerer veranlassen, einen Preis unterhalb des Marktwertes zu akzeptieren, da er möglicherweise keine Gelegenheit hat, Verhandlungen mit weiteren potenziellen Erwerbern aufzunehmen.[870] Darüber hinaus ist es aber ebenfalls vorstellbar, dass der Erwerber aufgrund von Verhandlungsgeschick oder einer Fehleinschätzung seitens des Veräußerers eine verhältnismäßig niedrige Gegenleistung durchsetzen konnte.[871]

Anstelle eines günstigen Erwerbes können auch von dem Erwerber antizipierte **künftige Verluste und Aufwendungen** (sog. *badwill*[872]) für eine entsprechend niedrige Gegenleistung ursächlich sein, die sodann zu einem negativen Unterschiedsbetrag führt.[873] Nach Ansicht des Standardsetzers würden sich diese Verlusterwartungen allerdings gleichermaßen im beizulegenden Zeitwert des erworbenen Nettovermögens niederschlagen, sodass ein negativer Unterschiedsbetrag wegen künftiger Verluste explizit ausgeschlossen wird.[874] Die Vorschriften des

865 Vgl. QIN, S., Bilanzierung des Excess, S. 67 f.; KASPERZAK, R./LIECK, H., Bedeutung des Reassessment, S. 1018.

866 In der Literatur wird zuweilen auch von einem *lucky buy* oder Gelegenheitskauf gesprochen. Vgl. stellvertretend BAETGE, J./KIRSCH, H.-J./THIELE, S., Konzernbilanzen, S. 233.

867 Vgl. IFRS 3.34; sowie KÜTING, K./WIRTH, J., Negativer Unterschiedsbetrag, S. 144. Allgemein zur Diskussion der ertragswirksamen Erfassung eines negativen Unterschiedsbetrages vgl. GROS, S., Bilanzierung eines „bargain purchase", S. 1954–1960.

868 Vgl. IFRS 3.BC372; sowie TETTENBORN, M./ROHLEDER, S., Passiver Unterschiedsbetrag, S. 419 f.

869 Vgl. IFRS 3.BC371; sowie OPPERMANN, M./PILHOFER, J./MÜLLER, R., Negative Unterschiedsbeträge, S. 290; TETTENBORN, M./ROHLEDER, S., Passiver Unterschiedsbetrag, S. 420; FREIBERG, J., Realisation eines negativen Unterschiedsbetrags, S. 262.

870 Vgl. IFRS 3.35; IFRS 3.BC371; sowie PETERSEN, K./BANSBACH, F./DORNBACH, E., IFRS Praxishandbuch, S. 531; KASPERZAK, R./LIECK, H., Bedeutung des Reassessment, S. 1018.

871 Vgl. PUSECKER, D./SCHRUFF, L., Negativer Geschäftswert, S. 736; OPPERMANN, M./PILHOFER, J./MÜLLER, R., Negative Unterschiedsbeträge, S. 291.

872 Vgl. BAETGE, J./KIRSCH, H.-J./THIELE, S., Konzernbilanzen, S. 232; KÜTING, K./WEBER, C.-P., Konzernabschluss, S. 403; KÜTING, K./DUSEMOND, M./NARDMANN, B., Probleme der Kapitalkonsolidierung, S. 15.

873 Vgl. HAAKER, A., Full Goodwill Method, S. 346 f.; TETTENBORN, M./ROHLEDER, S., Passiver Unterschiedsbetrag, S. 420.

874 Vgl. IFRS 3.BC379–BC381; sowie HAAKER, A./FREIBERG, J., Vereinnahmung eines negativen Goodwill,

IFRS 3 sehen zwar eine umfassende Passivierung sämtlicher Schulden (einschließlich Eventualverbindlichkeiten) des erworbenen Unternehmens zum beizulegenden Zeitwert im Rahmen des Zusammenschlusses vor. Gleichwohl dürfen unter anderem antizipierte Restrukturierungsaufwendungen[875] sowie erwartete Verluste des erworbenen Unternehmens nicht passiviert werden.[876] Falls der Erwerber derartige Komponenten jedoch in seiner Gegenleistung mindernd berücksichtigt hat, kann ein negativer Unterschiedsbetrag nicht mehr (ausschließlich) durch einen günstigen Erwerb erklärt werden.[877] Daher werden im weiteren Verlauf der vorliegenden Arbeit – entgegen der Ansicht des Standardsetzers – neben einem günstigen Erwerb auch künftige Verluste und Aufwendungen als Ursache eines negativen Unterschiedsbetrages in die Analyse einbezogen.

524.32 Ermittlung eines negativen Unterschiedsbetrages anhand des beizulegenden Zeitwertes der Gegenleistung

524.321. Ausgegebene Eigenkapitalanteile als Bezugsgröße

Zur Ermittlung eines Unterschiedsbetrages nach IFRS 3 ist die übertragene Gegenleistung dem Saldo aus erworbenen Vermögenswerten und übernommenen Schulden gegenüberzustellen.[878] Da es im Rahmen von Unternehmenszusammenschlüssen durch Einlage von Kapitalgesellschaftsanteilen aber an der Übertragung wirtschaftlicher Ressourcen aus dem Vermögen des aufnehmenden Unternehmens als Gegenleistung für die Beteiligung an dem aufzunehmenden Unternehmen fehlt, ist grundsätzlich auf den **beizulegenden Zeitwert der ausgegebenen Eigenkapitalanteile** abzustellen.[879] Ist der beizulegende Zeitwert der ausgegebenen Eigenkapitalanteile geringer als das nach den Vorschriften des IFRS 3 bewertete erworbene Nettovermögen, ergibt sich schließlich ein negativer Unterschiedsbetrag, der nach einer erneuten Prüfung sofort ertragswirksam in der Gewinn- und Verlustrechnung zu erfassen ist.

Sofern eine regelkonforme Bewertung des Nettovermögens unterstellt wird, liegt der negative Unterschiedsbetrag im Wesentlichen in dem beizulegenden Zeitwert der Gegenleistung begründet. Im Vergleich zu einem gewöhnlichen Erwerb einigen sich die Gesellschafter bei einem Zusammenschluss durch Einlage von Kapitalgesellschaftsanteilen nicht auf einen Kaufpreis,

---

S. 325; HACHMEISTER, D., Neuregelung von IFRS 3, S. 121; SENGER, T./BRUNE, J. W., in: Driesch u. a., Beck IFRS-Hdb, § 34, Rn. 237; LÜDENBACH, N./HOFFMANN, W.-D./FREIBERG, J., in: Lüdenbach u. a., Haufe IFRS, § 31, Rn. 144.

875 Restrukturierungsrückstellungen sind nur insoweit anzusetzen, wie sie im Erwerbszeitpunkt die Ansatzvoraussetzungen des IAS 37 erfüllen und daher bereits im Abschluss des erworbenen Unternehmens anzusetzen waren. Geplante Restrukturierungsmaßnahmen des Erwerbers sind somit vom Ansatz ausgeschlossen. Vgl. LÜDENBACH, N./HOFFMANN, W.-D./FREIBERG, J., in: Lüdenbach u. a., Haufe IFRS, § 31, Rn. 96.

876 Vgl. IFRS 3.BC380 i. V. m. IFRS 3.11; sowie LÜDENBACH, N./HOFFMANN, W.-D./FREIBERG, J., in: Lüdenbach u. a., Haufe IFRS, § 31, Rn. 144; KASPERZAK, R./LIECK, H., Bedeutung des Reassessment, S. 1018; TETTENBORN, M./ROHLEDER, S., Passiver Unterschiedsbetrag, S. 420.

877 Vgl. HAAKER, A., Full Goodwill Method, S. 345 f. m. w. N.; so auch ENGELKE, F., Mehrstufiger Konzern, S. 135.

878 Vgl. hierzu Abschnitt 524.1 der vorliegenden Arbeit.

879 Vgl. hier und im folgenden Satz IFRS 3.32 f.

sondern auf ein Austauschverhältnis, das letztlich die Zahl der zu gewährenden Eigenkapitalanteile bestimmt.[880] Analog zu den Ursachen eines negativen Unterschiedsbetrages bei einem gewöhnlichen Erwerb kann ein negativer Unterschiedsbetrag bei einer Einlage insofern einerseits auf ein entsprechend **niedriges Austauschverhältnis**[881] zurückzuführen sein, das die bisherigen Gesellschafter des aufnehmenden Unternehmens aufgrund einer günstigen Verhandlungsposition durchsetzen konnten. Demzufolge müssen sie den ehemaligen Gesellschaftern des aufzunehmenden Unternehmens nur einen verhältnismäßig geringen Kapitalanteil an dem entstehenden Konzern gewähren. Andererseits kann ein niedriges Austauschverhältnis aber auch durch negative Erfolgsaussichten oder erwarteten Restrukturierungsaufwand bedingt sein, die von den Gesellschaftern bei den Verhandlungen wertmindernd berücksichtigt wurden. In diesem Fall erhalten die ehemaligen Gesellschafter des aufzunehmenden Unternehmens zwar ebenfalls nur einen geringen Kapitalanteil an dem entstehenden Konzern, allerdings ist der Kapitalanteil angesichts der negativen Erfolgsaussichten angemessen.

Die ausgegebenen Eigenkapitalanteile sind schließlich mit ihrem beizulegenden Zeitwert zu bewerten, der allerdings – auch nach erneuter kritischer Prüfung – in Abhängigkeit von der Qualität der vorhandenen Bewertungsparameter von subjektiven Einflüssen geprägt sein kann. Folglich kann auch eine **Unterbewertung** der ausgegebenen Eigenkapitalanteile und damit ein Bewertungsfehler als Ursache für einen negativen Unterschiedsbetrag nicht ausgeschlossen werden.[882]

524.322. Erhaltene Eigenkapitalanteile als Bezugsgröße

Sofern die erhaltenen Eigenkapitalanteile verlässlicher bewertet werden können als die ausgegebenen, lässt der Standardsetzer eine Bewertung der Gegenleistung mit dem beizulegenden Zeitwert der Eigenkapitalanteile des aufzunehmenden Unternehmens zu.[883] Wie bei einem positiven Unterschiedsbetrag wird auch der negative Unterschiedsbetrag dementsprechend nicht mehr anhand der übertragenen Gegenleistung bemessen, sondern anhand des Unternehmenswertes des aufzunehmenden Unternehmens selbst.

Während die Ausgeglichenheit von Leistung und Gegenleistung bei einem positiven Unterschiedsbetrag grundsätzlich unterstellt wird,[884] ist dieser Zusammenhang bei einem **günstigen Erwerb** hingegen nicht anzunehmen.[885] Ein günstiger Erwerb ist gerade dadurch gekennzeichnet, dass der Erwerber beispielsweise aufgrund seines individuellen Verhandlungsgeschickes oder durch die Ausnutzung einer Zwangslage des Veräußerers eine im Vergleich zu dem Wert

880 Vgl. hierzu Abschnitt 232.4 der vorliegenden Arbeit.

881 Unter einem *niedrigen* Austauschverhältnis wird hier ein solches Verhältnis verstanden, das zu einer Ausgabe von relativ wenigen Eigenkapitalanteilen des aufnehmenden Unternehmens führt.

882 Eine Unterzahlung muss im Vergleich zu einem positiven Unterschiedsbetrag im Rahmen des negativen Unterschiedsbetrages nicht gesondert betrachtet werden, da eine mögliche Unterzahlung gerade für einen günstigen Erwerb konstituierend ist.

883 Vgl. IFRS 3.33.

884 Vgl. IFRS 3.BC331.

885 Vgl. KASPERZAK, R./LIECK, H., Bedeutung des Reassessment, S. 1017.

der erhaltenen Unternehmensbeteiligung geringere Gegenleistung durchsetzen kann.[886] Demzufolge wird ein solcher Vorteil bei der Ermittlung des Unterschiedsbetrages anhand der *erhaltenen* Eigenkapitalanteile nicht erfasst.

Nach der Konzeption des IFRS 13 ist bei der Bewertung der Unternehmensbeteiligung ausdrücklich von transaktions- und unternehmensspezifischen Umständen des konkreten Zusammenschlusses zu abstrahieren und stattdessen eine gewöhnliche Transaktion zwischen typischen Marktteilnehmern zu unterstellen.[887] Dementsprechend sind vor allem eine Not- oder Zwangslage des Veräußerers, die für einen günstigen Erwerb ursächlich sein könnten, ebenso explizit zu vernachlässigen wie die individuellen Geschicke des Erwerbers.[888] Unter der Annahme einer regelkonformen Bewertung des Nettovermögens kann ein negativer Unterschiedsbetrag daher im Wesentlichen nur auf antizipierte **künftige Verluste** oder eine **Unterbewertung** der erhaltenen Eigenkapitalanteile zurückgeführt werden.[889] Ein verhältnismäßig geringes Austauschverhältnis ist dabei zwar nicht auszuschließen, allerdings schlägt es sich nicht in der Residualgröße nieder, da der Marktwert der Beteiligung am aufzunehmenden Unternehmen von der Zahl der ausgegebenen Eigenkapitalanteile unabhängig ist.

524.33 Beurteilung der ertragswirksamen Erfassung eines negativen Unterschiedsbetrages bei Einlage von Kapitalgesellschaftsanteilen

Die Analyse der Ermittlung eines negativen Unterschiedsbetrages hat gezeigt, dass die Residualgröße unterschiedliche Bestandteile umfasst, je nachdem, welche Bezugsgröße zur Ermittlung des Unterschiedsbetrages herangezogen wird. Die Abbildung 5-4 stellt die (potenziellen) **Bestandteile eines negativen Unterschiedsbetrages** in Abhängigkeit von der Bezugsgröße schematisch gegenüber.

Unter der Annahme einer regelkonformen Bewertung sowohl der erworbenen Vermögenswerte und übernommenen Schulden als auch der ausgegebenen Eigenkapitalanteile ist ein negativer Unterschiedsbetrag nach Ansicht des Standardsetzers jedoch stets auf einen günstigen Erwerb zurückzuführen.[890] Der Standardsetzer geht unter diesen Umständen grundsätzlich von einem **vorteilhaften Tauschgeschäft** aus, bei dem das erwerbende Unternehmen eigene wirtschaftliche Ressourcen gegen Ressourcen von größerem Wert eintauscht, sodass sich aus der Transaktion eine Vermögensmehrung für das erwerbende Unternehmen ergibt.[891] Ein solcher Austausch von Ressourcen liegt bei dem hier betrachteten Zusammenschluss durch Einlage von

---

[886] Vgl. hierzu Abschnitt 524.31 der vorliegenden Arbeit.

[887] Vgl. hierzu Abschnitt 524.232. der vorliegenden Arbeit.

[888] Vgl. ALKEMEIER, M., Konzerninterne Unternehmenszusammenschlüsse, S. 151 f. m. w. N., wenn auch im Kontext konzerninterner Unternehmenszusammenschlüsse.

[889] Vgl. GIMPEL-HENNING, N., Interpretation eines Goodwill, S. 221, wenn auch im Kontext sukzessiver Anteilserwerbe.

[890] Vgl. hierzu Abschnitt 524.31 der vorliegenden Arbeit.

[891] Vgl. IFRS 3.BC372.

Kapitalgesellschaftsanteilen allerdings nicht vor. Stattdessen legen die Gesellschafter die Ressourcen ihrer jeweiligen Unternehmen in dem entstehenden Konzern zusammen.[892] Der Verbund umfasst somit dieselben Ressourcen wie die vormals alleinstehenden Unternehmen. Ein wirtschaftlicher Erfolg des aufnehmenden Unternehmens bzw. des entstehenden Konzerns ist darin nicht zu erkennen,[893] sodass eine sofortige ertragswirksame Erfassung nicht angemessen erscheint.[894]

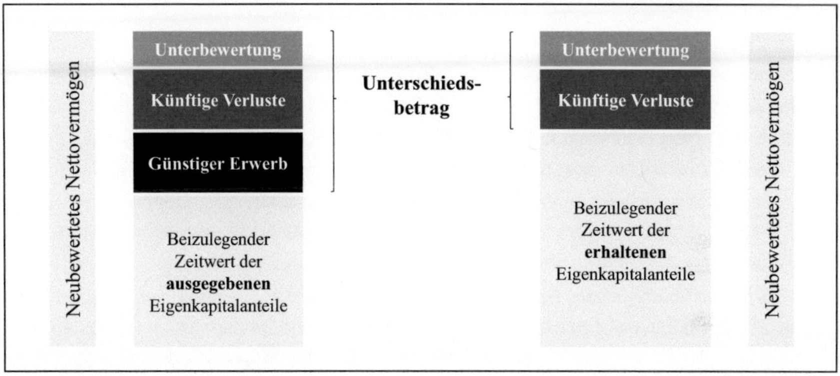

Abbildung 5-4: Bestandteile eines negativen Unterschiedsbetrages in Abhängigkeit von der Bezugsgröße

Während das Konzernvermögen von dem vereinbarten Austauschverhältnis gänzlich unabhängig ist, bestimmt das Austauschverhältnis die Beteiligungsverhältnisse der Gesellschafter am entstehenden Konzern.[895] Sofern der negative Unterschiedsbetrag auf ein entsprechend niedriges Austauschverhältnis zurückzuführen ist, das die bisherigen Gesellschafter des aufnehmenden Unternehmens aufgrund einer **günstigen Verhandlungsposition** durchsetzen konnten, führt der Zusammenschluss zu einer Vermögensverschiebung auf Gesellschafterebene zugunsten dieser Gesellschafter.[896] Dementsprechend ergibt sich aus dem Zusammenschluss ein wirtschaftlicher Vorteil für ebendiese Gesellschafter, da sie aufgrund des geringen Austauschverhältnisses künftig einen größeren wertmäßigen Kapitalanteil an dem entstehenden Konzern halten als den ursprünglichen Kapitalanteil an ihrem vormals alleinstehenden Unternehmen. Der negative Unterschiedsbetrag ist in diesem Fall folglich Ausdruck eines für die bisherigen Gesellschafter des aufnehmenden Unternehmens vorteilhaften Austauschverhältnisses.

---

[892] Zum Charakter der hier betrachteten Transaktion vgl. Kapitel 3 der vorliegenden Arbeit.

[893] Vgl. ebenso SIEGEL, T., Zeitwertansatz, S. 319, der in dem Austausch von Eigenkapitalanteilen allgemein „keinerlei Realisierung von Gewinnen" erkennt.

[894] So auch WEILEP, V., Badwill bei Verschmelzungen, S. 2132. A. A. DEGENER, G. J., Merger of Equals, S. 207 f.

[895] Zum Charakter der hier betrachteten Transaktion vgl. Kapitel 3 der vorliegenden Arbeit.

[896] Vgl. hierzu spiegelbildlich die Auswirkungen einer Überzahlung auf Gesellschafterebene in Abschnitt 524.24 der vorliegenden Arbeit.

Aufgrund der Verschiebung der Kapitalanteile zwischen den Gesellschaftern der jeweiligen Unternehmen ist der wirtschaftliche Vorteil der bisherigen Gesellschafter des aufnehmenden Unternehmens zugleich mit einem entsprechenden wirtschaftlichen Nachteil der ehemaligen Gesellschafter des aufzunehmenden Unternehmens verbunden. Der Vorteil der einen Gesellschaftergruppe entspricht dabei wertmäßig genau dem Nachteil der anderen, sodass insgesamt weder auf Konzernebene noch auf Gesellschafterebene ein wirtschaftlicher Erfolg aus dem Zusammenschluss zu verzeichnen ist.

Liegen dem niedrigen Austauschverhältnis hingegen von den bisherigen Gesellschaftern des aufnehmenden Unternehmens antizipierte **künftige Verluste** oder Aufwendungen zugrunde, hat der negative Unterschiedsbetrag vielmehr Schuldcharakter,[897] sodass auch in diesem Fall eine sofortige ertragswirksame Erfassung nicht sachgerecht erscheint.[898] Wenngleich diese negativen Erfolgsaussichten nicht für eine Passivierung im Konzernabschluss qualifizieren, mindern sie in der Regel den Ertragswert (Gesamtwert) des aufzunehmenden Unternehmens. Demzufolge dürfte das niedrige Austauschverhältnis das tatsächliche Wertverhältnis der sich zusammenschließenden Unternehmen trotz des negativen Unterschiedsbetrages adäquat widerspiegeln, sodass keine Vermögensverschiebung auf Gesellschafterebene anzunehmen ist. Folglich kann aufgrund des negativen Unterschiedsbetrages in diesem Fall selbst auf Gesellschafterebene kein wirtschaftlicher Vorteil der bisherigen Gesellschafter des aufnehmenden Unternehmens unterstellt werden.

Eine **Unterbewertung** der Gegenleistung ist im Vergleich zu den übrigen Ursachen nicht sachlich bedingt, sodass ein darauf basierender Unterschiedsbetrag wirtschaftlich nicht interpretiert werden kann. Vielmehr handelt es sich um einen reinen Bewertungsfehler, der keine Auswirkungen auf die Beteiligungsverhältnisse der jeweiligen Gesellschafter oder die wirtschaftliche Lage des Konzerns hat und daher aus konzeptioneller Sicht erfolgsneutral nach den Vorschriften des IAS 8 zu korrigieren ist.[899]

524.34 Kritische Würdigung der Behandlung eines negativen Unterschiedsbetrages bei Einlage von Kapitalgesellschaftsanteilen

Ein negativer Unterschiedsbetrag aus einem Zusammenschluss durch Einlage von Kapitalgesellschaftsanteilen kann grundsätzlich (in Abhängigkeit von der Bezugsgröße) sowohl auf einer günstigen Verhandlungsposition der bisherigen Gesellschafter des aufnehmenden Unternehmens als auch auf erwarteten künftigen Verlusten des aufzunehmenden Unternehmens basieren, die sich jeweils in einem entsprechend niedrigen Austauschverhältnis konkretisiert haben. Da das Austauschverhältnis jedoch keine Auswirkungen auf die wirtschaftliche Lage des Konzerns hat, erscheint eine ertragswirksame Erfassung des Unterschiedsbetrages in beiden Fällen nicht

[897] Vgl. Baetge, J./Kirsch, H.-J./Thiele, S., Konzernbilanzen, S. 232.
[898] Vgl. Oppermann, M./Pilhofer, J./Müller, R., Negative Unterschiedsbeträge, S. 294.
[899] Vgl. hierzu analog die Auswirkungen einer Überbewertung im Rahmen eines positiven Unterschiedsbetrages in Abschnitt 524.24 der vorliegenden Arbeit.

sachgerecht. Schließlich wird den Adressaten durch die ertragswirksame Erfassung ein wirtschaftlicher Erfolg aus dem Zusammenschluss suggeriert, obwohl die Gesellschafter ihre jeweiligen Ressourcen nur zusammengelegt haben, ohne dass eine Vermögensmehrung auf Konzernebene zu verzeichnen ist.

Der im Konzernabschluss ausgewiesene Ertrag aus der Erfassung eines negativen Unterschiedsbetrages ist letztlich den jeweiligen Gesellschaftergruppen entsprechend anteilig zuzurechnen. Sofern das geringe Austauschverhältnis auf eine **günstige Verhandlungsposition** zurückgeführt werden kann, ergibt sich zwar ein wirtschaftlicher Vorteil für die *bisherigen* Gesellschafter des aufnehmenden Unternehmens. Insgesamt ist aber auch auf Gesellschafterebene kein wirtschaftlicher Erfolg aus dem Zusammenschluss zu verzeichnen, da der Vorteil der einen Gesellschaftergruppe genau dem Nachteil der anderen entspricht. Während die ertragswirksame Erfassung des Unterschiedsbetrages die Auswirkungen des Zusammenschlusses aus der Perspektive der bisherigen Gesellschafter des aufnehmenden Unternehmens somit zumindest dem Grunde nach adäquat widerspiegelt, wird den ehemaligen Gesellschaftern des aufzunehmenden Unternehmens ein erfolgreicher Zusammenschluss vorgetäuscht, obwohl sie aufgrund der Vermögensverschiebung einen wirtschaftlichen Verlust erlitten haben. Der Ausweis eines Ertrages aus dem negativen Unterschiedsbetrag gewährt insofern den Interessen der bisherigen Gesellschafter des aufnehmenden Unternehmens Vorrang vor den Interessen der ehemaligen Gesellschafter des aufzunehmenden Unternehmens. Darin wird abermals die für die Erwerbsmethode typische Abbildung des Zusammenschlusses aus der Perspektive des Erwerbers (bzw. dessen Gesellschaftern) deutlich, deren Vereinbarkeit mit dem Charakter der hier betrachteten Transaktion bereits im Rahmen der Identifizierung eines Erwerbers bezweifelt wurde.[900]

Die Information über die Auswirkungen des Zusammenschlusses auf die Vermögensverhältnisse auf Gesellschafterebene ist für die jeweiligen Gesellschafter zwar durchaus relevant, da ein wirtschaftlich insgesamt sinnvoller Zusammenschluss aufgrund eines unangemessenen Austauschverhältnisses für die eine oder andere Gesellschaftergruppe dennoch unvorteilhaft sein kann.[901] Allerdings ist es nicht die Aufgabe des Konzernabschlusses, die wirtschaftlichen Verhältnisse auf Gesellschafterebene abzubilden.[902] Ferner ist der Konzernabschluss nicht in der Lage, die gegenläufigen Auswirkungen auf die jeweiligen Gesellschafter zugleich darzustellen. Demzufolge wird die ertragswirksame Erfassung eines negativen Unterschiedsbetrages aufgrund einer günstigen Verhandlungsposition den tatsächlichen Verhältnissen weder auf Konzernebene noch auf Gesellschafterebene gerecht, sodass die Glaubwürdigkeit der Informationen stark eingeschränkt ist.

Falls das Austauschverhältnis hingegen nicht auf eine günstige Verhandlungsposition zurückgeführt werden kann, zeigt der negative Unterschiedsbetrag regelmäßig zu erwartende **künftige**

[900] Vgl. hierzu Abschnitt 522.3 der vorliegenden Arbeit.
[901] Vgl. RAMMERT, S., Pooling of Interests, S. 626.
[902] Zum Abbildungsobjekt eines Konzernabschlusses vgl. Abschnitt 422. der vorliegenden Arbeit.

Verluste oder Aufwendungen an, die nicht im Nettovermögen des aufzunehmenden Unternehmens erfasst wurden. Die Information über künftige Verluste ist zwar grundsätzlich relevant, da sie einen vorhersagenden Wert für die Adressaten hat. Die gemäß IFRS 3 vorgesehene ertragswirksame Erfassung des Unterschiedsbetrages vermittelt allerdings den Eindruck eines erfolgreichen Zusammenschlusses, obwohl die Ursache des geringen Austauschverhältnisses vielmehr in negativen Erfolgsaussichten liegt.[903] Insofern ergibt sich auch in diesem Fall eine Einschränkung der Glaubwürdigkeit, da die Darstellung des Zusammenschlusses nicht den tatsächlichen Verhältnissen des Konzerns entspricht.

Ein negativer Unterschiedsbetrag sollte schließlich zum Anlass genommen werden, den Ansatz und die Bewertung sämtlicher erworbener Vermögenswerte und übernommener Schulden – wie es IFRS 3 vorsieht – **kritisch zu prüfen** und gegebenenfalls anzupassen. Theoretisch dürften daher sämtliche passivierungsfähigen Bestandteile eines negativen Unterschiedsbetrages spätestens im Rahmen der kritischen Prüfung gesondert als Schuld erfasst werden. Eine pauschale Passivierung des (verbleibenden) Unterschiedsbetrages scheidet hingegen aus, da es aufgrund der kritischen Überprüfung offenbar bereits an der Passivierungsfähigkeit seiner Bestandteile mangelt.[904]

Im Ergebnis sollte sich der Konzernabschluss auf die Abbildung der wirtschaftlichen Verhältnisse auf Konzernebene beschränken. Da die Ausgabe der Eigenkapitalanteile zu keinem Ressourcenabfluss führt und sich somit in beiden beschriebenen Fällen keinerlei Auswirkungen auf die Vermögenslage des Konzerns ergeben, wäre schließlich eine **erfolgsneutrale Verrechnung** des (verbleibenden) negativen Unterschiedsbetrages mit der Kapitalrücklage des Konzerns anstelle einer ertragswirksamen Erfassung in der Gewinn- und Verlustrechnung zu prüfen.[905]

525. Ausweis des Konzerneigenkapitals

525.1 Vorbemerkung

Wirtschaftlich entspricht das (Konzern-)Eigenkapital denjenigen Ressourcen, die dem Unternehmen bzw. Konzern vonseiten der Gesellschafter grundsätzlich unbefristet überlassen wurden.[906] Der bilanzielle Ausweis des Eigenkapitals im Konzernabschluss wird allerdings vom

903 Vgl. ALKEMEIER, M., Konzerninterne Unternehmenszusammenschlüsse, S. 153, wenn auch im Kontext konzerninterner Unternehmenszusammenschlüsse.

904 So auch SIEGEL, T., Geheimnis des negativen Geschäftswerts, S. 391. A. A. WEILEP, V., Badwill bei Verschmelzungen, S. 2132. Während ein Geschäfts- oder Firmenwert grundsätzlich den allgemeinen Definitionskriterien eines Vermögenswertes nach dem *Conceptual Framework* entspricht, qualifizieren künftige Verluste und Aufwendungen hingegen nicht als Schuld, sofern sie noch nicht hinreichend konkretisiert sind, sodass sich eine gegenwärtige Verpflichtung (*obligation*) für das aufnehmende Unternehmen ergibt.

905 Diese Möglichkeit wird im Rahmen der Interessenzusammenführungsmethode in Abschnitt 533. der vorliegenden Arbeit genauer betrachtet.

906 Vgl. COENENBERG, A. G./HALLER, A./SCHULTZE, W., Jahresabschlussanalyse, S. 333; SCHEFFLER, E., Eigenkapital nach IFRS, S. 2. Darunter sind sowohl die von den Gesellschaftern zugeführten als auch die von dem Unternehmen erwirtschafteten und einbehaltenen Mittel zu subsumieren.

Standardsetzer innerhalb der IFRS nicht explizit adressiert.[907] Vielmehr ist das (Konzern-)Eigenkapital im Allgemeinen als eine rechnerische **Residualgröße** aus den Vermögenswerten abzüglich der Schulden eines Unternehmens oder Konzerns definiert[908] und repräsentiert somit die Ansprüche der Gesellschafter an dem Reinvermögen des Konzerns.[909]

Bei einem Zusammenschluss durch einen gewöhnlichen **Erwerb** scheint eine gesonderte Regelung zum Ausweis des Eigenkapitals im *Konzernabschluss* entbehrlich, da die Kapitalausstattung des Konzerns grundsätzlich dem Eigenkapital des aufnehmenden Unternehmens entspricht, das dessen bisherige Gesellschafter diesem überlassen haben.[910] Die ehemaligen Gesellschafter des aufzunehmenden Unternehmens wurden im Rahmen des Erwerbes abgefunden, sodass sie dem Konzern weder Kapital zur Verfügung stellen noch Ansprüche darauf haben.

Bei einem Zusammenschluss durch **Einlage** von Kapitalgesellschaftsanteilen werden die ehemaligen Gesellschafter allerdings an dem Konzern beteiligt.[911] Daher stellt sich die Frage nach dem Umfang und der Struktur des nunmehr gemeinsamen Eigenkapitals der bisherigen Gesellschafter des aufnehmenden Unternehmens und der ehemaligen Gesellschafter des aufzunehmenden Unternehmens. Dementsprechend wird im Folgenden zunächst die Höhe des im Konzernabschluss ausgewiesenen Eigenkapitals beurteilt (Abschnitt 525.2), bevor eine Untergliederung dieses Postens diskutiert wird (Abschnitt 525.3). Abschließend werden die Ergebnisse der Analyse vor dem Ziel der Finanzberichterstattung nach IFRS gewürdigt (Abschnitt 525.4).

525.2 Umfang des Konzerneigenkapitals

Die Höhe des Konzerneigenkapitals ist von dem Ansatz und der Bewertung der Vermögenswerte und Schulden in der Konzernbilanz abhängig.[912] Bei der Horizontaladdition der Einzelabschlüsse im Rahmen der derivativen Konzernabschlusserstellung[913] ist allerdings zu beachten, dass sowohl die Beteiligung an dem aufzunehmenden Unternehmen als auch die dahinter stehenden Vermögenswerte und Schulden in der Summenbilanz erfasst werden.[914] Um eine solche **Doppelerfassung** sowohl im Reinvermögen als auch im Eigenkapital zu vermeiden, ist die Beteiligung an dem aufzunehmenden Unternehmen mit dem entsprechenden (anteiligen) Eigenkapital des aufzunehmenden Unternehmens im Zuge der Kapitalkonsolidierung nach

907 Vgl. BUSSE VON COLBE, W. U. A., Konzernabschlüsse, S. 462.

908 Vgl. IAS 32.11; CF.4.63; sowie PELLENS, B. U. A., Int. Rechnungslegung, S. 571; PETERSEN, K./BANSBACH, F./DORNBACH, E., IFRS Praxishandbuch, S. 262; SCHEFFLER, E., Eigenkapital nach IFRS, S. 17; KLEINDIEK, D., Eigenkapital im Bilanzrecht, S. 248 m. w. N.

909 Vgl. PELLENS, B. U. A., Int. Rechnungslegung, S. 571.

910 Vgl. GELHAUSEN, W./GELHAUSEN, H. F., Eigenkapital im Konzernabschluß, S. 218; SCHEFFLER, E., Eigenkapital nach IFRS, S. 113.

911 Vgl. hierzu Abschnitt 331.1 der vorliegenden Arbeit.

912 Vgl. KLEINDIEK, D., Eigenkapital im Bilanzrecht, S. 248; COENENBERG, A. G./HALLER, A./SCHULTZE, W., Jahresabschlussanalyse, S. 333; SCHEFFLER, E., Eigenkapital nach IFRS, S. 15.

913 Zur derivativen Konzernabschlusserstellung vgl. Abschnitt 422. der vorliegenden Arbeit.

914 Vgl. KÜTING, K./WEBER, C.-P., Konzernabschluss, S. 326.

IFRS 10 zu verrechnen.[915] Folglich tritt im Konzernabschluss – ausgehend von dem Einzelabschluss des aufnehmenden Unternehmens – lediglich das (neubewertete) Reinvermögen des aufzunehmenden Unternehmens an die Stelle der Beteiligung.[916] Hinsichtlich eines gegebenenfalls verbleibenden Unterschiedsbetrages verweist IFRS 10 auf die Regelungen des IFRS 3 zur Erfassung eines Geschäfts- oder Firmenwertes oder eines Gewinns aus einem günstigen Erwerb.[917]

Aufgrund der Verrechnung der Beteiligung mit dem Eigenkapital des aufzunehmenden Unternehmens wird im Konzernabschluss im Wesentlichen das **Eigenkapital des aufnehmenden Unternehmens** ausgewiesen.[918] Während sich aus einem gewöhnlichen Erwerb grundsätzlich keine Auswirkungen auf das Eigenkapital des aufnehmenden Unternehmens ergeben, ist mit dem hier betrachteten Zusammenschluss eine Kapitalerhöhung durch die Einlage der Kapitalgesellschaftsanteile verbunden. Die Erhöhung des Eigenkapitals des aufnehmenden Unternehmens ist insofern nachvollziehbar, als die ehemaligen Gesellschafter des aufzunehmenden Unternehmens nicht mehr an diesem, sondern neben den bisherigen Gesellschaftern am aufnehmenden Unternehmen beteiligt sind und dem Konzern somit ebenfalls ihre Ressourcen zur Verfügung stellen.

Die von den ehemaligen Gesellschaftern des aufzunehmenden Unternehmens gehaltenen (neugeschaffenen) Eigenkapitalanteile am aufnehmenden Unternehmen repräsentieren zwar dem Grunde nach die Beteiligung bzw. das dahinter stehende Reinvermögen des aufzunehmenden Unternehmens.[919] Das im Rahmen der Kapitalerhöhung geschaffene Eigenkapital entspricht allerdings der Höhe nach nicht zwangsläufig dem Eigenkapital des vormals alleinstehenden aufzunehmenden Unternehmens. Vielmehr werden die Kapitalerhöhung und damit der Umfang des Konzerneigenkapitals durch den Wertansatz der Beteiligung im Einzelabschluss des aufnehmenden Unternehmens bestimmt, der regelmäßig von dem Eigenkapital des aufzunehmenden Unternehmens abweichen wird. Wirtschaftlich betrachtet stellen die ehemaligen Gesellschafter des aufzunehmenden Unternehmens aber dem Konzern nicht die Beteiligung zur Verfügung, sondern diejenigen Vermögenswerte und Schulden, die sie zuvor dem aufzunehmenden Unternehmen überlassen hatten. Sofern der Wertansatz der Beteiligung das bilanzielle Reinvermögen des aufzunehmenden Unternehmens übersteigt, weist der Konzernabschluss aufgrund der Aufdeckung stiller Reserven (und stiller Lasten) sowie der Aktivierung eines verbleibenden positiven Unterschiedsbetrages als Geschäfts- oder Firmenwert mehr Eigenkapital aus

915 Vgl. IFRS 10.B86 (b); sowie KÜTING, K./WEBER, C.-P., Konzernabschluss, S. 327; PELLENS, B. U. A., Int. Rechnungslegung, S. 854.

916 Vgl. KÜTING, K./WEBER, C.-P., Konzernabschluss, S. 326 f.

917 Vgl. IFRS 10.B86 (b). Ausführlich zur Erfassung eines Unterschiedsbetrages aus der Kapitalkonsolidierung vgl. Abschnitt 524. der vorliegenden Arbeit.

918 Vgl. SCHEFFLER, E., Eigenkapital nach IFRS, S. 119. Eine Ausnahme besteht in der ertragswirksamen Erfassung eines negativen Unterschiedsbetrages, die zu einer Erhöhung des konzernbilanziellen Eigenkapitals gegenüber dem Eigenkapital des aufnehmenden Unternehmens im Einzelabschluss führt.

919 Vgl. hier und im folgenden Satz PEFFEKOVEN, F. P., Reform der Kapitalkonsolidierung, S. 190.

als die Einzelabschlüsse der vormals alleinstehenden Unternehmen, obwohl die jeweiligen Gesellschafter dem Konzern keine zusätzlichen Ressourcen zur Verfügung gestellt haben.[920] Vor dem Hintergrund des Charakters des Zusammenschlusses entsprechend einer reinen Zusammenlegung der Ressourcen der Gesellschafter erscheint daher der Ausweis zusätzlichen Kapitals gegenüber den Einzelabschlüssen der vormals alleinstehenden Unternehmen (vor Kapitalerhöhung) im Konzernabschluss nicht sachgerecht.

525.3 Struktur des Konzerneigenkapitals

Der Standardsetzer verlangt einen gesonderten Ausweis von gezeichnetem Kapital (*issued capital*) einerseits und Rücklagen (*reserves*) andererseits sowie eine weitere Untergliederung dieser Posten, sofern diese für das Verständnis der Vermögenslage erforderlich ist.[921] Mit Blick auf die Vermittlung entscheidungsnützlicher Informationen durch den Konzernabschluss wird zumindest eine Aufteilung der Rücklagen in eingezahltes[922] (Kapitalrücklage) und erwirtschaftetes[923] (Gewinnrücklagen) Eigenkapital befürwortet,[924] die den weiteren Ausführungen zugrunde gelegt wird.

Konsolidierungstechnisch ergibt sich die Eigenkapitalstruktur des Konzernabschlusses nach der Erwerbsmethode grundsätzlich anhand der Gliederung im Einzelabschluss des aufnehmenden Unternehmens. Insofern entspricht das im Konzernabschluss ausgewiesene **gezeichnete Kapital** dem infolge der Kapitalerhöhung in der Satzung bestimmten und im Handelsregister eingetragenen Nominalkapital der aufnehmenden Kapitalgesellschaft.[925] Da sämtliche Gesellschafter des Konzerns aufgrund der Konzernstruktur unmittelbar an dem aufnehmenden Unternehmen beteiligt sind und folglich die entsprechenden Anteile an diesem halten, ist der Ausweis des (erhöhten) Nominalkapitals des aufnehmenden Unternehmens vor dem Hintergrund der Einheitsfiktion zu befürworten.[926] Die Anteile an dem aufzunehmenden Unternehmen werden hingegen konzernintern von dem aufnehmenden Unternehmen gehalten. Mithin hält kein Gesellschafter diese Anteile, sodass der Ausweis des Nominalkapitals des aufzunehmenden Unternehmens im Konzernabschluss nicht geboten ist.[927]

---

920 Vgl. PEFFEKOVEN, F. P., Reform der Kapitalkonsolidierung, S. 190 m. w. N. Bleibt der Wertansatz der Beteiligung indes hinter dem bilanziellen Reinvermögen des aufzunehmenden Unternehmens zurück, entspricht der Umfang des Konzerneigenkapitals grundsätzlich den Eigenkapitalien der Einzelabschlüsse, da sämtliche erworbenen Vermögenswerte und übernommenen Schulden unabhängig von dem Wertansatz der Beteiligung in den Konzernabschluss aufzunehmen sind. Aufgrund der Aufdeckung stiller Reserven und stiller Lasten können sich allerdings auch in diesem Fall Abweichungen ergeben.

921 Vgl. IAS 1.54 (r), IAS 1.55 und IAS 1.77; sowie CLEMENS, R., in: Driesch u. a., Beck IFRS-Hdb, § 12, Rn. 23; SCHEFFLER, E., Eigenkapital nach IFRS, S. 18.

922 Zum Begriff des eingezahlten Kapitals vgl. PELLENS, B. U. A., Int. Rechnungslegung, S. 582–584.

923 Zum Begriff des erwirtschafteten Kapitals vgl. PELLENS, B. U. A., Int. Rechnungslegung, S. 584–589.

924 Vgl. IAS 1.78 (e); sowie SCHEFFLER, E., Eigenkapital nach IFRS, S. 19; GELHAUSEN, W./GELHAUSEN, H. F., Eigenkapital im Konzernabschluß, S. 232; KÜTING, K./GÖTH, P./STRICKMANN, M., Konzerneigenkapital, S. 938.

925 Vgl. REUTER, M., Eigenkapitalausweis, S. 128 m. w. N.; GELHAUSEN, W./GELHAUSEN, H. F., Eigenkapital im Konzernabschluß, S. 218; KÜTING, K./GÖTH, P./STRICKMANN, M., Konzerneigenkapital, S. 938.

926 Vgl. PEFFEKOVEN, F. P., Reform der Kapitalkonsolidierung, S. 193.

927 Vgl. PEFFEKOVEN, F. P., Reform der Kapitalkonsolidierung, S. 193.

Auch hinsichtlich der **Rücklagen** entspricht der Ausweis des Eigenkapitals im Konzernabschluss der Eigenkapitalstruktur im Einzelabschluss des aufnehmenden Unternehmens.[928] Die Kapitalrücklage des Konzerns umfasst dementsprechend sowohl die ursprüngliche Kapitalrücklage des vormals alleinstehenden aufnehmenden Unternehmens als auch ein gegebenenfalls im Rahmen der Kapitalerhöhung erfasstes Aufgeld. Darüber hinaus zeigt der Konzernabschluss vorbehaltlich weiterer Konsolidierungsmaßnahmen[929] unverändert die Gewinnrücklagen des aufnehmenden Unternehmens. Die Gewinnrücklagen des aufzunehmenden Unternehmens sind hingegen bei Anwendung der Erwerbsmethode nicht als solche in den Konzernabschluss zu übernehmen, da sie im Rahmen des Zusammenschlusses als erworben gelten.[930] Insofern handelt es sich nicht um erwirtschaftetes Kapital des Konzerns, sodass eine Zuordnung zu den Konzerngewinnrücklagen ausgeschlossen ist. Stattdessen gehen die Gewinnrücklagen – ebenso wie das übrige Eigenkapital – des aufzunehmenden Unternehmens im Rahmen der Kapitalkonsolidierung im gezeichneten Kapital bzw. in der Kapitalrücklage des Konzerns und damit innerhalb des eingezahlten Kapitals unter.[931]

Bei einer Einlage von Kapitalgesellschaftsanteilen kann jedoch der Erwerb der Gewinnrücklagen des aufzunehmenden Unternehmens nicht unterstellt werden.[932] Zwar ließe sich die Einlage der Ressourcen des aufzunehmenden Unternehmens aus der Perspektive des aufnehmenden Unternehmens pauschal als Einzahlung von zusätzlichem Kapital interpretieren, sodass auf diese Weise weiterhin ein Ausweis in der Kapitalrücklage vertreten werden könnte. Aus der für den Konzernabschluss maßgeblichen Konzernsicht handelt es sich bei einem Zusammenschluss durch Einlage von Kapitalgesellschaftsanteilen aber wirtschaftlich um eine Zusammenlegung von Ressourcen.[933] Der Unterschied zu einem gewöhnlichen Erwerb liegt darin, dass die ehemaligen Gesellschafter des aufzunehmenden Unternehmens nicht abgefunden, sondern an dem Konzern beteiligt werden und diesem folglich weiterhin ihre Ressourcen zur Verfügung stellen. Infolge des Zusammenschlusses stellen somit beide Gesellschaftergruppen dem Konzern Kapital zur Verfügung, das jeweils zum Teil ursprünglich in die alleinstehenden Unternehmen eingezahlt und zum Teil im Laufe der Geschäftstätigkeit erwirtschaftet wurde.[934] Ebenso wie die **Gewinnrücklagen** des aufnehmenden Unternehmens nicht als eingezahltes Kapital des Konzerns betrachtet werden können, wurden die Gewinnrücklagen des aufzunehmenden Unternehmens ursprünglich nicht von dessen Gesellschaftern eingezahlt, sondern im Rahmen der Geschäftstätigkeit erwirtschaftet. Das Gleiche gilt für das Jahresergebnis, das vor dem Zusammenschluss von dem aufzunehmenden Unternehmen erwirtschaftet wurde. Der Ausweis der

---

928 Vgl. hier und im Folgenden SCHEFFLER, E., Eigenkapital nach IFRS, S. 119.

929 Vgl. REUTER, M., Eigenkapitalausweis, S. 128 f. Ausführlich zu möglichen Eigenkapitaldifferenzen aufgrund von weiteren Konsolidierungsmaßnahmen vgl. EBELING, R. M., Eigenkapitaldifferenzen, S. 1609–1615.

930 Vgl. BAETGE, J./KIRSCH, H.-J./THIELE, S., Konzernbilanzen, S. 191.

931 Vgl. RAMMERT, S., Pooling of Interests, S. 623.

932 Vgl. HOFFMANN, I., Interessenzusammenführung, S. 170 m. w. N.

933 Zum Charakter der hier betrachteten Transaktion vgl. Kapitel 3 der vorliegenden Arbeit.

934 BÖCKING, H.-J./KLEIN, G./LOPATTA, K., Unternehmenszusammenschlüsse, S. 23, befürworten demzufolge den differenzierten Ausweis der verschiedenen Bestandteile des eingebrachten Eigenkapitals des aufzunehmenden Unternehmens.

Gewinnrücklagen (einschließlich des Jahresergebnisses) des aufzunehmenden Unternehmens als Kapitalrücklage des Konzerns ist schließlich bei einem Zusammenschluss durch Einlage kritisch zu sehen.[935] Stattdessen wäre ein gesonderter Ausweis der verschiedenen Rücklagen auch im Konzernabschluss zu befürworten.

525.4 Kritische Würdigung des Ausweises des Konzerneigenkapitals bei Einlage von Kapitalgesellschaftsanteilen

Der Ausweis des Eigenkapitals im Konzernabschluss entspricht im Wesentlichen dem Ausweis im Einzelabschluss des aufnehmenden Unternehmens nach der für den Zusammenschluss durch Einlage von Kapitalgesellschaftsanteilen erforderlichen Kapitalerhöhung. Formalrechtlich ist der Zusammenschluss zwar mit einer Kapitalerhöhung bei dem aufnehmenden Unternehmen verbunden. Allerdings haben die jeweiligen Gesellschafter den sich zusammenschließenden Unternehmen keine zusätzlichen Ressourcen zur Verfügung gestellt. Stattdessen haben sie die Ressourcen dieser Unternehmen entsprechend dem Charakter der Transaktion in einem Konzern vereint, sodass die dem Verbund wirtschaftlich insgesamt zur Verfügung stehenden Ressourcen genau denjenigen der vormals alleinstehenden Unternehmen entsprechen.[936] Auch wenn sämtliche Gesellschafter des Konzerns unmittelbar an dem aufnehmenden Unternehmen beteiligt sind, ist zu bezweifeln, ob der am Einzelabschluss des aufnehmenden Unternehmens orientierte Eigenkapitalausweis im Konzernabschluss entscheidungsnützliche Informationen vermittelt.

Damit die durch den Konzernabschluss vermittelten Informationen hinsichtlich der Eigenkapitalausstattung des Konzerns entscheidungsnützlich sind, müssen sie sowohl relevant sein als auch glaubwürdig dargestellt werden.[937] Der Ausweis des Eigenkapitals im Konzernabschluss gibt zum einen Auskunft über den **Umfang** der dem Konzern unbefristet zur Verfügung stehenden Ressourcen, mit dem ein vorhersagender Wert hinsichtlich der Bestandsfestigkeit des Konzerns verbunden ist.[938] Zum anderen gibt der differenzierte Ausweis von Kapital- und Gewinnrücklagen Aufschluss über die **Herkunft** dieser Ressourcen.[939] Der gesonderte Ausweis von erwirtschaftetem gegenüber eingezahltem Eigenkapital hat dabei einen bestätigenden Wert bezüglich der Thesaurierungsfähigkeit und -bereitschaft des Konzerns in den vergangenen Perioden sowie zugleich einen vorhersagenden Wert hinsichtlich der Fähigkeit des Konzerns zur künftigen Selbstfinanzierung.[940] Demzufolge sind die Informationen über den Umfang und die Herkunft des Konzerneigenkapitals aufgrund ihres sowohl bestätigenden als auch vorhersagenden Wertes durchaus als **relevant** zu beurteilen.[941]

---

935 So auch HOFFMANN, I., Interessenzusammenführung, S. 170.
936 Vgl. PEFFEKOVEN, F. P., Pooling-of-Interests, S. 9.
937 Zu den Anforderungen an entscheidungsnützliche Informationen vgl. Abschnitt 43 der vorliegenden Arbeit.
938 Vgl. KÜTING, K./GÖTH, P./STRICKMANN, M., Konzerneigenkapital, S. 935.
939 Vgl. KÜTING, K./GÖTH, P./STRICKMANN, M., Konzerneigenkapital, S. 936.
940 Vgl. KÜTING, K., Derivative Erstellung des Konzernabschlusses, S. 182.
941 Vgl. GELHAUSEN, W./GELHAUSEN, H. F., Eigenkapital im Konzernabschluß, S. 221.

Der Eigenkapitalausweis im Konzernabschluss spiegelt zwar im Wesentlichen die tatsächliche gesellschaftsrechtliche Struktur des Eigenkapitals des aufnehmenden Unternehmens wider, die sich infolge der Kapitalerhöhung ergeben hat. Gemäß der Anforderung der glaubwürdigen Darstellung der vermittelten Informationen ist allerdings bei der Aufstellung des Konzernabschlusses eine **wirtschaftliche Betrachtungsweise** einzunehmen, die vor dem Hintergrund eines Zusammenschlusses durch Einlage von Kapitalgesellschaftsanteilen nicht zwangsläufig der formalrechtlichen Sichtweise entspricht. Obwohl es sich bei dem hier betrachteten Sachverhalt wirtschaftlich um eine reine Zusammenlegung bereits vorhandener Ressourcen handelt, kann der Umfang des im Konzernabschluss ausgewiesenen Eigenkapitals von den Eigenkapitalien der vormals alleinstehenden Unternehmen abweichen. Darüber hinaus wird die Unterscheidung zwischen eingezahltem und erwirtschaftetem Kapital konterkariert, indem der gesonderte Ausweis der Gewinnrücklagen des aufzunehmenden Unternehmens im Konzernabschluss unterbleibt. Während die Gewinnrücklagen des aufnehmenden Unternehmens weiterhin als solche ausgewiesen werden, gehen die Gewinnrücklagen des aufzunehmenden Unternehmens im gezeichneten Kapital und der Kapitalrücklage des Konzerns unter. Hierin zeigt sich erneut die Abbildung des Zusammenschlusses aus der Perspektive eines (fiktiven) Erwerbers, da der Ausweis im Konzernabschluss – wie bei einem gewöhnlichen Erwerb – von der Eigenkapitalstruktur des aufnehmenden Unternehmens bestimmt wird. Wie bereits im Rahmen der Identifizierung eines Erwerbers angedeutet, konfligiert diese Perspektive aber mit dem Charakter der hier betrachteten Transaktion.[942] Im Ergebnis wird der Ausweis den tatsächlichen wirtschaftlichen Verhältnissen des Konzerns nicht gerecht, sodass die **glaubwürdige Darstellung** beeinträchtigt und die Entscheidungsnützlichkeit der Informationen dementsprechend eingeschränkt ist.

526. Abschließende Würdigung der Erwerbsmethode

Anstelle des Erwerbes einer Kapitalbeteiligung wird im Rahmen der Erwerbsmethode der Erwerb der einzelnen Vermögenswerte und Schulden des erworbenen Unternehmens fingiert (sog. Einzelerwerbsfiktion). Die Abbildung des Zusammenschlusses im Konzernabschluss entspricht folglich der allgemeinen Bilanzierung von **Anschaffungsvorgängen** insofern, als die erworbenen Vermögenswerte und übernommenen Schulden mit ihren (angenommenen) Anschaffungskosten angesetzt und anschließend nach den spezifischen Regelungen des IASB fortgeführt werden.[943] Über die Totalperiode wird den künftigen Erträgen des erworbenen Unternehmens auf diese Weise die Anschaffungsauszahlung gegenübergestellt, sodass sich nur ein entsprechender Überschuss als Gewinn in der Konzernergebnisrechnung niederschlägt. Zentrale Voraussetzung für die sinnvolle Anwendung der Erwerbsmethode ist daher ein entsprechender **Abfluss wirtschaftlicher Ressourcen** aus dem Vermögen des erwerbenden Unternehmens als Gegenleistung für die Beteiligung an dem erworbenen Unternehmen,[944] der sich in den folgenden Perioden amortisieren muss.

942 Vgl. hierzu Abschnitt 522.3 der vorliegenden Arbeit.
943 Vgl. IFRS 3.BC24; sowie IASC (Hrsg.), G4+1 Position Paper, Tz. 50.
944 Vgl. SIEGEL, T., Zeitwertansatz, S. 317; REICHELT, D., Anteilstausch, S. 126.

Die Erwerbsmethode nach IFRS 3 ist grundsätzlich auf sämtliche Unternehmenszusammenschlüsse anzuwenden, bei denen ein Erwerber die Beherrschung über einen Geschäftsbetrieb erlangt, sodass auch Zusammenschlüsse durch *Einlage* von Kapitalgesellschaftsanteilen von dem Standard erfasst werden. Dabei bleibt allerdings unberücksichtigt, dass es sich bei einem gewöhnlichen Erwerb und einer Einlage von Kapitalgesellschaftsanteilen um grundlegend verschiedene ökonomische Transaktionen handelt.[945] Während der Erwerb von Kapitalgesellschaftsanteilen einer Übernahme der Ressourcen des Akquisitionsobjektes im Austausch für eine Gegenleistung entspricht, ist die Einlage als **Zusammenlegung der Ressourcen** zweier Unternehmen zu interpretieren, ohne dass eine Gegenleistung übertragen wird. Um die Transaktion hinsichtlich des Erfolges aus dem Zusammenschluss zu beurteilen, ist daher die Amortisation einer Gegenleistung bei einer Einlage nicht erforderlich, sodass die Ertragslage des Konzerns bei Anwendung der Erwerbsmethode durch die aufwandswirksame Erfassung fiktiver Anschaffungskosten in den auf den Zusammenschluss folgenden Perioden zu negativ dargestellt wird. Die wirtschaftliche Lage des entstehenden Konzerns ist vielmehr gänzlich unabhängig von der Zahl und dem Wert der ausgegebenen Eigenkapitalanteile. Zwar können sich in Abhängigkeit des Austauschverhältnisses Auswirkungen auf die Vermögensverhältnisse der jeweiligen Gesellschafter ergeben,[946] allerdings ist es nicht die Aufgabe des Konzernabschlusses, die wirtschaftlichen Verhältnisse der Gesellschafter nachzuzeichnen.[947]

Zur Abbildung des Zusammenschlusses nimmt die Erwerbsmethode entsprechend der Transaktionsstruktur eines gewöhnlichen Erwerbes die **Perspektive des Erwerbers** ein. Aus diesem Grund ist es in einem ersten Schritt erforderlich, den Erwerber unter den sich zusammenschließenden Unternehmen zu identifizieren. Dabei wird dem Ressourcenabfluss allerdings keine Bedeutung beigemessen, sodass auch im Fall einer Einlage regelmäßig das übergeordnete Unternehmen als vermeintlicher Erwerber bestimmt wird.[948] Vor dem Hintergrund, dass die jeweiligen Gesellschafter bei wirtschaftlicher Betrachtung die Ressourcen ihrer vormals alleinstehenden Unternehmen in einen Konzernverbund einbringen, erscheint eine unterschiedliche bilanzielle Behandlung der sich zusammenschließenden Unternehmen in Abhängigkeit des formalrechtlichen Über- oder Unterordnungsverhältnisses allerdings nicht sachgerecht.

Obwohl die wirtschaftliche Lage des entstehenden Konzerns von dem Über- oder Unterordnungsverhältnis innerhalb der wirtschaftlichen Einheit gänzlich unabhängig ist,[949] hat die Bestimmung des Erwerbers unmittelbare Auswirkungen auf die Abbildung des Zusammenschlusses im Konzernabschluss. Insofern sind die stillen Reserven und stillen Lasten ausschließlich des erworbenen Unternehmens aufzudecken und ein etwaiger Unterschiedsbetrag aus der Ka-

945 Zum Charakter der hier betrachteten Transaktion vgl. Kapitel 3 der vorliegenden Arbeit.
946 Zu den Auswirkungen des Zusammenschlusses auf Gesellschafter- und Konzernebene vgl. Abschnitt 331.1 bzw. Abschnitt 331.2 der vorliegenden Arbeit.
947 Zum Abbildungsobjekt eines Konzernabschlusses vgl. Abschnitt 422. der vorliegenden Arbeit.
948 Zur Bestimmung des Erwerbers vgl. Abschnitt 522. der vorliegenden Arbeit.
949 Zur Bedeutung des Über- oder Unterordnungsverhältnisses vgl. Abschnitt 34 der vorliegenden Arbeit.

pitalkonsolidierung zu erfassen. Ferner sind die Gewinnrücklagen des aufzunehmenden Unternehmens nicht in den Konzernabschluss zu übernehmen. Zwar wird die **Bewertungsfunktion** des Konzernabschlusses durch die Aufdeckung stiller Reserven und stiller Lasten sowie eines Geschäfts- oder Firmenwertes des vermeintlich erworbenen Unternehmens gefördert. Allerdings beschränkt sich die Neubewertung zum einen auf das aufzunehmende Unternehmen und zum anderen auf den Zeitpunkt des Zusammenschlusses, sodass die Bewertungsfunktion weiterhin eingeschränkt wird.[950] Ferner besteht die Aufgabe der Kapitalkonsolidierung nicht originär in der Neubewertung von Vermögenswerten und Schulden. Die Neubewertung dient vielmehr der Erfassung des erworbenen Nettovermögens insgesamt mit dem Wert der übertragenen Gegenleistung und somit der Einhaltung des Kongruenzprinzips der Rechnungslegung, damit die Adressaten sowohl die Investition als auch deren Rentabilität beurteilen können.[951] Bei dem hier betrachteten Zusammenschluss durch Einlage von Kapitalgesellschaftsanteilen mangelt es allerdings an der Übertragung einer Gegenleistung im Austausch für die Ressourcen des aufzunehmenden Unternehmens, sodass die erfolgsneutrale Neubewertung in diesem Fall regelmäßig zu einer Verletzung der Kongruenzbedingung führt. Für die Beurteilung des Zusammenschlusses sind vielmehr die Buchwerte aus dem Einzelabschluss des aufzunehmenden Unternehmens maßgebend, da sie den von dessen Gesellschaftern bislang eingesetzten und fortan dem Konzern überlassenen Ressourcen entsprechen.

Die Berichterstattung aus der Perspektive des Erwerbers erfüllt dabei vornehmlich die **Informationsinteressen der bisherigen Gesellschafter** des aufnehmenden Unternehmens. Dies kommt auch und besonders in der Erfassung eines Unterschiedsbetrages zum Ausdruck. Ein positiver Unterschiedsbetrag bildet folglich den Teil des Geschäfts- oder Firmenwertes aus dem Zusammenschluss ab, der realisiert werden muss, damit die bisherigen Gesellschafter des aufnehmenden Unternehmens ihre Vermögensverhältnisse wahren können. Ein negativer Unterschiedsbetrag ist analog dazu nach erneuter Prüfung der Wertansätze regelmäßig Ausdruck eines für die bisherigen Gesellschafter vorteilhaften Zusammenschlusses. Die gegensätzlichen Implikationen für die ehemaligen Gesellschafter des aufzunehmenden Unternehmens werden hingegen nicht berücksichtigt. Ebenso orientiert sich der Eigenkapitalausweis im Konzernabschluss im Wesentlichen an der Eigenkapitalstruktur des aufnehmenden Unternehmens, sodass die Gewinnrücklagen des aufzunehmenden Unternehmens nicht gesondert ausgewiesen werden.

Dabei ist zu beachten, dass die Geschäftsführung des aufnehmenden Unternehmens bei einer Einlage nicht nur den bisherigen Gesellschaftern des aufnehmenden Unternehmens, sondern ebenso den ehemaligen Gesellschaftern des aufzunehmenden Unternehmens **Rechenschaft** schuldig ist, da sämtliche Gesellschafter des Konzerns zu den primären Adressaten des Kon-

---

950 Vgl. RAMMERT, S., Pooling of Interests, S. 624; VATER, H., M&A Accounting, S. 1844.

951 Vgl. IFRS 3.BC24 f.; sowie ähnlich PEFFEKOVEN, F. P., Reform der Kapitalkonsolidierung, S. 188 f. m. w. N.

zernabschlusses zählen. Folglich darf trotz des formalrechtlichen Über- oder Unterordnungsverhältnisses nicht die Perspektive des Mutterunternehmens eingenommen werden, bei der vornehmlich die Interessen der bisherigen Gesellschafter des aufnehmenden Unternehmens Beachtung finden. Wirtschaftlich stehen die Unternehmen in dem entstehenden Konzern vielmehr gleichrangig nebeneinander. Daher sind die Informationsinteressen beider Gesellschaftergruppen gleichermaßen im Konzernabschluss zu berücksichtigen. Während der Konzernabschluss infolge eines gewöhnlichen Erwerbes gewissermaßen als ein fortgeführter Abschluss des aufnehmenden Unternehmens an dessen bisherige Gesellschafter interpretiert werden kann, da das aufnehmende Unternehmen das aufzunehmende Unternehmen von dessen ehemaligen Gesellschaftern übernimmt, ist der Konzernabschluss infolge einer Einlage als vereinter Abschluss der sich zusammenschließenden Unternehmen an sämtliche Gesellschafter des Konzerns zu verstehen. Schließlich werden die Unternehmen derart zusammengelegt, dass beide Gesellschaftergruppen gemeinsam an dem Konzern beteiligt werden. Demzufolge ist entsprechend dem wirtschaftlichen Charakter der hier betrachteten Transaktion grundsätzlich eine Gleichbehandlung der sich zusammenschließenden Unternehmen unabhängig von dem formalrechtlichen Über- oder Unterordnungsverhältnis angezeigt.

Im Ergebnis ist die Erwerbsmethode nach IFRS 3 nur eingeschränkt zur Abbildung eines Zusammenschlusses durch Einlage von Kapitalgesellschaftsanteilen geeignet, da die der Methode zugrunde liegende Perspektive eines Erwerbers mit dem wirtschaftlichen Charakter der hier betrachteten Transaktion konfligiert und schließlich zu Einschränkungen der Bewertungs- und Rechenschaftsfunktion des Konzernabschlusses führt. Im weiteren Verlauf der vorliegenden Arbeit werden daher mit der Interessenzusammenführungsmethode und der Neugründungsmethode zwei alternative Kapitalkonsolidierungsmethoden, die der Anforderung der Gleichbehandlung der sich zusammenschließenden Unternehmen genügen, zur Abbildung des hier betrachteten Sachverhaltes analysiert und anschließend vor dem Ziel der Finanzberichterstattung nach IFRS gewürdigt.

53 Interessenzusammenführungsmethode

531. Konzeption und Anwendungsvoraussetzungen der Interessenzusammenführungsmethode

Seit dem Inkrafttreten des IFRS 3 im Jahr 2004 ist die Anwendung der Interessenzusammenführungsmethode[952] nicht mehr zulässig.[953] Den folgenden Ausführungen wird daher die Gestaltung dieser Kapitalkonsolidierungsmethode nach den Vorschriften des Vorgängerstandards

---

952 Die Interessenzusammenführungsmethode wird auch als *pooling of interests method, uniting of interests method* oder *merger accounting* bezeichnet. Vgl. KRAWITZ, N./LEUKEL, S., Unternehmensfusionen, S. 92.

953 Vgl. IFRS 3.14 (2004); IFRS 3.4; sowie PAWELZIK, K. U., Interessenzusammenschlüsse, S. 2569; GROS, S., Aktie als Akquisitionswährung, S. 780. Die Interessenzusammenführungsmethode wird inzwischen sowohl vom IASB, FASB als auch vom deutschen Gesetzgeber nicht mehr zugelassen. Während sich die Vorschriften der verschiedenen Standardsetzer zu dieser Methode im Detail unterschieden, lag allen die gleiche Grundkonzeption zugrunde. Vgl. KRAWITZ, N./LEUKEL, S., Unternehmensfusionen, S. 91.

IAS 22 *Business Combinations* zugrunde gelegt.[954] Die Interessenzusammenführungsmethode war gemäß IAS 22 auf solche Unternehmenszusammenschlüsse anzuwenden, bei denen sich keines der zusammenschließenden Unternehmen als Erwerber identifizieren ließ,[955] sodass die Anwendung der Erwerbsmethode nicht sachgerecht erschien.[956] Nach damaliger Ansicht des Standardsetzers lag diesen Zusammenschlüssen kein Erwerb eines Unternehmens durch ein anderes zugrunde,[957] sondern eine **Zusammenlegung zweier Unternehmen** in einem gemeinsamen Konzern (sog. Interessenzusammenführung).[958] Grundlage für einen solchen Zusammenschluss war die Vereinbarung eines Anteilstausches, durch den beide Gesellschaftergruppen der sich zusammenschließenden Unternehmen an dem entstehenden Konzern beteiligt werden.[959] Dies wird erreicht, indem die ehemaligen Gesellschafter des aufzunehmenden Unternehmens für die Einbringung ihrer Beteiligung eine Beteiligung an dem aufnehmenden Unternehmen erhalten.[960]

Der **Konzeption der Interessenzusammenführungsmethode** liegt die Annahme zugrunde, dass das aufzunehmende Unternehmen durch das aufnehmende Unternehmen nicht erworben wird.[961] Folglich gebe es keine Grundlage für die Fiktion eines Erwerbes der einzelnen Vermögenswerte und Schulden (sog. Einzelerwerbsfiktion[962]).[963] Stattdessen beruht die Interessenzusammenführungsmethode auf einer **Fusionsfiktion**.[964] Der Fusionsfiktion entsprechend wird unterstellt, dass die Gesellschafter ihre jeweiligen Ressourcen derart zusammenlegen (*pool*),[965]

---

954 Gleichwohl beziehen sich einige Quellen auf die Interessenzusammenführungsmethode gemäß den ehemaligen Regelungen des § 302 HGB. Ausführlich zur Konzeption der Interessenzusammenführungsmethode vgl. BUSSE VON COLBE, W./ORDELHEIDE, D., Konzernabschlüsse, 6. Aufl., S. 308–315.

955 Vgl. IAS 22.78 i. V. m. IAS 22.14; sowie BÖCKING, H.-J./KLEIN, G./LOPATTA, K., Unternehmenszusammenschlüsse, S. 19; TELKAMP, H.-J./BRUNS, C., Pooling vs. Fresh Start, S. 745. Insofern war die Interessenzusammenführungsmethode nicht als Alternative zur Erwerbsmethode, sondern nur für bestimmte Ausnahmetatbestände vorgesehen (sog. *pooling-as-exception-approach*). Vgl. MUJKANOVIC, R., Zukunft der Kapitalkonsolidierung, S. 534; IASC (Hrsg.), G4+1 Position Paper, Tz. 66–71; BÖCKING, H.-J./KLEIN, G./LOPATTA, K., Unternehmenszusammenschlüsse, S. 21; VATER, H., M&A Accounting, S. 1841.

956 Vgl. MUJKANOVIC, R., Zukunft der Kapitalkonsolidierung, S. 534.

957 Vgl. VATER, H., M&A Accounting, S. 1841; MUJKANOVIC, R., Zukunft der Kapitalkonsolidierung, S. 534.

958 Vgl. BÖCKING, H.-J./KLEIN, G./LOPATTA, K., Unternehmenszusammenschlüsse, S. 18; VATER, H., M&A Accounting, S. 1846; TELKAMP, H.-J./BRUNS, C., Pooling vs. Fresh Start, S. 746; NIEHUS, R. J., Pooling-of-Interests Methode, S. 440.

959 Vgl. IAS 22.15; sowie BÖCKING, H.-J./KLEIN, G./LOPATTA, K., Unternehmenszusammenschlüsse, S. 18; VATER, H., M&A Accounting, S. 1846 f.; KOCH, C./HOFACKER, K., Merger of Equals, S. 542; FOCKEN, E./LENZ, H., Spielräume der Kapitalkonsolidierung, S. 2438.

960 Vgl. VATER, H., M&A Accounting, S. 1842; RAMMERT, S., Pooling of Interests, S. 622.

961 Vgl. IAS 22.81; sowie MUJKANOVIC, R., Zukunft der Kapitalkonsolidierung, S. 534.

962 Zur Einzelerwerbsfiktion vgl. Abschnitt 521. der vorliegenden Arbeit.

963 Vgl. BÖCKING, H.-J./KLEIN, G./LOPATTA, K., Unternehmenszusammenschlüsse, S. 18; FOCKEN, E./LENZ, H., Spielräume der Kapitalkonsolidierung, S. 2438.

964 Vgl. BÖCKING, H.-J./KLEIN, G./LOPATTA, K., Unternehmenszusammenschlüsse, S. 18; TELKAMP, H.-J./BRUNS, C., Pooling vs. Fresh Start, S. 746; HAIL, L., Pooling of Interests, S. 702.

965 Vgl. NIEHUS, R. J., Pooling-of-Interests Methode, S. 440; VON WYSOCKI, K./WOHLGEMUTH, M./BRÖSEL, G., Konzernrechnungslegung, S. 113.

als würden sie zu einer wirtschaftlichen Einheit verschmelzen.[966] Die formalrechtliche Übernahme der Beteiligung am aufzunehmenden Unternehmen durch das aufnehmende Unternehmen und das damit begründete Über- oder Unterordnungsverhältnis innerhalb des Konzerns treten hinter die Fusionsfiktion zurück.[967] Das Mutter- und das Tochterunternehmen werden vielmehr als Geschwisterunternehmen verstanden.[968] Insofern soll die Interessenzusammenführungsmethode den Zusammenschluss als eine Transaktion zwischen den Gesellschaftern abbilden,[969] bei der die Gesellschafter ihre Vermögensinteressen vereinigen,[970] um die Unternehmen künftig gemeinsam zu leiten und somit über sämtliche Ressourcen sowie Prozesse des Verbundes gemeinsam zu bestimmen.[971]

Da im Zuge des Zusammenschlusses keine Gesellschafter aus dem Gesellschafterkreis ausscheiden, wird im Rahmen der Interessenzusammenführungsmethode angenommen, dass die vormals getrennten Interessen der Gesellschafter im gemeinsamen Konzern erhalten blieben und die **Unternehmen unverändert fortgeführt** würden.[972] Folglich seien die Abschlüsse aus der Zeit vor dem Zusammenschluss weitestgehend[973] unverändert zusammenzufassen,[974] als wären die Unternehmen seit ihrer Gründung verbunden gewesen.[975] Da kein Erwerb anzunehmen ist, sind die Buchwerte aus den jeweiligen Bilanzen der vormals alleinstehenden Unternehmen in der Konzernbilanz grundsätzlich fortzuführen.[976] Neben der (Nicht-)Aufdeckung stiller Reserven und stiller Lasten wird ebenfalls kein Anlass zum Ansatz eines derivativen Geschäfts- oder Firmenwertes bzw. der Erfassung eines negativen Unterschiedsbetrages gesehen.[977] Vielmehr ist ein etwaiger Unterschiedsbetrag aus der Kapitalkonsolidierung mit dem

---

966 Vgl. HAIL, L., Pooling of Interests, S. 702. Der Unterschied zu einer umwandlungsrechtlichen Verschmelzung besteht darin, dass die sich zusammenschließenden Unternehmen in dem hier betrachteten Fall rechtlich selbständig bleiben. Vgl. SCHERRER, G., Konzernrechnungslegung, S. 359; FOCKEN, E./LENZ, H., Spielräume der Kapitalkonsolidierung, S. 2438; MUJKANOVIC, R., Zukunft der Kapitalkonsolidierung, S. 538.

967 Vgl. TELKAMP, H.-J./BRUNS, C., Pooling vs. Fresh Start, S. 746; NIEHUS, R. J., Pooling-of-Interests Methode, S. 440.

968 Vgl. RAMMERT, S., Pooling of Interests, S. 622.

969 Vgl. MUJKANOVIC, R., Zukunft der Kapitalkonsolidierung, S. 538; JOHNSON, L. T./PETRONE, K., Why Eliminate the Pooling Method?, S. 5.

970 Vgl. RAMMERT, S., Pooling of Interests, S. 621; VATER, H., M&A Accounting, S. 1846; KRAWITZ, N./LEUKEL, S., Unternehmensfusionen, S. 95 m. w. N. Dabei kann bezweifelt werden, ob der Interessenzusammenführungsmethode (*pooling of interests method*) dem Wortlaut nach ursprünglich eine Vereinigung von Interessen (*interests*) oder vielmehr eine Vereinigung von Kapitalanteilen (*interests*) zugrunde lag.

971 Vgl. HAIL, L., Pooling of Interests, S. 703.

972 Vgl. IAS 22.81; sowie NIEHUS, R. J., Pooling-of-Interests Methode, S. 440; BÖCKING, H.-J./KLEIN, G./LOPATTA, K., Unternehmenszusammenschlüsse, S. 20; PAWELZIK, K. U., Interessenzusammenschlüsse, S. 2569; KÜHN, S., Ausgestaltungsformen, S. 95 f. m. w. N.

973 Die Abschlüsse der einzelnen Unternehmen sind lediglich an die konzerneinheitliche Bilanzierung anzupassen. Vgl. HAIL, L., Pooling of Interests, S. 704; PAWELZIK, K. U., Interessenzusammenschlüsse, S. 2569; MUJKANOVIC, R., Zukunft der Kapitalkonsolidierung, S. 534.

974 Vgl. IAS 22.81; sowie RAMMERT, S., Pooling of Interests, S. 622 f.

975 Vgl. IAS 22.79; sowie PAWELZIK, K. U., Interessenzusammenschlüsse, S. 2569; HAIL, L., Pooling of Interests, S. 704; TELKAMP, H.-J./BRUNS, C., Pooling vs. Fresh Start, S. 749.

976 Vgl. PAWELZIK, K. U., Interessenzusammenschlüsse, S. 2569; FOCKEN, E./LENZ, H., Spielräume der Kapitalkonsolidierung, S. 2438; BÖCKING, H.-J./KLEIN, G./LOPATTA, K., Unternehmenszusammenschlüsse, S. 20.

977 Vgl. KOCH, C./HOFACKER, K., Merger of Equals, S. 543; RAMMERT, S., Pooling of Interests, S. 623; KRAWITZ, N./LEUKEL, S., Unternehmensfusionen, S. 95 f.

Eigenkapital zu verrechnen.[978] Dadurch bleibt die Interessenzusammenführungsmethode auch in den Folgeperioden erfolgsneutral,[979] da keine (zusätzlichen) Abschreibungen auf die stillen Reserven und stillen Lasten sowie auf einen Geschäfts- oder Firmenwert anfallen werden.[980] Darüber hinaus werden sämtliche Erträge und Aufwendungen des aufzunehmenden Unternehmens nicht erst ab dem Zeitpunkt des Zusammenschlusses in den Konzernabschluss einbezogen, sondern bereits seit Beginn der Periode, in der sich die Unternehmen zusammengeschlossen haben.[981] Aufgrund der Fortführungsvermutung sind ebenfalls die Gewinnrücklagen des aufzunehmenden Unternehmens in den Konzernabschluss zu übernehmen.[982] Zudem sind die Vorjahresangaben in der Bilanz sowie in der Gewinn- und Verlustrechnung entsprechend anzupassen.[983]

Ein zentrales Problem der Interessenzusammenführungsmethode betraf die Abgrenzung des Anwendungsbereiches.[984] Dabei gilt es weiterhin als Herausforderung, eindeutige Tatbestandsmerkmale zu definieren, anhand derer Interessenzusammenführungen zweifelsfrei von gewöhnlichen Erwerben unterschieden werden können.[985] Weitverbreitet ist die Auffassung, dass nur dann kein Erwerb vorliege, wenn keines der sich zusammenschließenden Unternehmen den Zusammenschluss dominiert.[986] Der Standardsetzer hatte daher die Anwendung der Interessenzusammenführungsmethode auf **Zusammenschlüsse unter Gleichen** (*mergers of equals*[987]) beschränkt,[988] bei denen die Gesellschafter nach dem Zusammenschluss etwa gleichberechtigt an dem Konzern beteiligt sind und somit zu etwa gleichen Teilen an den Chancen und Risiken

---

978 Vgl. IAS 22.80; sowie PELLENS, B. U. A., Int. Rechnungslegung, S. 866; BÖCKING, H.-J./KLEIN, G./LOPATTA, K., Unternehmenszusammenschlüsse, S. 20. Ein vergleichbares Ergebnis lässt sich auch durch einfache Horizontaladdition der jeweiligen Abschlüsse *vor* Durchführung der Kapitalerhöhung erzielen. Vgl. MUJKANOVIC, R., Zukunft der Kapitalkonsolidierung, S. 534 m. w. N. Unterschiede ergeben sich allerdings hinsichtlich der Eigenkapitalstruktur. Vgl. hierzu Abschnitt 534. der vorliegenden Arbeit.

979 Vgl. VON WYSOCKI, K./WOHLGEMUTH, M./BRÖSEL, G., Konzernrechnungslegung, S. 113; KRAWITZ, N./LEUKEL, S., Unternehmensfusionen, S. 96; HAIL, L., Pooling of Interests, S. 706. Zusätzliche Erfolgswirkungen in Folgeperioden können sich lediglich aufgrund von Anpassungen an die konzerneinheitliche Bilanzierung ergeben. Vgl. VATER, H., M&A Accounting, S. 1841 m. w. N.

980 Vgl. VATER, H., M&A Accounting, S. 1844; SIEGEL, T., Zeitwertansatz, S. 319.

981 Vgl. HAYN, S., Entwicklungstendenzen, S. 432 m. w. N.; MUJKANOVIC, R., Zukunft der Kapitalkonsolidierung, S. 534.

982 Vgl. BÖCKING, H.-J./KLEIN, G./LOPATTA, K., Unternehmenszusammenschlüsse, S. 20; RAMMERT, S., Pooling of Interests, S. 623.

983 Vgl. RAMMERT, S., Pooling of Interests, S. 623.

984 Vgl. BÖCKING, H.-J./KLEIN, G./LOPATTA, K., Unternehmenszusammenschlüsse, S. 24; HAIL, L., Pooling of Interests, S. 703, 710; RAMMERT, S., Pooling of Interests, S. 625.

985 Vgl. IASC (Hrsg.), G4+1 Position Paper, Tz. 160; HAIL, L., Pooling of Interests, S. 703, 710.

986 Vgl. z. B. TELKAMP, H.-J./BRUNS, C., Pooling vs. Fresh Start, S. 745 f.; NIEHUS, R. J., Pooling-of-Interests Methode, S. 445; RAMMERT, S., Pooling of Interests, S. 625; GLINKEMANN, S., Pooling-of-Interests, S. 2479; HAIL, L., Pooling of Interests, S. 710.

987 Ausführlich zu Zusammenschlüssen unter Gleichen vgl. KOCH, C./HOFACKER, K., Merger of Equals, S. 541–545.

988 Vgl. HAIL, L., Pooling of Interests, S. 703 f.; TELKAMP, H.-J./BRUNS, C., Pooling vs. Fresh Start, S. 746.

des Verbundes partizipieren (sog. Beherrschungsausgleich auf Gesellschafterebene[989]).[990] Dazu wurde gemäß IAS 22 vorausgesetzt, dass nahezu alle Eigenkapitalanteile an dem aufzunehmenden Unternehmen gegen Anteile am aufnehmenden Unternehmen eingetauscht werden, die Marktwerte der sich zusammenschließenden Unternehmen einander näherungsweise entsprechen und die Gesellschafter nach dem Zusammenschluss weiterhin im Verhältnis ihrer bisherigen Beteiligungen zueinander an dem entstandenen Konzern beteiligt sind.[991] Diese Voraussetzungen sind in aller Regel erforderlich, damit ein etwa gleichberechtigtes Verhältnis zwischen den Gesellschaftern begründet werden kann.[992] Sofern diese Voraussetzungen kumulativ erfüllt waren, musste die Interessenzusammenführungsmethode anstelle der Erwerbsmethode angewendet werden.[993]

Angesichts der vollständigen Erfolgsneutralität der Interessenzusammenführungsmethode bestand ein Anreiz zu **missbräuchlicher Sachverhaltsgestaltung**, um die Interessenzusammenführungsmethode gezielt auf einen Unternehmenszusammenschluss anzuwenden.[994] Beispielsweise können mithilfe von Anteilsrückkäufen oder Sonderausschüttungen die Unternehmenswerte derart beeinflusst werden, dass sie den Voraussetzungen des IAS 22 entsprechen (sog. *grooming transactions*[995]),[996] und somit die Aufdeckung stiller Reserven und stiller Lasten sowie der Ansatz eines Unterschiedsbetrages vermieden werden.[997] Tatsächliche Zusammenschlüsse unter Gleichen gelten vielmehr als äußerst selten.[998] Vor dem Hintergrund missbräuchlicher Sachverhaltsgestaltung und in Anbetracht der Seltenheit solcher Sachverhalte wird eine gesonderte Vorschrift zur Abbildung von Interessenzusammenführungen vielfach abgelehnt.[999] Dabei wird argumentiert, dass in den meisten Fällen ein Erwerber im Sinne einer dominierenden Partei zwischen den sich zusammenschließenden Unternehmen bestimmt werden

---

989 Zur Systematisierung von Unternehmenszusammenschlüssen durch Einlage von Kapitalgesellschaftsanteilen vgl. Abschnitt 34 der vorliegenden Arbeit.

990 Vgl. IAS 22.14; sowie HAIL, L., Pooling of Interests, S. 704; VATER, H., M&A Accounting, S. 1841 f.; BÖCKING, H.-J./KLEIN, G./LOPATTA, K., Unternehmenszusammenschlüsse, S. 19; TELKAMP, H.-J./BRUNS, C., Pooling vs. Fresh Start, S. 745.

991 Vgl. IAS 22.16; sowie VATER, H., M&A Accounting, S. 1842. Diese Voraussetzungen gelten nicht als abschließende Aufzählung. Vielmehr ist eine wirtschaftliche Betrachtungsweise zugrunde zu legen. Vgl. BÖCKING, H.-J./KLEIN, G./LOPATTA, K., Unternehmenszusammenschlüsse, S. 19. Darüber hinaus nannte der Standardsetzer Beispiele, die eine ungleiche Verteilung der Chancen und Risiken und somit die Möglichkeit zur Identifizierung eines Erwerbers vermuten lassen. Vgl. IAS 22.17.

992 Vgl. VATER, H., M&A Accounting, S. 1842; HAIL, L., Pooling of Interests, S. 704.

993 Vgl. IAS 22.14 i. V. m. IAS 22.78; sowie VATER, H., M&A Accounting, S. 1842.

994 Vgl. IASC (Hrsg.), G4+1 Position Paper, Tz. 160; TELKAMP, H.-J./BRUNS, C., Pooling vs. Fresh Start, S. 748; VATER, H., M&A Accounting, S. 1845; RAMMERT, S., Pooling of Interests, S. 625 m. w. N.

995 Vgl. MUJKANOVIC, R., Zukunft der Kapitalkonsolidierung, S. 534.

996 Vgl. KOCH, C./HOFACKER, K., Merger of Equals, S. 542.

997 Vgl. VATER, H., M&A Accounting, S. 1844; HAIL, L., Pooling of Interests, S. 701.

998 Vgl. IFRS 3.BC35; sowie VON COHAUSEN-SCHÜSSLER, A./VÖGTLE, M., Merger of Equals, S. 61; BÖCKING, H.-J./KLEIN, G./LOPATTA, K., Unternehmenszusammenschlüsse, S. 22.

999 Vgl. IFRS 3.BC35; sowie IASC (Hrsg.), G4+1 Position Paper, S. 6; BÖCKING, H.-J./KLEIN, G./LOPATTA, K., Unternehmenszusammenschlüsse, S. 22; RAMMERT, S., Pooling of Interests, S. 625.

könne,[1000] um die formalen Voraussetzungen zur Anwendung der Erwerbsmethode zu erfüllen.[1001] Da sämtliche Unternehmenszusammenschlüsse als Erwerbe betrachtet werden, sei die einheitliche Bilanzierung nach der Erwerbsmethode ferner im Sinne der Vergleichbarkeit der Abschlüsse.[1002] Allerdings muss gewährleistet sein, dass unterschiedliche Sachverhalte auch entsprechend differenziert und sachgerecht abgebildet werden können.[1003] Die alleinige Existenz oder die mehr oder weniger willkürliche Bestimmung einer dominierenden Partei vermag zur Begründung eines Erwerbsvorganges indes nicht zu überzeugen.[1004] Vielmehr sind die tatsächlichen wirtschaftlichen Verhältnisse bei der Beurteilung, welche Kapitalkonsolidierungsmethode auf einen Unternehmenszusammenschluss durch Einlage von Kapitalgesellschaftsanteilen angewendet werden sollte, zu berücksichtigen.[1005]

Dabei ist zu beachten, dass sich bei sämtlichen Unternehmenszusammenschlüssen durch Kapitalbeteiligung grundsätzlich[1006] ein formalrechtliches Über- oder Unterordnungsverhältnis zwischen dem aufnehmenden und dem aufzunehmenden Unternehmen ergibt.[1007] Eine Gleichberechtigung kann folglich nur unter Berücksichtigung der Gesellschafterebene zwischen den bisherigen Gesellschaftern des aufnehmenden und den ehemaligen Gesellschaftern des aufzunehmenden Unternehmens erkannt werden. Allerdings hat die Charakterisierung des hier betrachteten Sachverhaltes gezeigt, dass die wirtschaftlich bedeutsamen Unterschiede einer Einlage gegenüber einem Erwerb von Kapitalgesellschaftsanteilen nicht auf den Fall eines Beherrschungsausgleichs auf Gesellschafterebene beschränkt sind. Vielmehr ergeben sich diese Unterschiede aufgrund der gesellschaftsrechtlichen Einlage an sich, die wirtschaftlich als **Zusammenlegung von Ressourcen** zu interpretieren ist.[1008] Demzufolge scheint eine Beschränkung der Interessenzusammenführungsmethode auf den Fall eines Zusammenschlusses unter Gleichen nicht erforderlich zu sein.

1000 Vgl. IASC (Hrsg.), G4+1 Position Paper, Tz. 195; MUJKANOVIC, R., Zukunft der Kapitalkonsolidierung, S. 538; BÖCKING, H.-J./KLEIN, G./LOPATTA, K., Unternehmenszusammenschlüsse, S. 22.

1001 Vgl. BÖCKING, H.-J./KLEIN, G./LOPATTA, K., Unternehmenszusammenschlüsse, S. 23, die ebendieses Vorgehen ablehnen.

1002 Vgl. IFRS 3.BC39 f.; sowie z. B. BÖCKING, H.-J./KLEIN, G./LOPATTA, K., Unternehmenszusammenschlüsse, S. 22; RAMMERT, S., Pooling of Interests, S. 625.

1003 Vgl. TELKAMP, H.-J./BRUNS, C., Pooling vs. Fresh Start, S. 749.

1004 Vgl. TELKAMP, H.-J./BRUNS, C., Pooling vs. Fresh Start, S. 749; BÖCKING, H.-J./KLEIN, G./LOPATTA, K., Unternehmenszusammenschlüsse, S. 23, die die Bestimmung eines Erwerbers nur zum Zweck der Anwendbarkeit der Erwerbsmethode für nicht sachgerecht erachten.

1005 Vgl. BÖCKING, H.-J./KLEIN, G./LOPATTA, K., Unternehmenszusammenschlüsse, S. 23 m. w. N.

1006 Eine Ausnahme davon besteht bei Gleichordnungskonzernen, denen kein solches Über- oder Unterordnungsverhältnis zugrunde liegt. Vgl. BAETGE, J./KIRSCH, H.-J./THIELE, S., Konzernbilanzen, S. 6 f. Gleichordnungskonzerne sind indes nicht Gegenstand der vorliegenden Arbeit.

1007 Vgl. IAS 22.11; sowie NIEHUS, R. J., Pooling-of-Interests Methode, S. 440 m. w. N.

1008 Zum Charakter der hier betrachteten Transaktion vgl. Kapitel 3 der vorliegenden Arbeit. VATER, H., M&A Accounting, S. 1846, führt „die Besonderheit des Anteilstausch[es; Anm. d. Verf.] an sich“ als Argument gegen die Erwerbsmethode an. SIEGEL, T., Zeitwertansatz, S. 318, beurteilt die Gleichberechtigung zwischen den Unternehmen ebenfalls als nicht ausschlaggebend für die Abgrenzung. Nach REICHELT, D., Anteilstausch, S. 126, ist die Größe der sich zusammenschließenden Unternehmen ebenso unerheblich.

Die vermeintliche Abgrenzungsproblematik hinsichtlich der Gleichberechtigung der Unternehmen dürfte sich demzufolge insofern relativieren, als eine Unterscheidung zwischen Einlagen und Erwerben allein anhand der Gegenleistung in Form von Eigenkapitalanteilen einerseits und liquiden Mitteln oder sonstigem Vermögen andererseits getroffen werden kann.[1009] Ferner ist der Tatbestand eines Unternehmenszusammenschlusses durch Einlage von Kapitalgesellschaftsanteilen derweil gängige Praxis,[1010] sodass die gesonderte Behandlung dieser Zusammenschlussform nicht mehr allein durch den Verweis auf die Seltenheit des Sachverhaltes abgelehnt werden kann. Daher gilt es im Folgenden kritisch zu prüfen, ob die Interessenzusammenführungsmethode den identifizierten Charakteristika des betrachteten Sachverhaltes gerecht werden kann, sodass eine Anwendung auf sämtliche Unternehmenszusammenschlüsse durch Einlage von Kapitalgesellschaftsanteilen zu befürworten wäre.[1011]

Die **Einlage von Kapitalgesellschaftsanteilen** entspricht wirtschaftlich einer Zusammenlegung der Ressourcen der Gesellschafter.[1012] Unter Vernachlässigung der rechtlichen Selbständigkeit der Unternehmen ist der Sachverhalt mit einer (umwandlungsrechtlichen) Verschmelzung insofern vergleichbar, als beide Gesellschaftergruppen ihre Ressourcen zur Nutzung in einem neuen Verbund unter gemeinsamer Beteiligung bereitstellen.[1013] Zwar bleiben die sich zusammenschließenden Unternehmen in dem hier betrachteten Sachverhalt – im Gegensatz zu einer tatsächlichen Verschmelzung – rechtlich selbständig. Unter Berücksichtigung der dem Konzernabschluss zugrunde liegenden Einheitsfiktion[1014] kann die Fusionsfiktion jedoch als sachgerecht beurteilt werden.[1015] Diese Beurteilung ist ferner unabhängig von den Beherrschungsverhältnissen auf Gesellschafterebene. Wenn beispielsweise die Gesellschafter des aufzunehmenden Unternehmens einen geringeren Beitrag zum entstehenden Verbund leisten, weil das aufzunehmende Unternehmen im Vergleich zum aufnehmenden Unternehmen einen geringeren Wert hat, nehmen die Gesellschafter des aufnehmenden Unternehmens zwar in der Regel eine dominierende Stellung bezüglich des Verbundes ein. Allerdings schlägt sich dies nicht auf der Konzernebene nieder und ändert mithin nichts an der Gültigkeit der Fusionsfiktion. Auch

1009 Zu der vermeintlichen Abgrenzungsproblematik verdeckter Sacheinlagen vgl. Abschnitt 35 der vorliegenden Arbeit.

1010 Vgl. STRAUß, I., Akquisitionsfinanzierung, S. 192; KÜTING, K./WIRTH, J., Int. Konzernrechnungslegung, S. 1190; KUHNER, C., Abbildung von Unternehmenskäufen, S. 11 f.

1011 Vgl. PEFFEKOVEN, F. P., Reform der Kapitalkonsolidierung, S. 189 f., 194 f., der ebenfalls nur zwischen dem Erwerb und der Einlage unterscheidet. So wohl auch SIEGEL, T., Zeitwertansatz, S. 317–320; REICHELT, D., Anteilstausch, S. 124–127. A. A. BÖCKING, H.-J./KLEIN, G./LOPATTA, K., Unternehmenszusammenschlüsse, S. 19, die eine Anwendung der Interessenzusammenführungsmethode auf andere Zusammenschlüsse als solche unter Gleichen problematisch sehen. So auch HAIL, L., Pooling of Interests, S. 710. JONAS, H. H., Konzernabschluss, S. 233–237, sieht die Interessenzusammenführungsmethode sogar ausschließlich für Gleichordnungskonzerne vor.

1012 Zum Charakter der hier betrachteten Transaktion vgl. Kapitel 3 der vorliegenden Arbeit.

1013 Vgl. MAIER-REIMER, G., Wert der Sacheinlage, S. 264; SCHERRER, G., Konzernrechnungslegung, S. 359; MUJKANOVIC, R., Zukunft der Kapitalkonsolidierung, S. 538; VATER, H., M&A Accounting, S. 1847.

1014 Zur Konzeption des Konzernabschlusses vgl. Abschnitt 422. der vorliegenden Arbeit.

1015 Vgl. HAIL, L., Pooling of Interests, S. 702; HOFFMANN, I., Interessenzusammenführung, S. 167, wenn auch im handelsrechtlichen Kontext. A. A. FAßBENDER, D., Anteilstausch, S. 243.

in diesem Fall ist kein Erwerb anzunehmen, da die Gesellschafter ihre Ressourcen lediglich zusammenlegen, ohne dass dabei Ressourcen aus dem Verbund abfließen.

Die **Annahme der Fortführung der Unternehmen** wie vor dem Zusammenschluss ist allerdings kritisch zu beurteilen. Auch unter der Annahme der Fortführung der gegebenenfalls divergierenden Interessen der Gesellschafter kann nicht davon ausgegangen werden, dass die Unternehmen zwingend unverändert weitergeführt werden. Zwar bleiben die Gesellschafterinteressen gewissermaßen erhalten, aber künftig basiert die Führung des Verbundes auf einem Kompromiss zwischen den vormals getrennten Gesellschaftergruppen.[1016] Darüber hinaus stellt der Zusammenschluss an sich in der Regel eine wesentliche Veränderung in der Geschäftstätigkeit der Unternehmen dar, die naturgemäß mit der Umsetzung von neuen – in diesem Fall gemeinsamen – Strategien verbunden sein kann.[1017] Die Fortführungsannahme kann daher lediglich auf den Kapitaleinsatz der Gesellschafter bezogen werden. Dementsprechend lässt sich der Zusammenschluss im Rahmen der Fusionsfiktion als Fortführung der *ursprünglichen* Investition der Ressourcen der Gesellschafter im Konzernverbund interpretieren,[1018] da sie den jeweiligen Unternehmen bzw. dem entstehenden Konzern durch den Zusammenschluss weder Kapital zuführen noch entziehen.

Maßgeblich für die weitergehende Analyse ist daher die Charakterisierung des Zusammenschlusses durch Einlage von Kapitalgesellschaftsanteilen als Zusammenlegung von Ressourcen unter Beteiligung beider Gesellschaftergruppen.[1019] Die Fusionsfiktion stellt dabei einen sachgerechten Leitgedanken dar. Aufbauend auf dieser Interpretation soll im Folgenden die Interessenzusammenführungsmethode kritisch analysiert werden. Dazu bedarf es einer Auseinandersetzung mit den einzelnen Aspekten der bilanziellen Abbildung vor dem Hintergrund des wirtschaftlichen Charakters des hier betrachteten Sachverhaltes.

532. Ansatz und Bewertung der Vermögenswerte und Schulden

Entsprechend der Fusionsfiktion ist die Vermögens-, Finanz- und Ertragslage der sich zusammenschließenden Unternehmen grundsätzlich unverändert gegenüber den Einzelabschlüssen, aber zusammengefasst so im Konzernabschluss abzubilden,[1020] als wären die Unternehmen bereits seit ihrer Gründung verbunden gewesen.[1021] Folglich werden zum einen ausschließlich diejenigen Vermögenswerte und Schulden in den Konzernabschluss übernommen, die bereits in den Abschlüssen der einzelnen Unternehmen angesetzt waren.[1022] Zum anderen sind die Buchwerte dieser Vermögenswerte und Schulden aus den Einzelabschlüssen unverändert im

1016 Dabei wird nicht verkannt, dass die exekutive Leitung des Unternehmens der Geschäftsführung und nicht den Gesellschaftern obliegt. Letztlich bestimmt allerdings die Hauptversammlung im Rahmen ihrer Verwaltungsrechte über die langfristige Ausrichtung des Unternehmens.

1017 Vgl. ähnlich NIEHUS, R. J., Pooling-of-Interests Methode, S. 444.

1018 Vgl. IASC (Hrsg.), G4+1 Position Paper, Tz. 87.

1019 Zum Charakter der hier betrachteten Transaktion vgl. Kapitel 3 der vorliegenden Arbeit.

1020 Vgl. NIEHUS, R. J., Pooling-of-Interests Methode, S. 440; VATER, H., M&A Accounting, S. 1846 f.

1021 Vgl. IAS 22.79; sowie TELKAMP, H.-J./BRUNS, C., Pooling vs. Fresh Start, S. 749.

1022 Vgl. RAMMERT, S., Pooling of Interests, S. 622 f.

Konzernabschluss fortzuführen.[1023] Lediglich eine Anpassung an die konzerneinheitlichen Bilanzierungsvorschriften ist gegebenenfalls erforderlich.[1024]

Die Buchwertfortführung wird hauptsächlich aufgrund einer eingeschränkten **Abbildung der Vermögenslage** kritisiert.[1025] So werden zum einen bereitgestellte Vermögenswerte und Schulden, die aufgrund eines Ansatzverbotes oder -wahlrechtes im Einzelabschluss nicht angesetzt wurden, auch nicht in den Konzernabschluss aufgenommen.[1026] Zum anderen werden stille Reserven und stille Lasten nicht aufgedeckt,[1027] sodass das in den Konzernabschluss übernommene (Netto-)Vermögen regelmäßig unterbewertet wird.[1028] Insgesamt kann somit weniger Vermögen im Konzernabschluss ausgewiesen sein, als dem Konzern tatsächlich zur Verfügung steht.

Der Interessenzusammenführungsmethode wird daher ein **geringerer Informationsgehalt** zugesprochen als der Erwerbsmethode, da die fortgeführten Buchwerte der Vermögenswerte und Schulden weniger aussagekräftig seien als ihre beizulegenden Zeitwerte zum Zeitpunkt des Zusammenschlusses.[1029] So wird angenommen, dass die jeweiligen Zeitwerte denjenigen Werten entsprechen, die das aufnehmende Unternehmen theoretisch für den Erwerb der einzelnen Vermögenswerte entrichtet hätte, sodass sich darin die Erwartungen hinsichtlich künftiger Erträge widerspiegeln.[1030] Vor dem Hintergrund einer Einlage von Kapitalgesellschaftsanteilen kann diese Annahme allerdings nicht aufrechterhalten werden. In dem hier betrachteten Sachverhalt liegt schließlich kein Erwerb der Kapitalgesellschaftsanteile vor, sodass auch kein Erwerb der einzelnen Vermögenswerte und Schulden im Rahmen der Einzelerwerbsfiktion angenommen werden kann.[1031] Das aufnehmende Unternehmen wendet weder für die Beteiligung als Ganzes noch für die einzelnen Vermögenswerte und Schulden eine Gegenleistung aus dem eigenen Vermögen auf, in der sich die Erwartungen des aufnehmenden Unternehmens niedergeschlagen haben könnten. Vielmehr werden die vormals getrennten Unternehmen lediglich im Verbund fortgeführt, sodass kein Anlass zur Neubewertung der Vermögenswerte und Schulden besteht.

1023 Vgl. IAS 22.82; sowie RAMMERT, S., Pooling of Interests, S. 622 f.; VATER, H., M&A Accounting, S. 1843.

1024 Vgl. IAS 22.82; sowie PAWELZIK, K. U., Interessenzusammenschlüsse, S. 2569; HAIL, L., Pooling of Interests, S. 704; KRAWITZ, N./LEUKEL, S., Unternehmensfusionen, S. 95.

1025 Vgl. JOHNSON, L. T./PETRONE, K., Why Eliminate the Pooling Method?, S. 1; MUJKANOVIC, R., Zukunft der Kapitalkonsolidierung, S. 536; NIEHUS, R. J., Pooling-of-Interests Methode, S. 445; FOCKEN, E./LENZ, H., Spielräume der Kapitalkonsolidierung, S. 2442.

1026 Vgl. JOHNSON, L. T./PETRONE, K., Why Eliminate the Pooling Method?, S. 1; RAMMERT, S., Pooling of Interests, S. 623.

1027 Vgl. VATER, H., M&A Accounting, S. 1843.

1028 Vgl. VATER, H., M&A Accounting, S. 1843; NIEHUS, R. J., Pooling-of-Interests Methode, S. 445, der allerdings nur das Vermögen der aufzunehmenden Gesellschaft als unterbewertet erachtet. Dabei wird angenommen, dass ein Überhang an stillen Reserven über die stillen Lasten besteht.

1029 Vgl. IFRS 3.BC37; sowie VATER, H., M&A Accounting, S. 1844; RAMMERT, S., Pooling of Interests, S. 624.

1030 Vgl. RAMMERT, S., Pooling of Interests, S. 624 m. w. N.

1031 Vgl. FOCKEN, E./LENZ, H., Spielräume der Kapitalkonsolidierung, S. 2438; REICHELT, D., Anteilstausch, S. 125.

Die Kritik an der Aussagefähigkeit von Buchwerten im Allgemeinen ist dennoch durchaus berechtigt, da Zeitwerte grundsätzlich aussagekräftigere Indikatoren der Fähigkeit eines Unternehmens darstellen, künftige Zahlungsmittelflüsse zu generieren.[1032] Allerdings kann auch eine Neubewertung der Vermögenswerte und Schulden des aufzunehmenden Unternehmens im Rahmen der Kapitalkonsolidierung die Einschränkung bezüglich der Aussagefähigkeit nicht vollständig beheben. Die Zeitwertbewertung beträfe zum einen nur einen Teil des Konzernvermögens und zum anderen nur den Zeitpunkt des Zusammenschlusses.[1033] Die Einschränkung ergibt sich vielmehr aus einer grundsätzlich **pagatorischen Rechnungslegung** und könnte nachhaltig nur durch eine vollständig zeitwertbasierte Rechnungslegung behoben werden.[1034] Der Einblick in die Vermögens- und Ertragslage aufgrund der Buchwertfortführung im Konzernabschluss ist aber nicht stärker eingeschränkt als in den jeweiligen Einzelabschlüssen. Zwar ist es eine Aufgabe des Konzernabschlusses im Allgemeinen und der Kapitalkonsolidierung im Speziellen, die Mängel der Einzelabschlüsse zu beseitigen.[1035] Dies betrifft allerdings die Mängel aus konzerninternen Verflechtungen zwischen den Konzernunternehmen. Mithin besteht die Aufgabe der Konzernrechnungslegung nicht originär in der Zeitwertbewertung.[1036]

Durch die Buchwertfortführung wird die (Kapital-)Basis der Rechnungslegung beibehalten und somit die **Kontinuität der Rechnungslegung** gewahrt.[1037] Das bedeutet, dass sowohl das Mengen- als auch das Wertgerüst des Konzernabschlusses weiterhin auf der Grundlage der ursprünglich von den Gesellschaftern zur Verfügung gestellten Ressourcen beruhen.[1038] Im Rahmen des Zusammenschlusses stellen die Gesellschafter weder zusätzliches Kapital zur Verfügung noch erhalten sie welches zurück, sodass dem Konzern genau so viel Kapital überlassen wird, wie die Gesellschafter den jeweiligen Unternehmen ursprünglich bereitgestellt hatten.[1039] Entsprechend der Fusionsfiktion werden ebenso wie die Ressourcen der sich zusammenschließenden Unternehmen auch deren Buchwerte lediglich zusammengefasst.[1040] Die Vermögenslage wird schließlich so dargestellt, als wären die Unternehmen bereits seit ihrer Gründung verbunden gewesen.

1032 Vgl. RAMMERT, S., Pooling of Interests, S. 624. Allgemein zur Aussagefähigkeit von Zeitwerten vgl. WILLIS, D., Financial Assets and Liabilities, S. 860.

1033 Vgl. PEFFEKOVEN, F. P., Reform der Kapitalkonsolidierung, S. 202; VATER, H., M&A Accounting, S. 1845; RAMMERT, S., Pooling of Interests, S. 624. Eine entsprechende Neubewertung aller sich zusammenschließender Unternehmen sieht nur die sog. Neugründungsmethode vor. Vgl. hierzu ausführlich Abschnitt 54 der vorliegenden Arbeit.

1034 Vgl. PEFFEKOVEN, F. P., Reform der Kapitalkonsolidierung, S. 202 f. m. w. N.

1035 Vgl. hier und im folgenden Satz BAETGE, J./KIRSCH, H.-J./THIELE, S., Konzernbilanzen, S. 46 f.

1036 Vgl. PEFFEKOVEN, F. P., Reform der Kapitalkonsolidierung, S. 188 f. Der Ansatz einer vollständigen und nachhaltigen Zeitwertbewertung soll nicht weiter verfolgt werden, da er dem grundsätzlich pagatorischen Rechnungssystem entgegensteht und daher mit den Grundsätzen der Rechnungslegung nach IFRS zum derzeitigen Stand nicht vereinbar ist.

1037 Vgl. VATER, H., M&A Accounting, S. 1844; RAMMERT, S., Pooling of Interests, S. 624 m. w. N.

1038 Vgl. MUJKANOVIC, R., Zukunft der Kapitalkonsolidierung, S. 537; RAMMERT, S., Pooling of Interests, S. 622.

1039 Vgl. PEFFEKOVEN, F. P., Pooling-of-Interests, S. 9.

1040 Vgl. NIEHUS, R. J., Pooling-of-Interests Methode, S. 440 f.

Den Nachteilen eines eingeschränkten Einblickes in die Vermögenslage des Konzerns stehen die Vorteile einer weitestgehend willkürfreien und dadurch vergleichsweise **objektiven Bilanzierung** gegenüber, da die Buchwertfortführung auf relativ zuverlässig ermittelbaren historischen Werten basiert.[1041] Insofern bestehen bei der Übernahme der Buchwerte aus den Einzelabschlüssen kaum Freiheitsgrade.[1042] Im Vergleich zu einer Neubewertung sämtlicher Vermögenswerte und Schulden des aufzunehmenden Unternehmens ist eine Buchwertfortführung schließlich wesentlich einfacher,[1043] da die Abschlussposten lediglich horizontal addiert werden müssen.[1044] Vor allem in Fällen, in denen keine Marktpreise für die entsprechenden Vermögenswerte und Schulden unmittelbar am Markt beobachtet werden können, würde ein aufwendiges und gegebenenfalls subjektives Bewertungsverfahren zur Ermittlung der beizulegenden Zeitwerte erforderlich, das durch die Buchwertfortführung vermieden wird.[1045] Darüber hinaus entfällt die Fortführung von aufgedeckten stillen Reserven und stillen Lasten sowie eines Geschäfts- oder Firmenwertes in den Folgeperioden.[1046]

Da die **stillen Reserven und stillen Lasten** des aufzunehmenden Unternehmens im Rahmen der Erstkonsolidierung nicht aufzudecken sind, werden die Erträge bzw. Aufwendungen aus der Realisation dieser stillen Reserven und stillen Lasten in den Folgeperioden nicht von entsprechenden Abschreibungen bzw. Auflösungen im Konzernabschluss kompensiert. Vor diesem Hintergrund wird kritisiert, dass diese Ergebniswirkungen nicht auf die betriebliche Tätigkeit während der Konzernzugehörigkeit zurückzuführen seien.[1047] Vielmehr wurden die stillen Reserven und stillen Lasten von dem aufzunehmenden Unternehmen in der Zeit vor dem Zusammenschluss gelegt und durch die Einlage auf das aufnehmende Unternehmen bzw. den Konzern übertragen.[1048] Demzufolge wären diese Ergebnisse den ehemaligen Gesellschaftern des aufzunehmenden Unternehmens und nicht dem Konzern zuzurechnen.

Diese Argumentation kann allerdings nur aus der Perspektive der bisherigen Gesellschafter des aufnehmenden Unternehmens aufrechterhalten werden. Aus deren Blickwinkel sind die stillen Reserven und stillen Lasten des *aufzunehmenden* Unternehmens gewissermaßen von außen zugegangen. Aus der Perspektive der ehemaligen Gesellschafter des aufzunehmenden Unternehmens sind hingegen spiegelbildlich die stillen Reserven und stillen Lasten des *aufnehmenden*

1041 Vgl. MUJKANOVIC, R., Zukunft der Kapitalkonsolidierung, S. 536; KÜTING, P., Renaissance der Pooling-of-Interests-Methode, S. M1.

1042 Vgl. hier und im Folgenden RAMMERT, S., Pooling of Interests, S. 625.

1043 Vgl. VATER, H., M&A Accounting, S. 1843; TELKAMP, H.-J./BRUNS, C., Pooling vs. Fresh Start, S. 749.

1044 Vgl. JOHNSON, L. T./PETRONE, K., Why Eliminate the Pooling Method?, S. 2.

1045 Vgl. BÖCKING, H.-J./KLEIN, G./LOPATTA, K., Unternehmenszusammenschlüsse, S. 23; VATER, H., M&A Accounting, S. 1843. Ausführlich zur Bestimmung des beizulegenden Zeitwertes gemäß IFRS 13 vgl. Abschnitt 524.232. der vorliegenden Arbeit.

1046 Vgl. VATER, H., M&A Accounting, S. 1843.

1047 Vgl. hier und im folgenden Satz IFRS 3.BC38; sowie JOHNSON, L. T./PETRONE, K., Why Eliminate the Pooling Method?, S. 5.

1048 Vgl. IASC (Hrsg.), G4+1 Position Paper, Tz. 89.

Unternehmens zugegangen. Wird allerdings – wie vom Standardsetzer vorgesehen – die **gesellschafterunabhängige Sichtweise** des wirtschaftlichen Verbundes eingenommen,[1049] wurden sämtliche stillen Reserven und stillen Lasten zwar vor der Konzernzugehörigkeit, aber von den Konzernunternehmen und damit innerhalb der jetzigen Konzerngrenzen gelegt.[1050] Die Besonderheit gegenüber einem Erwerb liegt darin, dass auch die ehemaligen Gesellschafter des aufzunehmenden Unternehmens künftig Gesellschafter des aufnehmenden Unternehmens und folglich des gesamten Konzerns sind. Vor allem wurde keine Gesellschaftergruppe im Rahmen des Zusammenschlusses ausgekauft, sodass an der noch ausstehenden Realisation der stillen Reserven und stillen Lasten künftig beide Gesellschaftergruppen entsprechend ihrer Beteiligungsquote in derselben Weise partizipieren.[1051] Eine Aufdeckung der stillen Reserven und stillen Lasten ist daher anlässlich des Zusammenschlusses nicht geboten.

Sowohl im Rahmen der Erst- als auch der Folgekonsolidierung ergeben sich aufgrund der Buchwertfortführung keine zusätzlichen Erfolgswirkungen gegenüber den Einzelabschlüssen, da die stillen Reserven und stillen Lasten sowie ein etwaiger Unterschiedsbetrag weder bei der Zugangs- noch bei der Folgebewertung zu berücksichtigen sind.[1052] Insofern werden die Ergebnisse nach dem Zusammenschluss beispielsweise nicht durch zusätzliche Abschreibungen auf stille Reserven oder einen Geschäfts- oder Firmenwert belastet.[1053] Folglich ergibt sich tendenziell ein positiverer Ergebnisausweis als bei Anwendung der Erwerbsmethode.[1054]

Auf dieser Grundlage wird argumentiert, dass der ausgewiesene Aufwand nicht den tatsächlichen Verhältnissen entspreche,[1055] wodurch die **Beurteilung des Erfolges aus dem Zusammenschluss** beeinträchtigt werde.[1056] In der Tat wird die Abnutzung bzw. der Verbrauch der Vermögenswerte gemäß der Buchwertfortführung nicht entsprechend ihren Zeitwerten erfasst. Folglich ergibt sich ein Aufwand, der höher bzw. niedriger ist als der Aufwand, der sich ausgehend von dem Zeitwert des Vermögens ergeben hätte. Der auf Basis der Buchwerte erfasste Aufwand ist allerdings hinsichtlich des Einsatzes der von den Gesellschaftern ursprünglich zur Verfügung gestellten Ressourcen angemessen. Die Buchwerte entsprechen dem Wert der von den jeweiligen Unternehmen ursprünglich zur Anschaffung der Vermögenswerte eingesetzten

---

1049 Vgl. CF.3.8. Siehe hierzu auch Abschnitt 422. der vorliegenden Arbeit.

1050 In dieser Ansicht kommt die Annahme der Verbundenheit der Unternehmen seit ihrer Gründung zum Ausdruck. Eine andere Ansicht könnte vertreten werden, wenn die alleinstehende Vergangenheit der künftigen Konzernunternehmen verneint und aufgrund des Zusammenschlusses eine Neugründung angenommen wird. Das entspricht der Idee der Neugründungsmethode. Vgl. hierzu ausführlich Abschnitt 54 der vorliegenden Arbeit.

1051 Vgl. SIEGEL, T., Zeitwertansatz, S. 319; RAMMERT, S., Pooling of Interests, S. 622.

1052 Vgl. BÖCKING, H.-J./KLEIN, G./LOPATTA, K., Unternehmenszusammenschlüsse, S. 21.

1053 Vgl. SIEGEL, T., Zeitwertansatz, S. 319; RAMMERT, S., Pooling of Interests, S. 623; KOCH, C./HOFACKER, K., Merger of Equals, S. 543.

1054 Vgl. PAWELZIK, K. U., Interessenzusammenschlüsse, S. 2569. Dabei wird angenommen, dass die Auflösung der stillen Lasten von der Abschreibung der stillen Reserven überkompensiert wird. Die Kapitalrendite wird gegenüber der Erwerbsmethode sogar zweifach in gleicher Weise beeinflusst, da das buchmäßige Kapital (Nenner) geringer und das Ergebnis (Zähler) größer ist (sog. doppelter Renditeeffekt). Vgl. HAIL, L., Pooling of Interests, S. 707; JOHNSON, L. T./PETRONE, K., Why Eliminate the Pooling Method?, S. 1.

1055 Vgl. FOCKEN, E./LENZ, H., Spielräume der Kapitalkonsolidierung, S. 2442.

1056 Vgl. BÖCKING, H.-J./KLEIN, G./LOPATTA, K., Unternehmenszusammenschlüsse, S. 21.

Ressourcen, die die Gesellschafter zu diesem Zweck bereitgestellt hatten.[1057] Demzufolge entspricht der Aufwand durch Abschreibung oder Abgang für die Abnutzung bzw. den Verbrauch der Vermögenswerte genau dem Verzehr dieser Ressourcen. Schließlich wird den (gemeinsamen) Erträgen im Konzernabschluss weiterhin der Aufwand aus dem Einsatz der den jeweiligen Unternehmen bislang insgesamt zur Verfügung gestellten Ressourcen gegenübergestellt und somit die Kongruenz zwischen der Zahlungsebene und der Erfolgsebene gewahrt.[1058] Folglich kann der Gewinn des Konzerns sinnvoll als Überschuss über den (wertmäßigen) Verzehr der von den Gesellschaftern ursprünglich eingesetzten Ressourcen interpretiert werden.

Auf der Grundlage des Konzernabschlusses ermittelte **Renditekennzahlen** geben folglich weiterhin die Rendite auf das von den Gesellschaftern dem Konzern ursprünglich zur Verfügung gestellte Kapital unverzerrt an.[1059] Sofern sich die mit dem Zusammenschluss beabsichtigten Synergien realisieren, schlagen sich diese im Vergleich zu den (aggregierten) Einzelabschlüssen aus den Perioden vor dem Zusammenschluss über höhere Erträge oder geringere Aufwendungen in der Konzernergebnisrechnung und schließlich in einer höheren Rendite nieder. Somit werden die Adressaten in die Lage versetzt, die Auswirkungen des Zusammenschlusses anhand des Konzernabschlusses zu beurteilen.[1060] Eine Aufdeckung stiller Reserven und stiller Lasten würde hingegen zu einer Verzerrung der Ertragslage führen,[1061] da der künftig zu erfassende Aufwand von dem ursprünglichen Kapitaleinsatz abweicht.[1062] Die Erfolgswirkungen aus dem Zusammenschluss würden von gegenüber den Einzelabschlüssen zusätzlichen und niemals zahlungswirksamen Abschreibungen der stillen Reserven und stillen Lasten überlagert,[1063] sodass der Erfolg des Zusammenschlusses nur eingeschränkt anhand des Konzernabschlusses beurteilt werden kann.

Im Ergebnis kann die Interessenzusammenführungsmethode durch eine sachgerechte Abbildung der Ertragslage auf Grundlage der von den Gesellschaftern ursprünglich zur Verfügung gestellten Ressourcen überzeugen. Zwar ist die Prognosefähigkeit der Informationen zur Vermögenslage aufgrund der Buchwertfortführung im Vergleich zur Erwerbsmethode eingeschränkt. Die Analyse hat jedoch gezeigt, dass auch die Neubewertung der Vermögenswerte und Schulden des aufzunehmenden Unternehmens diesen Mangel nicht nachhaltig beheben kann. Die Darstellung im Konzernabschluss entspricht letztlich der Annahme, dass die Unternehmen bereits seit ihrer Gründung verbunden gewesen seien. Ferner besticht die Buchwertfortführung durch eine im Vergleich zur Erwerbsmethode weitestgehend willkürfreie und objektive Abbildung des Unternehmenszusammenschlusses.

1057 Vgl. IASC (Hrsg.), G4+1 Position Paper, Tz. 78.
1058 Vgl. Reichelt, D., Anteilstausch, S. 125.
1059 Vgl. Rammert, S., Pooling of Interests, S. 624.
1060 Vgl. Rammert, S., Pooling of Interests, S. 623 f.
1061 Vgl. Vater, H., M&A Accounting, S. 1843; Peffekoven, F. P., Pooling-of-Interests, S. 9.
1062 Vgl. Peffekoven, F. P., Reform der Kapitalkonsolidierung, S. 201.
1063 Vgl. Telkamp, H.-J./Bruns, C., Pooling vs. Fresh Start, S. 747.

533. Erfassung eines Unterschiedsbetrages aus der Kapitalkonsolidierung

Im Rahmen der Kapitalkonsolidierung sind konzerninterne Kapitalverflechtungen im Summenabschluss zu beseitigen, indem der Wertansatz der Beteiligung an dem aufzunehmenden Unternehmen mit dem darauf entfallenden (anteiligen) Eigenkapital verrechnet wird.[1064] Diese Posten werden sich in den meisten Fällen wertmäßig nicht entsprechen, sodass bei der Verrechnung regelmäßig ein Unterschiedsbetrag aus der Kapitalkonsolidierung verbleibt.[1065] Die Höhe des Unterschiedsbetrages ist abhängig von dem Wertansatz der Beteiligung einerseits und dem zu verrechnenden Eigenkapital des aufzunehmenden Unternehmens andererseits.[1066]

Ein positiver Unterschiedsbetrag gilt gewöhnlich als **Indikator erwarteter Ertragspotenziale**,[1067] da im Rahmen eines Unternehmenserwerbes eine Gegenleistung erbracht wurde, die über das buchmäßige Nettovermögen hinausgeht. Aufgrund der dem Austauschverhältnis zugrunde liegenden Markttransaktion zwischen den bisherigen Gesellschaftern des aufnehmenden Unternehmens und den ehemaligen Gesellschaftern des aufzunehmenden Unternehmens kann auch bei einer Einlage von Kapitalgesellschaftsanteilen durchaus davon ausgegangen werden, dass der Wert der neu ausgegebenen Eigenkapitalanteile grundsätzlich dem Wert des aufzunehmenden Unternehmens entspricht und insofern künftige Ertragspotenziale repräsentiert.[1068] Folglich würde die Aussagekraft des Konzernabschlusses durch die Aktivierung eines Geschäfts- oder Firmenwertes in dieser Hinsicht gefördert.[1069]

Das in den Summenabschluss übernommene Nettovermögen des aufzunehmenden Unternehmens basiert gemäß der Buchwertfortführung auf dem Saldo der Buchwerte der Vermögenswerte und Schulden des aufzunehmenden Unternehmens. Während die **stillen Reserven und stillen Lasten** bei der Erwerbsmethode einzeln aufgedeckt und somit getrennt vom Unterschiedsbetrag erfasst werden, fließen sie bei der Interessenzusammenführungsmethode undifferenziert in den Unterschiedsbetrag ein.[1070] Ein positiver Unterschiedsbetrag umfasst daher neben geschäftswertbildenden Faktoren[1071] auch die nicht aufgedeckten stillen Reserven und stillen Lasten des aufzunehmenden Unternehmens.[1072] Es ist zwar anzunehmen, dass die we-

1064 Vgl. BAETGE, J./KIRSCH, H.-J./THIELE, S., Konzernbilanzen, S. 181; FOCKEN, E./LENZ, H., Spielräume der Kapitalkonsolidierung, S. 2437.

1065 Vgl. BAETGE, J./KIRSCH, H.-J./THIELE, S., Konzernbilanzen, S. 227; FOCKEN, E./LENZ, H., Spielräume der Kapitalkonsolidierung, S. 2437.

1066 Vgl. FOCKEN, E./LENZ, H., Spielräume der Kapitalkonsolidierung, S. 2438.

1067 Vgl. RAMMERT, S., Pooling of Interests, S. 624.

1068 Vgl. hierzu ausführlich Abschnitt 524.233.1 der vorliegenden Arbeit.

1069 Vgl. VATER, H., M&A Accounting, S. 1844; BÖCKING, H.-J./KLEIN, G./LOPATTA, K., Unternehmenszusammenschlüsse, S. 23.

1070 Vgl. SIMON, S., Pooling und Verschmelzung, S. 45.

1071 Zu den Bestandteilen eines Geschäfts- oder Firmenwertes vgl. Abschnitt 524.222. der vorliegenden Arbeit.

1072 Vgl. ALKEMEIER, M., Konzerninterne Unternehmenszusammenschlüsse, S. 90. Aufgrund der gemäß IAS 22.80 vorgeschriebenen Verrechnung des Beteiligungsbuchwertes mit nur dem gezeichneten Kapital anstelle des gesamten Eigenkapitals des aufzunehmenden Unternehmens umfasst ein so ermittelter Unterschiedsbetrag zusätzlich einen Teil des übernommenen Nettovermögens in Höhe der nicht konsolidierten Rücklagen. Vgl. hierzu auch Abschnitt 534. der vorliegenden Arbeit. Ein negativer Unterschiedsbetrag fällt

sentlichen Bestandteile des positiven Unterschiedsbetrages die Definitionskriterien eines Vermögenswertes gemäß dem *Conceptual Framework* erfüllen.[1073] Allerdings wäre es anhand des Unterschiedsbetrages nicht möglich, die Bestandteile dieses **Wertekonglomerates** zu identifizieren, die teilweise einzelnen Vermögenswerten und Schulden zuzuordnen wären. Ferner stellt die sachgerechte Folgebewertung des Unterschiedsbetrages eine Herausforderung dar, zumal die Bestimmung einer einheitlichen Nutzungsdauer für sämtliche Bestandteile des Unterschiedsbetrages nahezu unmöglich erscheint. Daher stellt sich die Frage, ob ein Ansatz in der Konzernbilanz gerechtfertigt werden kann oder eine Verrechnung mit dem Konzerneigenkapital vorzuziehen ist.

Da die Konzeption der Interessenzusammenführungsmethode vorsieht, die Einzelabschlüsse weitestgehend unverändert zusammenzufassen,[1074] besteht gemäß IAS 22 kein Anlass zum Ansatz eines Unterschiedsbetrages aus der Kapitalkonsolidierung in der Konzernbilanz.[1075] Schließlich werden die vormals alleinstehenden Unternehmen entsprechend der Fusionsfiktion lediglich im Verbund fortgeführt, ohne dass ein Erwerb stattgefunden hat. Stattdessen ist der konsolidierungstechnische Unterschiedsbetrag erfolgsneutral mit dem Konzerneigenkapital zu verrechnen.[1076] Dabei führt die **Verrechnung eines positiven Unterschiedsbetrages** zu einer Verminderung des Eigenkapitals im Vergleich zu dem im Einzelabschluss des aufnehmenden Unternehmens ausgewiesenen Eigenkapital, während die Verrechnung eines negativen Unterschiedsbetrages das Eigenkapital erhöht.[1077] Tatsächlich ist die Verrechnung des Unterschiedsbetrages allerdings nicht als eine Erhöhung oder Verminderung des Eigenkapitals der sich zusammenschließenden Unternehmen zu interpretieren. Da das Eigenkapital des aufnehmenden Unternehmens zuvor durch die Einlage der Beteiligung am aufzunehmenden Unternehmen erhöht wurde, handelt es sich vielmehr um eine rein technische Verrechnung im Rahmen der Kapitalkonsolidierung, sodass insgesamt Eigenkapital in Höhe der vorangegangenen Kapitalerhöhung verrechnet wird. Dementsprechend weist der Konzernabschluss anschließend die Summe aus den Eigenkapitalien der vormals alleinstehenden Unternehmen aus. Der Wertansatz der Beteiligung ist für die Abbildung im Konzernabschluss also letztlich irrelevant.[1078] Ein solcher Ausweis des Konzerneigenkapitals ist aus Konzernsicht sachgerecht, da dem Verbund insgesamt weder zusätzliches Kapital zur Verfügung gestellt noch bisheriges Kapital entzogen wurde.[1079] Schließlich wurden die Ressourcen der vormals alleinstehenden Unternehmen lediglich zusammengelegt.

spiegelbildlich entsprechend geringer aus.

1073 Vgl. hier und im Folgenden ALKEMEIER, M., Konzerninterne Unternehmenszusammenschlüsse, S. 90.

1074 Vgl. IAS 22.81; sowie RAMMERT, S., Pooling of Interests, S. 622 f.

1075 Vgl. BÖCKING, H.-J./KLEIN, G./LOPATTA, K., Unternehmenszusammenschlüsse, S. 23.

1076 Vgl. IAS 22.80; sowie TELKAMP, H.-J./BRUNS, C., Pooling vs. Fresh Start, S. 745 m. w. N.

1077 Vgl. KÜTING, K./DUSEMOND, M./NARDMANN, B., Probleme der Kapitalkonsolidierung, S. 4.

1078 Vgl. FOCKEN, E./LENZ, H., Spielräume der Kapitalkonsolidierung, S. 2439.

1079 Ausführlich zum Ausweis des Eigenkapitals vgl. Abschnitt 534. der vorliegenden Arbeit.

Die Interessenzusammenführungsmethode wird jedoch kritisiert, die **Beurteilung der Amortisation** der Akquisitionsausgaben anhand des Konzernabschlusses zu beeinträchtigen.[1080] Bei der Interessenzusammenführungsmethode schlägt sich nur der fortgeführte Buchwert des Nettovermögens künftig als Aufwand in der Ergebnisrechnung nieder. Ein höherer oder niedrigerer Wert der ausgegebenen Eigenkapitalanteile tangiert die Erfolgsrechnung nicht. Folglich müssen die künftigen Erträge keine zusätzlichen Abschreibungen auf einen Unterschiedsbetrag decken, bevor ein positives Ergebnis ausgewiesen wird.[1081] Daher sei zu befürchten, dass Fehlakquisitionen insoweit keine erfolgsrechnerischen Konsequenzen nach sich ziehen werden.[1082]

Diese Befürchtung beruht auf der Annahme eines gewöhnlichen Erwerbes. Der Erwerb von Kapitalgesellschaftsanteilen entspricht einer **Investition** der von den bisherigen Gesellschaftern dem aufnehmenden Unternehmen zur Verfügung gestellten Ressourcen in das aufzunehmende Unternehmen. Die Investition kann aus Sicht der bisherigen Gesellschafter[1083] nur als erfolgreich beurteilt werden, wenn die künftigen Erträge die erbrachte Gegenleistung aus dem Vermögen des aufnehmenden Unternehmens zumindest amortisieren. Bei der Erwerbsmethode wird daher der Kaufpreis vollständig auf das übernommene Nettovermögen einschließlich eines Unterschiedsbetrages verteilt,[1084] sodass die Gegenleistung vollständig im Rahmen der Folgebewertung als Aufwand erfasst und den Erträgen aus der Geschäftstätigkeit gegenübergestellt wird.[1085]

Die Einlage von Kapitalgesellschaftsanteilen entspricht hingegen einer **Zusammenlegung** der von den bisherigen Gesellschaftern des aufnehmenden Unternehmens und ehemaligen Gesellschaftern des aufzunehmenden Unternehmens zur Verfügung gestellten Ressourcen. Demzufolge erbringt das aufnehmende Unternehmen im Rahmen des Zusammenschlusses keine Gegenleistung aus dem eigenen Vermögen, die als Akquisitionsausgabe zur Beurteilung des Erfolges aus dem Zusammenschluss den künftigen Erträgen gegenübergestellt werden müsste. Vor allem wird die Vermögens- und Ertragslage des Konzerns von den ausgegebenen Eigenkapitalanteilen nicht tangiert, sodass sich ihr Wert auch nicht amortisieren muss. Daher wird den künftigen Erträgen des Konzernverbundes aufgrund der strikten Buchwertfortführung im Rahmen der Interessenzusammenführungsmethode weiterhin folgerichtig der ursprüngliche Ressourceneinsatz sämtlicher Gesellschafter gegenübergestellt.

1080 Vgl. Böcking, H.-J./Klein, G./Lopatta, K., Unternehmenszusammenschlüsse, S. 21; Rammert, S., Pooling of Interests, S. 624; Koch, C./Hofacker, K., Merger of Equals, S. 543.

1081 Vgl. Böcking, H.-J./Klein, G./Lopatta, K., Unternehmenszusammenschlüsse, S. 21.

1082 Vgl. Pellens, B./Sellhorn, T., Fresh-Start-Methode, S. 2130; Rammert, S., Pooling of Interests, S. 627; Vater, H., M&A Accounting, S. 1846.

1083 Die Sicht der ehemaligen Gesellschafter des aufzunehmenden Unternehmens ist für die Beurteilung der Verhältnisse des Konzerns unerheblich, da sie im Rahmen des Erwerbes ausgekauft wurden und fortan nicht mehr am Konzern beteiligt sind.

1084 Vgl. Rammert, S., Pooling of Interests, S. 624; Mujkanovic, R., Zukunft der Kapitalkonsolidierung, S. 534.

1085 Vgl. Busse von Colbe, W. u. a., Konzernabschlüsse, S. 199; Mujkanovic, R., Unternehmenserwerbe im Konzernabschluss, S. 644.

Ebenso wie die Vermögens- und Ertragslage des entstehenden Konzerns ist die Abbildung des Zusammenschlusses durch Einlage von Kapitalgesellschaftsanteilen im Konzernabschluss nach der Interessenzusammenführungsmethode gänzlich unabhängig von dem Austauschverhältnis bzw. der Zahl und dem Wert der ausgegebenen Eigenkapitalanteile.[1086] Ein vorteilhaftes oder unvorteilhaftes Austauschverhältnis führt vielmehr zu einer Vermögensverschiebung auf Ebene der Gesellschafter.[1087] Da die Darstellung der Vermögens- und Ertragslage des Konzerns sowohl im Zeitpunkt des Zusammenschlusses als auch in den folgenden Perioden von dem vereinbarten Austauschverhältnis nicht berührt wird, obwohl die wirtschaftliche Lage der Gesellschafter davon unmittelbar betroffen ist, sind die Anreize der Geschäftsführung zur Verhandlung eines angemessenen Austauschverhältnisses eingeschränkt.[1088] Auch ein offensichtlich überhöhtes Austauschverhältnis wird nicht durch künftige Abschreibungen auf einen entsprechend hohen Unterschiedsbetrag sanktioniert.[1089] Daher wird die Vernachlässigung des Austauschverhältnisses im Konzernabschluss aufgrund der Verrechnung des Unterschiedsbetrages hinsichtlich ihrer **Anreizkompatibilität** zwischen den Gesellschaftern und der Geschäftsführung kritisiert.[1090] Dabei ist allerdings zu beachten, dass ein für die eine Gesellschaftergruppe vorteilhaftes Austauschverhältnis zugleich ein vergleichsweise unvorteilhaftes Austauschverhältnis für die andere Gesellschaftergruppe bedeutet. Jeder Versuch, die Auswirkungen aus dem Zusammenschluss auf Gesellschafterebene innerhalb des Konzernabschlusses zu berücksichtigen, muss aufgrund der gegenläufigen Effekte scheitern, da stets die Interessen einer Gesellschaftergruppe vernachlässigt würden.

Im Ergebnis stellt der Unterschiedsbetrag aus der Kapitalkonsolidierung aufgrund der Buchwertfortführung ein Konglomerat unterschiedlicher Werte dar, das kaum Rückschlüsse auf seine einzelnen Bestandteile zulässt, sodass der Informationsgehalt seines Ansatzes zumindest bezweifelt werden müsste. Der Ansatz kann ferner nicht mit der Notwendigkeit der Amortisation der Gegenleistung durch eine aufwandswirksame Erfassung in den Folgeperioden begründet werden, da die Zusammenlegung der Ressourcen durch Einlage von Kapitalgesellschaftsanteilen unentgeltlich erfolgt. Auch die Auswirkungen aus dem Austauschverhältnis auf Gesellschafterebene sind schließlich nicht im Konzernabschluss zu berücksichtigen, sodass der Unterschiedsbetrag im Rahmen der Interessenzusammenführungsmethode zurecht nicht anzusetzen ist.

1086 Vgl. RAMMERT, S., Pooling of Interests, S. 627; VATER, H., M&A Accounting, S. 1846.

1087 Vgl. hierzu Abschnitt 331.1 der vorliegenden Arbeit.

1088 Vgl. RAMMERT, S., Pooling of Interests, S. 626 f.; VATER, H., M&A Accounting, S. 1846.

1089 Vgl. VATER, H., M&A Accounting, S. 1846; ähnlich JOHNSON, L. T./PETRONE, K., Why Eliminate the Pooling Method?, S. 3; PELLENS, B./SELLHORN, T., Fresh-Start-Methode, S. 2130. Verschiedene empirische Studien zeigen, dass bei Anwendung der Interessenzusammenführungsmethode tendenziell höhere Aufschläge auf die Börsenkapitalisierung vereinbart wurden als bei Anwendung der Erwerbsmethode. Für eine Übersicht zu diesen Studien vgl. ROBINSON, J. R./SHANE, P. B., Bid Premia for Target Firms, S. 25–48.

1090 Vgl. RAMMERT, S., Pooling of Interests, S. 626 f., der von einer anreizkompatiblen Konsolidierungsmethode verlangt, „dass sich ein unangemessenes Umtauschverhältnis in der Konzernrechnungslegung negativ niederschlägt und dies einen disziplinierenden Einfluß auf das Management ausübt."

534. Ausweis des Konzerneigenkapitals

Die Aufgabe der Kapitalkonsolidierung besteht in der **Vermeidung einer Doppelerfassung** des Beteiligungsbuchwertes und dem dahinter stehenden Nettovermögen des aufzunehmenden Unternehmens einerseits sowie des Eigenkapitals des aufnehmenden Unternehmens und dem des aufzunehmenden Unternehmens andererseits.[1091] Eine derartige Doppelerfassung von Eigenkapital beruht auf den Kapitalverflechtungen zwischen den Unternehmen und der additiven Zusammenfassung der Einzelabschlüsse zu einem Summenabschluss. Bei einem **Erwerb** gründet die Doppelerfassung im Eigenkapital darauf, dass im Summenabschluss sowohl das Eigenkapital des aufnehmenden Unternehmens als auch das des aufzunehmenden Unternehmens ausgewiesen werden, obwohl die ehemaligen Gesellschafter des aufzunehmenden Unternehmens diesem kein Kapital mehr zur Verfügung stellen.[1092] Demzufolge ist im Konzernabschluss ausschließlich das Eigenkapital des aufnehmenden Unternehmens auszuweisen.

Bei einer **Einlage** hingegen legen die Gesellschafter ihre Ressourcen zusammen, sodass sowohl die bisherigen als auch die ehemaligen Gesellschafter dem Konzern Kapital zur Verfügung stellen. Dementsprechend ist im Konzernabschluss das Eigenkapital beider vormals alleinstehenden Unternehmen auszuweisen. Eine Doppelerfassung ergibt sich aber dennoch, da bereits im Einzelabschluss des aufnehmenden Unternehmens zusätzlich eine entsprechende Kapitalerhöhung infolge der Einlage erfasst wurde. Unzweifelhaft ist daher Eigenkapital in Höhe der Kapitalerhöhung zu eliminieren. Eine Verrechnung des Buchwertes der Beteiligung mit dem gleichwertigen Buchwert des neu geschaffenen Eigenkapitals aus der Kapitalerhöhung (gezeichnetes Kapital zuzüglich in der Kapitalrücklage gegebenenfalls erfasstes Agio) erscheint somit zunächst naheliegend.[1093]

Zur **Beseitigung der Doppelerfassung** ist entsprechend den Regelungen des IAS 22 allerdings der Beteiligungsbuchwert nur mit dem darauf entfallenden *gezeichneten* Kapital des *aufzunehmenden* Unternehmens zu konsolidieren und ein Unterschiedsbetrag mit dem Konzerneigenkapital zu verrechnen.[1094] Aufgrund dieser nicht hinreichend konkreten Regelung bleibt die Zuordnung des Unterschiedsbetrages zu den verschiedenen Eigenkapitalposten offen.[1095] In der

[1091] Zur Doppelerfassung vgl. BUSSE VON COLBE, W. U. A., Konzernabschlüsse, S. 193 f.; SCHINDLER, J., Kapitalkonsolidierung, S. 366.

[1092] Vgl. hier und Folgenden PEFFEKOVEN, F. P., Reform der Kapitalkonsolidierung, S. 190.

[1093] Vgl. PEFFEKOVEN, F. P., Reform der Kapitalkonsolidierung, S. 193.

[1094] Vgl. IAS 22.80; sowie MUJKANOVIC, R., Zukunft der Kapitalkonsolidierung, S. 534 m. w. N.; KRAWITZ, N./LEUKEL, S., Unternehmensfusionen, S. 95 f.

[1095] Vgl. MUJKANOVIC, R., Zukunft der Kapitalkonsolidierung, S. 534; KLEIN, G., Erfassung des Goodwill, S. 794.

Literatur wird vornehmlich dafür plädiert, den Unterschiedsbetrag zunächst mit der Kapitalrücklage zu verrechnen.[1096] Die Gewinnrücklagen (einschließlich des Jahresergebnisses) der vormals alleinstehenden Unternehmen bleiben somit auch im Konzernabschluss erhalten.[1097]

Da der Buchwert der eingelegten Beteiligung stets dem Buchwert des neu geschaffenen Eigenkapitals aus der Kapitalerhöhung entspricht,[1098] wird das Eigenkapital im Summenabschluss durch die Verrechnung der Beteiligung mit dem gezeichneten Kapital des aufzunehmenden Unternehmens und der Konzernkapitalrücklage insgesamt um genau diesen Betrag gekürzt. Folglich wird insgesamt Eigenkapital in Höhe der Kapitalerhöhung verrechnet und somit eine Doppelerfassung vermieden. Insofern weist der Konzernabschluss nach der Kapitalkonsolidierung nur noch Eigenkapital in Höhe des Eigenkapitals der vormals alleinstehenden Unternehmen aus.[1099] Wenngleich die Höhe des im Konzernabschluss ausgewiesenen Eigenkapitals somit in aller Regel von dem im Einzelabschluss ausgewiesenen Eigenkapital des aufnehmenden Unternehmens abweicht, ist ein solcher Ausweis hinsichtlich des **Umfanges des Konzerneigenkapitals** in der Summe sachgerecht. Zwar ist aus Sicht des aufnehmenden Unternehmens zusätzliches Kapital im Rahmen der Einlage zugegangen, die für die Abbildung im Einzelabschluss maßgeblich ist. Aus Konzernsicht ist darin allerdings keine Kapitalerhöhung zu erkennen. Schließlich haben die Gesellschafter ihr Kapital lediglich zusammengelegt, ohne dem Konzern zusätzliches Kapital zu überlassen.

Während der Umfang des Konzerneigenkapitals bei Anwendung der Interessenzusammenführungsmethode gemäß IAS 22 lediglich der Summe der Eigenkapitalien der vormals alleinstehenden Unternehmen entspricht, unterscheidet sich die **Struktur des Konzerneigenkapitals** allerdings von einer reinen Horizontaladdition der einzelnen Posten.[1100] Aufgrund der Verrechnung des Unterschiedsbetrages mit dem gezeichneten Kapital des aufzunehmenden Unternehmens wird im Konzernabschluss ausschließlich das gezeichnete Kapital des aufnehmenden Unternehmens ausgewiesen, das sich nach der Kapitalerhöhung ergeben hat. Sofern das durch die Kapitalerhöhung neu entstandene gezeichnete Kapital des aufnehmenden Unternehmens das bisherige gezeichnete Kapital des aufzunehmenden Unternehmens übersteigt, weist der Konzernabschluss insgesamt mehr gezeichnetes Kapital aus als die Einzelabschlüsse der vormals alleinstehenden Unternehmen unmittelbar vor dem Zusammenschluss. Zugleich bleibt das Konzerneigenkapital insgesamt aber aufgrund der Verrechnung des Unterschiedsbetrages mit der Kapitalrücklage auf dem Niveau der vormals alleinstehenden Unternehmen.[1101] In dieser

---

1096 Vgl. BÖCKING, H.-J./KLEIN, G./LOPATTA, K., Unternehmenszusammenschlüsse, S. 24; BUSSE VON COLBE, W./ORDELHEIDE, D., Konzernabschlüsse, 6. Aufl., S. 315 m. w. N. Nur sofern die Kapitalrücklage nicht ausreicht, seien anschließend zusätzlich die Gewinnrücklagen heranzuziehen. Vgl. HAIL, L., Pooling of Interests, S. 704 m. w. N. NIEHUS, R. J., Pooling-of-Interests Methode, S. 441, spricht von einer Verrechnung zunächst mit den nicht verfügbaren und anschließend mit den verfügbaren Rücklagen.

1097 Vgl. SIMON, S., Pooling und Verschmelzung, S. 45; HAIL, L., Pooling of Interests, S. 704; KLEIN, G., Erfassung des Goodwill, S. 793 f.

1098 Vgl. MUJKANOVIC, R., Zukunft der Kapitalkonsolidierung, S. 534.

1099 Vgl. BRUNS, H.-G., Pooling of Interests, S. 838; SIEGEL, T., Zeitwertansatz, S. 318.

1100 Vgl. VATER, H., M&A Accounting, S. 1843.

1101 Vgl. FOCKEN, E./LENZ, H., Spielräume der Kapitalkonsolidierung, S. 2441.

Hinsicht kann der Anstieg des gezeichneten Kapitals des Konzerns als eine Kapitalerhöhung aus Gesellschaftsmitteln interpretiert werden, bei der Rücklagen in gezeichnetes Kapital umgewandelt werden.[1102]

Wurden die neuen Anteile zu einem Preis oberhalb ihres Nennwertes ausgegeben, d. h. übersteigt der Buchwert der Beteiligung das durch die Kapitalerhöhung entstandene neue gezeichnete Kapital des aufnehmenden Unternehmens, umfasst der zu verrechnende Unterschiedsbetrag ein entsprechendes Agio aus der Kapitalerhöhung.[1103] Demzufolge wird die Konzernkapitalrücklage im Rahmen der Verrechnung des Unterschiedsbetrages neben der anteiligen Umwandlung in gezeichnetes Kapital zusätzlich durch dieses Agio belastet.[1104] Eine solche Belastung ist allerdings nicht als Verminderung der Konzernkapitalrücklage gegenüber den alleinstehenden Unternehmen zu interpretieren. Vielmehr wird auf diese Weise – wie bereits zuvor erläutert – lediglich die ursprüngliche Erhöhung der Kapitalrücklage des aufnehmenden Unternehmens aufgrund der Erfassung des Agios im Rahmen der Kapitalerhöhung wieder rückgängig gemacht. Die Kürzung der Kapitalrücklage lässt sich somit zum Teil als Umwandlung in gezeichnetes Kapital interpretieren und zum Teil als Korrektur eines Agios aus der Kapitalerhöhung.[1105]

Das im Konzernabschluss ausgewiesene **gezeichnete Kapital** entspricht letztlich dem in der Satzung des aufnehmenden Unternehmens (nach Eintragung der Kapitalerhöhung) festgelegten Nominalkapital der Kapitalgesellschaft bzw. dem Nennwert der von den Gesellschaftern insgesamt gehaltenen Anteile am Konzern. Da sämtliche Gesellschafter aufgrund der Konzernstruktur unmittelbar an dem aufnehmenden Unternehmen beteiligt sind und folglich die entsprechenden Anteile an dem aufnehmenden Unternehmen halten, ist ein solcher Ausweis sachgerecht.[1106] Die Anteile an dem aufzunehmenden Unternehmen befinden sich hingegen vollständig in konzerninternem Besitz, sodass der Ausweis des Nominalkapitals des aufzunehmenden Unternehmens im Konzernabschluss nicht geboten ist.[1107]

Im Gegensatz zum gezeichneten Kapital wird die **Kapitalrücklage** des Konzerns regelmäßig von dem Einzelabschluss des aufnehmenden Unternehmens abweichen. Die Kapitalrücklage des Konzerns umfasst schließlich sowohl die Kapitalrücklage des alleinstehenden aufnehmen-

---

[1102] Vgl. HAIL, L., Pooling of Interests, S. 704; BÖCKING, H.-J./KLEIN, G./LOPATTA, K., Unternehmenszusammenschlüsse, S. 23 m. w. N. Zur Kapitalerhöhung aus Gesellschaftsmitteln vgl. Abschnitt 232.211. der vorliegenden Arbeit. VATER, H., M&A Accounting, S. 1843, beschreibt dies ebenfalls als eine „Verschiebung zwischen gezeichnetem Kapital und der Kapitalrücklage".

[1103] Der umgekehrte Fall, in dem das neue gezeichnete Kapital den Buchwert der Beteiligung übersteigt, ist gesellschaftsrechtlich aufgrund des Prinzips der realen Kapitalaufbringung nicht zulässig. Vgl. hierzu Abschnitt 232.22 der vorliegenden Arbeit.

[1104] Vgl. NIEHUS, R. J., Pooling-of-Interests Methode, S. 445.

[1105] Vgl. SIEGEL, T., Zeitwertansatz, S. 318.

[1106] Vgl. PEFFEKOVEN, F. P., Reform der Kapitalkonsolidierung, S. 193. Von nicht beherrschenden Anteilen wird in der vorliegenden Arbeit abstrahiert, indem stets eine einhundertprozentige Beteiligung an dem aufzunehmenden Unternehmen unterstellt wird.

[1107] Vgl. PEFFEKOVEN, F. P., Reform der Kapitalkonsolidierung, S. 193.

den als auch die des alleinstehenden aufzunehmenden Unternehmens abzüglich eines gegebenenfalls in gezeichnetes Kapital umgewandelten Betrages. Ein solcher Ausweis erscheint allerdings sachgerecht, da die Summe aus dem gezeichneten Kapital und der Kapitalrücklage dem ursprünglich *eingezahlten* Kapital entspricht, das die Gesellschafter ihren jeweiligen Unternehmen bzw. dem Konzern zur Verfügung gestellt haben. Ohne entsprechende Angaben im Anhang des Konzernabschlusses dürfte eine Überleitung des Eigenkapitals in den folgenden Perioden jedoch nur schwer möglich sein.

Ferner werden neben den Gewinnrücklagen des aufnehmenden Unternehmens auch diejenigen des aufzunehmenden Unternehmens in dem Konzernabschluss ausgewiesen. Der Ausweis der **Gewinnrücklagen** des aufzunehmenden Unternehmens wird jedoch dahin gehend kritisiert, dass fälschlicherweise der Eindruck erweckt werde, diese Gewinne wären im Konzernverbund erwirtschaftet worden,[1108] obwohl sie im Rahmen des Zusammenschlusses durch das aufnehmende Unternehmen erworben worden wären.[1109] Die Gewinne sind zwar zeitlich zweifellos vor der Konzernzugehörigkeit entstanden, allerdings sind die Gewinne in den jeweiligen Unternehmen erwirtschaftet worden, die nun den Konzern konstituieren. Dem Zusammenschluss liegt kein Erwerb zugrunde, in dessen Rahmen die Gewinne hätten vergütet werden können. Vor allem wurden die ehemaligen Gesellschafter des aufzunehmenden Unternehmens, denen die Gewinne aus der Zeit vor dem Zusammenschluss originär zuzuordnen sind, nicht abgefunden, sondern an dem Konzern beteiligt, sodass die Gewinne der jeweiligen Unternehmen zu den Gewinnen der entstehenden wirtschaftlichen Einheit zu zählen sind.[1110] Obwohl diese Argumentation gleichermaßen auf die Gewinne sowohl des aufnehmenden als auch des aufzunehmenden Unternehmens bezogen werden kann, wird die Übernahme der Gewinnrücklagen des aufnehmenden Unternehmens in der Literatur nicht infrage gestellt. Wird die Übernahme der Gewinnrücklagen des aufnehmenden Unternehmens akzeptiert, so müssen bei einem Zusammenschluss durch Einlage von Kapitalgesellschaftsanteilen konsequenterweise auch die Gewinnrücklagen des aufzunehmenden Unternehmens in den Konzernabschluss übernommen werden. Umgekehrt müssten bei Ablehnung der Übernahme der Gewinnrücklagen des aufzunehmenden Unternehmens auch die Gewinnrücklagen des aufnehmenden Unternehmens nicht in den Konzernabschluss übernommen werden.[1111] Die Vernachlässigung der Gewinnrücklagen nur des formalrechtlich untergeordneten Unternehmens ist wirtschaftlich nicht begründbar, da hier entsprechend der Fusionsfiktion von einer Zusammenlegung der Ressourcen auszugehen ist.

[1108] Vgl. RAMMERT, S., Pooling of Interests, S. 623.

[1109] Vgl. SCHINDLER, J., Kapitalkonsolidierung, S. 257; NIEHUS, R. J., Pooling-of-Interests Methode, S. 441, 445.

[1110] Vgl. SIMON, S., Pooling und Verschmelzung, S. 49; HOFFMANN, I., Interessenzusammenführung, S. 170; so auch BÖCKING, H.-J./KLEIN, G./LOPATTA, K., Unternehmenszusammenschlüsse, S. 23; VATER, H., M&A Accounting, S. 1847.

[1111] Ein solches Vorgehen ist allerdings mit der Konzeption der Interessenzusammenführungsmethode nicht vereinbar. Dieses Vorgehen entspricht hingegen der Neugründungsmethode. Vgl. hierzu ausführlich Abschnitt 544. der vorliegenden Arbeit.

Ferner wird befürchtet, dass bei der Anwendung der Interessenzusammenführungsmethode das ausgewiesene **Jahresergebnis** des aufnehmenden Unternehmens durch einen Zusammenschluss scheinbar verbessert werden könne, da die Aufwendungen und Erträge des aufzunehmenden Unternehmens seit Beginn des Geschäftsjahres und damit auch dessen Jahresergebnis vollständig in den Konzernabschluss zu übernehmen sind.[1112] Zwar wird aufgrund der Übernahme des Ergebnisses des aufzunehmenden Unternehmens in den Konzernabschluss insgesamt ein höheres Ergebnis ausgewiesen als in dem Einzelabschluss des aufnehmenden Unternehmens.[1113] Bei der Interpretation des Konzernergebnisses ist jedoch zu beachten, dass der Konzernabschluss nicht als fortgeführter Abschluss des aufnehmenden Unternehmens angesehen werden kann.[1114] Vielmehr ist der Konzernabschluss ein vereinter Abschluss beider Unternehmen, der nicht mit den einzelnen, sondern nur mit den aggregierten Abschlüssen der vormals alleinstehenden Unternehmen vergleichbar ist. Die Übernahme des Ergebnisses nur eines der Unternehmen würde daher im Jahr des Zusammenschlusses zu einer Verminderung der Kapitalrendite des Konzerns gegenüber der kombinierten Kapitalrendite der vormals alleinstehenden Unternehmen führen, da dem Ergebnis nur eines der Konzernunternehmen das gesamte Kapital des Verbundes gegenübergestellt würde. Eine solche Verminderung der Rendite wäre allerdings nicht auf eine Verminderung der Leistungsfähigkeit des Verbundes zurückzuführen und entspräche folglich nicht den tatsächlichen Verhältnissen.[1115] Die Übernahme des Jahresergebnisses des aufzunehmenden Unternehmens in den Konzernabschluss ist daher sachgerecht. Eine unangemessene Ergebnisverbesserung kann darin schließlich nicht erkannt werden.

Wenngleich sowohl der Umfang als auch die Struktur des im Konzernabschluss ausgewiesenen Eigenkapitals von dem Eigenkapital des aufnehmenden Unternehmens abweicht, weist der nach der Interessenzusammenführungsmethode gemäß IAS 22 aufgestellte Konzernabschluss Eigenkapital in genau dem Umfang aus, wie es die Gesellschafter den jeweiligen Unternehmen insgesamt überlassen haben. Der Konzernabschluss zeigt dabei grundsätzlich sämtliche Rücklagen der vormals alleinstehenden Unternehmen. Allerdings ist es zugunsten eines sachgerechten Ausweises des gezeichneten Kapitals des aufnehmenden Unternehmens bzw. des Konzerns gegebenenfalls erforderlich, die Kapitalrücklage entsprechend anzupassen. Insofern wird zwar hinsichtlich der Eigenkapitalstruktur von der reinen Horizontaladdition der Einzelabschlüsse abgewichen. Aufgrund des gesonderten Ausweises der Gewinnrücklagen wird jedoch die Unterscheidung zwischen ursprünglich eingezahltem und erwirtschaftetem Kapital aufrechterhalten. Schließlich ist der Ausweis der Gewinnrücklagen des aufzunehmenden Unternehmens im Konzernabschluss bei dem hier betrachteten Unternehmenszusammenschluss aufgrund des

1112 Vgl. VATER, H., M&A Accounting, S. 1844; JONAS, H. H., Konzernabschluss, S. 235; RAMMERT, S., Pooling of Interests, S. 628.

1113 An dieser Stelle werden positive Ergebnisse der sich zusammenschließenden Unternehmen angenommen.

1114 Zum Verständnis des Konzernabschlusses vgl. Abschnitt 526. der vorliegenden Arbeit.

1115 Vgl. ähnlich NIEHUS, R. J., Pooling-of-Interests Methode, S. 445.

Charakters der Transaktion ebenso geboten wie der Ausweis der Gewinnrücklagen des aufnehmenden Unternehmens.[1116]

535. Abschließende Würdigung der Interessenzusammenführungsmethode

Die Abbildung eines Unternehmenszusammenschlusses nach der Interessenzusammenführungsmethode unterscheidet sich in wesentlichen Teilen von der Abbildung nach der Erwerbsmethode.[1117] In der Literatur wird häufig bei dem Vergleich der Methoden die Erwerbsmethode als Maßstab für die Abbildung nach der Interessenzusammenführungsmethode herangezogen.[1118] Ein solches Vorgehen ist allerdings nicht zielführend, da die Methoden grundlegend verschiedene Sachverhalte abbilden sollen. Die Charakterisierung in Kapitel 3 hat gezeigt, dass sich ein Zusammenschluss durch Einlage von Kapitalgesellschaftsanteilen wesentlich von einem gewöhnlichen Erwerb unterscheidet. Während ein Erwerb als Übernahme der Ressourcen des aufzunehmenden Unternehmens durch das aufnehmende Unternehmen zu interpretieren ist, entspricht eine Einlage einer **Zusammenlegung der Ressourcen** beider Unternehmen. Insofern stellt sich die der Interessenzusammenführungsmethode zugrunde liegende Fusionsfiktion als sachgerechter Leitgedanke für die Abbildung eines Zusammenschlusses durch Einlage von Kapitalgesellschaftsanteilen heraus. Diese Schlussfolgerung ist dabei unabhängig von den Beherrschungsverhältnissen auf Gesellschafterebene, sodass es keiner Beschränkung auf Zusammenschlüsse unter Gleichen bedarf.

Die Ergebnisse der vorangegangenen Analyse sollen im Folgenden hinsichtlich der Vermittlung entscheidungsnützlicher Informationen für die primären Adressaten des Konzernabschlusses gewürdigt werden. Aufgrund der Beteiligung sowohl der bisherigen Gesellschafter des aufnehmenden Unternehmens als auch der ehemaligen Gesellschafter des aufzunehmenden Unternehmens ergeben sich Besonderheiten hinsichtlich des **primären Adressatenkreises** des Konzernabschlusses. Während bei einem gewöhnlichen Erwerb die ehemaligen Gesellschafter des aufzunehmenden Unternehmens aus dem Gesellschafterkreis ausscheiden, werden sie bei einer Einlage am Konzern beteiligt. Bei der Beurteilung der Entscheidungsnützlichkeit der durch die Interessenzusammenführungsmethode vermittelten Informationen sind folglich neben den Interessen der bisherigen Gesellschafter des aufnehmenden Unternehmens auch diejenigen der ehemaligen Gesellschafter des aufzunehmenden Unternehmens zu berücksichtigen.

Damit die durch die Interessenzusammenführungsmethode vermittelten Informationen entscheidungsnützlich sind, müssen sie sowohl relevant als auch glaubwürdig dargestellt sein.[1119] Das Kriterium der **Relevanz** ist erfüllt, wenn die Informationen entweder einen vorhersagenden oder bestätigenden Wert haben. Ausgehend von der Darstellung der Vermögenslage ergeben

---

[1116] Im Ergebnis gleich BÖCKING, H.-J./KLEIN, G./LOPATTA, K., Unternehmenszusammenschlüsse, S. 23.

[1117] Vgl. JOHNSON, L. T./PETRONE, K., Why Eliminate the Pooling Method?, S. 1.

[1118] Vgl. hier und im folgenden Satz BUSSE VON COLBE, W./ORDELHEIDE, D., Konzernabschlüsse, 6. Aufl., S. 315.

[1119] Zu den Anforderungen an entscheidungsnützliche Informationen vgl. Abschnitt 43 der vorliegenden Arbeit.

sich aufgrund der Buchwertfortführung hinsichtlich des vorhersagenden Wertes Einschränkungen gegenüber einer Neubewertung der Vermögenswerte und Schulden zum beizulegenden Zeitwert.[1120] Neben bereits vorhandenen stillen Reserven und stillen Lasten wird ebenso über künftige Ertragspotenziale, die in einem Unterschiedsbetrag zum Ausdruck kommen können, nicht berichtet.[1121] Im Gegensatz zu einem gewöhnlichen Erwerb sind jedoch die Buchwerte aus den Einzelabschlüssen *beider* Unternehmen weiterhin maßgebend, da auch die ehemaligen Gesellschafter des aufzunehmenden Unternehmens am Konzern beteiligt werden.[1122] Die Buchwertfortführung gewährleistet bei einem Zusammenschluss durch Einlage von Kapitalgesellschaftsanteilen insofern die bilanzielle Gleichbehandlung[1123] der sich zusammenschließenden Unternehmen und führt somit zu einem sachgerechten Erfolgsausweis in den künftigen Perioden, da auf diese Weise den Erträgen aus der vereinten Geschäftstätigkeit der Aufwand aus dem Ressourceneinsatz sämtlicher Gesellschafter im Konzernabschluss gegenübergestellt wird. Dementsprechend haben die durch die Interessenzusammenführungsmethode in künftigen Perioden vermittelten Informationen einen bestätigenden Wert hinsichtlich des Erfolges aus dem Zusammenschluss. Trotz der Vergangenheitsorientierung muss den Informationen ein vorhersagender Wert nicht gänzlich aberkannt werden, da auch der Erfolgsausweis abgelaufener Perioden der Einschätzung künftiger Erfolgsaussichten des Konzerns dienen kann.[1124] Schließlich entspricht die Abbildung derjenigen eines fortlaufenden Unternehmens, als wären die vormals alleinstehenden Unternehmen seit ihrer Gründung verbunden gewesen.

Während der Erfolg eines gewöhnlichen Erwerbes nur aus der Sicht der bisherigen Gesellschafter des aufnehmenden Unternehmens zu beurteilen ist, muss der Zusammenschluss durch Einlage auch von den ehemaligen Gesellschaftern des aufzunehmenden Unternehmens anhand des Konzernabschlusses evaluiert werden können, da beide Gesellschaftergruppen sowohl an der Transaktion als auch an dem entstehenden Konzern beteiligt sind. Aufgrund der allgemeinen Buchwertfortführung werden die **Interessen sämtlicher Gesellschafter** hinsichtlich der wirtschaftlichen Lage des Konzerns in gleicher Weise erfüllt, da die Darstellung der Vermögens- und Ertragslage beider vormals alleinstehenden Unternehmen im Konzernabschluss auf den gleichen Grundsätzen, und zwar auf Basis der von den jeweiligen Gesellschaftern ursprünglich bereitgestellten Ressourcen gründet. Dadurch wird beiden Gesellschaftergruppen eine sinnvolle Interpretation des Konzernergebnisses als Überschuss über den Verzehr ihrer ursprünglich eingesetzten Ressourcen ermöglicht. Ebenso ist die Übernahme der Gewinnrücklagen beider Unternehmen in den Konzernabschluss zu begrüßen, da ansonsten den von einer Gesellschafter-

[1120] Vgl. VATER, H., M&A Accounting, S. 1844.
[1121] Vgl. BÖCKING, H.-J./KLEIN, G./LOPATTA, K., Unternehmenszusammenschlüsse, S. 21.
[1122] A. A. KRAWITZ, N./KLOTZBACH, D., Fresh-Start-Methode, S. 1176.
[1123] Zu dem Erfordernis der bilanziellen Gleichbehandlung der sich zusammenschließenden Unternehmen vgl. Abschnitt 526. der vorliegenden Arbeit. So auch BÖCKING, H.-J./KLEIN, G./LOPATTA, K., Unternehmenszusammenschlüsse, S. 23 m. w. N.
[1124] Vgl. CF.1.20.

gruppe erwirtschafteten Gewinnen Vorrang gegenüber den anderen eingeräumt würde. Insgesamt dürfte daher das Kriterium der Relevanz der Informationen für beide Gesellschaftergruppen gleichermaßen erfüllt sein.

Eine **glaubwürdige Darstellung** erfordert eine den tatsächlichen Verhältnissen entsprechende Abbildung des Sachverhaltes. Die Interessenzusammenführungsmethode bildet einen Zusammenschluss durch Einlage von Kapitalgesellschaftsanteilen entsprechend der Fusionsfiktion sachgerecht als eine Zusammenlegung der Ressourcen zweier Gesellschaftergruppen innerhalb eines Konzerns ab.[1125] Aufgrund der Buchwertfortführung bestehen nur wenige Freiheitsgrade bei der Abbildung des Zusammenschlusses,[1126] wodurch eine fehlerfreie und neutrale Berichterstattung gefördert wird. Allerdings wird die Vermögenslage nicht vollständig abgebildet, da der Ansatz von Vermögenswerten oder Schulden unterbleibt, die nicht bereits im Einzelabschluss des aufzunehmenden Unternehmens erfasst wurden.[1127] Zumal der Einblick in die Vermögenslage aber nicht stärker eingeschränkt ist als in den Einzelabschlüssen, sollte dennoch von einer hinreichend glaubwürdigen Darstellung des Zusammenschlusses ausgegangen werden können.

Aufgrund des besonderen Charakters einer Einlage ergeben sich spezifische Herausforderungen bei der **Vergleichbarkeit** des Konzernabschlusses mit den Abschlüssen vergangener Perioden. Ein Vergleich des Konzernabschlusses mit den jeweiligen Einzelabschlüssen der vormals alleinstehenden Unternehmen ist grundsätzlich nicht zielführend, da bei der Einlage von Kapitalgesellschaftsanteilen die Ressourcen zweier Unternehmen zusammengelegt werden, sodass der Konzernabschluss zusammengefasst über die Unternehmen berichtet. Ein Vergleich mit früheren Perioden ist daher nur sinnvoll, sofern dem Konzernabschluss die Einzelabschlüsse ebenfalls zusammengefasst gegenübergestellt werden. Ein erfolgreicher Zusammenschluss ist schließlich daran zu erkennen, dass der Verbund höhere Ergebnisse erwirtschaftet als die vormals alleinstehenden Unternehmen insgesamt. Die Buchwertfortführung ermöglicht einen solchen Vergleich,[1128] indem den gemeinsamen Erträgen weiterhin der gemeinsame Aufwand aus dem Ressourceneinsatz der Gesellschafter gegenübergestellt und somit die Kongruenzbedingung erfüllt wird. Die periodische Vergleichbarkeit wird durch eine entsprechende Anpassung der Vergleichszahlen aus den Vorjahren im Konzernabschluss weiter gefördert.[1129] Die Herausforderungen bezüglich der Vergleichbarkeit ergeben sich schließlich nicht aufgrund der Interessenzusammenführungsmethode, sondern aus dem Sachverhalt selbst. Die Interessenzusammenführungsmethode berücksichtigt in diesem Zusammenhang den besonderen Charakter des Zusammenschlusses durch Einlage von Kapitalgesellschaftsanteilen und ermöglicht aufgrund

1125 Vgl. TELKAMP, H.-J./BRUNS, C., Pooling vs. Fresh Start, S. 749; so auch BÖCKING, H.-J./KLEIN, G./LOPATTA, K., Unternehmenszusammenschlüsse, S. 24.

1126 Vgl. VATER, H., M&A Accounting, S. 1845; RAMMERT, S., Pooling of Interests, S. 625.

1127 Vgl. IFRS 3.BC38.

1128 Vgl. VATER, H., M&A Accounting, S. 1844.

1129 Vgl. VATER, H., M&A Accounting, S. 1844; RAMMERT, S., Pooling of Interests, S. 624.

der Buchwertfortführung somit den Vergleich der Informationen aus den vorherigen Einzelabschlüssen und aus dem Konzernabschluss.[1130]

Die Interessenzusammenführungsmethode fördert daher tendenziell vorrangig die **Rechenschaftsfunktion** des Konzernabschlusses, da die Informationen auf Grundlage der Buchwertfortführung hauptsächlich Auskunft darüber geben, wie erfolgreich die Geschäftsführung mit den zur Verfügung gestellten Ressourcen gewirtschaftet hat. Teilweise wird die Interessenzusammenführungsmethode aber mit Blick auf die Rechenschaftsfunktion kritisiert,[1131] da die Abbildung der Vermögens- und Ertragslage des Konzerns von dem vereinbarten Austauschverhältnis unabhängig ist, obwohl dieses Verhältnis die wirtschaftlichen Verhältnisse der Gesellschafter maßgeblich beeinflussen kann.[1132] Zwar ist den Gesellschaftern durchaus ein berechtigtes Interesse an dem Austauschverhältnis zu unterstellen,[1133] allerdings ist es nicht die Aufgabe des Konzernabschlusses, die (gegensätzlichen) Auswirkungen auf Gesellschafterebene nachzuzeichnen.[1134] Die Abbildung entspricht vielmehr den tatsächlichen Verhältnissen des Konzerns, die von dem Austauschverhältnis unabhängig sind.

Darüber hinaus hat die Rechenschaftsfunktion hinsichtlich des Austauschverhältnisses bei einer Einlage einen anderen Stellenwert als bei einem gewöhnlichen Erwerb hinsichtlich der Gegenleistung, da der hier betrachtete Zusammenschluss grundsätzlich der Zustimmung der Gesellschafter unterliegt.[1135] Insofern liegt die Transaktion nicht (vollständig) in der Entscheidungsbefugnis der Geschäftsführung, sodass es keiner nachträglichen Rechtfertigung des Austauschverhältnisses bedarf. Die Gesellschafter entscheiden vielmehr selbständig darüber, ihre Unternehmen zusammenzulegen, und benötigen daher Informationen zur Beurteilung der **Angemessenheit des Austauschverhältnisses** bereits zum Zeitpunkt ihrer Zustimmung.[1136] Zur nachträglichen Beurteilung der Vorteilhaftigkeit des Zusammenschlusses mit Blick auf die wirtschaftliche Lage des Konzerns ist das Austauschverhältnis bzw. ein entsprechender Unterschiedsbetrag hingegen unbeachtlich, da das Austauschverhältnis nur die Beteiligungsverhältnisse zwischen den Gesellschaftern bestimmt. Insofern ist die Rechenschaftsfunktion des Konzernabschlusses nicht eingeschränkt.

1130 Vgl. RAMMERT, S., Pooling of Interests, S. 629; TELKAMP, H.-J./BRUNS, C., Pooling vs. Fresh Start, S. 748.

1131 Vgl. RAMMERT, S., Pooling of Interests, S. 627, der die Berücksichtigung des Austauschverhältnisses bei der konzernbilanziellen Abbildung des hier betrachteten Sachverhaltes vor dem Hintergrund einer anreizkompatiblen Berichterstattung fordert.

1132 Vgl. RAMMERT, S., Pooling of Interests, S. 623; JOHNSON, L. T./PETRONE, K., Why Eliminate the Pooling Method?, S. 1.

1133 Vgl. RAMMERT, S., Pooling of Interests, S. 624.

1134 Zum Abbildungsobjekt eines Konzernabschlusses vgl. Abschnitt 422. der vorliegenden Arbeit.

1135 Vgl. hierzu Abschnitt 232.21 der vorliegenden Arbeit.

1136 In dem Fall einer genehmigten Kapitalerhöhung ermächtigen die Gesellschafter des aufnehmenden Unternehmens die Geschäftsführung zur Kapitalerhöhung. Insofern haben die Gesellschafter keinen unmittelbaren Einfluss auf den konkreten Zusammenschluss. Allerdings treffen sie diese Entscheidung bewusst. Ferner unterliegt der konkrete Zusammenschluss noch der Zustimmung des Aufsichtsrates, der die Interessen der Gesellschafter vertreten soll.

Im Ergebnis vermittelt die Abbildung eines Unternehmenszusammenschlusses durch Einlage von Kapitalgesellschaftsanteilen nach der Interessenzusammenführungsmethode entscheidungsnützliche Informationen. Die Interessenzusammenführungsmethode stellt aufgrund der Buchwertfortführung die tatsächlichen wirtschaftlichen Verhältnisse auf Konzernebene dar.[1137] Entsprechend der Fusionsfiktion werden die Informationsinteressen sowohl der bisherigen Gesellschafter des aufnehmenden Unternehmens als auch der ehemaligen Gesellschafter des aufzunehmenden Unternehmens hinsichtlich der Vermögens- und Ertragslage des Konzerns gleichermaßen berücksichtigt. Dabei wird das Nettovermögen des Konzerns mit dem Wert der von den Gesellschaftern zur Verfügung gestellten Ressourcen bewertet, sodass eine sinnvolle Interpretation des Erfolges aus dem Zusammenschluss sowie ein Vergleich mit den Einzelabschlüssen der vormals alleinstehenden Unternehmen ermöglicht werden. Insofern berücksichtigen die scheinbar wesentlichen Unterschiede in den Bilanzierungsvorschriften gegenüber der Erwerbsmethode bei genauer Betrachtung die spezifischen Charakteristika des zugrunde liegenden Sachverhaltes.[1138]

Eine leichte Einschränkung der Entscheidungsnützlichkeit ergibt sich lediglich aus der Buchwertfortführung hinsichtlich der Prognosefähigkeit der berichteten Werte. Vor diesem Hintergrund wird in der Literatur die Neugründungsmethode diskutiert, die eine vollständige Neubewertung sämtlicher Vermögenswerte und Schulden der sich zusammenschließenden Unternehmen vorsieht. Da diese Methode ebenfalls auf der als sachgerecht beurteilten Fusionsfiktion beruht, wird sie im Folgenden in die Untersuchung einbezogen.

54 Neugründungsmethode

541. Konzeption der Neugründungsmethode

Die Neugründungsmethode[1139] ist gegenwärtig nicht zur Abbildung von Unternehmenszusammenschlüssen nach den Regelungen des IASB vorgesehen.[1140] Daher beziehen sich die folgenden Ausführungen auf die Neugründungsmethode in der Gestalt, wie sie in dem im Jahr 1999 vom IASC herausgegebenen G4+1 *Position Paper* vorgestellt wurde. Die Neugründungsmethode gilt als eine Alternative zur Interessenzusammenführungsmethode.[1141] Insofern ist die Neugründungsmethode ebenfalls grundsätzlich für Unternehmenszusammenschlüsse vorgesehen, bei denen die Erwerbsmethode nicht sachgerecht erscheint, weil sich keines der zusammenschließenden Unternehmen als Erwerber identifizieren lässt.[1142] In diesen Fällen liegt keine

---

[1137] So auch REICHELT, D., Anteilstausch, S. 124–127. A. A. MUJKANOVIC, R., Zukunft der Kapitalkonsolidierung, S. 539 f.

[1138] Vgl. PEFFEKOVEN, F. P., Pooling-of-Interests, S. 10.

[1139] Die Neugründungsmethode wird auch als *fresh start method* oder *new entity method* bezeichnet. Vgl. BUSSE VON COLBE, W. U. A., Konzernabschlüsse, S. 198.

[1140] Vgl. BUSSE VON COLBE, W. U. A., Konzernabschlüsse, S. 198.

[1141] Vgl. BUSSE VON COLBE, W. U. A., Konzernabschlüsse, S. 198.

[1142] Vgl. IASC (Hrsg.), G4+1 Position Paper, Tz. 23; PELLENS, B. U. A., Int. Rechnungslegung, S. 867; PELLENS, B./SELLHORN, T., Fresh-Start-Methode, S. 2125 f.; KRAWITZ, N./KLOTZBACH, D., Fresh-Start-Methode, S. 1169 f.

Übernahme eines Unternehmens durch ein anderes, sondern eine Zusammenlegung der Ressourcen zweier Unternehmen durch Anteilstausch vor.[1143] Dabei beruht die Neugründungsmethode ebenfalls auf der **Fusionsfiktion**,[1144] die bereits im Rahmen der Interessenzusammenführungsmethode als sachgerechter Leitgedanke zur Abbildung von Unternehmenszusammenschlüssen durch Einlage von Kapitalgesellschaftsanteilen herausgearbeitet werden konnte.[1145]

Im Gegensatz zur Interessenzusammenführungsmethode wird indes nicht angenommen, dass die Unternehmen bereits seit ihrer Gründung in einem Konzern verbunden gewesen wären und im Konzern fortbestehen.[1146] Vielmehr basiert die Neugründungsmethode auf der gegensätzlichen Idee, dass die vormals alleinstehenden Unternehmen untergehen und ein substanziell neues Unternehmen entsteht.[1147] Insofern wird unterstellt, dass sich der Konzern aufgrund des Zusammenschlusses wirtschaftlich wesentlich von den bisherigen Unternehmen unterscheidet.[1148] Eine wirtschaftlich neue Einheit zeichnet sich dabei beispielsweise durch ein neues Unternehmenskonzept, Restrukturierungspläne, einen neuen Firmennamen oder einen neuen Firmensitz aus.[1149] Anders als bei der Interessenzusammenführungsmethode wird die Existenz der Unternehmen vor dem Zusammenschluss vernachlässigt und ein **wirtschaftlicher Neubeginn** angenommen.[1150] Aus diesem Grund solle die Rechnungslegung durch eine vollständige Neubewertung sämtlicher Vermögenswerte und Schulden *beider* Unternehmen auf eine neue (Kapital-)Basis gestellt werden,[1151] so als sei ein neues Unternehmen gegründet worden. Mithin sind sämtliche stillen Reserven und stillen Lasten der sich zusammenschließenden Unternehmen erfolgsneutral aufzudecken.[1152] Zu der Behandlung von Unterschiedsbeträgen aus der Kapitalkonsolidierung trifft das G4+1 *Position Paper* hingegen keine Aussage.[1153] Gewinnrücklagen sind nicht in den Konzernabschluss zu übernehmen.[1154] Erträge sowie Aufwendungen der

---

1143 Vgl. KRAWITZ, N./KLOTZBACH, D., Fresh-Start-Methode, S. 1169; TELKAMP, H.-J./BRUNS, C., Pooling vs. Fresh Start, S. 746; PELLENS, B. U. A., Int. Rechnungslegung, S. 867.

1144 Vgl. TELKAMP, H.-J./BRUNS, C., Pooling vs. Fresh Start, S. 746.

1145 Zur Diskussion der Angemessenheit der Fusionsfiktion hinsichtlich des Zusammenschlusses durch Einlage von Kapitalgesellschaftsanteilen im Rahmen der Interessenzusammenführungsmethode vgl. Abschnitt 531. der vorliegenden Arbeit.

1146 Vgl. hierzu Abschnitt 531. der vorliegenden Arbeit.

1147 Vgl. IASC (Hrsg.), G4+1 Position Paper, Tz. 51; PELLENS, B./SELLHORN, T., Fresh-Start-Methode, S. 2126; BÖCKING, H.-J./KLEIN, G./LOPATTA, K., Unternehmenszusammenschlüsse, S. 22; VATER, H., M&A Accounting, S. 1847.

1148 Vgl. IASC (Hrsg.), G4+1 Position Paper, Tz. 51.

1149 Vgl. KRAWITZ, N./KLOTZBACH, D., Fresh-Start-Methode, S. 1170.

1150 Vgl. PELLENS, B./SELLHORN, T., Fresh-Start-Methode, S. 2131.

1151 Vgl. IASC (Hrsg.), G4+1 Position Paper, Tz. 53; PELLENS, B. U. A., Int. Rechnungslegung, S. 867; TELKAMP, H.-J./BRUNS, C., Pooling vs. Fresh Start, S. 745; KRAWITZ, N./KLOTZBACH, D., Fresh-Start-Methode, S. 1173; BÖCKING, H.-J./KLEIN, G./LOPATTA, K., Unternehmenszusammenschlüsse; S. 22.

1152 Vgl. TELKAMP, H.-J./BRUNS, C., Pooling vs. Fresh Start, S. 745. Da die Neugründungsmethode sämtliche Vermögenswerte und Schulden beider Unternehmen mit ihren Zeitwerten zusammengefasst im Konzernabschluss abbildet, entspricht dies quasi einem *fair value pooling*. Vgl. PELLENS, B./SELLHORN, T., Fresh-Start-Methode, S. 2126.

1153 Vgl. VATER, H., M&A Accounting, S. 1847; BÖCKING, H.-J./KLEIN, G./LOPATTA, K., Unternehmenszusammenschlüsse, S. 22.

1154 Vgl. IASC (Hrsg.), G4+1 Position Paper, Tz. 36; PELLENS, B./SELLHORN, T., Fresh-Start-Methode, S. 2126.

sich zusammenschließenden Unternehmen werden erst ab dem Zeitpunkt des Zusammenschlusses im Konzernabschluss erfasst.[1155] Folglich bildet der Konzernabschluss bei unterjährigem Zusammenschluss nur ein Rumpfgeschäftsjahr ab.

Mit einem Zusammenschluss durch Einlage von Kapitalgesellschaftsanteilen ist allerdings nicht zwingend eine wesentliche Veränderung des entstehenden Konzerns gegenüber den vormals alleinstehenden Unternehmen verbunden. Grundsätzlich setzen die Gesellschafter nach dem Zusammenschluss weiterhin die gleichen Ressourcen wie in den vormals alleinstehenden Unternehmen ein. Veränderungen im Anschluss an den Zusammenschluss bezüglich der Geschäftstätigkeit, die auch mit Restrukturierungen des entstehenden Konzerns verbunden sein können, sind vielmehr als laufende Geschäftsvorfälle zu verstehen. Zusammenschlüsse, die tatsächlich einen wirtschaftlichen Neubeginn für die sich zusammenschließenden Unternehmen bedeuten, dürften hingegen äußerst selten sein.[1156] Im Ergebnis ist die **Annahme der Neugründung** der wirtschaftlichen Einheit im Zuge eines Unternehmenszusammenschlusses durch Einlage von Kapitalgesellschaftsanteilen ebenso fiktiv wie die Annahme der Fortführung der vormals alleinstehenden Unternehmen. Die Realität dürfte in aller Regel zwischen diesen Extremen liegen.

In Bezug auf den Kapitaleinsatz der Gesellschafter stellen diese Annahmen allerdings – unabhängig von den tatsächlichen Verhältnissen – zwei durchaus vertretbare Interpretationen des Zusammenschlusses innerhalb der Fusionsfiktion dar. Während der Zusammenschluss im Rahmen der Interessenzusammenführungsmethode als Fortführung der Investition der *ursprünglichen* Ressourcen zu verstehen ist, kann der Zusammenschluss im Rahmen der Neugründungsmethode als **Reinvestition** der bis zu diesem Zeitpunkt *akkumulierten* Ressourcen der Gesellschafter interpretiert werden,[1157] ohne dass es einer Annahme zur Fortführung oder Veränderung der Geschäftstätigkeit bedarf. Entsprechend der Neugründungsmethode investieren die Gesellschafter im Rahmen des Zusammenschlusses ihr bisher erwirtschaftetes und in den jeweiligen Unternehmen gebundenes Kapital in den entstehenden Konzern, wodurch eine Neubewertung sämtlicher Vermögenswerte und Schulden gerechtfertigt werden könnte.

Hinsichtlich des **Anwendungsbereiches** wird entsprechend der Konzeption der Neugründungsmethode eine Beschränkung auf Zusammenschlüsse diskutiert, die tatsächlich einen wirtschaftlichen Neubeginn bezeichnen und folglich der Fiktion einer Neugründung entsprechen.[1158] Neben der vermeintlichen Seltenheit dieses Sachverhaltes bestünde in der Bestimmung von sachgerechten und operationalen Abgrenzungskriterien eine beachtenswerte Herausforderung, die eine eindeutige Unterscheidung von anderen Zusammenschlüssen bezweifeln

---

1155 Vgl. IASC (Hrsg.), G4+1 Position Paper, Tz. 35; PELLENS, B./SELLHORN, T., Fresh-Start-Methode, S. 2126.

1156 Vgl. IASC (Hrsg.), G4+1 Position Paper, Tz. 191.

1157 Vgl. DEGENER, G. J., Merger of Equals, S. 280, wenn auch nur in Bezug auf Zusammenschlüsse unter Gleichen; ähnlich PELLENS, B./SELLHORN, T., Fresh-Start-Methode, S. 2130; KRAWITZ, N./KLOTZBACH, D., Fresh-Start-Methode, S. 1178.

1158 Vgl. hier und im Folgenden IASC (Hrsg.), G4+1 Position Paper, Tz. 100.

lässt.[1159] Allerdings ist in aller Regel die betriebliche Ausrichtung des Konzerns für die Bilanzierung unerheblich. Die Interpretation des Zusammenschlusses als Reinvestition der Ressourcen der Gesellschafter bedarf darüber hinaus nicht zwingend der Annahme eines wirtschaftlichen Neubeginns, sodass eine Beschränkung des Anwendungsbereiches auf einen wirtschaftlichen Neubeginn konzeptionell entbehrlich ist. Die Anreize zur missbräuchlichen Anwendung der Neugründungsmethode dürften ferner im Vergleich zur Interessenzusammenführungsmethode deutlich geringer sein, da aufgrund der vollständigen Neubewertung sowohl mit zusätzlichen Kosten für die Aufdeckung stiller Reserven und stiller Lasten als auch mit zusätzlichen Ergebnisbelastungen aus deren Abschreibung zu rechnen ist.[1160]

Im Folgenden soll schließlich untersucht werden, inwiefern die aus der Neugründungsfiktion abgeleiteten Bilanzierungskonsequenzen vor dem Hintergrund des wirtschaftlichen Charakters des hier betrachteten Sachverhaltes zu einer sachgerechten Darstellung der wirtschaftlichen Lage führen. Weiterhin ist die Charakterisierung des Zusammenschlusses durch Einlage von Kapitalgesellschaftsanteilen als Zusammenlegung von Ressourcen unter Beteiligung beider Gesellschaftergruppen für die bevorstehende Analyse maßgeblich.[1161]

542. Ansatz und Bewertung der Vermögenswerte und Schulden

Aufgrund der Neugründungsfiktion ist eine vollständige, erfolgsneutrale Neubewertung der Vermögenswerte und Schulden beider sich zusammenschließender Unternehmen vorzunehmen.[1162] Damit sind nicht nur die stillen Reserven und stillen Lasten der bereits in den Einzelabschlüssen berücksichtigten Vermögenswerte und Schulden aufzudecken, sondern zusätzlich identifizierbare Vermögenswerte und Schulden beider Unternehmen mit ihren beizulegenden Zeitwerten in den Konzernabschluss aufzunehmen, die in den Einzelabschlüssen noch nicht berücksichtigt worden waren.[1163] Der Neugründungsfiktion entsprechend werden die Vermögenswerte und Schulden also mit ihren Zeitwerten abgebildet, die dem entstehenden Konzern zum Zeitpunkt des Zusammenschlusses von den jeweiligen Gesellschaftern zur Verfügung gestellt werden.

Die beizulegenden Zeitwerte der Vermögenswerte und Schulden erlauben grundsätzlich einen besseren Einblick in die **Vermögenslage** des Konzerns als deren Buchwerte, da die Ressourcen des Konzerns und die Ansprüche gegen den Konzern vollumfänglich mit einem aktuellen Wert

---

[1159] Vgl. IASC (Hrsg.), G4+1 Position Paper, Tz. 188; PELLENS, B./SELLHORN, T., Fresh-Start-Methode, S. 2131.

[1160] Vgl. KRAWITZ, N./KLOTZBACH, D., Fresh-Start-Methode, S. 1177. Umgekehrt wäre in der denkbaren Vermeidung der Anwendung der Neugründungsmethode aus den genannten Gründen jedoch eine missbräuchliche Anwendung der Erwerbsmethode zu sehen.

[1161] Zum Charakter der hier betrachteten Transaktion vgl. Kapitel 3 der vorliegenden Arbeit.

[1162] Vgl. IASC (Hrsg.), G4+1 Position Paper, Tz. 22; PELLENS, B. U. A., Int. Rechnungslegung, S. 867; KRAWITZ, N./KLOTZBACH, D., Fresh-Start-Methode, S. 1173.

[1163] Vgl. IASC (Hrsg.), G4+1 Position Paper, Tz. 33; BÖCKING, H.-J./KLEIN, G./LOPATTA, K., Unternehmenszusammenschlüsse, S. 22.

im Konzernabschluss abgebildet werden.[1164] Darüber hinaus gelten Zeitwerte allgemein als aussagekräftigere Indikatoren der Fähigkeit eines Unternehmens, künftige Zahlungsmittelflüsse zu generieren.[1165] Dabei spiegeln die Zeitwerte der Vermögenswerte und Schulden vermutlich diejenigen Werte wider, die die Gesellschafter bzw. die Geschäftsführung in ihren Verhandlungen des Austauschverhältnisses berücksichtigt haben.[1166] Konzeptionell entspricht die Darstellung der Vermögenslage daher den tatsächlichen Verhältnissen im Zeitpunkt des Zusammenschlusses. In den auf den Zusammenschluss folgenden Perioden ist der Einblick in die Vermögenslage allerdings weiterhin beeinträchtigt, da sich die Zeitwertbewertung im Rahmen der Neugründungsmethode lediglich auf den Zeitpunkt des Zusammenschlusses beschränkt.[1167] Sofern die Neubewertung des Vermögens mit dem Ziel eines verbesserten Einblickes in die Vermögenslage begründet werden soll, wäre anstelle einer einmaligen und zusammenschlussbezogenen Neubewertung daher nachhaltig nur eine vollständig zeitwertbasierte Rechnungslegung zielführend.

Den Vorzügen einer sachgerechten Abbildung der Vermögenslage zum Zeitpunkt des Zusammenschlusses aufgrund der vollständigen Aufdeckung stiller Reserven und stiller Lasten stehen die Herausforderungen einer **objektiven Bewertung** gegenüber.[1168] Schließlich wird es in den meisten Fällen an der Verfügbarkeit verlässlicher Marktpreise für die Vermögenswerte und Schulden mangeln, sodass die beizulegenden Zeitwerte anhand von nur schwer objektivierbaren Bewertungsverfahren zu bestimmen sind.[1169] Während im Rahmen der Erwerbsmethode nur die Vermögenswerte und Schulden des aufzunehmenden Unternehmens neubewertet werden müssen, sind in diesem Fall auch die Vermögenswerte und Schulden des aufnehmenden Unternehmens in die Neubewertung einzubeziehen. Die Neubewertung eröffnet somit gegebenenfalls nicht nur erhebliche Bewertungsspielräume,[1170] sondern konfrontiert das berichterstattende Unternehmen mit nicht unwesentlichen Kosten aufgrund der Identifikation und der Bewertung sämtlicher Vermögenswerte und Schulden beider sich zusammenschließenden Unternehmen sowie deren Fortführung in den Folgeperioden.[1171] Dies zeigt sich vor allem in dem Fall eines Zusammenschlusses eines bestehenden Konzerns mit einem weiteren (Tochter-)Unternehmen. Sofern sich das Mutterunternehmen dieses Konzerns mit einem konzernfremden

---

1164 Vgl. IASC (Hrsg.), G4+1 Position Paper, Tz. 83; KRAWITZ, N./KLOTZBACH, D., Fresh-Start-Methode, S. 1176.

1165 Vgl. RAMMERT, S., Pooling of Interests, S. 624. Allgemein zur Aussagefähigkeit von Zeitwerten vgl. WILLIS, D., Financial Assets and Liabilities, S. 860.

1166 Vgl. IASC (Hrsg.), G4+1 Position Paper, Tz. 84; PELLENS, B./SELLHORN, T., Fresh-Start-Methode, S. 2131.

1167 Vgl. hier und im folgenden Satz PEFFEKOVEN, F. P., Reform der Kapitalkonsolidierung, S. 202 f.

1168 Vgl. TELKAMP, H.-J./BRUNS, C., Pooling vs. Fresh Start, S. 747; so auch VATER, H., M&A Accounting, S. 1848; BÖCKING, H.-J./KLEIN, G./LOPATTA, K., Unternehmenszusammenschlüsse, S. 23.

1169 Vgl. TELKAMP, H.-J./BRUNS, C., Pooling vs. Fresh Start, S. 747.

1170 Vgl. TELKAMP, H.-J./BRUNS, C., Pooling vs. Fresh Start, S. 747. Hinsichtlich der Bewertungsspielräume, die bereits bei der Neubewertung im Rahmen der Erwerbsmethode bestehen, vgl. SCHEREN, M., Konzernabschlusspolitik, S. 214–222.

1171 Vgl. IASC (Hrsg.), G4+1 Position Paper, Tz. 120; TELKAMP, H.-J./BRUNS, C., Pooling vs. Fresh Start, S. 747; KRAWITZ, N./KLOTZBACH, D., Fresh-Start-Methode, S. 1177.

Unternehmen durch Anteilstausch zusammenschließt, würde eine vollständige Neubewertung des bereits bestehenden Konzerns einschließlich aller Tochterunternehmen erforderlich.[1172]

Neben den Implikationen für die Vermögenslage wirkt sich die Neubewertung in den Folgeperioden auch auf die Darstellung der **Ertragslage** des Konzerns aus. Im Gegensatz zur Interessenzusammenführungsmethode ist die Folgekonsolidierung im Rahmen der Neugründungsmethode erfolgswirksam.[1173] Während die stillen Reserven und stillen Lasten im Erstkonsolidierungszeitpunkt erfolgsneutral aufgedeckt wurden, sind sie in den Folgeperioden erfolgswirksam fortzuführen.[1174] Aufgrund der Aufdeckung der stillen Reserven und stillen Lasten ergeben sich daher im Konzernabschluss zusätzliche Erfolgswirkungen gegenüber den Einzelabschlüssen. Beispielsweise werden die künftigen Ergebnisse durch die Abschreibungen auf die stillen Reserven zusätzlich belastet.[1175]

Sämtliche **stillen Reserven und stillen Lasten** aus den Einzelabschlüssen sind in der Zeit vor dem Zusammenschluss in den jeweiligen Unternehmen entstanden. Entsprechend der Interpretation des Zusammenschlusses als Reinvestition haben die bisherigen Gesellschafter des aufnehmenden Unternehmens und die ehemaligen Gesellschafter des aufzunehmenden Unternehmens diese stillen Reserven und stillen Lasten daher in den Konzern eingebracht. Insofern stellen die reinvestierten Vermögenswerte und Schulden einschließlich der stillen Reserven und stillen Lasten gewissermaßen das konstituierende Kapital des Konzerns dar. Ein Ertrag bzw. Aufwand aus der künftigen Realisation der stillen Reserven und stillen Lasten ist folglich nicht als Konzernerfolg zu werten.[1176] Durch die Neubewertung wird diesbezüglich verhindert, dass sich die Realisation der stillen Reserven und stillen Lasten in künftigen Perioden im Konzernergebnis niederschlägt, da die erfolgswirksame Folgebewertung kompensierend auf die entsprechend realisierten Erträge und Aufwendungen wirkt. Die Abnutzung bzw. der Verbrauch der Ressourcen im Konzernabschluss wird schließlich insgesamt entsprechend ihren Zeitwerten erfasst. Demzufolge ergibt sich ein Aufwand in Höhe des tatsächlichen wirtschaftlichen Werteverzehrs der beim Zusammenschluss vorhandenen Ressourcen.

Die Neubewertung wird allerdings dahin gehend kritisiert, dass die künftigen Ergebnisse durch zusätzlichen und niemals zahlungswirksamen Abschreibungsaufwand belastet werden und somit das Kongruenzprinzip verletzt wird.[1177] Trotz des Einsatzes derselben Ressourcen wie vor dem Zusammenschluss wird im Konzernabschluss unter sonst gleichen Umständen künftig ein höherer Aufwand ausgewiesen als in den Einzelabschlüssen der vormals alleinstehenden Un-

[1172] Vgl. ähnlich ZWIRNER, C., Reverse Acquisition, S. 32, wenn auch im Zusammenhang mit umgekehrten Unternehmenserwerben.
[1173] Vgl. VATER, H., M&A Accounting, S. 1848.
[1174] Vgl. KRAWITZ, N./KLOTZBACH, D., Fresh-Start-Methode, S. 1178.
[1175] Vgl. KRAWITZ, N./KLOTZBACH, D., Fresh-Start-Methode, S. 1179.
[1176] Vgl. ähnlich KRAWITZ, N./KLOTZBACH, D., Fresh-Start-Methode, S. 1175.
[1177] Vgl. ähnlich TELKAMP, H.-J./BRUNS, C., Pooling vs. Fresh Start, S. 747. Vereinfachend sei von stillen Lasten im Folgenden abstrahiert.

ternehmen insgesamt. Schließlich ergibt sich selbst bei unveränderter Ertragslage der Unternehmen ein geringeres Ergebnis als in den Perioden vor dem Zusammenschluss, sodass bei isolierter Betrachtung der Gesamtergebnisrechnung der Eindruck erweckt wird, dass der Zusammenschluss unvorteilhaft war, obwohl der Status quo beibehalten wurde.[1178] Bevor sich realisierte Synergien auch in einem gesteigerten Konzernergebnis niederschlagen, muss der zusätzliche Abschreibungsaufwand also zunächst von höheren Erträgen oder geringeren Aufwendungen kompensiert werden.[1179]

Entsprechend der Interpretation des Zusammenschlusses als Reinvestition ihrer Ressourcen statten die Gesellschafter den Konzern mit Kapital in Höhe der Zeitwerte ihrer jeweiligen Unternehmen aus.[1180] Die bisherigen Buchwerte aus den Einzelabschlüssen der Unternehmen verlieren folglich ihre Bedeutung,[1181] sodass die Rechnungslegung mit Blick auf die künftige Erfolgsbeurteilung ab dem Zeitpunkt des Zusammenschlusses auf eine aktuelle Kapitalbasis zu stellen ist.[1182] Das Mengen- und Wertgerüst des Konzernabschlusses beruht fortan auf der Grundlage der im Zusammenschlusszeitpunkt zur Verfügung gestellten Ressourcen. Als Konsequenz entspricht auch der künftig zu erfassende Aufwand der Abnutzung bzw. dem Verbrauch der reinvestierten Ressourcen gemessen an deren Zeitwerten. Folglich erlaubt die Neugründungsmethode schließlich eine wirtschaftlich sinnvolle **Interpretation des Konzernergebnisses** als Überschuss über den Verzehr der von den Gesellschaftern im Zusammenschlusszeitpunkt bereitgestellten Ressourcen.

Im Ergebnis führt die vollständige, erfolgsneutrale Neubewertung beider sich zusammenschließenden Unternehmen gegenüber der Buchwertfortführung zu einem verbesserten Einblick in die Vermögenslage und die künftigen Ertragspotenziale des Konzerns, der allerdings mit Herausforderungen bei der objektiven Wertermittlung verbunden ist. Die Beurteilung der Ertragslage ist ebenfalls sinnvoll möglich, erfordert aber ein Umdenken hinsichtlich des ausgewiesenen Ergebnisses, da der Aufwand nicht mehr auf Basis der ursprünglich von den jeweiligen Gesellschaftern eingesetzten, sondern der beim Zusammenschluss reinvestierten Ressourcen bemessen wird.

543. Erfassung eines Unterschiedsbetrages aus der Kapitalkonsolidierung

Auch bei der Neugründungsmethode ist im Rahmen der Kapitalkonsolidierung auf Basis des Summenabschlusses der Wertansatz der Beteiligung an dem aufzunehmenden Unternehmen mit dem darauf entfallenden (anteiligen) Eigenkapital zu verrechnen.[1183] Da sich diese Posten in den meisten Fällen nicht entsprechen, verbleibt in der Regel ein **Unterschiedsbetrag**.[1184]

1178 Vgl. SIEGEL, T., Zeitwertansatz, S. 321 f.; ähnlich TELKAMP, H.-J./BRUNS, C., Pooling vs. Fresh Start, S. 746.

1179 Vgl. KRAWITZ, N./KLOTZBACH, D., Fresh-Start-Methode, S. 1179.

1180 Vgl. PELLENS, B./SELLHORN, T., Fresh-Start-Methode, S. 2130.

1181 Vgl. KRAWITZ, N./KLOTZBACH, D., Fresh-Start-Methode, S. 1179.

1182 Vgl. PELLENS, B./SELLHORN, T., Fresh-Start-Methode, S. 2130.

1183 Vgl. BAETGE, J./KIRSCH, H.-J./THIELE, S., Konzernbilanzen, S. 181.

1184 Vgl. BAETGE, J./KIRSCH, H.-J./THIELE, S., Konzernbilanzen, S. 227.

Das G4+1 *Position Paper* lässt allerdings offen, wie mit einem solchen Unterschiedsbetrag im Rahmen der Neugründungsmethode umzugehen ist.[1185]

Sofern ein positiver Unterschiedsbetrag verbleibt, liegt ausgehend von der Idee einer vollständigen Neubewertung der sich zusammenschließenden Unternehmen der Ansatz eines Geschäfts- oder Firmenwertes aus dem Zusammenschluss nahe.[1186] Wie bereits im Rahmen der Erwerbsmethode erläutert, repräsentiert ein solcher positiver Unterschiedsbetrag im Wesentlichen künftige Ertragspotenziale des aufzunehmenden Unternehmens, sodass eine Aktivierung als **Geschäfts- oder Firmenwert** die Aussagekraft des Konzernabschlusses im Hinblick auf die Darstellung der Vermögenslage durchaus fördern würde.[1187] Da nach der Neugründungsmethode die stillen Reserven und stillen Lasten *beider* sich zusammenschließenden Unternehmen aufgedeckt werden, erscheint neben dem Ansatz des Geschäfts- oder Firmenwertes des aufzunehmenden Unternehmens auch der Ansatz des Geschäfts- oder Firmenwertes des aufnehmenden Unternehmens mit Blick auf einen vollständigen Vermögensausweis konsequent.[1188] Formalrechtlich legen zwar nur die ehemaligen Gesellschafter des aufzunehmenden Unternehmens ihre Ressourcen in das aufnehmende Unternehmen ein. Aus Konzernsicht liegt allerdings eine Zusammenlegung der Ressourcen beider Gesellschaftergruppen vor.[1189] Wird der Ansatz eines Geschäfts- oder Firmenwertes des aufzunehmenden Unternehmens akzeptiert, sollte entsprechend der Fusionsfiktion im Sinne einer Zusammenlegung der Ressourcen damit konsequenterweise auch ein Geschäfts- oder Firmenwert des aufnehmenden Unternehmens im Konzernabschluss angesetzt werden.

Vor dem Ziel, die Gesamtwerte der sich zusammenschließenden Unternehmen im Konzernabschluss abzubilden, sind spiegelbildlich auch **negative Unterschiedsbeträge** anzusetzen, sofern das neubewertete Nettovermögen den Gesamtwert des jeweiligen Unternehmens übersteigt.[1190] Ein so ermittelter Unterschiedsbetrag entspricht im Wesentlichen antizipierten künftigen Verlusten und Aufwendungen (sog. *badwill*), da das Unternehmen unter diesen Umständen in seiner Gesamtheit offenbar weniger wert ist als der Saldo aus identifizierbaren Vermögenswerten und Schulden.[1191] Daher ist davon auszugehen, dass mit dem Unternehmen zusätzliche stille Lasten in den Konzern eingebracht werden, die nicht einzeln identifiziert werden können.

1185 Vgl. VATER, H., M&A Accounting, S. 1847; BÖCKING, H.-J./KLEIN, G./LOPATTA, K., Unternehmenszusammenschlüsse, S. 22.

1186 Vgl. BÖCKING, H.-J./KLEIN, G./LOPATTA, K., Unternehmenszusammenschlüsse, S. 23 f.

1187 Vgl. hierzu Abschnitt 524.24 der vorliegenden Arbeit.

1188 Vgl. PELLENS, B./SELLHORN, T., Fresh-Start-Methode, S. 2126; so auch TELKAMP, H.-J./BRUNS, C., Pooling vs. Fresh Start, S. 745; BÖCKING, H.-J./KLEIN, G./LOPATTA, K., Unternehmenszusammenschlüsse, S. 22.

1189 Zum Charakter der hier betrachteten Transaktion vgl. Kapitel 3 der vorliegenden Arbeit.

1190 So auch KRAWITZ, N./KLOTZBACH, D., Fresh-Start-Methode, S. 1175.

1191 Vgl. hierzu Abschnitt 524.322. der vorliegenden Arbeit.

Unter Berücksichtigung der stillen Reserven und stillen Lasten sowie der Geschäfts- oder Firmenwerte bzw. negativen Unterschiedsbeträge entspricht das im Konzernabschluss ausgewiesene Nettovermögen schließlich der Summe der jeweiligen Gesamtwerte der vormals alleinstehenden Unternehmen.[1192] Insofern dürfte die **Vermögenslage** des Konzerns den tatsächlichen Verhältnissen entsprechend dargestellt werden. Zugleich spiegeln die Zeitwerte der zusammengeschlossenen Unternehmen vermutlich diejenigen Werte wider, die die Gesellschafter bzw. die Geschäftsführung in ihren Verhandlungen um das Austauschverhältnis berücksichtigt haben.[1193]

Zwar ist das Austauschverhältnis aufgrund der Markttransaktion zwischen den Gesellschaftern gewissermaßen objektiviert. Sofern keine Marktpreise für die jeweiligen Unternehmen unmittelbar am Markt beobachtet werden können, bedarf es zur Bestimmung der Unterschiedsbeträge dennoch schwer objektivierbarer Bewertungsverfahren.[1194] Zum einen werden den Unternehmen erhebliche **Bewertungsspielräume** eröffnet, da die Unterschiedsbeträge nicht durch eine pagatorische Gegenleistung begrenzt sind. Zum anderen werden die Unternehmen mit nicht unwesentlichen Kosten konfrontiert. Allerdings sollte davon auszugehen sein, dass im Rahmen der Vorbereitung des Zusammenschlusses ohnehin entsprechende Bewertungsgutachten angefertigt wurden, sodass der Aspekt der zusätzlichen Kosten relativiert wird.

Hinsichtlich der Darstellung der **Ertragslage** im Konzernabschluss führt der Ansatz von Geschäfts- oder Firmenwerten langfristig zu zusätzlichem Aufwand aus der Folgebewertung gegenüber den Einzelabschlüssen.[1195] Die künftigen Erträge müssen folglich zusätzlich die Abschreibungen auf die Geschäfts- oder Firmenwerte decken, damit sich keine Ergebnisbelastungen gegenüber den Vorperioden ergeben.[1196] Daher wird der Zusammenschluss nur dann als erfolgreich wahrgenommen, wenn die tatsächlichen künftigen Erträge die erwarteten Ertragspotenziale aus dem Zusammenschluss übersteigen. Kritisch könnte in diesem Zusammenhang der Ansatz eines Kombinationswertes gesehen werden. Während ein Fortführungswert[1197] (bzw. originärer Geschäfts- oder Firmenwert) der jeweiligen Unternehmen bereits vor dem Zusammenschluss den alleinstehenden Unternehmen anhaftete und somit von den jeweiligen Gesellschaftern in den Konzern eingebracht wurde, ergeben sich darüber hinausgehende Ertragspotenziale im Sinne eines Kombinationswertes[1198] erst aus der Kombination beider Unternehmen. Insofern bringt keines der Unternehmen einen Kombinationswert in den Konzern ein. Ebenso werden die entsprechenden Ertragspotenziale im Rahmen des Zusammenschlusses von keinem Unternehmen vergütet. Eine aufwandswirksame Amortisation ist daher nicht geboten. Schließlich müssen die Erwartungen der Gesellschafter nicht erst übertroffen werden, damit der

1192 Vgl. PELLENS, B./SELLHORN, T., Fresh-Start-Methode, S. 2131.

1193 Vgl. IASC (Hrsg.), G4+1 Position Paper, Tz. 84; PELLENS, B./SELLHORN, T., Fresh-Start-Methode, S. 2131.

1194 Vgl. BUSSE VON COLBE, W. U. A., Konzernabschlüsse, S. 198; RAMMERT, S., Pooling of Interests, S. 625 f., wenn auch im Kontext der Erwerbsmethode.

1195 Vgl. BUSSE VON COLBE, W. U. A., Konzernabschlüsse, S. 198.

1196 Vgl. KRAWITZ, N./KLOTZBACH, D., Fresh-Start-Methode, S. 1179 f.

1197 Zu dem Begriff des Fortführungswertes vgl. Abschnitt 524.222. der vorliegenden Arbeit.

1198 Zu dem Begriff des Kombinationswertes vgl. Abschnitt 524.222. der vorliegenden Arbeit.

Zusammenschluss als erfolgreich gilt. Vielmehr besteht bereits in der Realisation der erwarteten Ertragspotenziale aus einem Kombinationswert ein Erfolg auf Konzernebene, der allerdings durch die Abschreibungen auf den Kombinationswert kompensiert wird. Falls die erwarteten Ertragspotenziale hingegen nicht realisiert werden können, wird die Darstellung der Ertragslage von den entsprechenden Abschreibungen belastet, obwohl die wirtschaftliche Lage der Konzernunternehmen unter sonst gleichen Umständen weiterhin derjenigen der alleinstehenden Unternehmen vor dem Zusammenschluss entspricht.

Gemäß der Interpretation des Zusammenschlusses als **Reinvestition vorhandener Ressourcen** statten die Gesellschafter den Konzern mit Kapital in Höhe der Marktwerte ihrer vormals alleinstehenden Unternehmen aus.[1199] Demzufolge wären lediglich die Fortführungswerte der sich zusammenschließenden Unternehmen im Konzernabschluss anzusetzen, da nur sie als Teil der Reinvestition der Gesellschafter verstanden werden können.[1200] Unter diesen Umständen kann auch das Konzernergebnis sinnvoll als Überschuss über den Verzehr des im Zusammenschlusszeitpunkt reinvestierten Kapitals interpretiert werden, da den künftigen Erträgen durch die Fortführung der stillen Reserven und stillen Lasten sowie eines Unterschiedsbetrages langfristig der Ressourcenverzehr ausgehend von dem zum Zusammenschlusszeitpunkt vorhandenen Kapital gegenübergestellt wird.

Sofern der Wert der ausgegebenen Eigenkapitalanteile den Wert des alleinstehenden aufzunehmenden Unternehmens übersteigt, kommt es (zunächst) grundsätzlich zu einer Verwässerung der Vermögensrechte der bisherigen Gesellschafter des aufnehmenden Unternehmens, da diese einen größeren Anteil ihres Vermögens hergeben, als sie im Gegenzug von den ehemaligen Gesellschaftern des aufzunehmenden Unternehmens dafür erhalten.[1201] Damit sich die bisherigen Gesellschafter des aufnehmenden Unternehmens nicht schlechter stellen als vor dem Zusammenschluss, ist die Realisation eines Kombinationswertes in entsprechender Höhe erforderlich, der regelmäßig in dem Austauschverhältnis bzw. dem Wert der ausgegebenen neuen Anteile und folglich im konsolidierungstechnischen Unterschiedsbetrag zum Ausdruck kommt. Aufgrund der hier vertretenen Vernachlässigung des Kombinationswertes im Konzernabschluss zieht ein (zu) hohes Austauschverhältnis auch im Rahmen der Neugründungsmethode keine erfolgsrechnerischen Konsequenzen aus einer aufwandswirksamen Folgebewertung nach sich. Folglich bleibt zwar die Kritik an der Interessenzusammenführungsmethode betreffend die **Anreizkompatibilität** zwischen den Gesellschaftern und der Geschäftsführung auch bei Anwendung der Neugründungsmethode bestehen,[1202] allerdings ist die wirtschaftliche Lage des

[1199] Vgl. PELLENS, B./SELLHORN, T., Fresh-Start-Methode, S. 2130.

[1200] Vgl. KRAWITZ, N./KLOTZBACH, D., Fresh-Start-Methode, S. 1174, die ebenso einen Geschäfts- oder Firmenwert als Teil der Investition der Gesellschafter betrachten, jedoch nicht zwischen einem Fortführungs- und Kombinationswert unterscheiden.

[1201] Vgl. hierzu Abschnitt 331.1 der vorliegenden Arbeit.

[1202] Zur Kritik bezüglich der Anreizkompatibilität im Rahmen der Interessenzusammenführungsmethode vgl. Abschnitt 533. der vorliegenden Arbeit.

Konzerns von dem Austauschverhältnis gänzlich unabhängig und ihre Abbildung im Konzernabschluss somit sachgerecht. Die Höhe des Austauschverhältnisses schlägt sich ausschließlich auf Gesellschafterebene nieder, sodass eine Berücksichtigung im Konzernabschluss nicht geboten ist. Während die Realisation des im Austauschverhältnis antizipierten Kombinationswertes für die bisherigen Gesellschafter des aufnehmenden Unternehmens erforderlich ist, um ihre Vermögensverhältnisse zu wahren, bedeutet sie für die ehemaligen Gesellschafter des aufzunehmenden Unternehmens bereits einen Vermögenszuwachs. Der Zusammenschluss ist für die ehemaligen Gesellschafter selbst dann noch vorteilhaft, wenn die erwarteten Synergien nicht realisiert werden können. Schließlich geben sie nur einen geringeren Anteil ihres Vermögens her, als sie von den bisherigen Gesellschaftern erhalten. Eine sachgerechte Berücksichtigung des Austauschverhältnisses im Konzernabschluss muss daher auch im Rahmen der Neugründungsmethode an den gegensätzlichen Auswirkungen auf die jeweiligen Gesellschafter scheitern.

Im Ergebnis sind die Geschäfts- oder Firmenwerte sowie negativen Unterschiedsbeträge der sich zusammenschließenden Unternehmen grundsätzlich im Rahmen der Neugründungsmethode zugunsten einer möglichst umfänglichen Darstellung der Vermögenslage im Konzernabschluss anzusetzen. Vor dem Hintergrund der Interpretation des Zusammenschlusses als Reinvestition vorhandener Ressourcen und einer sachgerechten Darstellung der Ertragslage des Konzerns ist allerdings nur der Ansatz eines Fortführungswertes sinnvoll, da es keiner Amortisation eines Kombinationswertes bedarf.

544. Ausweis des Konzerneigenkapitals

Mangels konkreter Regelungen zum Ausweis des Konzerneigenkapitals bei Anwendung der Neugründungsmethode nach den Ausführungen des G4+1 *Position Paper* ist eine adäquate Abbildung hinsichtlich des Umfanges und der Struktur aus der Definition des Eigenkapitals und der Konzeption der Neugründungsmethode zu entwickeln.

Der **Umfang des Konzerneigenkapitals** wird von dem Ansatz und der Bewertung der Vermögenswerte und Schulden in der Konzernbilanz bestimmt.[1203] Da sowohl sämtliche Vermögenswerte und Schulden der sich zusammenschließenden Unternehmen mit ihren beizulegenden Zeitwerten als auch etwaige Unterschiedsbeträge nach der hier vertretenen Auffassung der Neugründungsmethode in der Konzernbilanz angesetzt werden, entspricht das Konzerneigenkapital der Höhe nach dem Gesamtwert der vormals alleinstehenden Unternehmen zum Zeitpunkt des Zusammenschlusses und damit dem Wert der von den jeweiligen Gesellschaftern zur Verfügung gestellten Ressourcen. Insofern ist der bilanzielle Umfang des Konzerneigenkapitals konform mit der Interpretation des Zusammenschlusses als Reinvestition der Ressourcen der Gesellschafter.

[1203] Vgl. KLEINDIEK, D., Eigenkapital im Bilanzrecht, S. 248; COENENBERG, A. G./HALLER, A./SCHULTZE, W., Jahresabschlussanalyse, S. 333; SCHEFFLER, E., Eigenkapital nach IFRS, S. 15.

Entsprechend der Konzeption der Neugründungsmethode wird die Vergangenheit der sich zusammenschließenden Unternehmen im Konzernabschluss vernachlässigt. Hinsichtlich der **Struktur des Konzerneigenkapitals** sind daher keinerlei Gewinnrücklagen (einschließlich der bisherigen Ergebnisse) der sich zusammenschließenden Unternehmen gesondert auszuweisen.[1204] Da ein gesonderter Ausweis von Gewinnrücklagen im Konzernabschluss nicht infrage kommt, ist sämtliches Eigenkapital entweder als gezeichnetes Kapital oder als Kapitalrücklage auszuweisen.[1205] Das gezeichnete Kapital sollte dabei dem gesellschaftsrechtlichen Nominalkapital des aufnehmenden Unternehmens entsprechen, da die entsprechenden Anteile tatsächlich von den Gesellschaftern gehalten werden.[1206] Die Anteile am aufzunehmenden Unternehmen werden hingegen konzernintern von dem aufnehmenden Unternehmen gehalten, sodass kein Gesellschafter des Konzerns diese Anteile hält.[1207] Sämtliches von den Gesellschaftern über das gezeichnete Kapital hinaus bereitgestellte Kapital ist schließlich als Agio zu interpretieren und demzufolge in die Kapitalrücklage einzustellen.[1208]

Ein solcher Ausweis des Konzerneigenkapitals entspricht der Annahme, dass die vormals alleinstehenden Unternehmen im Rahmen des Zusammenschlusses untergehen und ein **gänzlich neues Unternehmen** entsteht. Ein neu gegründetes Unternehmen hat zum Zeitpunkt der Gründung schließlich auch keine Vergangenheit, aus der ein Jahresergebnis oder Gewinnrücklagen stammen könnten.[1209] Wird der Zusammenschluss als Reinvestition der vorhandenen Ressourcen beider vormals alleinstehender Unternehmen verstanden, stellen die bis zum Zusammenschluss erwirtschafteten Ergebnisse einen Teil dieser Investition dar. Insofern sind die in den Einzelabschlüssen ausgewiesenen Ergebnisse der laufenden Periode sowie die Gewinnrücklagen aus Vorperioden nicht mehr als solche zu interpretieren, sondern als von den Gesellschaftern in den Konzern eingebrachtes Kapital aufzufassen.[1210] Ein gemeinsamer Ausweis der bisherigen und künftigen Ergebnisse wäre zudem nicht interpretierbar, da die Ergebnisse vor und nach dem Zusammenschluss auf unterschiedlichen Grundlagen hinsichtlich des Kapitaleinsatzes ermittelt wurden. Während der Aufwand vor dem Zusammenschluss noch anhand des ursprünglichen Kapitaleinsatzes der Gesellschafter bemessen wurde, ergibt sich der Aufwand im Konzern anhand des reinvestierten Zeitwertes der vorhandenen Ressourcen. Schließlich bildet die Neugründungsmethode die Ertragslage des Konzerns erst ab dem Zeitpunkt des Zusammenschlusses ab.

1204 Vgl. IASC (Hrsg.), G4+1 Position Paper, Tz. 35 f.; PELLENS, B./SELLHORN, T., Fresh-Start-Methode, S. 2126. Ebenso werden die Aufwendungen und Erträge beider Unternehmen erst ab dem Zeitpunkt des Zusammenschlusses in den Konzernabschluss übernommen.

1205 Vgl. KRAWITZ, N./KLOTZBACH, D., Fresh-Start-Methode, S. 1173.

1206 Vgl. hier und im folgenden Satz PEFFEKOVEN, F. P., Reform der Kapitalkonsolidierung, S. 193.

1207 Vgl. hierzu Abschnitt 525.3 der vorliegenden Arbeit.

1208 Vgl. ähnlich KRAWITZ, N./KLOTZBACH, D., Fresh-Start-Methode, S. 1173.

1209 Vgl. KRAWITZ, N./KLOTZBACH, D., Fresh-Start-Methode, S. 1173; PELLENS, B./SELLHORN, T., Fresh-Start-Methode, S. 2126.

1210 Vgl. VATER, H., M&A Accounting, S. 1847.

545. Abschließende Würdigung der Neugründungsmethode

Der Neugründungsmethode liegt die **Fusionsfiktion** zugrunde, die einen sachgerechten Leitgedanken zur Abbildung von Unternehmenszusammenschlüssen durch Einlage von Kapitalgesellschaftsanteilen darstellt. Insofern wird der Zusammenschluss seinem wirtschaftlichen Charakter entsprechend unter Vernachlässigung des formalrechtlichen Über- oder Unterordnungsverhältnisses als Zusammenlegung von Ressourcen verstanden. Diese Auffassung erfordert eine bilanzielle Gleichbehandlung der sich zusammenschließenden Unternehmen.[1211] Die Konzeption der Neugründungsmethode entspricht dieser Anforderung, indem sämtliche stillen Reserven und stillen Lasten sowie Unterschiedsbeträge beider Unternehmen aufgedeckt und keine Gewinnrücklagen im Konzernabschluss ausgewiesen werden. Der Konzernabschluss wird gewissermaßen so dargestellt, als wäre ein neues Unternehmen aus den Ressourcen der bislang alleinstehenden Unternehmen gegründet worden.

Von besonderer Bedeutung für das Verständnis der durch die Neugründungsmethode vermittelten Informationen ist die Interpretation des Zusammenschlusses durch Einlage von Kapitalgesellschaftsanteilen als eine **Reinvestition** der bis zu dem Zeitpunkt des Zusammenschlusses erwirtschafteten Ressourcen der Gesellschafter. Die Gesellschafter statten den Konzern folglich mit Kapital in Höhe der Zeitwerte ihrer jeweiligen Unternehmen aus, das dann als Ausgangspunkt der künftigen Konzernberichterstattung dient. Einer weiteren Beschränkung des Anwendungsbereiches auf Zusammenschlüsse, die wirtschaftlich einer Neugründung gleichkommen, bedarf es allerdings nicht. Vielmehr lässt sich der Zusammenschluss unabhängig von der betrieblichen Ausrichtung als Reinvestition interpretieren. Die Berücksichtigung einer Veränderung der betrieblichen Ausrichtung müsste ansonsten auch bei einer Neuausrichtung der Geschäftstätigkeit abseits eines Zusammenschlusses eine Neubewertung auslösen.

Die Entscheidungsnützlichkeit der durch die Neugründungsmethode vermittelten Informationen ist anhand der Kriterien der Relevanz und glaubwürdigen Darstellung zu beurteilen.[1212] Mit Blick auf die **Relevanz** ist den Informationen ein vorhersagender Wert beizumessen, da im Konzernabschluss sowohl sämtliche stillen Reserven und stillen Lasten als auch künftige Ertragspotenziale aus der Fortführung beider Unternehmen offengelegt werden. Eine leichte Einschränkung des vorhersagenden Wertes ergibt sich allerdings dadurch, dass über erwartete künftige Ertragspotenziale aus einem Kombinationswert, die in dem Austauschverhältnis zum Ausdruck kommen können, nicht berichtet wird. Insgesamt gilt die umfassende Zeitwertbewertung aber im Vergleich zu einer Buchwertfortführung hinsichtlich der Prognosefähigkeit der Wertansätze grundsätzlich als überlegen.[1213]

Aufgrund der Neubewertung des Nettovermögens wird den künftigen gemeinsamen Erträgen der vormals alleinstehenden Unternehmen der Kapitaleinsatz in Höhe der von den jeweiligen

---

1211 Vgl. hierzu bereits Abschnitt 526. der vorliegenden Arbeit.

1212 Zu den Anforderungen an entscheidungsnützliche Informationen vgl. Abschnitt 43 der vorliegenden Arbeit.

1213 Vgl. IASC (Hrsg.), G4+1 Position Paper, Tz. 181.

Gesellschaftern reinvestierten Zeitwerte gegenübergestellt. Isoliert betrachtet ist eine Erfassung des Aufwandes auf Grundlage der Zeitwerte zu begrüßen, da sich ein wirtschaftlich sinnvoller Zusammenschluss an der Verzinsung der Zeitwerte messen lassen sollte.[1214] Da auch die Entscheidung der Gesellschafter über den Zusammenschluss auf den Zeitwerten der jeweiligen Unternehmen beruhen dürfte, sollte die Erfolgsermittlung auf dieser Grundlage mit dem Kalkül der Gesellschafter korrespondieren und somit eine Bestätigung ihrer Renditeerwartungen erlauben,[1215] sodass die Relevanz der Informationen zusätzlich durch einen bestätigenden Wert des Erfolgsausweises gefördert wird.

Die Vermögens- und Ertragslage beider vormals alleinstehender Unternehmen wird im Konzernabschluss nach gleichen Grundsätzen, und zwar auf Basis der bei dem Zusammenschluss von den jeweiligen Gesellschaftern bereitgestellten Ressourcen, abgebildet. Dadurch wird sämtlichen Gesellschaftern eine sinnvolle Interpretation des Konzernergebnisses als Überschuss über den Verzehr ihrer in den Verbund investierten Ressourcen ermöglicht. Aufgrund der Gleichbehandlung der sich zusammenschließenden Unternehmen entsprechend dem Charakter der Transaktion werden somit die **Interessen sämtlicher Gesellschafter** in derselben Weise berücksichtigt. Schließlich dürfte daher das Kriterium der Relevanz der Informationen für beide Gesellschaftergruppen gleichermaßen als erfüllt beurteilt werden können.

Die Neugründungsmethode bildet den Zusammenschluss zugunsten der **glaubwürdigen Darstellung** des Sachverhaltes dem wirtschaftlichen Charakter entsprechend als Zusammenlegung von Ressourcen ab.[1216] Die Interpretation als Reinvestition dieser Ressourcen erfordert eine umfassende Neubewertung der Vermögenswerte und Schulden sowie den Ansatz von Unterschiedsbeträgen, wodurch die Vollständigkeit der Informationen hinsichtlich stiller Reserven und stiller Lasten bzw. künftiger Ertragspotenziale gefördert wird.[1217] Bei der vollständigen Neubewertung eröffnen sich allerdings erhebliche Bewertungsspielräume, die die Neutralität und Fehlerfreiheit der Informationen gefährden.[1218] Während die Bewertung der Vermögenswerte und Schulden – abgesehen vom Umfang der Neubewertung – grundsätzlich keine größere Herausforderung darstellt als bei der Erwerbsmethode,[1219] ist die Bewertung von Unterschiedsbeträgen auf keine pagatorische Gegenleistung beschränkt. Zwar ist das Austauschverhältnis durch die Markttransaktion zwischen den Gesellschaftern gewissermaßen objektiviert. Das betrifft allerdings nur die Relation der Unternehmenswerte zueinander und nicht ihre absolute Höhe, die für die Bestimmung der Unterschiedsbeträge maßgebend ist. Sofern keine verlässlichen Marktpreise der Unternehmen am Markt zu beobachten sind, sind diese schließlich

[1214] Vgl. PELLENS, B./SELLHORN, T., Fresh-Start-Methode, S. 2131.

[1215] Vgl. IASC (Hrsg.), G4+1 Position Paper, Tz. 84.

[1216] A. A. VATER, H., M&A Accounting, S. 1848.

[1217] Vgl. IASC (Hrsg.), G4+1 Position Paper, Tz. 98; so auch KRAWITZ, N./KLOTZBACH, D., Fresh-Start-Methode, S. 1176.

[1218] Vgl. TELKAMP, H.-J./BRUNS, C., Pooling vs. Fresh Start, S. 747.

[1219] Vgl. IASC (Hrsg.), G4+1 Position Paper, Tz. 97; KRAWITZ, N./KLOTZBACH, D., Fresh-Start-Methode, S. 1176 f.

mithilfe von Bewertungsverfahren zu schätzen. Obgleich die Neugründungsmethode konzeptionell eine den tatsächlichen Verhältnissen entsprechende Abbildung des Sachverhaltes erlaubt, kann die glaubwürdige Darstellung der Informationen aufgrund mangelnder Objektivierbarkeit eingeschränkt sein.

Bei dem Vergleich des Konzernabschlusses mit den Einzelabschlüssen vergangener Perioden der vormals alleinstehenden Unternehmen ist zu beachten, dass sachverhaltsbedingt grundsätzlich nur ein Vergleich des Konzernabschlusses mit den zusammengefassten Einzelabschlüssen Sinn ergibt.[1220] Allerdings bildet die Neugründungsmethode konzeptionsbedingt in dem ersten Konzernabschluss nach einem unterjährigen Zusammenschluss nur ein Rumpfgeschäftsjahr ab. Dadurch könnte der Eindruck eines im Vergleich zu den Vorperioden geringeren Ergebnisses erweckt werden. Darüber hinaus führt der Einsatz der gleichen Ressourcen der vormals alleinstehenden Unternehmen künftig unter sonst gleichen Umständen zu einem von den Einzelabschlüssen abweichenden Aufwand im Konzernabschluss und somit zu einem Konflikt mit dem Kongruenzprinzip. Vor allem die Ertragslage des Konzernabschlusses ist daher auch bei aggregierter Betrachtung nicht mit der Ertragslage der Einzelabschlüsse vergleichbar.[1221]

Gemäß den Ausführungen des G4+1 *Position Paper* liegt die mangelnde **Vergleichbarkeit** allerdings in der Natur des Zusammenschlusses, da der Konzern bei strenger Auslegung der Neugründungsfiktion keine Vergangenheit habe, mit der ein sinnvoller Periodenvergleich angestellt werden könnte.[1222] Folglich sei die mangelnde Vergleichbarkeit nicht als Nachteil der Neugründungsmethode zu deuten.[1223] Stattdessen sei der Konzernabschluss mit dem Abschluss eines tatsächlich neugegründeten Unternehmens vergleichbar.[1224] Eine solche Auslegung würde die Neugründungsfiktion allerdings ad absurdum führen. Unabhängig von dem Ausmaß einer Restrukturierung des Konzerns im Vergleich zu den vormals alleinstehenden Unternehmen geht der Konzern realiter aus den einzelnen Unternehmen hervor. Ein Vergleich der wirtschaftlichen Lage des Konzerns mit derjenigen der vormals alleinstehenden Unternehmen dürfte daher zur Beurteilung des Erfolges des Zusammenschlusses für beide Gesellschaftergruppen durchaus relevant sein.[1225]

Insgesamt ist in der Neugründungsmethode eine Tendenz hinsichtlich der **Bewertungsfunktion** zu erkennen. Insofern geben die Informationen auf Grundlage der umfassenden Neubewertung sowohl Auskunft über die prognosefähigen Zeitwerte des Konzernvermögens als auch über den Erfolg der Geschäftsführung im Umgang mit den seit dem Zusammenschluss zur Verfügung gestellten Ressourcen. Die **Rechenschaftsfunktion** des Konzernabschlusses ist hingegen eingeschränkt, da die Geschäftsführung zusätzlichen Aufwand vertreten muss, den sie nicht

1220 Vgl. hierzu bereits Abschnitt 535. der vorliegenden Arbeit.
1221 Vgl. IASC (Hrsg.), G4+1 Position Paper, Tz. 112; TELKAMP, H.-J./BRUNS, C., Pooling vs. Fresh Start, S. 748.
1222 Vgl. IASC (Hrsg.), G4+1 Position Paper, Tz. 183.
1223 Vgl. PELLENS, B./SELLHORN, T., Fresh-Start-Methode, S. 2131.
1224 Vgl. KRAWITZ, N./KLOTZBACH, D., Fresh-Start-Methode, S. 1176.
1225 Vgl. VATER, H., M&A Accounting, S. 1844.

zu verantworten hat. Ferner ist die Beurteilung des Erfolges des Zusammenschlusses nur schwer möglich, da die Vergleichbarkeit der Vermögens- und Ertragslage des Konzerns gegenüber den vormals alleinstehenden Unternehmen konzeptionsbedingt erheblich eingeschränkt ist.[1226]

Im Ergebnis stellt die Neugründungsmethode konzeptionell eine in sich konsistente und sachgerechte Methode zur Abbildung eines Unternehmenszusammenschlusses durch Einlage von Kapitalgesellschaftsanteilen dar, *sofern* mit dem Zusammenschluss eine neue Rechnungsgrundlage für die Konzernrechnungslegung akzeptiert wird.[1227] Unter diesen Umständen vermittelt die Neugründungsmethode relevante Informationen hinsichtlich der wirtschaftlichen Lage des Konzerns;[1228] jedoch erst ab dem Zeitpunkt des Zusammenschlusses. Zudem können sich aufgrund von Objektivierungsherausforderungen wesentliche Einschränkungen in Bezug auf die glaubwürdige Darstellung ergeben, sodass die Entscheidungsnützlichkeit möglicherweise beeinträchtigt ist. Ferner bestehen konzeptionsbedingte Einschränkungen bei der Vergleichbarkeit der Informationen, die die Entscheidungsnützlichkeit weiter beeinträchtigen können. Zuletzt darf bezweifelt werden, inwiefern ein angemessenes Verhältnis von Kosten und Nutzen vor dem Hintergrund einer vollständigen Neubewertung aufrechterhalten werden kann.

55 Vergleichende Würdigung der Kapitalkonsolidierungsmethoden und Empfehlung zur Bilanzierung von Unternehmenszusammenschlüssen durch Einlage von Kapitalgesellschaftsanteilen

551. Vergleichende Würdigung der Kapitalkonsolidierungsmethoden

Bei der Wahl einer geeigneten Kapitalkonsolidierungsmethode zur Abbildung eines Unternehmenszusammenschlusses durch Einlage von Kapitalgesellschaftsanteilen ist der wirtschaftliche Charakter der Transaktion von zentraler Bedeutung. Wie bei einem gewöhnlichen Erwerb entsteht zwar auch bei dem hier betrachteten Zusammenschluss ein Beteiligungsverhältnis zwischen dem aufnehmenden und dem aufzunehmenden Unternehmen, allerdings sind sämtliche Gesellschafter sowohl des aufnehmenden als auch des aufzunehmenden Unternehmens künftig infolge des Zusammenschlusses an dem aufnehmenden Unternehmen bzw. an dem entstehenden Konzern beteiligt. In diesem Zusammenhang fließen keine Ressourcen des aufnehmenden Unternehmens als Gegenleistung für die Kapitalanteile an dem aufzunehmenden Unternehmen an dessen ehemalige Gesellschafter ab, sodass der hier betrachtete Zusammenschluss nicht als entgeltlicher Erwerb betrachtet werden kann. Vielmehr ist der Zusammenschluss durch Einlage von Kapitalgesellschaftsanteilen wirtschaftlich als eine **Zusammenlegung der Ressourcen** der vormals alleinstehenden Unternehmen in einem Konzernverbund zu interpretieren.

1226 Vgl. TELKAMP, H.-J./BRUNS, C., Pooling vs. Fresh Start, S. 748.

1227 Vgl. BUSSE VON COLBE, W. U. A., Konzernabschlüsse, S. 198, wenn auch nur in Bezug auf eine wirtschaftliche Neugründung; sowie PELLENS, B./SELLHORN, T., Fresh-Start-Methode, S. 2131; KRAWITZ, N./LEUKEL, S., Unternehmensfusionen, S. 106 m. w. N., wenn auch nur in Bezug auf Zusammenschlüsse unter Gleichen.

1228 A. A. TELKAMP, H.-J./BRUNS, C., Pooling vs. Fresh Start, S. 746.

Aufgrund der Beteiligung der ehemaligen Gesellschafter des aufzunehmenden Unternehmens an dem entstehenden Konzern ergeben sich gegenüber einem gewöhnlichen Erwerb besondere Anforderungen an die Vermittlung entscheidungsnützlicher Informationen. Insofern sind bei der Aufstellung des Konzernabschlusses neben den Interessen der bisherigen Gesellschafter des aufnehmenden Unternehmens auch diejenigen der ehemaligen Gesellschafter des aufzunehmenden Unternehmens gleichermaßen zu berücksichtigen, da sie künftig allesamt primäre Adressaten des Konzernabschlusses sind. Daher ist der Konzernabschluss nicht als ein fortgeführter Abschluss des aufnehmenden Unternehmens an dessen bisherige Gesellschafter, sondern als ein **vereinter Abschluss** der sich zusammenschließenden Unternehmen an sämtliche Gesellschafter beider Unternehmen zu richten.[1229]

Vor dem Hintergrund des wirtschaftlichen Charakters eines Zusammenschlusses durch Einlage von Kapitalgesellschaftsanteilen ist es fraglich, ob die Erwerbsmethode als einzige nach IFRS 3 zulässige Kapitalkonsolidierungsmethode sämtlichen Formen von Zusammenschlüssen gerecht werden kann. Hinsichtlich der **Anwendung unterschiedlicher Methoden**[1230] wird indes befürchtet, dass sich eine faktische Wahlmöglichkeit zwischen den Methoden ergibt, da eine zweifelsfreie Unterscheidung der Transaktionen nur bedingt möglich sei.[1231] Ferner würde das Nebeneinander mehrerer Methoden die Vergleichbarkeit von Unternehmenszusammenschlüssen einschränken.[1232] Dabei bleibt jedoch unberücksichtigt, dass den jeweiligen Methoden grundlegend verschiedene ökonomische Sachverhalte zugrunde liegen,[1233] die eine Abbildung entsprechend ihrem wirtschaftlichen Gehalt erfordern.[1234] Als zentrales Unterscheidungsmerkmal von gewöhnlichen Erwerben gegenüber Einlagen ist schließlich die Art der Gegenleistung heranzuziehen.

Korrespondierend mit dieser Unterscheidung ist die Abbildung eines Zusammenschlusses nach der **Erwerbsmethode** nur dann sinnvoll, wenn Ressourcen des aufnehmenden Unternehmens als Gegenleistung für die Kapitalbeteiligung abfließen.[1235] Während die Erwerbsmethode (langfristig) eine Gegenüberstellung der abgeflossenen Ressourcen und der künftigen Erträge vorsieht, fehlt es bei der Ausgabe von Eigenkapitalanteilen an einem solchen Ressourcenabfluss und demzufolge an der Notwendigkeit einer entsprechenden Amortisation. Die Ausgabe der Eigenkapitalanteile wirkt sich vielmehr unmittelbar auf die Vermögenslage der Gesellschafter aus. Aufgrund gegensätzlicher Implikationen für die jeweiligen Gesellschafter der sich zusam-

---

1229 Zum Verständnis des Konzernabschlusses vgl. Abschnitt 526. der vorliegenden Arbeit.

1230 Für eine Übersicht der in der Literatur vorgebrachten Argumente für und gegen eine oder zwei Methoden vgl. MUJKANOVIC, R., Zukunft der Kapitalkonsolidierung, S. 537 f.

1231 Vgl. IFRS 3.BC35; sowie IASC (Hrsg.), G4+1 Position Paper, Tz. 192–194.

1232 Vgl. IFRS 3.BC39 f.; sowie BÖCKING, H.-J./KLEIN, G./LOPATTA, K., Unternehmenszusammenschlüsse, S. 22; KRAWITZ, N./LEUKEL, S., Unternehmensfusionen, S. 106.

1233 Vgl. hierzu ausführlich Kapitel 3 der vorliegenden Arbeit.

1234 Vgl. PEFFEKOVEN, F. P., Reform der Kapitalkonsolidierung, S. 194; TELKAMP, H.-J./BRUNS, C., Pooling vs. Fresh Start, S. 749; BÖCKING, H.-J./KLEIN, G./LOPATTA, K., Unternehmenszusammenschlüsse, S. 23 f. m. w. N.

1235 Vgl. SIEGEL, T., Zeitwertansatz, S. 317.

menschließenden Unternehmen kann die Erwerbsmethode den Interessen sämtlicher Gesellschafter aber nicht gerecht werden. Die einzunehmende Perspektive eines auf Grundlage des Über- oder Unterordnungsverhältnisses bestimmten (fiktiven) Erwerbers führt schließlich dazu, dass die Interessen der ehemaligen Gesellschafter des aufzunehmenden Unternehmens gegenüber denen der bisherigen Gesellschafter des aufnehmenden Unternehmens vernachlässigt werden. Insofern konfligiert die Erwerbsfiktion mit dem Charakter der hier betrachteten Transaktion, sodass die Anwendung der Erwerbsmethode zu einer nur eingeschränkt entscheidungsnützlichen Abbildung eines Zusammenschlusses durch Einlage von Kapitalgesellschaftsanteilen führt.[1236] Eine differenzierte Behandlung von gewöhnlichen Erwerben einerseits und Einlagen andererseits scheint daher konzeptionell gerechtfertigt.[1237]

Die **Interessenzusammenführungsmethode** und die **Neugründungsmethode** berücksichtigen im Vergleich zur Erwerbsmethode die Interessen der vormals getrennten Gesellschaftergruppen gleichermaßen.[1238] Dabei liegt ihnen anstelle der Erwerbsfiktion eine Fusionsfiktion zugrunde, die eine (umwandlungsrechtliche) Verschmelzung der sich zusammenschließenden Unternehmen unterstellt. Dementsprechend tritt das formalrechtliche Über- oder Unterordnungsverhältnis hinter den wirtschaftlichen Charakter der Transaktion zurück, sodass eine bilanzielle Gleichbehandlung der Unternehmen angezeigt ist.

Unter Berücksichtigung der Einheitsfiktion des Konzernabschlusses ist der Zusammenschluss durch Einlage von Kapitalgesellschaftsanteilen wirtschaftlich mit einer Verschmelzung insofern vergleichbar, als die Ressourcen der Unternehmen ungeachtet des Über- oder Unterordnungsverhältnisses in einer wirtschaftlichen Einheit zusammengelegt werden. Die den betrachteten Methoden zugrunde liegende Fusionsfiktion entspricht daher dem wirtschaftlichen Charakter des Zusammenschlusses und bildet somit die Grundlage für eine **glaubwürdige Darstellung** im Konzernabschluss. Während bei der Interessenzusammenführungsmethode aufgrund der Buchwertfortführung nur wenige Freiheitsgrade bestehen, können sich jedoch im Rahmen der Neugründungsmethode aus der mit Ermessensspielräumen und Unsicherheiten behafteten Neubewertung Einschränkungen hinsichtlich der Neutralität und Fehlerfreiheit ergeben, sodass die glaubwürdige Darstellung des Sachverhaltes möglicherweise beeinträchtigt ist.[1239]

Den beiden Kapitalkonsolidierungsmethoden ist zwar die Fusionsfiktion gemein, allerdings liegen den jeweiligen Methoden unterschiedliche Interpretationen des Zusammenschlusses zugrunde, die jede für sich **relevante** Informationen vermitteln.[1240] Die Interessenzusammenführungsmethode geht davon aus, dass die Gesellschafter der sich zusammenschließenden Unter-

---

[1236] Ausführlich zur Eignung der Erwerbsmethode vgl. Abschnitt 526. der vorliegenden Arbeit.

[1237] So auch KRAWITZ, N./LEUKEL, S., Unternehmensfusionen, S. 106, die allerdings die Anwendung verschiedener Methoden letztlich aufgrund der vermeintlichen Abgrenzungsproblematik ablehnen.

[1238] Für eine Gegenüberstellung der in der Literatur vorgebrachten Argumente für und gegen die verschiedenen Methoden vgl. MUJKANOVIC, R., Zukunft der Kapitalkonsolidierung, S. 536 f.

[1239] Vgl. TELKAMP, H.-J./BRUNS, C., Pooling vs. Fresh Start, S. 747.

[1240] Vgl. hierzu Abschnitte 535. bzw. 545. der vorliegenden Arbeit.

nehmen ihre ursprüngliche Investition in das jeweilige alleinstehende Unternehmen im gemeinsamen Konzernverbund fortführen, sodass eine Fortführung der Buchwerte angezeigt ist. Demzufolge ist die **Rechenschaftsfunktion** des Konzernabschlusses bei der Interessenzusammenführungsmethode tendenziell stärker ausgeprägt als bei der Neugründungsmethode, da sie eine Beurteilung der Leistung der Geschäftsführung im Umgang mit den ihr ursprünglich zur Verfügung gestellten Ressourcen erlaubt. Demgegenüber basiert die Neugründungsmethode auf der Annahme, dass die Gesellschafter ihre bisher in den jeweiligen alleinstehenden Unternehmen erwirtschafteten Ressourcen erneut in den Konzernverbund reinvestieren und somit eine Bewertung der Ressourcen mit dem beizulegenden Zeitwert erforderlich wird. Aufgrund der vollständigen Neubewertung lässt sich die Leistung der Geschäftsführung nach der Neugründungsmethode erst ab dem Zeitpunkt des Zusammenschlusses beurteilen. Da die beizulegenden Zeitwerte indes eine Schätzung der künftig zu erwartenden Zahlungsflüsse zulassen, wird die **Bewertungsfunktion** des Konzernabschlusses hingegen von der Neugründungsmethode vergleichsweise besser erfüllt. Allerdings ist die Bewertung zum beizulegenden Zeitwert auf den Zeitpunkt des Zusammenschlusses beschränkt, sodass die Bewertungsfunktion in den folgenden Perioden wiederum eingeschränkt ist.

Zur Beurteilung des Erfolges aus dem Zusammenschluss ist die **Vergleichbarkeit** des Konzernabschlusses mit den (aggregierten) Einzelabschlüssen der vormals alleinstehenden Unternehmen von besonderer Bedeutung, da ein erfolgreicher Zusammenschlusses daran zu erkennen ist, dass der Verbund höhere Ergebnisse erwirtschaftet als die vormals alleinstehenden Unternehmen.[1241] Die periodische Vergleichbarkeit der Abschlüsse vor und nach dem Zusammenschluss wird bei der Interessenzusammenführungsmethode durch die Fortführung der Buchwerte sichergestellt.[1242] Auf diese Weise wird den gemeinsamen Erträgen weiterhin der gemeinsame Aufwand aus dem Ressourceneinsatz der Gesellschafter gegenübergestellt, sodass die Ertragslage adäquat abgebildet wird.

Dennoch wird kritisiert, dass die Interessenzusammenführungsmethode den Zusammenschluss aufgrund der Buchwertfortführung nach anderen als den allgemeinen Grundsätzen für Anschaffungsvorgänge abbilde, die eine Zugangsbewertung regelmäßig mit dem Wert der übertragenen Gegenleistung vorsehen.[1243] Eine solche abweichende Behandlung ist jedoch durchaus sachgerecht, da in dem hier betrachteten Fall kein Anschaffungsvorgang vorliegt.[1244] Unter Berücksichtigung des wirtschaftlichen Charakters der verschiedenen Transaktionen fällt vielmehr auf, dass der Interessenzusammenführungsmethode grundsätzlich die gleiche Vermögens- und Erfolgskonzeption wie der Erwerbsmethode zugrunde liegt. Schließlich bilden beide Methoden sämtliche Vermögenswerte und Schulden des Verbundes in den jeweils vorgesehenen Fällen

---

1241 Vgl. hier und im Folgenden RAMMERT, S., Pooling of Interests, S. 623 f.; VATER, H., M&A Accounting, S. 1844.

1242 Vgl. TELKAMP, H.-J./BRUNS, C., Pooling vs. Fresh Start, S. 748; RAMMERT, S., Pooling of Interests, S. 629.

1243 Vgl. IFRS 3.BC41–BC43; sowie MUJKANOVIC, R., Zukunft der Kapitalkonsolidierung, S. 539; JOHNSON, L. T./PETRONE, K., Why Eliminate the Pooling Method?, S. 1.

1244 A. A. NIEHUS, R. J., Pooling-of-Interests Methode, S. 437 f.

mit dem Wert der von den Gesellschaftern des Konzerns ursprünglich zur Verfügung gestellten Ressourcen ab. Im Rahmen der Erwerbsmethode werden die erworbenen Vermögenswerte und übernommenen Schulden insgesamt mit dem Wert der übertragenen Gegenleistung und somit mit dem Wert der von den (bisherigen) Gesellschaftern des aufnehmenden Unternehmens bereitgestellten Ressourcen bewertet. Bei der Interessenzusammenführungsmethode sind zwar die Buchwerte aus dem Einzelabschluss des aufzunehmenden Unternehmens fortzuführen, allerdings repräsentieren sie bei einer Einlage die von dessen Gesellschaftern bereitgestellten Ressourcen, die sie künftig als Gesellschafter des Konzerns diesem überlassen. Somit stellen die Erwerbsmethode und die Interessenzusammenführungsmethode **äquivalente Verfahren** zur Abbildung von Unternehmenszusammenschlüssen dar, die durch einen gewöhnlichen Erwerb bzw. durch die Einlage von Kapitalgesellschaftsanteilen bewirkt werden.[1245]

Die Neugründungsmethode stellt die Rechnungslegung durch die vollständige, erfolgsneutrale Neubewertung hingegen auf eine neue (nicht pagatorische) Basis, sodass letztlich die Kongruenzbedingung des Konzernabschlusses verletzt wird.[1246] Dabei wird ferner die Vergleichbarkeit des Konzernabschlusses mit den Einzelabschlüssen vorheriger Perioden erheblich eingeschränkt.[1247] Die Anwendung der Neugründungsmethode wäre daher allenfalls in solchen Fällen vertretbar, die mit einer derart einschneidenden Änderung der Geschäftstätigkeit der sich zusammenschließenden Unternehmen verbunden sind, dass die Einschränkungen in Bezug auf die Vergleichbarkeit der Abschlüsse zugunsten einer künftig aussagefähigeren Berichterstattung ausgehend von den beizulegenden Zeitwerten im Zeitpunkt des Zusammenschlusses gerechtfertigt sind.[1248] Denkbar wären in diesem Zusammenhang beispielsweise ein grundlegender Branchenwechsel oder eine umfassende Restrukturierung der sich zusammenschließenden Unternehmen. Unter diesen Umständen wäre die Neugründungsmethode jedoch konsequenterweise ebenso aufgrund einer einschneidenden Änderung im Falle eines gewöhnlichen Erwerbes anzuwenden, da diese Argumentation nicht auf die Art des Zusammenschlusses, sondern auf den wirtschaftlichen Neubeginn abstellt. Diesem Vorschlag stehen allerdings weiterhin die erheblichen Herausforderungen und Kosten einer vollständigen Neubewertung sämtlicher Vermögenswerte und Schulden sämtlicher Konzernunternehmen entgegen, sodass er nicht sinnvoll erscheint. Schließlich ist die Interessenzusammenführungsmethode zur Abbildung von Unternehmenszusammenschlüssen durch Einlage von Kapitalgesellschaftsanteilen sowohl der Erwerbs- als auch der Neugründungsmethode vorzuziehen.[1249]

[1245] Vgl. SIEGEL, T., Zeitwertansatz, S. 320.

[1246] Vgl. BUSSE VON COLBE, W. U. A., Konzernabschlüsse, S. 198; MUJKANOVIC, R., Zukunft der Kapitalkonsolidierung, S. 539; SIEGEL, T., Zeitwertansatz, S. 321.

[1247] Vgl. TELKAMP, H.-J./BRUNS, C., Pooling vs. Fresh Start, S. 748.

[1248] Vgl. PELLENS, B./SELLHORN, T., Fresh-Start-Methode, S. 2131 f.; MUJKANOVIC, R., Zukunft der Kapitalkonsolidierung, S. 539; KRAWITZ, N./KLOTZBACH, D., Fresh-Start-Methode, S. 1176, 1179.

[1249] So auch REICHELT, D., Anteilstausch, S. 222; TELKAMP, H.-J./BRUNS, C., Pooling vs. Fresh Start, S. 749; sowie RAMMERT, S., Pooling of Interests, S. 629; BÖCKING, H.-J./KLEIN, G./LOPATTA, K., Unternehmenszusammenschlüsse, S. 24 f.; VATER, H., M&A Accounting, S. 1848, wenn auch nur in Bezug auf Zusammenschlüsse unter Gleichen. A. A. DEGENER, G. J., Merger of Equals, S. 285 f.; KRAWITZ, N./KLOTZBACH, D., Fresh-Start-Methode, S. 1179 f.; PELLENS, B./SELLHORN, T., Fresh-Start-Methode, S. 2132, die hingegen die

Im Ergebnis wird die Erwerbsmethode gemäß IFRS 3 einem Zusammenschluss durch Einlage von Kapitalgesellschaftsanteilen nicht gerecht, sodass eine gesonderte Behandlung dieses Sachverhaltes im Konzernabschluss erforderlich ist. Sowohl der Interessenzusammenführungsmethode als auch der Neugründungsmethode liegt eine Fusionsfiktion zugrunde, die in diesem Fall eine sachgerechte Alternative zur Erwerbsfiktion darstellt. Beide Methoden vermitteln zwar relevante Informationen über den Zusammenschluss und den entstehenden Konzern, ohne dabei die Interessen einer Gesellschaftergruppe zu bevorzugen. Allerdings kann die glaubwürdige Darstellung im Rahmen der Neugründungsmethode nicht sichergestellt werden. Ferner erlaubt nur die Interessenzusammenführungsmethode einen sinnvollen Vergleich mit den vorangegangenen Perioden und damit die Beurteilung des Erfolges aus dem Zusammenschluss. Schließlich bildet die Interessenzusammenführungsmethode einen Unternehmenszusammenschluss durch Einlage von Kapitalgesellschaftsanteilen dem wirtschaftlichen Charakter entsprechend ab und vermittelt insofern entscheidungsnützliche Informationen über die wirtschaftliche Lage des Konzerns.

552. Empfehlung zur Bilanzierung von Unternehmenszusammenschlüssen durch Einlage von Kapitalgesellschaftsanteilen

552.1 Konzeptionelle Eignung der Interessenzusammenführungsmethode

Im Rahmen der Analyse der verschiedenen Kapitalkonsolidierungsmethoden wurde die Interessenzusammenführungsmethode unter konzeptionellen Gesichtspunkten als vorzugswürdige Methode zur Abbildung von Unternehmenszusammenschlüssen durch Einlage von Kapitalgesellschaftsanteilen beurteilt. Die Interessenzusammenführungsmethode ist in der Literatur jedoch bisweilen **vehementer Kritik** ausgesetzt, zu der im Folgenden vor dem Hintergrund der Erkenntnisse der vorliegenden Arbeit gezielt Stellung genommen wird.

Nach Ansicht des Standardsetzers sind **sämtliche Unternehmenszusammenschlüsse als Erwerbe** zu qualifizieren.[1250] Insofern sieht er keinen Bedarf einer gesonderten bilanziellen Behandlung von Zusammenschlüssen, die durch Einlage von Kapitalgesellschaftsanteilen bewirkt werden, sondern schreibt die Erwerbsmethode für sämtliche Zusammenschlüsse verbindlich vor.[1251] Die verpflichtende Anwendung der Erwerbsmethode begründet der Standardsetzer vornehmlich damit, dass die Erwerbsmethode den Zusammenschluss nach den gleichen Grundsätzen abbildet, die auch dem Erwerb einzelner Vermögenswerte und der Übernahme einzelner Schulden zugrunde liegen.[1252] Dementsprechend sind die erworbenen Vermögenswerte und übernommenen Schulden insgesamt erstmalig im Konzernabschluss grundsätzlich mit dem

Neugründungsmethode (zumindest für einen wirtschaftlichen Neubeginn) befürworten; sowie IASC (Hrsg.), G4+1 Position Paper, Tz. 192; MUJKANOVIC, R., Zukunft der Kapitalkonsolidierung, S. 539 f., die sich für die Erwerbsmethode aussprechen.

1250 Vgl. IFRS 3.BC23.

1251 Vgl. IFRS 3.4; IFRS 3.BC29–BC35.

1252 Vgl. IFRS 3.BC24.

Wert der dafür erbrachten Gegenleistung zu erfassen,[1253] sodass die Adressaten des Konzernabschlusses in die Lage versetzt werden, sowohl die Investition in das erworbene Unternehmen als auch deren Rentabilität im Rahmen der Folgebewertung zu beurteilen.[1254]

Da die Interessenzusammenführungsmethode hingegen die Fortführung der Buchwerte aus dem Einzelabschluss des erworbenen Unternehmens vorsieht, seien die vermittelten **Informationen nur eingeschränkt entscheidungsnützlich**.[1255] Zum einen seien die fortgeführten Buchwerte der erworbenen Vermögenswerte und übernommenen Schulden weniger aussagekräftig als ihre beizulegenden Zeitwerte.[1256] Zum anderen würde die Ertragslage des Konzerns in den folgenden Perioden unzutreffend wiedergegeben, da den künftigen Erträgen des erworbenen Unternehmens die Gegenleistung nicht (vollständig) als Aufwand im Rahmen der Folgebewertung gegenübergestellt wird.[1257] Demzufolge sei die Beurteilung der Amortisation der Gegenleistung auf der Grundlage des Konzernabschlusses nur bedingt möglich, sodass die Geschäftsführung hinsichtlich der getätigten Investition nicht zur Rechenschaft gezogen wird.[1258] Da Fehlinvestitionen insofern ohne erfolgsrechnerische Konsequenzen blieben,[1259] wird in diesem Zusammenhang befürchtet, dass Anreize für die Geschäftsführung bestehen, auch wirtschaftlich nicht sinnvolle Zusammenschlüsse aus anderen als ökonomischen Motiven einzugehen.[1260]

Dabei ist allerdings zu berücksichtigen, dass die jeweiligen Methoden nach hier vertretener Auffassung für grundlegend **verschiedene Sachverhalte** vorgesehen sind. Die Kritik an der Interessenzusammenführungsmethode ist im Hinblick auf einen gewöhnlichen Erwerb durchaus gerechtfertigt. Bei einer Einlage von Kapitalgesellschaftsanteilen kann sie jedoch nicht aufrechterhalten werden. Während die Buchwerte aus dem Einzelabschluss des aufzunehmenden Unternehmens bei einem gewöhnlichen Erwerb ihre Bedeutung verlieren, da sie auf dem Ressourceneinsatz der ehemaligen Gesellschafter des aufzunehmenden Unternehmens beruhen, die im Rahmen des Zusammenschlusses abgefunden wurden, sind die Buchwerte bei einer Einlage weiterhin maßgebend, da die ehemaligen Gesellschafter ihre Ressourcen fortan dem Konzern zur Verfügung stellen.[1261] Folglich wird den künftigen Erträgen des Konzerns der Verzehr der von den Gesellschaftern überlassenen Ressourcen gegenübergestellt und somit eine sinnvolle Interpretation des Konzernergebnisses ermöglicht. Da das aufnehmende Unternehmen keine Gegenleistung für die Kapitalbeteiligung an dem aufzunehmenden Unternehmen erbringt, bedarf es ferner keiner Amortisation derselben. Schließlich ist die wirtschaftliche Lage des Kon-

---

[1253] Vgl. IFRS 3.BC41–BC43.
[1254] Vgl. IFRS 3.BC25.
[1255] Vgl. IFRS 3.BC37; sowie BÖCKING, H.-J./KLEIN, G./LOPATTA, K., Unternehmenszusammenschlüsse, S. 21; RAMMERT, S., Pooling of Interests, S. 624; VATER, H., M&A Accounting, S. 1844.
[1256] Vgl. IFRS 3.BC37; sowie RAMMERT, S., Pooling of Interests, S. 624.
[1257] Vgl. IFRS 3.BC38.
[1258] Vgl. IFRS 3.BC36; sowie BÖCKING, H.-J./KLEIN, G./LOPATTA, K., Unternehmenszusammenschlüsse, S. 21; RAMMERT, S., Pooling of Interests, S. 624.
[1259] Vgl. PELLENS, B./SELLHORN, T., Fresh-Start-Methode, S. 2130.
[1260] Vgl. RAMMERT, S., Pooling of Interests, S. 627 f.; VATER, H., M&A Accounting, S. 1845 f.
[1261] Vgl. hier und im Folgenden Abschnitt 535. der vorliegenden Arbeit.

zerns gänzlich unabhängig von der Zahl der ausgegebenen Eigenkapitalanteile bzw. dem vereinbarten Austauschverhältnis. Das Austauschverhältnis bestimmt vielmehr die Beteiligungsverhältnisse der Gesellschafter am aufnehmenden Unternehmen und damit am entstehenden Konzern, die jedoch für die Abbildung im Konzernabschluss unbeachtlich sind.

Die erfolgsneutrale Neubewertung der Vermögenswerte und Schulden sowie der Ansatz eines Geschäfts- oder Firmenwertes des aufzunehmenden Unternehmens entsprechend der Erwerbsmethode führt bei einer Einlage von Kapitalgesellschaftsanteilen hingegen zu einer Verletzung der **Kongruenzbedingung** der Rechnungslegung, da künftig niemals zahlungswirksame Erträge und Aufwendungen aus der Folgebewertung stiller Reserven und stiller Lasten oder eines Geschäfts- oder Firmenwertes im Konzernabschluss erfasst werden.[1262] Nach Ansicht des Standardsetzers werden zwar die Höhe, der Zeitpunkt und die Unsicherheit künftiger Zahlungsflüsse des aufzunehmenden Unternehmens am besten von den beizulegenden Zeitwerten der Vermögenswerte und Schulden reflektiert.[1263] Allerdings würde die tatsächliche Ertragslage des Konzerns dauerhaft verzerrt wiedergegeben, sodass vor allem die Beurteilung des Erfolges aus dem Zusammenschluss auf der Grundlage des Konzernabschlusses eingeschränkt wird.[1264] Obgleich der Standardsetzer Erträge und Aufwendungen in Abhängigkeit der Veränderungen von Vermögenswerten und Schulden definiert (sog. *asset-liability-approach*), ist die Darstellung der Ertragslage derjenigen der Vermögenslage nicht nachgeordnet.[1265] Daher ist mit Blick auf die Entscheidungsnützlichkeit zweifelhaft, ob eine Einschränkung hinsichtlich der Darstellung der Ertragslage durch einen verbesserten Einblick in die Vermögenslage des aufzunehmenden Unternehmens gerechtfertigt werden kann.

Angesichts der durch den Zusammenschluss veränderten Konzernstruktur könnte den bisherigen Gesellschaftern des aufnehmenden Unternehmens zum Zeitpunkt des Zusammenschlusses möglicherweise ein gesteigertes Interesse an den wirtschaftlichen Verhältnissen des aufzunehmenden Unternehmens unterstellt werden, sodass eine Neubewertung der Vermögenswerte und Schulden dieses Unternehmens vertretbar sein könnte. Die ehemaligen Gesellschafter des aufzunehmenden Unternehmens dürften zu diesem Zeitpunkt hingegen vielmehr an der wirtschaftlichen Lage des aufnehmenden Unternehmens interessiert sein. Potenzielle Gesellschafter des Konzerns werden sich wiederum für die wirtschaftliche Lage des gesamten Konzerns interessieren, sodass es unter diesem Gesichtspunkt einer Neubewertung beider sich zusammenschließender Unternehmen bedürfte. Sofern die Neubewertung die Erfüllung der Interessen der Gesellschafter an der Vermögenslage des Konzerns zum Ziel hätte, wäre daher auch die Anwendung der Erwerbsmethode nur eingeschränkt zielführend. Stattdessen betont der Standardsetzer ausdrücklich, dass selbst mit der Erwerbsmethode **keine zeitwertige Bilanzierung** beabsichtigt, sondern eine Abbildung der erworbenen Vermögenswerte und übernommenen Schulden

---

1262 Vgl. hierzu Abschnitt 523.3 der vorliegenden Arbeit.

1263 Vgl. IFRS 3.BC37.

1264 Vgl. VATER, H., M&A Accounting, S. 1843.

1265 Vgl. CF.4.71; sowie KUHNER, C./BOTHEN, D., Other Comprehensive Income, S. 163. Ausführlich zum *asset-liability-approach* vgl. SCHREIBER, S., Asset-Liability-Approach, S. 572–577.

insgesamt mit dem Wert der erbrachten Gegenleistung vorgesehen ist, damit die Adressaten diese Investition beurteilen können.[1266] Die Beurteilung eines Zusammenschlusses durch Einlage von Kapitalgesellschaftsanteilen wird jedoch – wie bereits erläutert – durch die Neubewertung eingeschränkt, da mit der Verletzung der Kongruenzbedingung stets eine dauerhaft verzerrte Darstellung der Ertragslage verbunden ist. Dabei wiegt die dauerhaft verzerrte Darstellung der Ertragslage des Konzerns nach hier vertretener Auffassung schwerer als der einmalig verbesserte Einblick in die Vermögenslage des aufzunehmenden Unternehmens. Vor diesem Hintergrund wird keine Grundlage für eine erfolgsneutrale Neubewertung der Vermögenswerte und Schulden des aufzunehmenden Unternehmens sowie den Ansatz eines Geschäfts- oder Firmenwertes bei einem Zusammenschluss durch Einlage von Kapitalgesellschaftsanteilen gesehen. Stattdessen sollte in diesen Fällen die Interessenzusammenführungsmethode angewendet werden.

Die Interessenzusammenführungsmethode vermittelt zwar relevante und glaubwürdige Informationen über die wirtschaftliche Lage des Konzerns, allerdings bleiben die Auswirkungen des Austauschverhältnisses auf die Vermögensverhältnisse der Gesellschafter unbeachtet. Obwohl es nicht die Aufgabe des Konzernabschlusses ist, die Auswirkungen auf Gesellschafterebene abzubilden,[1267] bleibt der Einwand hinsichtlich der mangelnden **Anreizkompatibilität** der Interessenzusammenführungsmethode bestehen.[1268] Zum Abbau der Informationsasymmetrie zwischen den *gegenwärtigen* Gesellschaftern und der Geschäftsführung wäre daher eine gesonderte und transaktionsbezogene Berichterstattung im Vorfeld des Zusammenschlusses wünschenswert, um den Gesellschaftern eine fundierte Entscheidung zu ermöglichen. Im Sinne der Vollständigkeit der Informationen sollte aber zumindest im Anhang des Konzernabschlusses über die Grundlagen der Ermittlung des Austauschverhältnisses berichtet werden, damit vor allem auch *potenzielle* Kapitalgeber die Transaktion nachvollziehen können.[1269] Wenngleich der Ansatz eines Geschäfts- oder Firmenwertes in der Konzernbilanz nach hier vertretener Auffassung nicht geboten ist, könnte ferner eine Angabe zu der Höhe eines verrechneten Unterschiedsbetrages im Anhang sinnvoll sein, um den Adressaten eine Überleitung des Eigenkapitals aus dem Einzelabschluss des aufnehmenden Unternehmens und dem Eigenkapital aus dem Konzernabschluss zu ermöglichen.

552.2 Abgrenzung des Anwendungsbereiches

Aufgrund der aus Sicht der Geschäftsführung vorzugswürdigen Buchwertfortführung und erfolgsneutralen Verrechnung eines Unterschiedsbetrages aus der Kapitalkonsolidierung mit dem Eigenkapital besteht ein deutlicher Anreiz, anstelle der Erwerbsmethode die Interessenzusam-

---

[1266] Vgl. IFRS 3.BC43.

[1267] Zum Abbildungsobjekt eines Konzernabschlusses vgl. Abschnitt 422. der vorliegenden Arbeit.

[1268] Zur Anreizkompatibilität der Interessenzusammenführungsmethode vgl. Abschnitt 533. der vorliegenden Arbeit.

[1269] So auch BÖCKING, H.-J./KLEIN, G./LOPATTA, K., Unternehmenszusammenschlüsse, S. 23 f.

menführungsmethode auf einen Unternehmenszusammenschluss anzuwenden, um künftige Belastungen des Konzernergebnisses aus der Folgebewertung stiller Reserven sowie eines Geschäfts- oder Firmenwertes zu vermeiden.[1270] Die (Wieder-)Einführung der Interessenzusammenführungsmethode birgt insofern die Gefahr, dass Unternehmenszusammenschlüsse künftig bewusst so gestaltet werden, dass sie die Anwendungsvoraussetzungen der Interessenzusammenführungsmethode erfüllen, obwohl der wirtschaftliche Charakter der Transaktion eigentlich die Anwendung der Erwerbsmethode erfordern würde.[1271]

Die Erfahrung mit der Interessenzusammenführungsmethode hat gezeigt, dass diese Methode in der Vergangenheit vor allem in der US-amerikanischen Bilanzierungspraxis ausgiebig zur Abbildung von Unternehmenszusammenschlüssen genutzt wurde mit der Folge, dass sowohl die Aufdeckung als auch die erfolgswirksame Fortführung stiller Reserven und stiller Lasten sowie eines Unterschiedsbetrages in diesen Fällen ausblieb.[1272] Obgleich die Methode nie als Alternative zur Erwerbsmethode vorgesehen war, wurde die Interessenzusammenführungsmethode praktisch wahlweise auf beliebige Unternehmenszusammenschlüsse angewendet. Nicht selten stellte sich ein nach der Interessenzusammenführungsmethode abgebildeter Unternehmenszusammenschluss im Nachhinein als gewöhnlicher Erwerb heraus, da beispielsweise die ausgegebenen Eigenkapitalanteile anschließend zurückerworben wurden.[1273] Daher wurde verschiedentlich versucht, den Anwendungsbereich der Interessenzusammenführungsmethode einzugrenzen, um einer missbräuchlichen Anwendung dieser Methode entgegenzuwirken.[1274] Die Herausforderung bestand und besteht weiterhin darin, eindeutige und nachprüfbare Kriterien zu definieren, nach denen der hier betrachtete Sachverhalt unabhängig von formalrechtlichen Strukturierungen von anderen Zusammenschlüssen abgegrenzt werden kann.[1275]

Der FASB (vormals APB) hatte dazu insgesamt zwölf Kriterien definiert, die den Anwendungsbereich der Interessenzusammenführungsmethode im Wesentlichen auf Zusammenschlüsse beschränkt haben, durch die sich zwei voneinander unabhängige Unternehmen im Rahmen einer einzelnen Transaktion ausschließlich durch den Tausch nahezu aller Anteile an dem aufzunehmenden Unternehmen gegen Anteile an dem aufnehmenden Unternehmen zusammenschließen.[1276] Der IASB hatte die Interessenzusammenführungsmethode gemäß IAS 22 ferner ausschließlich für Zusammenschlüsse unter Gleichen vorgesehen, bei denen die Gesellschafter

---

1270 Vgl. VATER, H., M&A Accounting, S. 1845; PELLENS, B./SELLHORN, T., Fresh-Start-Methode, S. 2130; KLEIN, G., Erfassung des Goodwill, S. 788.

1271 Vgl. PEFFEKOVEN, F. P., Reform der Kapitalkonsolidierung, S. 196 f.; RAMMERT, S., Pooling of Interests, S. 625; TELKAMP, H.-J./BRUNS, C., Pooling vs. Fresh Start, S. 748.

1272 Vgl. AYERS, B./LEFANOWICZ, C. E./ROBINSON, J. R., Eliminating the Pooling-of-Interests Method, S. 4–6.

1273 Vgl. RAMMERT, S., Pooling of Interests, S. 622.

1274 Vgl. RAMMERT, S., Pooling of Interests, S. 625.

1275 Vgl. PEFFEKOVEN, F. P., Reform der Kapitalkonsolidierung, S. 197; KLEIN, G., Erfassung des Goodwill, S. 795.

1276 Vgl. APB Opinion No. 16, Tz. 45–49; sowie RAMMERT, S., Pooling of Interests, S. 622.

nach dem Zusammenschluss zu etwa gleichen Teilen an den Chancen und Risiken des Verbundes partizipieren.[1277] Dazu wurde gemäß IAS 22 vorausgesetzt, dass nahezu alle Eigenkapitalanteile an dem aufzunehmenden Unternehmen gegen Anteile am aufnehmenden Unternehmen eingetauscht werden, die Marktwerte der sich zusammenschließenden Unternehmen einander näherungsweise entsprechen und die Gesellschafter nach dem Zusammenschluss weiterhin im Verhältnis ihrer bisherigen Beteiligungen zueinander an dem entstandenen Konzern beteiligt sind.[1278] Aufgrund mangelnder Objektivität dieser Kriterien konnte die Interessenzusammenführungsmethode jedoch mithilfe von Sachverhaltsgestaltungen gezielt (nicht) auf einen Unternehmenszusammenschluss angewendet werden.[1279] Vor diesem Hintergrund galt ein zentraler Kritikpunkt an der Interessenzusammenführungsmethode ebendiesen Anwendungsvoraussetzungen, die letztlich zur Abschaffung der Methode beigetragen haben.[1280]

Die Analyse hat gezeigt, dass die Anwendung der Interessenzusammenführungsmethode auf sämtliche Zusammenschlüsse durch Einlage von Kapitalgesellschaftsanteilen sachgerecht ist, sodass es unter konzeptionellen Gesichtspunkten einer Beschränkung hinsichtlich des Größenverhältnisses der Unternehmen zueinander nicht bedarf.[1281] Somit ist der Anwendungsbereich der Interessenzusammenführungsmethode zwar vergleichsweise klar anhand der Einlage von Kapitalgesellschaftsanteilen bestimmt. Die Möglichkeit der Sachverhaltsgestaltung zur gezielten Anwendung der Interessenzusammenführungsmethode ist aber auch damit nicht auszuschließen. Schließlich können Eigenkapitalanteile bewusst für einen Zusammenschluss eingesetzt werden, um die Interessenzusammenführungsmethode anzuwenden. Die Schwierigkeit der Definition eindeutiger und nachprüfbarer Kriterien reicht allein jedoch nicht, um die (Wieder-)Einführung der Interessenzusammenführungsmethode abzulehnen.[1282] Sollte der Standardsetzer vor dem Hintergrund der damaligen Bilanzierungspraxis weiterhin Sorge vor missbräuchlicher Anwendung der Interessenzusammenführungsmethode haben, so ist es seine Aufgabe, einen aus seiner Sicht sinnvollen Anwendungsbereich der Interessenzusammenführungsmethode zu definieren sowie entsprechende und vor allem eindeutige Kriterien zur Abgrenzung von anderen Unternehmenszusammenschlüssen – zum Beispiel in Anlehnung an die damaligen Regelungen der US-GAAP – zu bestimmen.[1283] Die damaligen Schwierigkeiten bei der Durch-

[1277] Vgl. IAS 22.14; sowie HAIL, L., Pooling of Interests, S. 704; VATER, H., M&A Accounting, S. 1841 f.; BÖCKING, H.-J./KLEIN, G./LOPATTA, K., Unternehmenszusammenschlüsse, S. 19; TELKAMP, H.-J./BRUNS, C., Pooling vs. Fresh Start, S. 745.

[1278] Vgl. IAS 22.16; sowie VATER, H., M&A Accounting, S. 1842.

[1279] Vgl. hier und im folgenden Satz BÖCKING, H.-J./KLEIN, G./LOPATTA, K., Unternehmenszusammenschlüsse, S. 24; HAIL, L., Pooling of Interests, S. 703, 710; RAMMERT, S., Pooling of Interests, S. 625; VATER, H., M&A Accounting, S. 1845.

[1280] Vgl. PELLENS, B./SELLHORN, T., Fresh-Start-Methode, S. 2131.

[1281] Vgl. hierzu Abschnitt 535. der vorliegenden Arbeit.

[1282] Vgl. PEFFEKOVEN, F. P., Reform der Kapitalkonsolidierung, S. 197; TELKAMP, H.-J./BRUNS, C., Pooling vs. Fresh Start, S. 748.

[1283] Vgl. VATER, H., M&A Accounting, S. 1848.

setzung der entsprechenden Regelungen dürften sich vor dem Hintergrund der heutigen Verfahren zur Überwachung der Finanzberichterstattung (sog. *enforcement*) relativieren.[1284] Allerdings ist zu beachten, dass eine Beschränkung des Anwendungsbereiches auch dazu führen kann, dass gewisse Zusammenschlüsse nach der Erwerbsmethode abgebildet werden, obwohl unter konzeptionellen Gesichtspunkten eine Abbildung nach der Interessenzusammenführungsmethode sachgerecht wäre.

Grundlegende Voraussetzung zur Anwendung der Interessenzusammenführungsmethode ist ein Anteilstausch, durch den beide Gesellschaftergruppen der vormals alleinstehenden Unternehmen zu Gesellschaftern des entstehenden Konzerns werden, sodass sich der Zusammenschluss als eine Zusammenlegung ihrer Ressourcen darstellt. Sinnvoll erscheint daher vor allem eine Beschränkung hinsichtlich solcher Strukturierungen, die im Anschluss an die Einlage der Kapitalgesellschaftsanteile einen Rückkauf der ausgegebenen Eigenkapitalanteile vorsehen, sodass die Transaktion vordergründig wie eine Einlage anmutet, es sich wirtschaftlich jedoch um einen Erwerb handelt.[1285] Umgekehrt sind auch solche Strukturierungen nach der Interessenzusammenführungsmethode abzubilden, bei denen der Emissionserlös aus einer Bareinlage der ehemaligen Gesellschafter des aufzunehmenden Unternehmens anschließend zum „Erwerb" ihrer Kapitalbeteiligung am aufzunehmenden Unternehmen eingesetzt wird (sog. verdeckte Sacheinlage).[1286] Vor dem Hintergrund, dass im Rahmen der vorliegenden Arbeit stets eine einhundertprozentige Beteiligung an dem aufzunehmenden Unternehmen unterstellt wurde, wäre ferner zu prüfen, inwiefern eine Beschränkung hinsichtlich eines (Mindest-)Kapitalanteils erforderlich ist. Gleiches gilt für die Unabhängigkeit der sich zusammenschließenden Unternehmen im Vorfeld des Zusammenschlusses, die hier ebenfalls angenommen wurde. Weiterer Untersuchungsbedarf besteht insbesondere auch hinsichtlich gemischter Gegenleistungen, sodass möglicherweise eine Beschränkung des Umfanges barer Zuzahlungen geboten ist.

Im Ergebnis ist die Interessenzusammenführungsmethode bei der Abbildung von Unternehmenszusammenschlüssen durch Einlage von Kapitalgesellschaftsanteilen unverzichtbar. Der konzeptionelle Anwendungsbereich dieser Methode ist zwar durch die Einlage von Kapitalgesellschaftsanteilen vergleichsweise klar definiert. Die Anreize zur Anwendung der Interessenzusammenführungsmethode gegenüber der Erwerbsmethode machen jedoch die Beschränkung des Anwendungsbereiches sowie die Bestimmung eindeutiger und nachprüfbarer Kriterien erforderlich, um eine missbräuchliche Anwendung der Methode zu verhindern.

[1284] Infolge einer Reihe von Bilanzskandalen hat der deutsche Gesetzgeber mit dem Bilanzkontrollgesetz (BilKoG) im Jahr 2004 die gesetzliche Grundlage für das heutige zweistufige *enforcement*-Verfahren geschaffen, das zum einen aus der privatrechtlich organisierten Deutschen Prüfstelle für Rechnungslegung e. V. (DPR) und zum anderen aus der mit hoheitlichen Mitteln ausgestatteten Bundesanstalt für Finanzdienstleistungsaufsicht (BaFin) besteht. Vgl. ZÜLCH, H., Deutsches Enforcement-Modell, S. 1–9.

[1285] Vgl. PEFFEKOVEN, F. P., Reform der Kapitalkonsolidierung, S. 190; REICHELT, D., Anteilstausch, S. 126 f.

[1286] Vgl. hierzu Abschnitt 35 der vorliegenden Arbeit.

6 Zusammenfassung

Ein Unternehmenszusammenschluss ist nach IFRS 3 ein Geschäftsvorfall, durch den ein Unternehmen die Beherrschung über einen Geschäftsbetrieb erlangt. Neben dem Erwerb einer Kapitalbeteiligung kann der Zusammenschluss ebenso durch eine **Einlage von Kapitalgesellschaftsanteilen** bewirkt werden. In letzterem Fall beruht der Zusammenschluss nicht auf einem schuldrechtlichen Tauschgeschäft, sondern auf einer gesellschaftsrechtlichen Sacheinlage. Einerseits wird dadurch wie bei einem gewöhnlichen Erwerb ein Beteiligungsverhältnis zwischen dem aufnehmenden und dem aufzunehmenden Unternehmen begründet. Andererseits werden die ehemaligen Gesellschafter des aufzunehmenden Unternehmens nicht abgefunden, sondern an dem entstehenden Konzern beteiligt. Ungeachtet dessen handelt es sich nach Ansicht des Standardsetzers bei einem Unternehmenszusammenschluss stets um einen Erwerb, sodass sämtliche Unternehmenszusammenschlüsse im Konzernabschluss gemäß IFRS 3 nach der Erwerbsmethode abzubilden sind. Daher stellt sich die Frage, ob die Vorschriften des IFRS 3 sämtlichen Unternehmenszusammenschlüssen gerecht werden können oder eine abweichende bilanzielle Behandlung eines Zusammenschlusses durch Einlage von Kapitalgesellschaftsanteilen erforderlich ist.

Vor diesem Hintergrund war es ein Ziel der vorliegenden Arbeit, den hier betrachteten Sachverhalt zunächst unter wirtschaftlichen Gesichtspunkten zu charakterisieren und gegebenenfalls von einem gewöhnlichen Erwerb abzugrenzen. Die **Charakterisierung** in Kapitel 3 hat gezeigt, dass es sich bei einem Zusammenschluss durch einen Erwerb einerseits und durch eine Einlage andererseits um grundlegend verschiedene ökonomische Transaktionen handelt. Der zentrale Unterschied liegt in dem für einen gewöhnlichen Erwerb charakteristischen Abfluss wirtschaftlicher Ressourcen aus dem Vermögen des aufnehmenden Unternehmens an die ehemaligen Gesellschafter des aufzunehmenden Unternehmens. Während der Erwerb einer Kapitalbeteiligung aus der Perspektive des erwerbenden Unternehmens insofern als *Austausch* wirtschaftlicher Ressourcen zu interpretieren ist, liegt in dem hier betrachteten Fall einer Einlage eine *Einbringung* von (zusätzlichen) Ressourcen vor. In einer formalrechtlichen Betrachtung bringen die ehemaligen Gesellschafter des aufzunehmenden Unternehmens somit ihre Kapitalbeteiligung im Rahmen einer gesellschaftsrechtlichen Sacheinlage in das aufnehmende Unternehmen ein, wodurch ein Über- oder Unterordnungsverhältnis und damit ein Konzernverbund entstehen. Aus wirtschaftlicher Sicht ist die Über- oder Unterordnung jedoch unerheblich, da die Unternehmen eine wirtschaftliche Einheit bilden. Zumal sämtliche Gesellschafter an dem Konzern beteiligt werden und keine Ressourcen aus den Unternehmen abfließen, ist der Zusammenschluss schließlich als eine **Zusammenlegung zweier Unternehmen** zu interpretieren, da beide Gesellschaftergruppen ihre jeweiligen Ressourcen vollumfänglich in den Verbund einbringen. Folglich sind die wirtschaftlichen Verhältnisse des entstehenden Konzerns gänzlich unabhängig von den im Rahmen des Zusammenschlusses von dem aufnehmenden Unternehmen ausgegebenen Eigenkapitalanteilen. Das Austauschverhältnis bzw. die Zahl der ausgegebenen Anteile bestimmt vielmehr die Beteiligungsverhältnisse der Gesellschafter an dem entstehenden Konzern, die aber für die Abbildung im Konzernabschluss unbeachtlich sind.

Aufbauend auf diesen Erkenntnissen zum Charakter eines Zusammenschlusses durch Einlage von Kapitalgesellschaftsanteilen war es ein weiteres Ziel dieser Arbeit, die Eignung der gemäß IFRS 3 zwingend anzuwendenden Erwerbsmethode zur Abbildung des hier betrachteten Unternehmenszusammenschlusses im Rahmen einer kritischen Analyse zu beurteilen. Dazu war es zunächst erforderlich, einen geeigneten **Analyse- und Würdigungsrahmen** in Kapitel 4 zu identifizieren und für den hier betrachteten Sachverhalt zu konkretisieren. Als Ausgangspunkt diente dabei das *Conceptual Framework for Financial Reporting*, das die theoretisch-konzeptionelle Grundlage der (Konzern-)Rechnungslegung nach den Vorschriften des IASB bildet, indem es sowohl das Ziel, entscheidungsnützliche Informationen zu vermitteln, als auch grundlegende Prinzipien der Finanzberichterstattung definiert. Ein besonderes Augenmerk legt der Standardsetzer dabei auf die Abbildung der wirtschaftlichen Substanz eines Sachverhaltes, die – wie die Charakterisierung gezeigt hat – wesentlich von der formalrechtlichen Gestalt der hier betrachteten Transaktion abweicht. In diesem Zusammenhang ist dem primären Adressatenkreis besondere Bedeutung beizumessen, da bei der Beurteilung der Entscheidungsnützlichkeit der vermittelten Informationen neben den Interessen der bisherigen Gesellschafter des aufnehmenden Unternehmens diejenigen der ehemaligen Gesellschafter des aufzunehmenden Unternehmens zu berücksichtigen sind. Schließlich ist der Konzernabschluss nicht als fortgeführter Abschluss des den Konzernabschluss aufstellenden Unternehmens, sondern als vereinter Abschluss der sich zusammenschließenden Unternehmen zu verstehen. Da ein erfolgreicher Zusammenschluss letztlich an einer gegenüber den vormals alleinstehenden Unternehmen verbesserten wirtschaftlichen Lage des Konzerns zu erkennen ist, hat ferner die periodische Vergleichbarkeit der Einzelabschlüsse vor dem Zusammenschluss mit dem Konzernabschluss eine entscheidende Bedeutung für die Entscheidungsnützlichkeit der vermittelten Informationen.

Im Rahmen der Analyse wurde in Abschnitt 52 der Ressourcenabfluss als zentrale Voraussetzung zur sinnvollen Anwendung der **Erwerbsmethode** identifiziert. Entsprechend der Idee eines entgeltlichen Erwerbes werden die einzelnen Vermögenswerte und Schulden des aufzunehmenden Unternehmens mit ihren jeweiligen (angenommenen) Anschaffungskosten in Höhe ihrer beizulegenden Zeitwerte im Konzernabschluss angesetzt und anschließend nach den entsprechenden Vorschriften des IASB fortgeführt. Auf diese Weise wird den künftigen Erträgen prinzipiell die Anschaffungsauszahlung gegenübergestellt, sodass sich nur ein Überschuss als sachgerechter Konzernerfolg ergibt. Bei einer Einlage von Kapitalgesellschaftsanteilen mangelt es allerdings an einem entsprechenden Ressourcenabfluss. Dennoch ist die Erwerbsmethode nach IFRS 3 auch auf Zusammenschlüsse durch Einlage von Kapitalgesellschaftsanteilen anzuwenden. Die zentralen Ergebnisse aus der Analyse der Erwerbsmethode werden im Folgenden verkürzt wiedergegeben:

- Im Rahmen der Erwerbsmethode ist die **Perspektive des Erwerbers** einzunehmen. Die vom Standardsetzer vorgesehene Beherrschungskonzeption des IFRS 10 ist zur Bestimmung eines (fiktiven) Erwerbers in dem hier betrachteten Fall allerdings ungeeignet, da der Ressourcenabfluss als zentrales Merkmal eines Erwerbes unbeachtet bleibt. Die Maßgeblichkeit des Beherrschungstatbestandes gemäß IFRS 3 führt dabei zu dem Trugschluss, dass im Rahmen einer Einlage ebenfalls ein Erwerber identifiziert werden könne. Der Zusammenschluss entspricht jedoch einer Zusammenlegung von Ressourcen durch die Gesellschafter, sodass keines der Unternehmen als Erwerber aus der Transaktion hervorgeht.

- In diesem Zusammenhang konnte ferner gezeigt werden, dass der vermeintliche Sonderfall eines **umgekehrten Unternehmenserwerbes** keiner gesonderten Beurteilung bedarf. Ein umgekehrter Erwerb ist dadurch gekennzeichnet, dass die ehemaligen Gesellschafter des aufzunehmenden Unternehmens die Beherrschung über das aufnehmende Unternehmen erlangen. Maßgeblich für die Qualifikation als umgekehrter Erwerb ist daher das wirtschaftlich jedoch unbeachtliche Über- oder Unterordnungsverhältnis. Mit den konkreten Vorschriften zur Abbildung eines umgekehrten Unternehmenserwerbes verhindert der Standardsetzer zwar, dass derselbe wirtschaftliche Sachverhalt mithilfe einer formalrechtlichen Strukturierung auf unterschiedliche Weise abgebildet wird. Sofern kein Erwerb, sondern eine Einlage von Kapitalgesellschaftsanteilen vorliegt, führt die Perspektive eines fiktiven Erwerbers allerdings zu grundlegenden Verwerfungen bei der Abbildung des Zusammenschlusses.

- Nach IFRS 3 sind die Vermögenswerte und Schulden des „erworbenen“ Unternehmens mit ihren beizulegenden Zeitwerten in den Konzernabschluss aufzunehmen. Die **Neubewertung** der Vermögenswerte und Schulden nur eines der sich zusammenschließenden Unternehmen ist allerdings bei dem hier betrachteten Sachverhalt willkürlich, da der wirtschaftliche Charakter einer Zusammenlegung von Ressourcen eine Gleichbehandlung des aufnehmenden und des aufzunehmenden Unternehmens bei der Abbildung des Zusammenschlusses im Konzernabschluss anzeigt. Obwohl die Gesellschafter dem Konzern keine zusätzlichen Ressourcen zur Verfügung stellen, führt die Aufdeckung stiller Reserven und stiller Lasten unter sonst gleichen Umständen in den auf den Zusammenschluss folgenden Perioden zu einer Erfassung nicht pagatorischer Aufwendungen bzw. Erträge und ist daher abzulehnen.

- Ein positiver Unterschiedsbetrag zwischen dem beizulegenden Zeitwert der ausgegebenen Eigenkapitalanteile und dem neubewerteten Nettovermögen des aufzunehmenden Unternehmens ist gemäß IFRS 3 als **Geschäfts- oder Firmenwert** zu aktivieren. Der positive Unterschiedsbetrag umfasst im Wesentlichen erwartete künftige Ertragspotenziale aus dem Zusammenschluss, die sich in dem vereinbarten Austauschverhältnis konkretisiert haben. Der Unterschiedsbetrag repräsentiert insofern diejenigen Ertragspotenziale, deren Realisation erforderlich ist, damit die bisherigen Gesellschafter des aufnehmenden Unternehmens ihre bisherigen Vermögensverhältnisse bei dem gegebenen Austauschverhältnis wahren können. Die ehemaligen Gesellschafter des aufzunehmenden Unternehmens sind hingegen nicht auf die Realisation dieser Ertragspotenziale angewiesen, sodass an dieser Stelle die Interessen der bisherigen Gesellschafter des aufnehmenden Unternehmens vorrangig erfüllt werden. Allerdings ist eine Amortisation der ausgegebenen Eigenkapitalanteile für einen wirtschaftlich erfolgreichen Zusammenschluss nicht erforderlich, sodass die aufwandswirksame Erfassung von Wertminderungen des positiven Unterschiedsbetrages zu einer verzerrten Darstellung der Ertragslage des Konzerns führt. Die Aktivierung eines Geschäfts- oder Firmenwertes aus dem Zusammenschluss ist daher abzulehnen.

- Ein negativer Unterschiedsbetrag ist gemäß IFRS 3 nach erneuter Prüfung als **Gewinn aus einem günstigen Erwerb** ertragswirksam zu vereinnahmen. Beruht der negative Unterschiedsbetrag auf einer günstigen Verhandlungsposition, die zu einem entsprechend niedrigen Austauschverhältnis geführt hat, spiegelt der Unterschiedsbetrag einen wirtschaftlichen Vorteil der bisherigen Gesellschafter des aufnehmenden Unternehmens aus dem Zusammenschluss wider. Der Vorteil der bisherigen Gesellschafter ist allerdings mit einem korrespondierenden Nachteil der ehemaligen Gesellschafter des aufzunehmenden Unternehmens verbunden, sodass auch an dieser Stelle die Interessen der bisherigen Gesellschafter des aufnehmenden Unternehmens vorrangig erfüllt werden. Entgegen der Ansicht des Standardsetzers kann ein negativer Unterschiedsbetrag aber ebenso auf erwarteten künftigen Verlusten des aufzunehmenden Unternehmens basieren, die sich in einem entsprechend niedrigen Austauschverhältnis konkretisiert haben. Da die Ausgabe der Eigenkapitalanteile aber zu keinem Ressourcenabfluss führt und sich somit in beiden beschriebenen Fällen keinerlei Auswirkungen auf die Vermögenslage des Konzerns ergeben, ist eine ertragswirksame Erfassung im Konzernabschluss nicht vertretbar.

- Der Ausweis des **Eigenkapitals** im Konzernabschluss spiegelt im Wesentlichen die formalrechtliche Eigenkapitalstruktur des aufnehmenden Unternehmens wider, obwohl das dem Konzern wirtschaftlich zur Verfügung stehende Kapital sowohl hinsichtlich des Umfanges als auch hinsichtlich der Struktur abweichen kann. Entsprechend der Zusammenlegung der Ressourcen der vormals alleinstehenden Unternehmen stellen die Gesellschafter dem Konzern genau diejenigen Ressourcen zur Verfügung, die sie zuvor den jeweiligen Unternehmen überlassen haben, sodass der Eigenkapitalausweis im Konzern weitestgehend den Umfang und die Struktur des Eigenkapitals aus den Einzelabschlüssen beider Unternehmen vor dem Zusammenschluss wiedergeben sollte.

Insgesamt wurde gezeigt, dass die Abbildung des hier betrachteten Zusammenschlusses auf Grundlage der Erwerbsfiktion nicht mit dem wirtschaftlichen Charakter einer Einlage vereinbar ist und die Erwerbsmethode somit nur bedingt entscheidungsnützliche Informationen vermitteln kann. Daraus ergab sich das Erfordernis einer weitergehenden Analyse potenziell geeigneter Kapitalkonsolidierungsmethoden zur Abbildung der hier betrachteten Transaktion. Alternativ zu der Erwerbsmethode wurden daher die Interessenzusammenführungsmethode in Abschnitt 53 sowie die Neugründungsmethode in Abschnitt 54 betrachtet, denen anstelle der Erwerbsfiktion eine Fusionsfiktion zugrunde liegt. Die **Fusionsfiktion** unterstellt eine Verschmelzung der sich zusammenschließenden Unternehmen, indem sie das Über- oder Unterordnungsverhältnis zwischen den Konzernunternehmen entsprechend der Einheitsfiktion des Konzernabschlusses vernachlässigt. Aus der Fusionsfiktion ergibt sich vor allem eine Gleichbehandlung der sich zusammenschließenden Unternehmen, sodass die Interessen beider Gesellschaftergruppen gleichermaßen befriedigt werden.

Im Rahmen der **Interessenzusammenführungsmethode** wird angenommen, dass die Gesellschafter ihre ursprüngliche Investition in die vormals alleinstehenden Unternehmen im entstehenden Konzern fortführen, sodass die Buchwerte aus den Einzelabschlüssen in den Konzernabschluss zu übernehmen sind. Die wesentlichen Erkenntnisse aus der Analyse der Interessenzusammenführungsmethode werden im Folgenden zusammengefasst:

- Aufgrund der **Buchwertfortführung** werden sämtliche Vermögenswerte und Schulden des Konzerns weiterhin mit dem Wert der von den jeweiligen Gesellschaftern zur Verfügung gestellten Ressourcen bewertet. Das Konzernergebnis lässt sich dementsprechend wirtschaftlich sinnvoll als Überschuss der künftigen Erträge über den Verzehr der von den Gesellschaftern ursprünglich eingesetzten Ressourcen interpretieren.

- Ein gegebenenfalls verbleibender **Unterschiedsbetrag** aus der Kapitalkonsolidierung stellt ein Konglomerat unterschiedlicher Werte dar, das keine Rückschlüsse auf seine einzelnen Bestandteile zulässt. Da eine Amortisation nicht erforderlich ist, ist der Unterschiedsbetrag zurecht erfolgsneutral mit der Kapitalrücklage des Konzerns zu verrechnen.

- Das im Konzernabschluss ausgewiesene **Eigenkapital** entspricht genau denjenigen Ressourcen, die die Gesellschafter den jeweiligen Unternehmen insgesamt überlassen haben. Die Struktur des Eigenkapitals spiegelt dabei die Herkunft des Eigenkapitals adäquat wider, indem die Gewinnrücklagen beider Unternehmen als solche im Konzernabschluss ausgewiesen werden.

Die **Neugründungsmethode** fingiert hingegen eine Reinvestition der bis zum Zeitpunkt des Zusammenschlusses erwirtschafteten Ressourcen der Gesellschafter in den Konzernverbund, sodass eine vollständige Neubewertung der Vermögenswerte und Schulden vorgesehen ist. Die wesentlichen Erkenntnisse aus der Analyse der Neugründungsmethode werden im Folgenden in aggregierter Form präsentiert:

- Die vollständige **Neubewertung** der Vermögenswerte und Schulden sämtlicher Konzernunternehmen zum beizulegenden Zeitwert erlaubt einen Einblick in die tatsächlichen

Vermögensverhältnisse des Konzerns. Das Konzernergebnis lässt sich dabei wirtschaftlich sinnvoll als Überschuss der künftigen Erträge über den Verzehr der von den Gesellschaftern im Zeitpunkt des Zusammenschlusses in den Verbund reinvestierten Ressourcen interpretieren. Allerdings ist die Zeitwertbewertung auf den Zeitpunkt des Zusammenschlusses beschränkt und mit wesentlichen Herausforderungen sowie erheblichen Kosten verbunden.

- Neben den Vermögenswerten und Schulden ist zusätzlich ein **Geschäfts- oder Firmenwert** der sich zusammenschließenden Unternehmen im Konzernabschluss anzusetzen. Konzeptionell ist allerdings nur der Fortführungswert der jeweiligen Unternehmen zu berücksichtigen, da der Kombinationswert erst durch den Zusammenschluss entsteht und somit nicht als Teil der Investition der Gesellschafter anzusehen ist.

- Das ausgewiesene **Konzerneigenkapital** entspricht dem beizulegenden Zeitwert der dem Konzern zur Verfügung stehenden Ressourcen. Die vor dem Zusammenschluss erwirtschafteten Ergebnisse der sich zusammenschließenden Unternehmen sind als eingezahltes Kapital aufzufassen, sodass ein Ausweis von Gewinnrücklagen im Konzernabschluss nicht in Betracht kommt.

Aufbauend auf den Erkenntnissen aus der kritischen Analyse wurden die verschiedenen Kapitalkonsolidierungsmethoden in Abschnitt 55 gegeneinander abgewogen und vor dem Ziel einer entscheidungsnützlichen Berichterstattung gewürdigt. Dabei wurde festgestellt, dass innerhalb der Grenzen des Kongruenzprinzips allein die Interessenzusammenführungsmethode imstande ist, den primären Adressaten des Konzernabschlusses entscheidungsnützliche Informationen über einen Unternehmenszusammenschluss durch Einlage von Kapitalgesellschaftsanteilen zu vermitteln. Zwar stellt auch die Neugründungsmethode relevante Informationen zur Verfügung, allerdings ist die glaubwürdige Darstellung der Informationen aufgrund der vollständigen Neubewertung nicht sichergestellt. Die Neubewertung schränkt ferner die Vergleichbarkeit der Abschlüsse vor und nach dem Zusammenschluss ein und erschwert damit die Beurteilung des Erfolges aus dem Zusammenschluss. Vor allem kann aber die Interessenzusammenführungsmethode konzeptionell als Pendant zur Erwerbsmethode verstanden werden, da sie eine Einlage von Kapitalgesellschaftsanteilen im Konzernabschluss nach der gleichen Vermögens- und Erfolgskonzeption abbildet wie die Erwerbsmethode einen gewöhnlichen Erwerb.

Vor diesem Hintergrund sollte der Standardsetzer seine Einschätzung hinsichtlich des Charakters von Unternehmenszusammenschlüssen überdenken und eine differenzierte Behandlung von Erwerben einerseits und Einlagen andererseits vorsehen. IFRS 3 wäre schließlich dahin gehend anzupassen, dass ein Zusammenschluss durch Einlage von Kapitalgesellschaftsanteilen künftig nach der Interessenzusammenführungsmethode abgebildet werden muss. Obgleich der konzeptionelle Anwendungsbereich dieser Methode durch die Einlage von Kapitalgesellschaftsanteilen vergleichsweise klar definiert ist, sollte der Standardsetzer angesichts der Anreize zur Anwendung der Interessenzusammenführungsmethode gegenüber der Erwerbsmethode den Anwendungsbereich sinnvoll beschränken sowie eindeutige und nachprüfbare Kriterien bestimmen, um eine missbräuchliche Anwendung der Methode zu verhindern.

Quellenverzeichnis

Verzeichnis der Kommentare und Handbücher

BAETGE, JÖRG/KIRSCH, HANS-JÜRGEN/THIELE, STEFAN (Hrsg.), Bilanzrecht. Kommentar, Loseblatt, Bonn/Berlin 2002 ff. (Stand: Februar 2018) (zitiert: BEARBEITER, in: Baetge u. a., Bilanzrecht).

BAETGE, JÖRG/WOLLMERT, PETER/KIRSCH, HANS-JÜRGEN/OSER, PETER/BISCHOF, STEFAN (Hrsg.), Rechnungslegung nach IFRS. Kommentar auf der Grundlage des deutschen Bilanzrechts, Loseblatt, 2. Aufl., Stuttgart 2003 ff. (Stand: Juni 2017) (zitiert: BEARBEITER, in: Baetge u. a., IFRS).

BERTRAM, CHRISTIAN/BRINKMANN, RALPH/KESSLER, HARALD/MÜLLER, STEFAN (Hrsg.), Haufe HGB Bilanz Kommentar. §§ 238–342e HGB, 8. Aufl., Freiburg 2017 (zitiert: BEARBEITER, in: Bertram u. a., Haufe HGB).

DRIESCH, DIRK/RIESE, JOACHIM/SCHLÜTER, JÖRG/SENGER, THOMAS (Hrsg.), Beck'sches IFRS-Handbuch. Kommentierung der IFRS/IAS, 5. Aufl., München 2016 (zitiert: BEARBEITER, in: Driesch u. a., Beck IFRS-Hdb).

FRODERMANN, JÜRGEN/JANNOTT, DIRK (Hrsg.), Handbuch des Aktienrechts, 9. Aufl., Heidelberg 2017 (zitiert: BEARBEITER, in: Frodermann u. a., Aktienrecht).

GOETTE, WULF/HABERSACK, MATHIAS (Hrsg.), Münchener Kommentar zum Aktiengesetz. Band 1: §§ 1–75 AktG, 4. Aufl., München 2016 (zitiert: BEARBEITER, in: Goette u. a., MüKo AktG, Bd. 1).

GOETTE, WULF/HABERSACK, MATHIAS (Hrsg.), Münchener Kommentar zum Aktiengesetz. Band 4: §§ 179–277 AktG, 4. Aufl., München 2016 (zitiert: BEARBEITER, in: Goette u. a., MüKo AktG, Bd. 4).

GROTTEL, BERND/SCHMIDT, STEFAN/SCHUBERT, WOLFGANG J./WINKELJOHANN, NORBERT (Hrsg.), Beck'scher Bilanz-Kommentar. Handels- und Steuerbilanz, 11. Aufl., München 2018 (zitiert: BEARBEITER, in: Grottel u. a., Beck Bil-Komm).

HENNRICHS, JOACHIM/KLEINDIEK, DETLEF/WATRIN, CHRISTOPH (Hrsg.), Münchener Kommentar zum Bilanzrecht. Band 1: IFRS, Loseblatt, München 2014 (Stand: September 2014) (zitiert: BEARBEITER, in: Hennrichs u. a., MüKo Bilanzrecht, Bd. 1).

HEUSER, PAUL J./THEILE, CARSTEN (Hrsg.), IFRS-Handbuch. Einzel- und Konzernabschluss, 5. Aufl., Köln 2012 (zitiert: BEARBEITER, in: Heuser u. a., IFRS-Hdb).

HOFFMANN, WOLF-DIETER/LÜDENBACH, NORBERT (Hrsg.), NWB Kommentar Bilanzierung. Handels- und Steuerrecht, Herne 2018 (zitiert: BEARBEITER, in: Hoffmann u. a., NWB Bilanzierung).

HÖLTERS, WOLFGANG (Hrsg.), Aktiengesetz. Kommentar, 3. Aufl., München 2017 (zitiert: BEARBEITER, in: Hölters, AktG).

HOPT, KLAUS J./WIEDEMANN, HERBERT (Hrsg.), Aktiengesetz Großkommentar. Band 1: Einleitung §§ 1–53 AktG, 4. Aufl., Berlin 2004 (zitiert: BEARBEITER, in: Hopt u. a., AktG, Bd. 1).

HÜFFER, UWE/KOCH, JENS (Hrsg.), Aktiengesetz. Kommentar, 13. Aufl., München 2018 (zitiert: BEARBEITER, in: Hüffer u. a., AktG).

LÜDENBACH, NORBERT/HOFFMANN, WOLF-DIETER/FREIBERG, JENS (Hrsg.), Haufe IFRS-Kommentar. Das Standardwerk, 16. Aufl., Freiburg 2018 (zitiert: BEARBEITER, in: Lüdenbach u. a., Haufe IFRS).

PETERSEN, KARL/BANSBACH, FLORIAN/DORNBACH, EIKE, IFRS Praxishandbuch. Ein Leitfaden für die Rechnungslegung mit Fallbeispielen, 12. Aufl., München 2018 (IFRS Praxishandbuch).

SCHULZE-OSTERLOH, JOACHIM/HENNRICHS, JOACHIM/WÜSTEMANN, JENS (Hrsg.), Handbuch des Jahresabschlusses. Bilanzrecht nach HGB, EStG und IFRS, Loseblatt, Köln 2005 ff. (Stand: Dezember 2017) (zitiert: BEARBEITER, in: Schulze-Osterloh u. a., HdJ).

SPINDLER, GERALD/STILZ, EBERHARD (Hrsg.), Kommentar zum Aktiengesetz. Band 2: §§ 150–410 AktG, 3. Aufl., München 2015 (zitiert: BEARBEITER, in: Spindler u. a., AktG, Bd. 2).

THIELE, STEFAN/VON KEITZ, ISABEL/BRÜCKS, MICHAEL (Hrsg.), Internationales Bilanzrecht. Rechnungslegung nach IFRS, Loseblatt, Bonn/Berlin 2008 ff. (Stand: Juli 2018) (zitiert: BEARBEITER, in: Thiele u. a., Int. Bilanzrecht).

ZÖLLNER, WOLFGANG/NOACK, ULRICH (Hrsg.), Kölner Kommentar zum Aktiengesetz, 3. Aufl., Köln 2004–2017 (zitiert: BEARBEITER, in: Zöllner u. a., KöKo AktG).

Verzeichnis der Aufsätze, Monografien und sonstigen Fachbeiträge

ACHLEITNER, ANN-KRISTIN, Die Normierung der Rechnungslegung. Eine vergleichende Untersuchung unterschiedlicher institutioneller Ausgestaltungen des nationalen und internationalen Standardsetzungsprozesses, Zürich 1995 (Normierung der Rechnungslegung).

ALKEMEIER, MICHAEL, Konzerninterne Unternehmenszusammenschlüsse. Die Bilanzierung von Business Combinations under Common Control im IFRS-Teilkonzernabschluss, Lohmar/Köln 2017 (Konzerninterne Unternehmenszusammenschlüsse).

ALTHOFF, FRANK, Rechtsgeschäfte zwischen Gesellschaften und ihren Gesellschaftern in der externen Rechnungslegung nach HGB und IFRS unter besonderer Berücksichtigung gesellschaftsrechtlicher Kapitalerhaltung, Frankfurt am Main 2009 (Rechtsgeschäfte).

ALVAREZ, MANUEL/BIBERACHER, JOHANNES, Goodwill-Bilanzierung nach US-GAAP – Anforderungen an Unternehmenssteuerung und -berichterstattung, in: BB 2002, S. 346–353 (Goodwill-Bilanzierung).

ANDERS, GEORG, Fusionen bei wechselseitigen Beteiligungen und Finanzierung mit eigenen Anteilen. Gestaltungsparameter für die Bilanzierungspraxis, in: PiR 2018, S. 114–121 (Fusionen bei wechselseitigen Beteiligungen).

ANGERMAYER, BIRGIT/OSER, PETER, Die Berücksichtigung von Synergieeffekten bei der Unternehmensbewertung, in: Praxishandbuch der Unternehmensbewertung, hrsg. v. Peemöller, Volker H., 2. Aufl. 2002, S. 701–715 (Berücksichtigung von Synergieeffekten).

AYERS, BENJAMIN/LEFANOWICZ, CRAIG E./ROBINSON, JOHN R., The Financial Statement Effects of Eliminating the Pooling-of-Interests Method of Acquisition Accounting, in: Accounting Horizons 2000, S. 1–19 (Eliminating the Pooling-of-Interests Method).

BADER, AXEL/SCHREDER, MAX, Full goodwill-Methode vs. partial goodwill-Methode nach IFRS 3. Bilanzpolitische Spielräume und Akzeptanz in der Bilanzierungspraxis, in: PiR 2012, S. 276–282 (Full vs. Partial Goodwill Methode).

BAETGE, JÖRG/KIRSCH, HANS-JÜRGEN/THIELE, STEFAN, Bilanzen, 14. Aufl., Düsseldorf 2017 (Bilanzen).

BAETGE, JÖRG/KIRSCH, HANS-JÜRGEN/THIELE, STEFAN, Konzernbilanzen, 12. Aufl., Düsseldorf 2017 (Konzernbilanzen).

BALLANTINE, HENRY W., The Curious Fiction of Treasury Shares, in: California Law Review 1946, S. 536–542 (Treasury Shares).

BALLWIESER, WOLFGANG, Ansätze und Ergebnisse einer ökonomischen Analyse des Rahmenkonzepts zur Rechnungslegung, in: zfbf 2014, S. 451–476 (Analyse des Rahmenkonzeptes).

BALLWIESER, WOLFGANG, Geschäftswert, in: Lexikon des Rechnungswesens. Handbuch der Bilanzierung und Prüfung, der Erlös-, Finanz-, Investitions- und Kostenrechnung, hrsg. v. Busse von Colbe, Walther/Crasselt, Nils/Pellens, Bernhard, 5. Aufl., München 2011, S. 304–307 (Geschäftswert).

BALZER, ANDRÉ, Auswirkungen eines Unternehmenszusammenschlusses auf den IFRS-Abschluss, in: KoR 2013, S. 129–135 (Auswirkungen eines Unternehmenszusammenschlusses).

BECK, RALF/KLAR, MICHAEL, Asset Deal versus Share Deal – Eine Gesamtbetrachtung unter expliziter Berücksichtigung des Risikoaspekts, in: DB 2007, S. 2819–2826 (Asset Deal vs. Share Deal).

BEINSEN, BIRGIT/WAGENHOFER, ALFRED, Das ambivalente Verhältnis des IASB zum Vorsichtsprinzip, in: IRZ 2013, S. 413–419 (Vorsichtsprinzip).

BEYHS, OLIVER/WAGNER, BERNADETTE, Die neuen Vorschriften des IASB zur Abbildung von Unternehmenszusammenschlüssen. Darstellung der wichtigsten Änderungen in IFRS 3, in: DB 2008, S. 73–83 (Unternehmenszusammenschlüsse).

BIEG, HARTMUT, Die Eigenkapitalbeschaffung emissionsfähiger Unternehmungen (Teil I), in: StB 1997, S. 106–111 (Eigenkapitalbeschaffung (Teil I)).

BIEG, HARTMUT, Die Eigenkapitalbeschaffung emissionsfähiger Unternehmungen (Teil II), in: StB 1997, S. 153–159 (Eigenkapitalbeschaffung (Teil II)).

BIEG, HARTMUT, Die Eigenkapitalbeschaffung emissionsfähiger Unternehmungen (Teil III), in: StB 1997, S. 182–189 (Eigenkapitalbeschaffung (Teil III)).

BIEKER, MARCUS/ESSER, MAIK, Der Impairment-Only-Ansatz des IASB: Goodwillbilanzierung nach IFRS 3 „Business Combinations“, in: StuB 2004, S. 449–458 (Goodwillbilanzierung).

BISE, WILHELM, Eigene Anteile bei Kapitalgesellschaften. Besonderheiten im Ertragsteuer-, Bewertungs- und Verkehrsteuerrecht, in: DB 1975, S. 804–808 (Eigene Anteile).

BÖCKING, HANS-JOACHIM/KLEIN, GABRIELE/LOPATTA, KERSTIN, Internationale Entwicklungen bei der Bilanzierung von Unternehmenszusammenschlüssen. Die Abschaffung der Pooling of Interests-Methode als Hinwendung zu einer kapitalmarktorientierten Rechnungslegung?, in: KoR 2001, S. 17–25 (Unternehmenszusammenschlüsse).

BÖHM, KLAUS JÜRGEN, Der Rückkauf eigener Aktien und Übernahmetransaktionen, in: Die Übernahme börsennotierter Unternehmen. Schriften zum Kapitalmarkt, hrsg. v. von Rosen,

Rüdiger/Seifert, Werner G., Frankfurt am Main 1999, S. 327–340 (Rückkauf eigener Aktien).

BÖSL, KONRAD, Gestaltungsformen und Grenzen eines indirekten Börsengangs, in: FB 2003, S. 297–303 (Indirekter Börsengang).

BRUNS, HANS-GEORG, »Pooling of Interests« – der Zusammenschluß der Daimler-Benz AG und der Chrysler Corporation, in: DBW 1999, S. 831–840 (Pooling of Interests).

BUSCH, JULIA/BOECKER, CORINNA, ED/2015/3: Conceptual Framework for Financial Reporting. Ein erster Überblick zur vorgeschlagenen Neufassung, in: IRZ 2015, S. 270–272 (Conceptual Framework).

BUSCH, JULIA/ROTH, MATTHIAS, Konzernrechnungslegungspflicht nach IFRS 10. Implikationen des neu gefassten Control-Konzepts, in: IRZ 2012, S. 95–97 (Konzernrechnungslegungspflicht).

BUSCHHÜTER, MICHAEL, Bilanzierung von Unternehmenszusammenschlüssen. Erstmalige Anwendung der neuen Regelungen IFRS 3 und IAS 27, in: IRZ 2009, S. 297–303 (Unternehmenszusammenschlüsse).

BUSSE VON COLBE, WALTHER, Gefährdung des Kongruenzprinzips durch erfolgsneutrale Verrechnung von Aufwendungen im Konzernabschluß, in: Rechnungslegung. Entwicklungen bei der Bilanzierung und Prüfung von Kapitalgesellschaften. Festschrift zum 65. Geburtstag von Professor Dr. Dr. h.c. Karl-Heinz Forster, hrsg. v. Moxter, Adolf u. a., Düsseldorf 1992, S. 125–138 (Gefährdung des Kongruenzprinzips).

BUSSE VON COLBE, WALTHER/ORDELHEIDE, DIETER, Konzernabschlüsse, 6. Aufl., Wiesbaden 1993 (Konzernabschlüsse, 6. Aufl.).

BUSSE VON COLBE, WALTHER/ORDELHEIDE, DIETER/GEBHARDT, GÜNTHER/PELLENS, BERNHARD, Konzernabschlüsse, 9. Aufl., Wiesbaden 2010 (Konzernabschlüsse).

CASTEDELLO, MARC/KLINGBEIL, CHRISTIAN, IFRS 13: Anwendungsfragen bei nicht-finanziellen Vermögenswerten in der Praxis, in: WPg 2012, S. 482–488 (IFRS 13: Anwendungsfragen).

COENENBERG, ADOLF G./HALLER, AXEL/SCHULTZE, WOLFGANG, Jahresabschluss und Jahresabschlussanalyse. Betriebswirtschaftliche, handelsrechtliche, steuerrechtliche und internationale Grundlagen – HGB, IAS/IFRS, US-GAAP, DRS, 25. Aufl., Stuttgart 2018 (Jahresabschlussanalyse).

COENENBERG, ADOLF G./STRAUB, BARBARA, Rechenschaft versus Entscheidungsunterstützung. Harmonie oder Disharmonie der Rechnungszwecke?, in: KoR 2008, S. 17–26 (Entscheidungsunterstützung).

DEGENER, GERRIT JAN, Die Bilanzierung von merger of equals. Ein Anwendungsfall der Fresh-Start-Methode, Aachen 2006 (Merger of Equals).

DEHMEL, INGA, Aktuelle Entwicklungen bei den Definitions- und Ansatzkriterien für Vermögenswerte im Conceptual-Framework-Projekt des IASB, in: BB 2015, S. 1770–1775 (Definitions- und Ansatzkriterien).

DEHMEL, INGA/HOMMEL, MICHAEL/KUNKEL, TESSA, Conceptual Framework for Financial Reporting 2018 auf dem Prüfstand, in: BB 2018, S. 1706–1710 (Conceptual Framework auf dem Prüfstand).

DELMAS, BRITTA, Die Bewertung von Sacheinlagen in der Handelsbilanz von AG und GmbH, Köln 1997 (Bewertung von Sacheinlagen).

DIETZ, FABIAN, Aktien als Akquisitionswährung. Unter besonderer Berücksichtigung der Kapitalaufbringung und des Aktionärsschutzes, Baden-Baden 2004 (Aktien als Akquisitionswährung).

DIRRIGL, HANS, Synergieeffekte beim Unternehmenszusammenschluß und Bestimmung des Umtauschverhältnisses, in: DB 1990, S. 185–192 (Bestimmung des Umtauschverhältnisses).

DÖLLERER, GEORG, Aktienrecht und Steuerrecht, in: WPg 1969, S. 333–340 (Aktienrecht und Steuerrecht).

DÖLLERER, GEORG, Verdeckte Einlagen bei der Aktiengesellschaft, in: BB 1971, S. 1245–1253 (Verdeckte Einlagen).

DREGER, KARL-MARTIN, Der Konzernabschluß. Grundsätze ordnungsmäßiger Konsolidierung. Konzernrechnungslegung nach Aktienrecht 1965 in Anlehnung an Technik und Praxis in den USA, Wiesbaden 1969 (Konzernabschluß).

DRYGALA, TIM/STAAKE, MARCO/SZALAI, STEPHAN, Kapitalgesellschaftsrecht. Mit Grundzügen des Konzern- und Umwandlungsrechts, Berlin/Heidelberg 2012 (Kapitalgesellschaftsrecht).

EBELING, RALF MICHAEL, Die Einheitsfiktion als Grundlage der Konzernrechnungslegung, Stuttgart 1995 (Einheitsfiktion).

EBELING, RALF MICHAEL, Zuordnung der im Konsolidierungsprozess auftretenden Eigenkapitaldifferenzen im IFRS-Konzernabschluss, in: BB 2007, S. 1609–1615 (Eigenkapitaldifferenzen).

ENDRES, DIETER/ECKSTEIN, HANS-MARTIN, Die steuerliche Gestaltung von Übernahmen, in: Die Übernahme börsennotierter Unternehmen. Schriften zum Kapitalmarkt, hrsg. v. von Rosen, Rüdiger/Seifert, Werner G., Frankfurt am Main 1999, S. 289–311 (Gestaltung von Übernahmen).

ENGELKE, FREDERIK, Kapitalkonsolidierung im mehrstufigen Konzern. Die Behandlung indirekter Beteiligungsverhältnisse im IFRS-Konzernabschluss, Siegburg 2018 (Mehrstufiger Konzern).

ERB, CARSTEN/PELGER, CHRISTOPH, Das neue Rahmenkonzept des IASB, in: WPg 2018, S. 872–878 (Neues Rahmenkonzept).

ERB, CARSTEN/PELGER, CHRISTOPH, Potenzielle Praxisimplikationen des Entwurfs zum künftigen IFRS-Rahmenkonzept, in: IRZ 2015, S. 337–341 (Implikationen des Rahmenkonzeptes).

ERB, CARSTEN/PELGER, CHRISTOPH, Potenzielle Praxisimplikationen des neuen Rahmenkonzepts des IASB, in: IRZ 2018, S. 327–331 (Praxisimplikationen des neuen Rahmenkonzepts).

ERB, CARSTEN/PELGER, CHRISTOPH, Welche Vorstellungen hat der IASB vom neuen Rahmenkonzept?, in: WPg 2015, S. 1058–1064 (Vorstellungen vom Rahmenkonzept).

ERNST & YOUNG (Hrsg.), International GAAP 2018. Generally Accepted Accounting Practice under International Financial Reporting Standards (Volume 1), Chichester 2018 (International GAAP 2018 (Vol. 1)).

ERNST & YOUNG (Hrsg.), International GAAP 2018. Generally Accepted Accounting Practice under International Financial Reporting Standards (Volume 2), Chichester 2018 (International GAAP 2018 (Vol. 2)).

ESMA (Hrsg.), ESMA Report. Review on the application of accounting requirements for business combinations in IFRS financial statements, verfügbar unter: https://www.esma.europa.eu/sites/default/files/library/2015/11/2014-643_esma_report_on_the_ifrs_3.pdf (Stand: 20.12.2018) (Report on the application of IFRS 3).

EWELT-KNAUER, CORINNA, Der Konzernabschluss als Berichtsinstrument der wirtschaftlichen Einheit, Lohmar/Köln 2010 (Berichtsinstrument der wirtschaftlichen Einheit).

FAßBENDER, DOROTHEA, Anteilstausch nach Handelsrecht und den IFRS, Lohmar 2003 (Anteilstausch).

FASSBENDER, ERNST/KILLAT, GERHARD, Die Bedeutung von Aktien als Akquisitionswährung im internationalen Vergleich, in: Kreditwesen 2007, S. 434–439 (Bedeutung von Aktien als Akquisitionswährung).

FISCHER, DANIEL T., Entwurf eines neugefassten Rahmenkonzepts (ED/2015/3), in: PiR 2015, S. 224–226 (Entwurf eines Rahmenkonzeptes).

FISCHER, DANIEL T., IFRS 13 – Fair Value Measurement, in: PiR 2011, S. 235–238 (Fair Value Measurement).

FISCHER, DANIEL T., Neufassung des IASB-Rahmenkonzepts, in: PiR 2018, S. 155–156 (Neufassung des Rahmenkonzepts).

FISCHER, DANIEL T., Weiterhin im Fokus europäischer Standardsetter: Das Conceptual Framework Project, in: PiR 2013, S. 324–325 (Conceptual Framework Project).

FISCHER, MICHAEL, Verschmelzung von GmbH in der Handels- und Steuerbilanz, in: DB 1995, S. 485–491 (Verschmelzung).

FISCHER-BÖHNLEIN, KARIN, Verschmelzungen aus handelsbilanzieller Sicht unter Berücksichtigung betriebswirtschaftlicher und steuerlicher Aspekte, Würzburg 2004 (Verschmelzungen).

FLICK, PETER/GEHRER, JUDITH/MEYER, SVEN, Neue Vorschriften für die Fair Value-Ermittlung von Finanzinstrumenten durch IFRS 13, in: IRZ 2011, S. 387–393 (Fair Value-Ermittlung).

FOCKEN, ELKE/LENZ, HANSRUDI, Spielräume der Kapitalkonsolidierung nach der Erwerbsmethode bei Beteiligungserwerb durch Anteilstausch, in: DB 2000, S. 2437–2442 (Spielräume der Kapitalkonsolidierung).

FÖRSTNER-REICHSTEIN, HEIKE, Anteilstausch und Abfindung bei der Verschmelzung mit Genossenschaften, Nürnberg 2010 (Verschmelzungen mit Genossenschaften).

FREIBERG, JENS, Anschaffungsnebenkosten beim Beteiligungserwerb im Konzern- und Einzelabschluss, in: PiR 2009, S. 311–314 (Anschaffungsnebenkosten).

FREIBERG, JENS, Bilanzielle Behandlung von Transaktionen mit Gesellschaftern, in: PiR 2014, S. 221–224 (Transaktionen mit Gesellschaftern).

FREIBERG, JENS, Identifizierung des Erwerbers bei (umgekehrtem) Erwerb, in: PiR 2011, S. 116–117 (Identifizierung des Erwerbers).

FREIBERG, JENS, Realisation eines negativen Unterschiedsbetrags aus einer vorläufigen Kaufpreisallokation, in: PiR 2015, S. 261–263 (Realisation eines negativen Unterschiedsbetrags).

FUCHS, MARKUS/STIBI, BERND, Combinations by Contract Alone or Involving Mutual Entities. Exposure Draft einer Änderung des IFRS 3, in: WPg 2004, S. 1010–1015 (Combinations by Contract Alone).

FÜLBIER, ROLF UWE/GASSEN, JOACHIM, Bilanzrechtsregulierung: Auf der ewigen Suche nach der eierlegenden Wollmichsau, in: Private und öffentliche Rechnungslegung. Festschrift für Hannes Streim zum 65. Geburtstag, hrsg. v. Wagner, Franz W./Schildbach, Thomas/Schneider, Dieter, Wiesbaden 2009, S. 135–156 (Bilanzrechtsregulierung).

GASSEN, JOACHIM, Are stewardship and valuation usefulness compatible or alternative objectives of financial accounting?, Berlin 2008 (Stewardship and valuation usefulness).

GASSEN, JOACHIM/FISCHKIN, MICHAEL/HILL, VERENA, Das Rahmenkonzept-Projekt des IASB und des FASB: Eine normendeskriptive Analyse des aktuellen Stands, in: WPg 2008, S. 874–882 (Das Rahmenkonzept-Projekt).

GEBHARDT, GÜNTHER/MORA, ARACELI/WAGENHOFER, ALFRED, Revisiting the Fundamental Concepts of IFRS, in: Abacus 2014, S. 107–116 (Fundamental Concepts of IFRS).

GELHAUSEN, WOLF/GELHAUSEN, HANS FRIEDRICH, Gedanken zur Behandlung des Eigenkapitals im Konzernabschluß, in: Rechnungslegung. Entwicklungen bei der Bilanzierung und Prüfung von Kapitalgesellschaften. Festschrift zum 65. Geburtstag von Professor Dr. Dr. h.c. Karl-Heinz Forster, hrsg. v. Moxter, Adolf u. a., Düsseldorf 1992 (Eigenkapital im Konzernabschluß).

GIMPEL-HENNING, NILS, Die Interpretation eines Goodwill aus stufenweisen Unternehmenserwerben nach IFRS 3. Eine zu Unrecht vernachlässigte Thematik, in: KoR 2016, S. 217–222 (Interpretation eines Goodwill).

GIMPEL-HENNING, NILS, Sukzessive Anteilserwerbe im IFRS-Konzernabschluss, Lohmar/Köln 2015 (Sukzessive Anteilserwerbe).

GLAUM, MARTIN/VOGEL, SILVIA, Bilanzierung von Unternehmenszusammenschlüssen nach IFRS 3, in: ZfCM 2004, S. 43–53 (Unternehmenszusammenschlüsse).

GLINKEMANN, STEFAN, Konsolidierung nach der „Pooling-of-Interests“-Methode, in: BB 1991, S. 2477–2489 (Pooling-of-Interests).

GROH, MANFRED, Anschaffungskosten aus Sacheinlagen, in: FR 1990, S. 528–531 (Anschaffungskosten aus Sacheinlagen).

GROS, STEFAN, Bilanzierung eines „bargain purchase" nach IFRS 3. Sofortige erfolgswirksame Erfassung eines negativen Unterschiedsbetrages aus der Kapitalkonsolidierung im Konzernabschluss, in: DStR 2005, S. 1954–1960 (Bilanzierung eines „bargain purchase").

GROS, STEFAN, Die Aktie als Akquisitionswährung nach IFRS 3, in: Finanz Betrieb 2005, S. 779–783 (Aktie als Akquisitionswährung).

GROßE, JAN-VELTEN, IFRS 13 „Fair Value Measurement" – Was sich (nicht) ändert, in: KoR 2011, S. 286–296 (Fair Value Measurement).

GUTSCHE, ROBERT, Goodwill in der Bilanz: Zum fragwürdigen Ansatz von Anschaffungskosten einer Investition, die sich schlussendlich „amortisieren" muss – Ein Plädoyer, Spekulation wieder Anlegern zu überlassen, in: IRZ 2016, S. 371–377 (Goodwill).

GUTSCHE, ROBERT, Intangibles, quo vadis? – Eine kritische Analyse von IFRS 13 und IFRS 3, in: IRZ 2015, S. 193–198 (Intangibles).

HAAKER, ANDREAS, Das Wahlrecht zur Anwendung der full goodwill method nach IFRS 3 (2008), in: PiR 2008, S. 188–194 (Full Goodwill Method).

HAAKER, ANDREAS, Potential der Goodwill-Bilanzierung nach IFRS für eine Konvergenz im wertorientierten Rechnungswesen. Eine messtheoretische Analyse, Wiesbaden 2008 (Goodwill-Bilanzierung).

HAAKER, ANDREAS, Zum Mythos der konzeptionellen Überlegenheit des Impairment-only-Ansatzes, in: DB 2015, S. 1918 (Impairment-Only-Ansatz).

HAAKER, ANDREAS/FREIBERG, JENS, Ausübung der full-goodwill-Option?, in: PiR 2013, S. 22–23 (Full Goodwill Option).

HAAKER, ANDREAS/FREIBERG, JENS, Endorsement des IFRS-Rahmenkonzepts, in: PiR 2013, S. 259–260 (IFRS-Rahmenkonzept).

HAAKER, ANDREAS/FREIBERG, JENS, Lucky-Buy-Fiktion für einen negativen Unterschiedsbetrag aus der Kapitalkonsolidierung?, in: PiR 2014, S. 344–345 (Lucky-Buy-Fiktion).

HAAKER, ANDREAS/FREIBERG, JENS, Sofortige Vereinnahmung eines negativen goodwill als Ertrag?, in: PiR 2011, S. 324–325 (Vereinnahmung eines negativen Goodwill).

HAAS, CORNELIA, Goodwill-Bilanzierung nach IFRS und Implikationen für das Controlling, Lohmar/Köln 2009 (Goodwill-Bilanzierung).

HACHMEISTER, DIRK, Neuregelung der Bilanzierung von Unternehmenszusammenschlüssen nach IFRS 3 (2008), in: IRZ 2008, S. 115–122 (Neuregelung von IFRS 3).

HACHMEISTER, DIRK/KUNATH, OLIVER, Die Bilanzierung des Geschäfts- oder Firmenwerts im Übergang auf IFRS 3, in: KoR 2005, S. 62–75 (Geschäfts- oder Firmenwert).

HAIL, LUZI, Pooling of Interests als Alternative zum Purchase Accounting? Neu entfachte Debatte um die Verbuchung von Unternehmenszusammenschlüssen, in: ST 1999, S. 701–712 (Pooling of Interests).

HAYN, BENITA, Konsolidierungstechnik bei Erwerb und Veräußerung von Anteilen. Ein Leitfaden zur praktischen Umsetzung der Erst-, Übergangs- und Endkonsolidierung, Berlin 1999 (Konsolidierungstechnik).

HAYN, SVEN, Entwicklungstendenzen im Rahmen der Anwendung von IFRS in der Konzernrechnungslegung, in: BFuP 2005, S. 424–439 (Entwicklungstendenzen).

HEINRICH, THOMAS, Zusammenschluß von Unternehmen durch Pooling of Interests, München 1993 (Zusammenschluss durch Pooling of Interests).

HENDLER, MATTHIAS/ZÜLCH, HENNING, Unternehmenszusammenschlüsse und Änderung von Beteiligungsverhältnissen bei Tochterunternehmen – die neuen Regelungen des IFRS 3 und IAS 27, in: WPg 2008, S. 484–493 (Beteiligungsverhältnisse bei Tochterunternehmen).

HEURUNG, RAINER, Zur Anwendung und Angemessenheit verschiedener Unternehmenswertverfahren im Rahmen von Umwandlungsfällen (Teil I), in: DB 1997, S. 837–843 (Unternehmenswertverfahren bei Umwandlungen).

HINZ, MICHAEL, Goodwillbilanzierung, in: IFRS-Rechnungslegung. Grundlagen Aufgaben Fallstudien, hrsg. v. Brösel, Gerrit/Zwirner, Christian, 2. Aufl., München 2009, S. 349–366 (Goodwillbilanzierung).

HITZ, JÖRG-MARKUS/ZACHOW, JANNIS, Vereinheitlichung des Wertmaßstabs „beizulegender Zeitwert" durch IFRS 13 „Fair Value Measurement", in: WPg 2011, S. 964–972 (Beizulegender Zeitwert).

HOFFMANN, ANDREAS, Die Einlagen in Kapitalgesellschaften als Bilanzierungsproblem beim Einlegenden, in: BB 1996, S. 1–14 (Einlagen in Kapitalgesellschaften).

HOFFMANN, IRA, Die Kapitalkonsolidierung bei Interessenzusammenführung gemäß § 302 HGB. Darstellung und Analyse der Interessenzusammenführungs-Methode im Vergleich zur Kapitalkonsolidierung nach der Buchwertmethode und zur aktienrechtlichen Verschmelzung durch Aufnahme, Bergisch Gladbach 1992 (Interessenzusammenführung).

HOFFMANN, SEBASTIAN/DETZEN, DOMINIC, Das Joint Conceptual Framework von IASB und FASB – Praktische Implikationen aus dem Abschluss der Phase A für kapitalmarktorientierte Unternehmen, in: KoR 2012, S. 53–55 (Joint Conceptual Framework).

HOFFMANN, WOLF-DIETER, Einbringung von Betrieben/Mitunternehmeranteilen in eine Kapitalgesellschaft, in: PiR 2012, S. 404 (Einbringung von Betrieben).

HOFFMANN, WOLF-DIETER, Immaterielle Vermögenswerte beim Unternehmenserwerb, in: PiR 2012, S. 67–68 (Immaterielle Vermögenswerte).

HOHAGE, UWE, Erwerb eigener Anteile, Einziehung, Aufstockung und vGA bei der GmbH, in: DB 2009, S. 1033–1036 (Erwerb eigener Anteile).

HOMMEL, MICHAEL, Bilanzierung immaterieller Anlagewerte, Stuttgart 1998 (Immaterielle Anlagewerte).

HOMMEL, MICHAEL, Bilanzierung von Goodwill und Badwill im internationalen Vergleich, in: RIW 2001, S. 801–809 (Goodwill und Badwill).

HORN, NORBERT, Internationale Unternehmenszusammenschlüsse, in: ZIP 2000, S. 473–485 (Internationale Unternehmenszusammenschlüsse).

HORN, NORBERT, Internationale Unternehmenszusammenschlüsse, in: ZIP 2000, S. 473–485 (Int. Unternehmenszusammenschlüsse).

HUBER, ULRICH, Zum Aktienerwerb durch ausländische Tochtergesellschaften, in: Festschrift für Konrad Duden zum 70. Geburtstag, hrsg. v. Pawlowski, Hans-Martin/Wiese, Günther/Wüst, Günther, München 1977, S. 137–171 (Aktienerwerb).

IASC (Hrsg.), G4+1 Position Paper: Recommendations for Achieving Convergence on the Methods of Accounting for Business Combinations. A Discussion Paper issued for comment by the Staff of the International Accounting Standards Committee, London 1998 (G4+1 Position Paper).

INSTITUTE FOR MERGERS, ACQUISITIONS AND ALLIANCES (Hrsg.), Volumen der weltweiten M&A Deals von 1985 bis 2017 (in Milliarden US-Dollar), verfügbar unter: https://de.statista.com/statistik/daten/studie/153735/umfrage/volumen-der-fusionen-und-uebernahmen-weltweit/ (Stand: 20.12.2018) (M&A Deals).

JOHNSON, L. TODD/PETRONE, KIMBERLEY, Is Goodwill an Asset?, in: Accounting Horizons 1998, S. 293–303 (Is Goodwill an Asset?).

JOHNSON, L. TODD/PETRONE, KIMBERLEY, Why Eliminate the Pooling Method?, in: Financial Accounting Series 1999, S. 2–8 (Why Eliminate the Pooling Method?).

JONAS, HEINRICH H., Der Konzernabschluß. Grundlagen und Anwendung in der Praxis nach neuem Handelsrecht, Stuttgart 1986 (Konzernabschluss).

KAHLE, HOLGER, Die neue Goodwill-Bilanzierung nach US-GAAP. Bilanzierung nach Belieben? (Teil A), in: StuB 2002, S. 849–858 (Goodwill-Bilanzierung).

KAJÜTER, PETER, Eigenkapitalveränderungsrechnung, in: DBW 2003, S. 109–113 (Eigenkapitalveränderungsrechnung).

KAMPMANN, HELGA/SCHWEDLER, KRISTINA, Zum Entwurf eines gemeinsamen Rahmenkonzepts von FASB und IASB, in: KoR 2006, S. 521–530 (Gemeinsames Rahmenkonzept).

KASPERZAK, RAINER/LIECK, HANS, Nicht jeder vermeintlich günstige Kauf (bargain purchase) ist auch ein sofortiger Gewinn für das Unternehmen. Die Bedeutung des Reassessment bei einem negativen Unterschiedsbetrag nach IFRS 3 (rev. 2008), in: WPg 2009, S. 1015–1021 (Bedeutung des Reassessment).

KIRSCH, HANNO, Conceptual Framework für Phase A – Zielsetzung der Finanzberichterstattung und qualitative Anforderungen an die Rechnungslegung, in: DStZ 2011, S. 26–35 (Conceptual Framework).

KIRSCH, HANS-JÜRGEN/KOELEN, PETER/OLBRICH, ALEXANDER/DETTENRIEDER, DOMINIK, Die Bedeutung der Verlässlichkeit der Berichterstattung im Conceptual Framework des IASB und des FASB, in: WPg 2012, S. 762–771 (Bedeutung der Verlässlichkeit).

KLASEN, EVELYN, Gestaltungsmöglichkeiten zur liquiditätsschonenden und -vermeidenden Akquisition in Krisenzeiten, in: M&A REVIEW 2009, S. 531–537 (Akquisition in Krisenzeiten).

KLEIN, GABRIELE, Die Erfassung des Goodwill in unterschiedlichen Rechnungslegungssystemen unter Berücksichtigung grenzüberschreitender Fusionen, in: DStR 2000, S. 788–796 (Erfassung des Goodwill).

KLEINDIEK, DETLEF, Eigenkapital im nationalen und internationalen Bilanzrecht: Kapitalabgrenzung nach IFRS und HGB, in: ZHR 2011, S. 247–276 (Eigenkapital im Bilanzrecht).

KNÜPPEL, MARK, Bilanzierung von Verschmelzungen nach Handelsrecht, Steuerrecht und IFRS. Gemeinsamkeiten, Unterschiede und Grenzen der Konvergenz, Berlin 2006 (Bilanzierung von Verschmelzungen).

KOCH, CHRISTIAN/HOFACKER, KARSTEN, Merger of Equals – eine neue Form von Unternehmenszusammenschlüssen?, in: FB 2000, S. 541–545 (Merger of Equals).

KOELEN, PETER, Investitionstheoretische Bewertungskalküle in der IFRS-Rechnungslegung. Möglichkeiten und Grenzen einer unternehmenswertorientierteren Berichterstattung, Lohmar/Köln 2009 (Investitionstheoretische Bewertungskalküle).

KRAWITZ, NORBERT/KLOTZBACH, DANIELA, Anwendungsvoraussetzungen und Aussagefähigkeit der Fresh-Start-Methode bei der Bilanzierung von Unternehmenszusammenschlüssen, in: WPg 2000, S. 1164–1180 (Fresh-Start-Methode).

KRAWITZ, NORBERT/LEUKEL, STEFAN, Die Abbildung von Unternehmensfusionen in der Rechnungslegung. Rechtliche Möglichkeiten und Analyse ausgewählter Fälle mit deutscher Beteiligung, in: KoR 2001, S. 91–106 (Unternehmensfusionen).

KUHN, KLAUS, Die Sacheinlage bei Kapitalgesellschaften in betriebswirtschaftlicher Sicht, in: ZfB 1966, S. 647–667 (Sacheinlage bei Kapitalgesellschaften).

KÜHN, SIGRID, Ausgestaltungsformen der Erwerbsmethode. Eine Analyse unter Berücksichtigung der Wahlrechte nach IFRS und der fair value-Bewertung, Frankfurt am Main 2004 (Ausgestaltungsformen).

KÜHNBERGER, MANFRED, Firmenwerte in der Bilanz, GuV und Kapitalflussrechnung nach HGB, IFRS und US-GAAP. Abbildung und Aussagekraft, in: DB 2005, S. 677–683 (Firmenwerte in der Bilanz).

KUHNER, CHRISTOPH, Die Zielsetzung von IFRS, US-GAAP und HGB und deren Konsequenzen für die Abbildung von Unternehmenskäufen, in: Unternehmenskauf nach IFRS und HGB. Purchase Price Allocation, Goodwill und Impairment-Test, hrsg. v. Ballwieser, Wolfgang/Beyer, Sven/Zelger, Hansjörg, 3. Aufl., Stuttgart 2014, S. 1–40 (Abbildung von Unternehmenskäufen).

KUHNER, CHRISTOPH/BOTHEN, DARIO, Die Bedeutung der Other Comprehensive Income-Positionen vor dem Hintergrund der Neuformulierung des IASB-Framework, in: KoR 2016, S. 161–168 (Other Comprehensive Income).

KUHNER, CHRISTOPH/LÜDTKE-HANDJERY, ALEXANDER, Unwägbarkeiten durch die Aktivierung eigenen Börsenwertes im Zuge von aktienfinanzierten Unternehmensakquisitionen?, in: BFuP 2005, S. 546–566 (Aktivierung eigenen Börsenwertes).

KÜTING, KARLHEINZ, Grundlagen der unternehmerischen Zusammenarbeit, in: DStR 1990, S. 1–20 (Unternehmerische Zusammenarbeit).

KÜTING, KARLHEINZ, Möglichkeiten und Grenzen der Bilanzanalyse am Neuen Markt (Teil II). Auf der Suche nach neuen Wegen der Unternehmensbeurteilung, in: FB 2000, S. 674–683 (Bilanzanalyse am Neuen Markt).

KÜTING, KARLHEINZ, Problematik der derivativen Erstellung des Konzernabschlusses und des Eigenkapitalausweises. Dargestellt an einer Mehrperioden-Betrachtung der Zwischengewinneliminierung, in: DB 2010, S. 177–184 (Derivative Erstellung des Konzernabschlusses).

KÜTING, KARLHEINZ, Zur Systematisierung von Konzernstrukturen, in: WiSt 1980, S. 6–10 (Systematisierung von Konzernstrukturen).

KÜTING, KARLHEINZ/CASSEL, JOCHEN, Anteilige Marktkapitalisierung = fair value? Zu kurz oder zu Ende gedacht?, in: DB 2013, S. 2633–2640 (Anteilige Marktkapitalisierung).

KÜTING, KARLHEINZ/CASSEL, JOCHEN, Zur Bewertung börsengehandelter Anteile zum beizulegenden Zeitwert: Wann sind Märkte zu ineffizient?, in: BFuP 2012, S. 287–305 (Bewertung börsengehandelter Anteile).

KÜTING, KARLHEINZ/DUSEMOND, MICHAEL/NARDMANN, BENITA, Ausgewählte Probleme der Kapitalkonsolidierung in Theorie und Praxis. Ergebnisse einer empirischen Erhebung des Instituts für Wirtschaftsprüfung an der Universität des Saarlandes, in: BB 1994, S. 1–18 (Probleme der Kapitalkonsolidierung).

KÜTING, KARLHEINZ/GÖTH, PETER/STRICKMANN, MICHAEL, Die Dokumentation des Konzerneigenkapitals. Teil I, in: DStR 1997, S. 935–940 (Konzerneigenkapital).

KÜTING, KARLHEINZ/KESSLER, HARALD, Die Problematik der „anderen Zahlungen" gem. § 272 Abs. 2 Nr. 4 HGB, in: BB 1989, S. 25–37 (Problematik der anderen Zuzahlungen).

KÜTING, KARLHEINZ/KOCH, CHRISTIAN, Der Goodwill in der deutschen Bilanzierungspraxis, in: StuB 2003, S. 49–54 (Goodwill in der Bilanzierungspraxis).

KÜTING, KARLHEINZ/LAUER, PETER, Die Jahresabschlusszwecke nach HGB und IFRS – Polarität oder Konvergenz?, in: DB 2002, S. 1985–1991 (Jahresabschlusszwecke).

KÜTING, KARLHEINZ/MOJADADR, MANA, Das neue Control-Konzept nach IFRS 10. IFRS 10 „Consolidated Financial Statements" stellt die Konzerne bereits jetzt vor enorme Herausforderungen, in: KoR 2011, S. 273–285 (Control-Konzept).

KÜTING, KARLHEINZ/MÜLLER, WOLFGANG/PILHOFER, JOCHEN, ‚Reverse Acquisitions' als Anwendungsfall einer ‚Reverse Consolidation' bei der Erstellung von Konzernabschlüssen nach US-GAAP und IAS – ein Leitbild für die deutsche Rechnungslegung?, in: WPg 2000, S. 257–269 (Reverse Acquisitions).

KÜTING, KARLHEINZ/REUTER, MICHAEL, Abbildung von eigenen Anteilen nach dem Entwurf des BilMoG – Auswirkungen in der Bilanzierungs- und Bilanzanalysepraxis, in: BB 2008, S. 658–662 (Abbildung von eigenen Anteilen).

KÜTING, KARLHEINZ/WEBER, CLAUS-PETER, Der Konzernabschluss. Praxis der Konzernrechnungslegung nach HGB und IFRS, 14. Aufl., Stuttgart 2018 (Konzernabschluss).

KÜTING, KARLHEINZ/WIRTH, JOHANNES, Bilanzierung eines negativen Unterschiedsbetrags nach IFRS 3 und die Bedeutung der Erfassung von Eventualschulden in der Kaufpreisallokation, in: IRZ 2006, S. 143–151 (Negativer Unterschiedsbetrag).

KÜTING, KARLHEINZ/WIRTH, JOHANNES, Bilanzierung von Unternehmenszusammenschlüssen nach IFRS 3, in: KoR 2004, S. 167–177 (Unternehmenszusammenschlüsse).

KÜTING, KARLHEINZ/WIRTH, JOHANNES, Internationale Konzernrechnungslegung: Anschaffungskosten von Beteiligungen an voll zu konsolidierenden Unternehmen, in: BB 2001, S. 1190–1197 (Int. Konzernrechnungslegung).

KÜTING, PETER, Neues aus Brüssel: Alea iacta est! . Renaissance der Pooling-of-Interests-Methode?!, in: DB 2013, S. M1 (Renaissance der Pooling-of-Interests-Methode).

LANDGRAF, CHRISTIAN/SHIRKHANI, DAVID/MEESE, JAN-NIKLAS, Erkennen und Abbildung umgekehrter Unternehmenserwerbe nach IFRS. Ein Fallbeispiel, in: IRZ 2018, S. 65–71 (Umgekehrte Unternehmenserwerbe).

LEINEN, MARKUS, Die Kapitalkonsolidierung im mehrstufigen Konzern. Konzeptionelle Grundlagen und praxisnahe Konsolidierungsbeispiele, Berlin 2002 (Kapitalkonsolidierung im mehrstufigen Konzern).

LIECK, HANS, Bilanzierung von Umwandlungen nach IFRS, Wiesbaden 2011 (Bilanzierung von Umwandlungen).

LOPATTA, KERSTIN, Goodwillbilanzierung und Informationsvermittlung nach internationalen Rechnungslegungsstandards. Business Combinations (IFRS, US-GAAP), Kaufpreisallokation, Impairment Test, Konvergenzbestrebungen, Wiesbaden 2006 (Goodwillbilanzierung).

LORSON, PETER/GATTUNG, ANDREAS, Die Forderung nach einer „faithful representation". Verhältnis zur Objektivität, Neutralität und Nachprüfbarkeit, in: KoR 2008, S. 556–565 (Faithful representation).

LORSON, PETER/HAAKER, ANDREAS, Zum Mythos der konzeptionellen Überlegenheit des Impairment-only-Ansatzes. Erwiderung und Replik zu Haaker, DB 2015 S. 1918, in: DB 2016, S. 906–909 (Impairment-only-Ansatz).

LÖW, EDGAR/KLEINHANS, DENNIS, Bilanzierung umgekehrter Unternehmenserwerbe nach IFRS. Anwendungsprobleme und Empirie, in: WPg 2018, S. 879–886 (Umgekehrte Unternehmenserwerbe).

LÜDENBACH, NORBERT, Ausschüttungsfähige Rücklagen nach Erwerb eigener Anteile, in: StuB 2010, S. 232–233 (Erwerb eigener Anteile).

LÜDENBACH, NORBERT, Bilanzierung der Sacheinlage von Unternehmen oder einzelnen Vermögenswerten, in: PiR 2006, S. 93–95 (Bilanzierung der Sacheinlage).

LÜDENBACH, NORBERT/FREIBERG, JENS, Verdeckte Einlagen im Einzelabschluss nach IFRS, in: BB 2007, S. 1545–1550 (Verdeckte Einlagen).

MAIER-REIMER, GEORG, Wert der Sacheinlage und Ausgabebetrag, in: Festschrift für Gerold Bezzenberger zum 70. Geburtstag am 13. März 2000. Rechtsanwalt und Notar im Wirtschaftsleben, hrsg. v. Westermann, Harm P./Mock, Klaus, Berlin/New York 2000, S. 253–266 (Wert der Sacheinlage).

MARTENS, KLAUS-PETER, Die Bewertung eines Beteiligungserwerbs nach § 255 Abs. 2 AktG – Unternehmenswert kontra Börsenkurs, in: Festschrift für Gerold Bezzenberger zum 70. Geburtstag am 13. März 2000. Rechtsanwalt und Notar im Wirtschaftsleben, hrsg. v. Westermann, Harm P./Mock, Klaus, Berlin/New York 2000, S. 267–289 (Bewertung eines Beteiligungserwerbs).

MARTENS, KLAUS-PETER, Fusionsmodelle, in: Festschrift für Martin Peltzer zum 70. Geburtstag, hrsg. v. Lutter, Marcus/Scholz, Manfred/Sigle, Walter, Köln 2001, S. 279–299 (Fusionsmodelle).

MERKERT, HUBERT, Der Irrtum von der Entgeltlichkeit gesellschaftsrechtlicher Verkehrsvorgänge, in: BB 1968, S. 826–829 (Irrtum von der Entgeltlichkeit).

MERKT, HANNO, Das IFRS Conceptual Framework aus regelungsmethodischer Sicht, in: zfbf 2014, S. 477–504 (Conceptual Framework).

MOSER, ULRICH/TESCHE, THOMAS/HELL, CHRISTOPH, Untersuchung und Erläuterung des im Rahmen eines Unternehmenszusammenschlusses erworbenen goodwill. Ein kritischer Vergleich zwischen Theorie und Praxis, in: PiR 2018, S. 75–89 (Untersuchung des erworbenen Goodwill).

MOXTER, ADOLF, Bilanzrechtliche Probleme beim Geschäfts- oder Firmenwert, in: Festschrift für Johannes Semler zum 70. Geburtstag am April 1993. Unternehmen und Unternehmensführung im Recht, hrsg. v. Bierich, Marcus/Hommelhoff, Peter/Kropff, Bruno, Berlin 1993, S. 851–861 (Geschäfts- oder Firmenwert).

MUJKANOVIC, ROBIN, Die Vorschläge des Deutschen Standardisierungsrates zur Abbildung von Unternehmenserwerben im Konzernabschluss. Zwei Schritte vor, ein Schritt zurück?, in: WPg 2000, S. 637–647 (Unternehmenserwerbe im Konzernabschluss).

MUJKANOVIC, ROBIN, Die Zukunft der Kapitalkonsolidierung. Das Ende der Pooling-of-Interests Method?, in: WPg 1999, S. 533–540 (Zukunft der Kapitalkonsolidierung).

MUJKANOVIC, ROBIN, Zur Bewertung bei Verschmelzung am Beispiel von AG und GmbH, in: BB 1995, S. 1735–1740 (Bewertung bei Verschmelzung).

MÜLLER, STEFAN/REINKE, JENS, Behandlung eigener Anteile im handelsrechtlichen Einzel- und Konzernabschluss. Geplante Konkretisierung der Behandlung eigener Anteile durch E-DRS 29, in: StuB 2014, S. 435–440 (Behandlung eigener Anteile).

MUTZE, OTTO, Zur Bewertung von Sacheinlagen, in: AG 1970, S. 324–328 (Bewertung von Sacheinlagen).

NIEHUS, RUDOLF J., Die 7. EG-Richtlinie und die „Pooling-of-Interests"-Methode einer konsolidierten Rechnungslegung. Zugleich eine Besprechung von „Accounting for acquisitions and mergers", in: WPg 1983, S. 437–446 (Pooling-of-Interests Methode).

OPPERMANN, MICHAEL/PILHOFER, JOCHEN/MÜLLER, RONJA, Zweifelsfragen bei negativen Unterschiedsbeträgen nach IFRS, in: M&A REVIEW 2014, S. 289–294 (Negative Unterschiedsbeträge).

ORDELHEIDE, DIETER, Bedeutung und Wahrung des Kongruenzprinzips („clean surplus") im internationalen Rechnungswesen, in: Unternehmensberatung und Wirtschaftsprüfung. Festschrift für Professor Dr. Günter Sieben zum 65. Geburtstag, hrsg. v. Matschke, Manfred Jürgen/Schildbach, Thomas, Stuttgart 1998, S. 515–530 (Bedeutung des Kongruenzprinzips).

ORDELHEIDE, DIETER, Der Konzern als Gegenstand betriebswirtschaftlicher Forschung, in: BFuP 1986, S. 293–312 (Gegenstand betriebswirtschaftlicher Forschung).

ORDELHEIDE, DIETER, Kapitalkonsolidierung nach der Erwerbsmethode (Teil I). Zur Umsetzung der 7. EG-Richtlinie in deutsches Recht, in: WPg 1984, S. 237–245 (Erwerbsmethode (Teil I)).

ORDELHEIDE, DIETER, Kapitalkonsolidierung und Konzernerfolg, in: zfbf 1987, S. 292–301 (Kapitalkonsolidierung und Konzernerfolg).

OSER, PETER/KROPP, MANFRED, Eigene Anteile in Gesellschafts-, Bilanz-, und Steuerrecht, in: DK 2012, S. 185–199 (Eigene Anteile).

PAWELZIK, KAI UDO, Die Bilanzierung von Interessenzusammenschlüssen im Konzernabschluss nach BilMoG und IFRS, in: DB 2010, S. 2569–2575 (Interessenzusammenschlüsse).

PAWELZIK, KAI UDO, Die Prüfung des Konzerneigenkapitals. HGB, IAS/IFRS, US-GAAP. Konsolidierung, Ausweis, Eigenkapitalspiegel, Düsseldorf 2003 (Prüfung des Konzerneigenkapitals).

PEFFEKOVEN, FRANK PETER, Geht die Reform der Kapitalkonsolidierung in eine falsche Richtung?, in: WPg 2001, S. 187–204 (Reform der Kapitalkonsolidierung).

PEFFEKOVEN, FRANK PETER, Pooling-of-Interests Methode: besser als ihr Ruf! ICU-Forschungspapier Nr. 01/01, Hamburg 2001 (Pooling-of-Interests).

PELGER, CHRISTOPH, Entscheidungsnützlichkeit in neuem Gewand: Der Exposure Draft zur Phase A des Conceptual Framework-Projekts, in: KoR 2009, S. 156–163 (Entscheidungsnützlichkeit).

PELGER, CHRISTOPH, Rechnungslegungszweck und qualitative Anforderungen im Conceptual Framework for Financial Reporting (2010). Der erste Stein im neuen Fundament der internationalen Rechnungslegung, in: WPg 2011, S. 908–916 (Anforderungen im Conceptual Framework).

PELLENS, BERNHARD/CRASSELT, NILS, IFRS 2 „Share-based Payment“. Anwendungsfragen bei nicht börsennotierten Gesellschaften, in: PiR 2005, S. 35–40 (Share-based Payment).

PELLENS, BERNHARD/FÜLBIER, ROLF UWE/GASSEN, JOACHIM/SELLHORN, THORSTEN, Internationale Rechnungslegung. IFRS 1 bis 16, IAS 1 bis 41, IFRIC-Interpretationen, Standardentwürfe. Mit Beispielen, Aufgaben und Fallstudie, 10. Aufl., Stuttgart 2017 (Int. Rechnungslegung).

PELLENS, BERNHARD/SELLHORN, THORSTEN, Kapitalkonsolidierung nach der Fresh-Start-Methode, in: BB 1999, S. 2125–2132 (Fresh-Start-Methode).

PELLENS, BERNHARD/SELLHORN, THORSTEN/AMSHOFF, HOLGER, Reform der Konzernbilanzierung – Neufassung von IFRS 3 „Business Combinations“, in: DB 2005, S. 1749–1755 (Reform der Konzernbilanzierung).

PENNÉ, GÜNTER, Die Prüfung der Sacheinlagen nach Aktienrecht, Birkach u. a. 1984 (Prüfung der Sacheinlagen).

PERRIDON, LOUIS/STEINER, MANFRED/RATHGEBER, ANDREAS, Finanzwirtschaft der Unternehmung, 17. Aufl., München 2017 (Finanzwirtschaft).

PFAUTH, ANDREAS, Goodwillbilanzierung nach US-GAAP. Kapitalmarktreaktionen auf die Abschaffung der planmäßigen Abschreibung, Wiesbaden 2008 (Goodwillbilanzierung).

PICOT, GERHARD, Die Aktie als Akquisitionswährung, in: M&A REVIEW 2000, S. 265–271 (Aktie als Akquisitionswährung).

PICOT, GERHARD, Die Bewertung von Unternehmen und Aktien als Akquisitionswährung in der Rechtsprechung, in: Unternehmensbewertung. Moderne Instrumente und Lösungsansätze, hrsg. v. Richter, Frank/Timmreck, Christian, Stuttgart 2004, S. 283–302 (Bewertung von Unternehmen).

PUSECKER, DAGMAR/SCHRUFF, LOTHAR, Anschaffungswertprinzip und „negativer Geschäftswert“, in: BB 1996, S. 735–742 (Negativer Geschäftswert).

QIN, SIGANG, Bilanzierung des Excess nach IFRS 3, Düsseldorf 2005 (Bilanzierung des Excess).

RAMMERT, STEFAN, Pooling of Interests – die Entdeckung eines Auslaufmodells durch deutsche Konzerne?, in: DBW 1999, S. 620–632 (Pooling of Interests).

REICHELT, DIRK, Unternehmenszusammenschlüsse durch Anteilstausch. Zur zweckmäßigen Erfassung im Konzernabschluss nach HGB und IFRS, Baden-Baden 2008 (Anteilstausch).

REICHERT, JOCHEM/HARBARTH, STEPHAN, Veräußerung und Einziehung eigener Aktien, in: ZIP 2001, S. 1441–1451 (Veräußerung und Einziehung eigener Aktien).

REIFENBERGER, SABINE, Linde und Praxair einigen sich auf 65-Milliarden-Deal, verfügbar unter: https://www.finance-magazin.de/deals/ma/linde-und-praxair-einigen-sich-auf-65-milliarden-deal-1394201/ (Stand: 20.12.2018) (Einigung zwischen Linde und Praxair).

REINER, GÜNTER/GEUTER, TANJA, Anteilstausch als Mittel oder Folge von Unternehmensübernahmen. Gestaltungsmodelle im Überblick, in: JA 2006, S. 543–549 (Anteilstausch als Mittel oder Folge).

REUTER, MICHAEL, Eigenkapitalausweis im IFRS-Abschluss. Praxis der Berichterstattung, Berlin 2008 (Eigenkapitalausweis).

RICHTER, HORST/SÄGLITZ, HANS-JÜRGEN, Von der Nachschau zur Konzernsteuerung durch die Einrichtung der originären Konzernbuchführung in der Versicherungswirtschaft, in: Rechnungslegung – Warum und wie? Festschrift für Hermann Clemm zum 70. Geburtstag, hrsg. v. Ballwieser, Wolfgang/Moxter, Adolf/Nonnenmacher, Rolf, München 1996, S. 311–336 (Originäre Konzernbuchführung).

ROBINSON, JOHN R./SHANE, PHILIP B., Acquisition Accounting Method and Bid Premia for Target Firms, in: TAR 1990, S. 25–48 (Bid Premia for Target Firms).

ROGLER, SILVIA/SCHMIDT, MARCO/TETTENBORN, MARTIN, Ansatz immaterieller Vermögenswerte bei Unternehmenszusammenschlüssen. Diskussion bestehender Probleme anhand eines Fallbeispiels, in: KoR 2014, S. 577–585 (Immaterielle Vermögenswerte).

RÖHRKASTEN, BURKHARD, Die Gewinnauswirkungen der Sacheinlage bei Kapitalgesellschaften, in: BB 1974, S. 825–832 (Gewinnauswirkungen der Sacheinlage).

SACHSE, KATJA, Konsolidierung eines umgekehrten Unternehmenserwerbs nach IFRS. Erstkonsolidierung und Änderung bestehender Beherrschungs- und Beteiligungsverhältnisse, Halle (Saale) 2016 (Umgekehrter Unternehmenserwerb).

SCHEFFLER, EBERHARD, Eigenkapital im Jahres- und Konzernabschluss nach IFRS. Abgrenzung, Konsolidierung und Veränderung, München 2006 (Eigenkapital nach IFRS).

SCHEFFLER, EBERHARD, Überarbeitetes IFRS-Rahmenkonzept, in: AG 2018, S. R128-R139 (Überarbeitetes Rahmenkonzept).

SCHEREN, MICHAEL, Konzernabschlusspolitik. Möglichkeiten und Grenzen einer zielorientierten Gestaltung von Konzernabschlüssen, Stuttgart 1993 (Konzernabschlusspolitik).

SCHERRER, GERHARD, Grundlagen der US-amerikanischen Konzernrechnungslegung, in: US-amerikanische Rechnungslegung. Grundlagen und Vergleiche mit dem deutschen Recht, hrsg. v. Ballwieser, Wolfgang, 4. Aufl., Stuttgart 2000, S. 329–378 (Konzernrechnungslegung).

SCHILDBACH, THOMAS, Externe Rechnungslegung und Kongruenz - Ursache für die Unterlegenheit deutscher verglichen mit angelsächsischer Bilanzierung?, in: DB 1999, S. 1813–1820 (Externe Rechnungslegung und Kongruenz).

SCHILDBACH, THOMAS/FELDHOFF, PATRICIA, Der Konzernabschluss nach HGB und IFRS, 8. Aufl., Berlin 2018 (Konzernabschluss).

SCHINDLER, JOACHIM, Kapitalkonsolidierung nach dem Bilanzrichtlinien-Gesetz, Frankfurt am Main 1986 (Kapitalkonsolidierung).

SCHLITT, MICHAEL, Finanzierungsstrategien im Mittelstand, Wiesbaden 2014 (Finanzierungsstrategien).

SCHMIDSBERGER, GERALD, Kapitalmarktrechtliche Aspekte bei Fusionen, in: Handbuch Fusionen. Allgemeine betriebswirtschaftliche, rechtliche und Branchen-Aspekte, hrsg. v. Pernsteiner, Helmut/Mittermair, Klaus, Wien 2002, S. 665–692 (Aspekte bei Fusionen).

SCHMIDT, INGO M., Ansätze für eine umfassende Rechnungslegung zur Zahlungsbemessung und Informationsvermittlung. Eine Analyse am Beispiel der Goodwill-Bilanzierung, Wiesbaden 2007 (Umfassende Rechnungslegung).

SCHMIDT, LUTZ/HAGEBÖKE, JENS, Offene Sacheinlagen als entgeltliche Anschaffungsvorgänge? Zugleich kritische Anmerkungen u. a. zum BFH-Urteil von 5.6.2002, I R 6/01, in: DStR 2003, S. 1813–1818 (Offene Sacheinlagen).

SCHMITZ, DANIEL, Aktien als Akquisitionswährung, in: Die Übernahme börsennotierter Unternehmen. Schriften zum Kapitalmarkt, hrsg. v. von Rosen, Rüdiger/Seifert, Werner G., Frankfurt am Main 1999, S. 313–326 (Aktien als Akquisitionswährung).

SCHÖLLHORN, THOMAS/MÜLLER, MARTIN, Bedeutung und praktische Relevanz des Rahmenkonzepts (framework) bei Erstellung von IFRS-Abschlüssen nach zukünftigem „deutschen Recht" (Teil 1). Darstellung unter Berücksichtigung der IAS-VO und des BilReG, in: DStR 2004, S. 1623–1628 (Relevanz des Rahmenkonzepts).

SCHREIBER, SUSANNE, Der Asset-Liability-Approach, in: WiSt 2007, S. 572–577 (Asset-Liability-Approach).

SCHRUFF, WIENAND, Die IFRS-Rechnungslegung im Spannungsfeld zwischen Cashflow-Prognose und Rechenschaft, in: WPg 2011, S. 855–860 (Cashflow-Prognose und Rechenschaft).

SCHÜPPEN, MATTHIAS/WALZ, SUSANNE, Ablauf und Formen eines Unternehmenskaufs, in: Unternehmenskauf nach IFRS und HGB. Purchase Price Allocation, Goodwill und Impairment-Test, hrsg. v. Ballwieser, Wolfgang/Beyer, Sven/Zelger, Hansjörg, 3. Aufl., Stuttgart 2014, S. 41–96 (Ablauf und Formen eines Unternehmenskaufs).

SCHWEDLER, KRISTINA, Business Combinations Phase II: Die neuen Vorschriften zur Bilanzierung von Unternehmenszusammenschlüssen. Darstellung und Würdigung (Teil 1), in: KoR 2008, S. 125–138 (Business Combinations Phase II).

SELLHORN, THORSTEN, Ansätze zur bilanziellen Behandlung des Goodwill im Rahmen einer kapitalmarktorientierten Rechnungslegung, in: DB 2000, S. 885–892 (Behandlung des Goodwill).

SEPPELFRICKE, PETER/SEPPELFRICKE, JÜRGEN, Going Public im Rahmen eines Reverse Mergers – eine Analyse am Beispiel der Broadnet Mediascape Communication AG, in: BB 2002, S. 365–370 (Going Public).

SEPPELFRICKE, PETER/SEPPELFRICKE, JÜRGEN, Reverse Merger am Neuen Markt, in: FB 2001, S. 581–592 (Reverse Merger).

SIEGEL, THEODOR, Bilanzierung von Aktienoptionen und der Charakter eigener Aktien, in: Zum Erkenntnisstand der Betriebswirtschaftslehre am Beginn des 21. Jahrhunderts. Festschrift für Erich Loitlsberger zum 80. Geburtstag, hrsg. v. Wagner, Udo, Berlin 2001, S. 345–371 (Charakter eigener Aktien).

SIEGEL, THEODOR, Der Zeitwertansatz: Ein konzeptioneller Rahmen für den Konzernabschluß, in: Unternehmensrechnung. Konzeptionen und praktische Umsetzung. Festschrift zum 68. Geburtstag von Gerhard Scherrer, hrsg. v. Göbel, Stefan/Heni, Bernhard, München 2004, S. 309–329 (Zeitwertansatz).

SIEGEL, THEODOR, Zum Geheimnis des „negativen Geschäftswerts“, in: StuW 1995, S. 390–400 (Geheimnis des negativen Geschäftswerts).

SIMON, STEPHAN, Pooling und Verschmelzung. Harmonisierung der Rechnungslegung durch IAS 22 «Business Combinations», Bern u. a. 1997 (Pooling und Verschmelzung).

STRAUB, BARBARA, Die Erfolgskonzeption der internationalen Rechnungslegung, München 2009 (Erfolgskonzeption).

STRAUß, INGO, Akquisitionsfinanzierung durch genehmigtes Kapital, in: AG 2010, S. 192–202 (Akquisitionsfinanzierung).

STREIM, HANNES/BIEKER, MARCUS/HACKENBERGER, JENS/LENZ, THOMAS, Ökonomische Analyse der gegenwärtigen und geplanten Regelungen zur Goodwill-Bilanzierung nach IFRS, in: IRZ 2007, S. 17–27 (Goodwill-Bilanzierung).

STRÖHER, THOMAS, Die Bilanzierung von Unternehmenszusammenschlüssen unter Common Control nach IFRS, Düsseldorf 2008 (Common Control).

TELKAMP, HEINZ-JÜRGEN/BRUNS, CARSTEN, Pooling-of-interests-Methode versus Fresh-Start-Methode - ein Vergleich, in: WPg 2000, S. 744–749 (Pooling vs. Fresh Start).

TETTENBORN, MARTIN/ROHLEDER, STEPHAN, Der passive Unterschiedsbetrag aus der Kapitalkonsolidierung. Bilanzierung und Begründung nach IFRS und HGB, in: StuB 2016, S. 418–423 (Passiver Unterschiedsbetrag).

THEILE, CARSTEN, Das neue Conceptual Framework – was für IFRS-Anwender wichtig ist, in: BBK 2018, S. 589–594 (Neues Conceptual Framework).

THEILE, CARSTEN/GOY, KARIN, Entwurf ED/2015/3: Conceptual Framework for Financial Reporting, in: BBK 2015, S. 617–622 (Entwurf ED/2015/3).

VATER, HENDRIK, Bilanzielle und steuerliche Aspekte des Reverse IPO. Gestaltungsmöglichkeiten der kontrovers diskutierten Alternative zum klassischen Börsengang, in: DB 2002, S. 2445–2450 (Reverse IPO).

VATER, HENDRIK, M&A Accounting: Abschaffung des Pooling of Interests?, in: DB 2001, S. 1841–1848 (M&A Accounting).

VON COHAUSEN-SCHÜSSLER, ALEXANDER/VÖGTLE, MARCUS, Merger of Equals – Mythos oder Realität? Eine empirische Untersuchung, in: M&A REVIEW 2005, S. 56–61 (Merger of Equals).

VON WYSOCKI, KLAUS/WOHLGEMUTH, MICHAEL/BRÖSEL, GERRIT, Konzernrechnungslegung, 5. Aufl., Konstanz/München 2014 (Konzernrechnungslegung).

VON WYSOCKI, KLAUS/WOHLGEMUTH, MICHAEL/EISOLT, DIRK, Konzernrechnungslegung, 4. Aufl., Düsseldorf 1996 (Konzernrechnungslegung).

WAGENHOFER, ALFRED/EWERT, RALF, Externe Unternehmensrechnung, 3. Aufl., Berlin/Heidelberg 2015 (Externe Unternehmensrechnung).

WASSERMEYER, FRANZ, Besteuerung des ausländischen Unternehmenserwerbs durch Anteilstausch (unechte Fusion) und Einbringung von Unternehmensanteilen, in: DStR 1992, S. 57–62 (Unternehmenserwerb durch Anteilstausch).

WASSERMEYER, FRANZ, Bewertungsfragen beim Tausch und bei tauschähnlichen Vorgängen, in: Werte und Wertermittlung im Steuerrecht. Steuerbilanz, Einheitsbewertung, Einzelsteuern und Unternehmensbewertung, hrsg. v. Raupach, Arndt, Köln 1984, S. 169–193 (Bewertungsfragen beim Tausch).

WEILEP, VOLKER, „bad will" bei Verschmelzungen – alle Zweifelsfragen geklärt?, in: DB 1998, S. 2130–2132 (Badwill bei Verschmelzungen).

WEISER, M. FELIX, Die bilanzielle Abbildung umgekehrter Unternehmenserwerbe im Rahmen der Rechnungslegung. Hintergrund und Funktionsweise der Reverse Consolidation nach IFRS 3, in: KoR 2005, S. 487–498 (Umgekehrte Unternehmenserwerbe).

WIESNER, GEORGIA, Die Bilanzierung beim Anteilstausch, Bamberg 1995 (Bilanzierung beim Anteilstausch).

WILLIS, DIANA, Financial Assets and Liabilities – Fair Value or Historical Cost?, in: WPg 1998, S. 854–860 (Financial Assets and Liabilities).

WINKELJOHANN, NORBERT/HERMESMEIER, TIMO, Gründungs- und Eröffnungsbilanz der Kapitalgesellschaft, in: Sonderbilanzen. Von der Gründungsbilanz bis zur Liquidationsbilanz, hrsg. v. Winkeljohann, Norbert/Förschle, Gerhart/Deubert, Michael, 5. Aufl., München 2016, S. 173–301 (Gründungs- und Eröffnungsbilanz).

WIRTH, JOHANNES, Firmenwertbilanzierung nach IFRS. Unternehmenszusammenschlüsse, Werthaltigkeitstests, Endkonsolidierung, Stuttgart 2005 (Firmenwertbilanzierung).

WÖHE, GÜNTER, Zur Bilanzierung und Bewertung des Firmenwertes, in: StuW 1980, S. 89–108 (Firmenwert).

WÖHE, GÜNTER/BILSTEIN, JÜRGEN/ERNST, DIETMAR/HÄCKER, JOACHIM, Grundzüge der Unternehmensfinanzierung, 11. Aufl., München 2013 (Unternehmensfinanzierung).

WÖHE, GÜNTER/DÖRING, ULRICH/BRÖSEL, GERRIT, Einführung in die allgemeine Betriebswirtschaftslehre, 26. Aufl., München 2016 (Allgemeine Betriebswirtschaftslehre).

WOHLGEMUTH, MICHAEL/RADDE, JENS, Der Bewertungsmaßstab „Anschaffungskosten“ nach HGB und IAS. Darstellung der Besonderheiten und kritische Gegenüberstellung, in: WPg 2000, S. 903–911 (Anschaffungskosten nach HGB und IAS).

WOLLMERT, PETER/ACHLEITNER, ANN-KRISTIN, Konzeptionelle Grundlagen der IAS-Rechnungslegung, in: WPg 1997, S. 209–222 (Grundlagen der IAS-Rechnungslegung).

WYATT, ARTHUR R., A Critical Study of Accounting for Business Combinations, New York 1963 (Critical Study of Accounting).

ZELGER, HANSJÖRG, Purchase Price Allocation nach IFRS und HGB, in: Unternehmenskauf nach IFRS und HGB. Purchase Price Allocation, Goodwill und Impairment-Test, hrsg. v. Ballwieser, Wolfgang/Beyer, Sven/Zelger, Hansjörg, 3. Aufl., Stuttgart 2014, S. 139–186 (Purchase Price Allocation).

ZÜLCH, HENNING, Das deutsche Enforcement-Modell des Bilanzkontrollgesetzes – Ausgestaltung und Implikationen für Rechnungslegung und Abschlussprüfung, in: StuB 2005, S. 1–9 (Deutsches Enforcement-Modell).

ZÜLCH, HENNING, Der Badwill – Eine unterschätzte Größe in der deutschen Bilanzierungspraxis, in: KoR 2016, S. 313–314 (Badwill).

ZÜLCH, HENNING/POPP, MARCO, IFRS 10 – Consolidated Financial Statements. Ein erster Überblick über das neue Control-Konzept, in: DStR 2011, S. 1532–1538 (Consolidated Financial Statements).

ZUR NIEDEN, NICOLAS/BAUR, CHRISTIAN, Unternehmenserwerb durch Reverse Acquisition. Fallstudie zur Bilanzierung des umgekehrten Unternehmenserwerbs nach IFRS, in: KoR 2018, S. 191–196 (Reverse Acquisition).

ZWIRNER, CHRISTIAN, Reverse Acquisition nach IFRS. Eine Fallstudie zur Anwendung von IFRS 3, in: KoR 2009, S. 138–144 (Fallstudie zu Reverse Acquisitions).

ZWIRNER, CHRISTIAN, Reverse Acquisition nach IFRS. Spezialtechnik versus Entscheidungsnützlichkeit, in: PiR 2009, S. 31–37 (Reverse Acquisition).

ZWIRNER, CHRISTIAN/BOECKER, CORINNA, Fair Value Measurement nach IFRS 13. Praxishinweise zur Anwendung dieses Bewertungsmaßstabs, in: IRZ 2014, S. 7–10 (Fair Value Measurement).

ZWIRNER, CHRISTIAN/SCHMIDT, JÜRGEN, Reverse Acquisition nach IFRS: erkennen, umsetzen und verstehen, in: IRZ 2009, S. 5–7 (Reverse Acquisition).

Verzeichnis der Gesetze

Aktiengesetz (AktG) vom 06.09.1965, BGBl. I 1965, S. 1089, zuletzt geändert durch Gesetz vom 17.07.2017, BGBl. I 2017, S. 2446.

Handelsgesetzbuch (HGB) vom 10.05.1897, RGBl. 1897, S. 219–436, zuletzt geändert durch Gesetz vom 10.07.2018, BGBl. I 2018, S. 1102.

Umwandlungsgesetz (UmwG) vom 28.10.1994, BGBl. I 1994, S. 3210, zuletzt geändert durch Gesetz vom 17.07.2017, BGBl. I 2017, S. 2434.

Verzeichnis der Materialien aus dem Gesetzgebungs- und Standardsetzungsprozess

Nationale und internationale Rechnungslegungsstandards und Rahmenkonzepte

APB (Hrsg.), Opinions of the Accounting Principles Board No. 16: Business Combinations, New York 1970 (APB Opinion No. 16).

IASB (Hrsg.), Conceptual Framework for Financial Reporting, London 2018 (Conceptual Framework for Financial Reporting).

IASB (Hrsg.), International Financial Reporting Standard 2. Share-based Payment, London 2004 (IFRS 2).

IASB (Hrsg.), International Financial Reporting Standard 3. Business Combinations, London 2004 (IFRS 3 (2004)).

IASB (Hrsg.), International Financial Reporting Standard 3. Business Combinations, London 2008 (IFRS 3).

IASB (Hrsg.), International Financial Reporting Standard 9. Financial Instruments, London 2014 (IFRS 9).

IASB (Hrsg.), International Financial Reporting Standard 10. Consolidated Financial Statements, London 2011 (IFRS 10).

IASB (Hrsg.), International Financial Reporting Standard 13. Fair Value Measurement, London 2011 (IFRS 13).

IASC (Hrsg.), International Accounting Standard 8. Accounting Policies, Changes in Accounting Estimates and Errors, London 2003 (IAS 8).

IASC (Hrsg.), International Accounting Standard 22. Business Combinations, London 1998 (IAS 22).

IASC (Hrsg.), International Accounting Standard 27. Separate Financial Statements, London 2011 (IAS 27).

IASC (Hrsg.), International Accounting Standard 28. Investments in Associates and Joint Ventures, London 2011 (IAS 28).

IASC (Hrsg.), International Accounting Standard 36. Impairment of Assets, London 2004 (IAS 36).

IASC (Hrsg.), International Accounting Standard 38. Intangible Assets, London 2004 (IAS 38).

IDW (Hrsg.), IDW Standard: Grundsätze zur Durchführung von Unternehmensbewertungen (IDW S 1 i. d. F. 2008), in: IDW FN 2008, S. 271–292 (IDW S 1 (2008)).

Entwurfsfassungen und Diskussionspapiere

IASB (Hrsg.), Exposure Draft ED/2015/3 Conceptual Framework for Financial Reporting, London 2015 (ED/2015/3).

Sonstige Materialien aus dem Gesetzgebungs- und Standardsetzungsprozess

IASB (Hrsg.), Staff Paper: Post-implementation review IFRS 3 Business Combinations. Summary of comments received (Staff Paper 12F, IASB Meeting September 2014), verfügbar unter: http://www.ifrs.org/-/media/feature/meetings/2014/september/iasb/ifrs-ic-issues/ap12f-pir-ifrs-3-business-combinations-summary.pdf (Stand: 20.12.2018) (Staff Paper 12F (September 2014)).